한 권으로 끝내는
물리

한 권으로 끝내는
물리

ⓒ 비지블 잉크 프레스, 2013

초 판 1쇄 발행일 2013년 6월 10일
개정판 1쇄 발행일 2016년 10월 10일

지은이 폴 지체비츠 **옮긴이** 곽영직
펴낸이 김지영 **펴낸곳** 작은책방(Gbrain)
편집 김현주
제작 · 관리 김동영 **마케팅** 조명구

출판등록 2001년 7월 3일 제2005-000022호
주소 04047 서울시 마포구 어울마당로5길 25-10 3층
전화 (02)2648-7224 **팩스** (02)2654-7696

ISBN 978-89-5979-473-7 (04420)

- 책값은 뒤표지에 있습니다.
- 잘못된 책은 교환해 드립니다.
- Gbrain은 작은책방의 교양 전문 브랜드입니다.

Physics

한 권으로 끝내는 물리

폴 지체비츠 지음
곽영직 옮김

지브레인

Contents

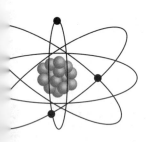

왜 고층 건물은 바람에 흔들리지 않을까? 누전 차단기는 어떻게 작동할까? 우주의 최후는 어떻게 될까? 원자의 성질에 대한 이해를 증진시킨 사람은 누구인가? 물리에는 수많은 질문이 있다. 일부는 우주의 기초와 관계된 기본적인 것이고, 일부는 일상생활과 관계있는 것이며, 어떤 것은 호기심 때문에 생기는 질문이다. 그리고 대부분의 질문은 답을 가지고 있다. 과거에는 그 답이 매우 어려웠던 것도 있고, 미래에는 답이 달라질 것도 있다.

《한 권으로 끝내는 물리》는 독자들이 이런 질문에 대해 스스로 탐구하고 해답을 깊이 생각해보도록 하기 위해 기획되었다. 또한 이런 질문들을 통해 다른 질문을 생각해내고 그 질문의 답을 찾아보도록 하는 것도 이 책을 만든 목적 중 하나이다. 그래서 물리학에서 다루어지는 복잡한 개념들을 우리에게 익숙한 일상의 언어로 설명하여 누구나 쉽게 이해할 수 있도록 하려고 노력했다.

물론 이 책에는 그 이상의 내용이 들어 있다. 물리학은 2000년 이상 많은 사람들에 의해 발전되어왔다. 그들은 다양한 배경 지식과 넓은 범위의 문화 전통을 가지고 있다. 어떤 이들은 단 한 분야의 발전에만 공헌했고, 다양한 분야에서 여러 해 동안 중요한 진전을 이루는 데 핵심 역할을 한 이들도 있다. 그중 아인슈타인, 뉴턴, 갈릴레이, 프랭클린, 퀴리, 파인먼과 같은 사람들은 우리에게 잘 알려져 있다. 그런가 하면 알하젠, 괴퍼트, 마이어, 코넬, 히비사이드와 같이 자주 들을 수 없었던 이름도 있을 것이다. 이 책에는 노벨 물리학상 수상자들의 명단도 들어 있다.

《한 권으로 끝내는 물리》는 처음부터 끝까지 차례로 읽을 필요는 없는 책이다. 차례를 살펴보고 흥미 있는 주제를 찾아 읽으면 된다. 아무 페이지나 펼쳐서 항상 의문으로 생각하고 있던 질문을 찾아 읽어도 된다.

만약 익숙하지 않은 과학 용어가 있으면 책 뒤에 있는 용어 설명을 참고하면 된다. 이 책은 수식을 이용해 나타내기보다는 개념 설명을 훨씬 더 많이 하고 있지만 때로는 물리량을 나타내기 위해 기호를 사용하기도 했다. 그런 기호가 익숙하지 않은 사람들을 위해 책 뒤에 용어 설명과 함께 기호의 의미도 찾아볼 수 있도록 수록해놓았다.

이 책에 제시된 답보다 더 많은 정보가 필요하다면 이 책 뒤에 실려 있는 참고 도서 목록과 웹사이트 주소를 이용하기 바란다. 아니면 도서관이나 서점을 방문하는 것도 좋을 것이다.

그러나 무엇보다 중요한 것은 이러한 모험을 즐겨야 한다는 것이다!

우선 오랫동안 많은 질문을 해주고, 그 질문에 답해주신 많은 사람들에게 감사드린다. 미래에 선생님이나 엔지니어 그리고 물리학자가 될 나의 학생들, 미시간 대학 앤아버 캠퍼스의 연구 팀 연구원들과 동료들, 미시간 대학 디어본 캠퍼스의 물리학 및 자연 과학과의 동료들, 디트로이트 지역과 미시건 주의 고등학교 선생님들과 미국 물리 교사 연합회의 동료 회원들 모두에게 감사드린다. 그들에게 갚아야 할 빚이 많다.

나에게 가장 큰 격려와 힘이 되어준 나의 아이들과 손자들에게도 감사를 전한다. 그들은 수없이 "그런데 왜요?" 하고 질문했다. 항상 나를 지지해주셨고, 물리학, 화학, 전자 공학에 대한 나의 관심을 격려해주셨던 부모님께도 깊이 감사드린다. 또한 나의 친구이며 동료인 아내 바브에게도 많은 감사를 전한다. 그녀는 항상 나를 지지해주고 있다.

《한 권으로 끝내는 물리》의 재판본은 P. 에릭 군더센이 쓴 초판본을 바탕으로 하고 있다. 이 책은 초판의 구조와 형태를 그대로 사용했다. 일부 질문과 답은 변하지 않았지만 전체적으로 내용을 보충했고, 새로운 질문이 더해졌다. 에릭의 작업은 이 책을 쓰는 데 큰 도움이 되었다.

이 책을 쓰도록 큰 용기와 많은 도움을 준 비저블 잉크 프레스의 케빈 힐과 로저 제네케에게도 깊은 감사를 드린다. 이 책을 꼼꼼히 살피고 교정했음에도 불구하고 발견되는 오류는 모두 저자인 나의 책임이다.

폴 W. 지체비츠[Paul W. Zitzewitz]

2010년 11월

기본적인 사항

물리학이란 무엇인가?

물리학은 자연의 구조를 연구하는 학문으로, 자연현상들을 수학적 형식으로 나타 낸 이론을 이용하여 설명한다. 물리학에서는 정확한 측정 도구, 정밀한 측정 그리고 수학 형식으로 나타난 결과가 중요하다. 물리학은 힘의 작용에 의해 움직이는 물체의 운동을 기술하고 설명하며, 화학, 생물학, 지질학, 천문학의 바탕이 된다. 이러한 분야 는 물리학보다 훨씬 복잡한 구조를 연구하지만 기본적인 원리는 모두 물리학에 바탕 을 두고 있다.

물리학은 공학과 기술에도 응용되고 있다. 따라서 물리학의 지식은 현대 기술 사회 의 핵심이라고 할 수 있다. 물리학을 기초 과학이라 부르는 것은 이 때문이다.

물리학에는 어떤 분야들이 있는가?

물리학physics이라는 말은 그리스어의 자연을 뜻하는 'Physics'에서 유래했다. 아 리스토텔레스B.C. 384~322는 'Physics'라는 제목의, 운동과 운동의 원인에 대한 자세 한 설명이 포함된 여덟 권의 책을 썼다. 이 고대 그리스의 책 제목은 자연 철학Natural

Philosophy 또는 자연에 대한 책으로 번역할 수 있다. 그런 이유로 자연에 대해 연구하는 사람들을 '자연 철학자'라고 불렀다. 그들은 철학 교육을 받은 사람들로 스스로를 철학자라고 생각했다.

물리학이라는 이름의 현대 교과서가 출판된 것은 1732년이었다. 그러나 1800년대가 되어서야 물리학을 연구하는 사람들을 물리학자physicist라고 부르게 되었다. 19세기와

그리스 철학자 아리스토텔레스가 최초로 물리학에 관한 책을 썼다.

20세기 그리고 21세기에는 물리학이 매우 폭넓은 분야를 다루는 중요한 학문이 되었다. 물리학 분야가 넓어짐에 따라 오늘날의 물리학자들은 다양한 물리학 분야들 중 하나 혹은 두 개의 분야에 관심을 가지고 연구 활동을 하게 되었다. 물리학에서 가장 중요한 분야들은 다음과 같다.

양자 역학, 상대성이론 - 이 분야에서는 작은 입자들의 상호작용(양자 물리학), 빛의 속도와 비교할 정도로 빠르게 운동하는 물체의 성질(특수상대성이론), 그리고 중력의 원인과 효과(일반상대성이론)를 다룬다.

입자 물리학 - 모든 물질을 구성하는 소립자들의 성질과 상호작용을 연구한다.

원자핵 물리학 - 원자핵의 성질과 원자핵을 구성하는 양성자와 중성자에 대해 연구한다.

원자 및 분자 물리학 - 원자와 원자로 이루어진 분자의 구조와 성질, 그리고 빛과의 상호작용을 연구한다.

응집 물질 물리학 - 고체 물리학으로도 알려진 이 분야에서는 고체의 전기적 성질과 물리적 성질을 연구한다. 나노 크기의 물질에 대해 연구하는 나노 기술 발전의 기초가 되었다.

전자기학과 광학 - 전자기적 상호작용에 대해 연구한다. 빛은 전자기파의 일종이어서 빛

의 성질을 연구하는 광학은 전자기학의 일부가 된다.

열 물리학 및 통계 물리학 - 온도가 물질에 주는 영향과, 열이 교환되는 메커니즘을 연구하는 분야로, 열 물리학은 거시적인 물체를 다루고 통계 물리학은 원자나 분자의 운동을 기초로 열과 관계된 현상을 설명한다.

역학 - 힘과 에너지 그리고 운동 사이의 관계를 연구한다. 현대 역학은 대부분 유체(유체 역학)와 입자로 이루어진 물질(모래와 같이)의 운동을 다루며 별이나 은하의 운동을 다루기도 한다.

플라스마 물리학 - 플라스마는 전하를 띤 입자들로 이루어져 있다. 플라스마의 연구에는 형광 램프, 대형 텔레비전 디스플레이, 지구의 대기, 별의 내부와 성간 물질에 대한 연구가 포함된다. 플라스마 물리학자들은 통제된 상태에서 핵융합 반응을 일으키기 위한 연구도 하고 있다.

물리학 교육 연구 - 사람들이 어떻게 물리학을 배우며, 또한 어떻게 가르치는 것이 효과적인가를 연구한다.

응용 물리학 분야

음향학 - 음악 음향학은 악기들이 소리를 내는 메커니즘에 대해 연구한다. 응용 음향학에는 콘서트홀의 설계에 대한 연구도 포함된다. 초음파 연구에서는 초음파를 이용하여 고체, 유체 그리고 인간 몸의 내부 영상을 만들어내는 기술도 연구되고 있다.

천체 물리학 - 행성, 별, 은하와 같은 천체들 사이의 상호작용을 연구한다. 우주, 은하 그리고 별의 기원과 형성 과정을 연구하는 우주론은 천체 물리학의 한 분야다.

대기 물리학 - 지구를 비롯한 행성의 대기를 연구한다. 오늘날 이 분야에서 진행되는 대부분의 연구는 지구 온난화와 기후 변화의 원인과 영향을 이해하기 위한 것이다.

생물 물리학 - 생명체를 구성하는 분자들 사이의 물리적인 상호작용과 생명체와 관계된 물리적 현상을 연구한다.

화학 물리학 - 원자와 분자들 사이의 화학 반응이 일어나는 물리적인 원인에 대해 연구한다.

지구 물리학 - 지구와 관계된 현상을 연구하는 물리학으로, 지구 내부의 에너지와 힘에 대해 연구한다. 지구 물리학에는 판 구조, 지진, 화산 활동, 해양 지리학에 대한 연구도 포함된다.

의학 물리학 - 물리적 상호작용을 이용하여 인체 내부의 영상을 만들어내는 방법을 연구한다. 복사선과 고에너지 입자를 이용하여 질병을 진단하고 치료하는 방법에 대한 연구도 이루어진다.

측정

물리학에서 측정이 중요한 이유는 무엇인가?

아리스토텔레스는 실험이나 측정보다 관찰을 중요시했다. 그러나 천문학을 하기 위해서는 별과 떠돌이별(현재는 행성이라고 알려진)의 위치를 측정해야 했다. 오래전부터 실험과 수학적 계산이 중요시된 또 다른 분야는 빛을 연구하는 광학 분야였다.

물리학에서 사용하는 측정 단위는 무엇인가?

물리학에서는 1960년 파리에서 열린, 무게와 측정에 관한 제7차 일반 회의 때 채택한 국제 단위 체계$^{SI, Système International}$를 사용한다. 물리량의 단위들은 미터, 킬로그램, 초(MKS 체계)에 바탕을 두고 있다. 이 단위 체계는 미터법이라고도 알려져 있다.

미국도 국제 단위 체계를 사용하고 있는가?

미국의 과학자들은 국제 단위 체계를 사용하고 있지만 일반인들은 아직도 전통적인 영국 단위 체계를 사용하고 있다. 미터법을 권장하기 위해 미국 정부는 1975년에 미터법 전환 법률을 제정했다. 이 법의 시행으로 미터법 사용이 증가하기는 했지만, 미터법 사용은 강제 조항이 아니라 권장 사항이었다. 1988년에 제정된 총괄적 무역 및 경쟁 법률은 1992년부터 모든 연방 정부 기관들이 미터법을 사용하도록 했다. 따라서 정부 기관과 계약을 맺는 모든 회사들은 미터법을 사용해

대부분의 국가에서는 물리량을 측정할 때 미터법을 사용한다. MKS 체계라고도 부르는 미터법은 1995년에 열렸던 제17차 총회 때 최종적으로 다듬어졌다.

야 한다. 미국 회사의 60%가 미터법으로 표시된 제품을 판매하고 있지만, 아직도 미국에서는 영국의 단위 체계가 더 널리 사용되고 있다.

초는 어떻게 측정하는가?

시간을 측정하는 가장 정밀한 시계는 원자시계이다. GPS를 이용해 위치를 계산하거나 지구의 자전을 측정할 때, 인공위성의 위치를 정밀하게 계산할 때 또는 별이나 은하의 사진을 찍을 때 과학자들과 기술자들은 루비듐, 수소, 세슘과 같은 원자시계를 사용한다.

시간의 기준으로 사용되는 것은 세슘 133 원자시계이다. 1초는 세슘 133 원자가 높은 에너지 상태에서 낮은 에너지 상태로 전환될 때 방출하는 마이크로파 주기의 9,192,631,770배로 정의되었다. 이 시계는 매우 정밀해서 6000만 년에 1초 정도의 오차가 난다.

누가 1m를 정의하고 발전시켰나?

1798년, 프랑스 과학자들은 북극에서 적도까지 거리의 1000만분의 1을 1m로 하기로 정했다. 실제 측정을 통해 이 거리를 알아낸 다음 과학자들은 1m의 길이를 나타내는 백금-이리듐 합금 막대를 만들어 표준으로 사용했다. 이 미터원기는 1960년까지 사용되었다. 오늘날에는 빛이 진공 중에서 299,792,458분의 1초 동안 진행한 거리를 1m로 정의해서 사용하고 있다.

질량의 기준 단위는 무엇인가?

SI 단위 체계와 미터법에서는 킬로그램(kg)이 질량의 기본 단위이다. 처음에는 1kg을 4℃의 순수한 물 1리터의 질량으로 정했다. 1kg을 나타내는 백금과 이리듐 합금으로 만든 원기둥 모양의 킬로그램원기는 1889년부터 질량의 표준으로 사용되고 있다. 아직도 이 백금-이리듐 원기가 파리 근처에 보관되어 있다. 또한 이 킬로그램원기의 복제품은 여러 나라에 흩어져 있다. 킬로그램은 원자나 분자에 근거하여 정의되지 않은 유일한 표준 단위이다. 탄소 원자의 질량을 이용해 킬로그램을 정의하려는 다양한 방법이 개발되고 있으며 새로운 질량의 기준을 정하기 위한 연구 역시 현재에도 진행 중이다. 그중 한 가지 방법을 이용하면 10억분의 35 정도의 오차 이내에서 킬로그램을 정의할 수 있다. 그것은 몸무게를 측정할 때 머리카락 하나가 빠진 것을 알아차릴 정도의 정밀도이다.

최초의 시계는 무엇이었나?

수천 년 동안 시간을 측정하는 데 사용되는 초를 비롯한 여러 가지 단위들은 지구의 자전 주기를 바탕으로 정해진 것이다. 하루보다 짧은 시간을 측정하는 데 사용된 시계 중 가장 오래된 것은 기원전 3500년까지 거슬러 올라간다. 이 당시에는 그노몬 gnomon이라는 시계가 사용되었다. 그노몬은 지면에 수직으로 막대기를 박아놓고 그림자의 방향을 측정하여 시간을 알아내는 해시계였다. 그노몬은 기원전 3세기에 천문학자 베로수스Berossus, B.C. 340에 의해 반구형 해시계로 대체되었다.

해시계는 어떤 한계를 가지고 있었나?

햇빛에 의해 만들어지는 그림자를 이용하여 시간을 측정하는 시계는 밤이나 햇빛이 비치지 않을 때는 사용할 수 없다. 이런 문제를 해소하기 위해 눈금이 매겨진 촛불이 발명되기도 했다. 후에는 모래시계나 물시계(클렙시드라)가 널리 사용되었다. 최초로 물시계가 사용된 것은 기원전 6세기였다. 기원전 2세기에 알렉산드리아의 발명가 크테시비오스Ctesibius, B.C. 285~222는 톱니바퀴를 이용해 오늘날 시계의 시침과 비슷한 시곗바늘에 기계장치를 연결하여 자동적으로 시간을 알려주도록 했다. 시간을 정확하게 측정할 수 있는 진자를 이용한 기계적 시계를 사용하기 시작한 것은 1656년 이후부터였다.

해시계는 시간을 측정하는 아주 오래된 방법이다. 정확하기는 하지만 햇빛이 비칠 때만 시간을 알 수 있다는 한계가 있다.

미터법에서 사용하는 접두어의 의미는?

미터법에서는 크기가 다른 물리량을 손쉽게 나타내기 위해 여러 가지 접두어가 사용되고 있다. 접두어는 소수점을 중심으로 유효 숫자가 어디에 위치하는지를 나타낸다.

다음에 나타난 접두어들이 미터법에서 자주 사용되는 접두어들이다.

펨토	femto	f	10^{-15}	데카	deka	da	1^1
피코	pico	p	10^{-12}	헥토	hecto	h	10^2
나노	nano	n	10^{-9}	킬로	kilo	k	10^3
마이크로	micro	μ	10^{-6}	메가	mega	M	10^6
밀리	milli	m	10^{-3}	기가	giga	G	10^9
센티	centi	c	10^{-2}	테라	tera	T	10^{12}
데시	deci	d	10^{-1}	페타	peta	P	10^{15}

'정확성'과 '정밀도'는 어떻게 다른가?

일상생활에서 '정확하다'와 '정밀하다'라는 말은 같은 의미로 사용된다. 그러나 이 두 가지는 다른 의미를 가지고 있다. 정확성은 결과가 얼마나 정확한지 또는 받아들여지는 값이나 측정 기준치 혹은 계산 기준치에 얼마나 근접해 있는지를 나타낸다. 그에 비해 정밀도는 얼마나 자주 같은 결과를 얻을 수 있느냐를 나타낸다. 예를 들면, 활로 항상 과녁의 중심을 맞히는 사람은 정확하며 동시에 정밀하다고 말할 수 있다. 만약 과녁의 중심에서는 벗어났지만 항상 같은 곳에 화살이 꽂힌다면 정확하지는 않지만 정밀하다고 할 수 있다. 화살이 여기저기 흩어지는 경우에는 정확하지도 않고 정밀하지도 않다고 말한다.

물리학 관련 직업들

어떻게 하면 물리학자가 될 수 있을까?

물리학자가 되기 위한 첫 번째 조건은 탐구심을 가지고 있느냐 하는 것이다. 아인슈타인[1879~1955]은 "어린아이처럼 나는 항상 가장 간단한 질문을 했다"라고 말했다. 그러나 가장 간단한 질문이 가장 답하기 어려운 경우가 많다.

오늘날 물리학자가 되기 위해서는 탐구심과 함께 일정한 정도의 학교 교육을 받아야 한다. 단단한 지식의 기반을 가지고 대학에 들어가려면 고등학교에서 수학, 영어, 과학을 공부해야 한다. 대학에서는 고전 역학, 전자기학, 광학, 열역학, 현대 물리학, 미적분학과 같은 과목을 공부하게 된다. 그리고 석사나 박사 학위가 필요한 만큼 계속해서 대학원에 가서 연구를 하고 논문을 써서 박사 학위를 받아야 한다.

물리학자는 어떤 일을 하는가?

물리학자들이 하는 일은 대략 세 가지로 분류할 수 있다. 이론적 연구를 주로 하는 물리학자들은 새로운 이론을 만들거나 기존의 이론을 확장하여 물리 현상을 설명하는 일을 한다. 실험을 주로 하는 실험 물리학자들은 이론을 시험할 수 있는 실험을 고안하거나 새로운 실험 장비를 개발하는 일을 한다. 새로운 물질을 연구하는 일도 실험 물리학자들이 하는 일이다. 물리학자들이 하는 세 번째 일은 컴퓨터를 이용해 가상적인 실험을 하거나 이론을 개발하고 확장하는 일이다. 사람의 눈으로 관측할 수 없는 것들을 컴퓨터를 이용해 관측할 수 있도록 하는 것도 여기에 속한다.

물리학 전공자들은 다양한 분야에 취업할 수 있다. 많은 물리학 연구자들이 대학, 정부 연구소, 천문 관측소와 같은 기초 연구 분야에서 일한다. 물리학을 공학이나 기술 분야에 새롭게 응용할 수 있는 방법을 찾아낸 물리학자들은 기업체 연구소에서 일하기도 한다. 컴퓨터 관련 연구, 경제학이나 재정학, 의학, 통신, 출판 분야에서도 물리학은 매우 중요하다.

이밖에도 초등학교, 중·고등학교 또는 대학에서 학생들에게 물리를 가르치는 물리학자들도 많다.

유명한 물리학자들

최초의 물리학자는 누구인가?

19세기 초반까지는 물리학이 뚜렷하게 독립된 분야로 인식되지 않았지만 수천 년 동안 사람들은 운동, 에너지, 힘과 같은 것들에 대해 연구해왔다. 특히 행성의 운동과 관련된 물리적인 생각을 다룬 기록들은 중국, 이집트, 메소포타미아 그리고 바빌로니아 시대로 거슬러 올라간다. 고대 그리스의 철학자 플라톤과 아리스토텔레스는 물체의 운동을 분석했지만 자신들의 생각을 증명하기 위한 실험을 하지는 않았다.

물리학자가 아니면서도 매일 물리학을 이용하는 직업은 무엇인가?

모든 직업은 물리학과 관계를 가지고 있다. 많은 사람들이 물리학과 별 관계가 없을 것이라고 생각하는 분야도 어느 정도는 연관되어 있다. 아마추어건 직업적인 선수이건 운동선수들은 항상 물리학의 원리를 이용하고 있다. 운동의 법칙은 공을 던지고 칠 때, 뛰고, 달리고, 태클할 때 어떤 일이 일어나는지를 설명한다. 선수와 코치가 물리 지식을 더 잘 이용할수록 더 좋은 운동 성과를 거둘 수 있다. 자동차 사고 역시 물리학의 법칙에 따라 일어난다. 따라서 사고를 재구성하는 사람들은 운동량, 마찰력, 에너지와 같은 물리량과 관련된 물리 법칙을 이용한다. 텔레비전, 컴퓨터, 스마트폰 그리고 음악 연주 장치와 같은 현대 전자 공학 제품들은 모두 물리학의 법칙을 응용해 만든 것들이다. 전화와 컴퓨터 네트워크는 빛의 반사 원리를 이용하여 수천 킬로미터까지 빛을 전송하는 광섬유로 연결되어 있다. 엑스선, CT, 초음파, PET 그리고 MRI와 같은 현대 의학 영상 장치들도 모두 물리학에 기반을 두고 있다. 때문에 병원에서 근무하는 의사나 물리 치료사, 관계 기술자들은 가장 좋은 장비를 선택하고 측정 결과를 해석하기 위해 이런 장비의 작동 원리를 잘 이해해야 한다.

아리스토텔레스는 물리학 발전에 어떤 공헌을 했나?

아리스토텔레스$^{Aristoteles,\ B.C.\ 384 \sim 322}$는 기원전 4세기에 62년 동안 살았던 철학자이자 과학자였다. 그는 플라톤의 제자로 생물학, 물리학, 수학, 철학, 천문학, 정치학, 종교학, 교육학 분야에서 뛰어난 업적을 남긴 학자였다. 아리스토텔레스는 지상의 물체는 물, 불, 흙, 공기의 네 원소로 이루어져 있고 천체는 제5의 원소인 에테르로 이루어져 있으며, 이 원소들이 다른 원소들을 찾아 운동한다고 믿었다. 그는 힘이 작용하지 않으면 물체는 움직일 수 없다고 했다. 따라서 방향이나 속도가 바뀌지 않는 경우에도 운동을 계속하기 위해서는 힘을 가해야 한다고 했다. 그는 운동은 물체 사이의 상호작용이나 물체와 매질의 상호작용에 의해 일어난다고 믿었다.

기원전 3세기 이후에는 알렉산드리아를 비롯한 지중해 연안의 도시들에서 많은 물리 실험이 이루어졌다. 아르키메데스$^{Archimedes,\ B.C.\ ?287 \sim 212}$는 흘러넘치는 물을 이용하여 물체의 밀도를 측정했다. 사모스의 아리스타르코스$^{Aristarchos\ of\ Samos,\ B.C.\ 310 \sim 230}$는 지구에서 달, 지구에서 태양까지의 거리의 비를 측정했고, 태양 중심 천문 체계를 제안했다. 에라토스테네스$^{Erathostenes,\ B.C.\ ?276 \sim ?194}$는 그림자와 삼각 함수를 이용하여 지구의 둘레를 측정했다. 히파르코스$^{Hipparchos,\ B.C.\ ?190 \sim ?120}$는 세차 운동을 발견했다. 그리고 1세기에 프톨레마이오스$^{Klaudios\ Ptolemaios,\ A.D.\ 83 \sim 168}$는 지구를 중심으로 태양과, 행성, 달, 별 들이 돌고 있는 지구 중심 천문 체계를 제안했다.

로마 제국이 몰락하면서 그리스 과학자들의 저서는 대부분 사라졌다. 800년대 이슬람 제국의 칼리프가 남아 있는 책들을 최대한 모아 아랍어로 번역하게 했다. 그때부터 1200년대 사이에 이슬람 제국의 과학자들이 아리스토텔레스 물리학의 오류를 찾아냈다. 알하젠^{Alhazen}, 샤키르$^{Ibm\ Shakir}$, 알 비루니$^{al-Biruni}$, 알 카지니$^{al-Khazini}$, 알 바그다디$^{al-Baghdaadi}$와 바그다드에 있던 지혜의 집 소속 학자들이 여기에 포함된 아랍의 대표적인 과학자들이었다. 그들은 후에 코페르니쿠스, 갈릴레이, 뉴턴이 발전시킨 근대 물리학의 기본 개념을 어느 정도 알고 있었다.

이러한 도전에도 불구하고 아리스토텔레스의 물리학은 17세기 후반까지 유럽의 대학에서 가장 중요한 위치에 있었다.

태양이 태양계의 중심이라는 생각은 어떻게 생겨났는가?

태양과 행성들이 정지해 있는 지구 주위를 돈다는 아리스토텔레스와 프톨레마이오스의 생각은 거의 1800년 동안 사실로 받아들여졌다. 폴란드의 천문학자겸 성직자였던 코페르니쿠스[Nicolaus Copernicus, 1473~1543]는 지구 중심 천문 체계 대신 태양 중심 천문 체계를 주장한 내용이 남긴 책을 펴낸 첫 번째 사람이었다. 그는 죽던 해인 1543년에 《천체 회전에 관하여》라는 책을 출판했다. 교황 바오로 3세에게 헌정된 이 책의 첫 페이지에는, 지동설은 계산을 위해 유용한 것으로 반드시 사실인 것은 아니라는 서문이 실려 있다. 이 서문은 코페르니쿠스가 알지 못하는 사이에 오시안더[Andreas Osiander, 1498~1552]가 쓴 것이었다.

《천체 회전에 관하여》는 3년 후에 성경과 맞지 않다는 비난을 받았고, 1616년에는 금서 목록에 올랐다. 그 후 1835년 9월이 되어서야 금서 목록에서 해제되었다.

지동설을 지지했다는 이유로 가택 연금을 당한 과학자는 누구인가?

갈릴레이[Galileo Galilei, 1564~1642]는 코페르니쿠스 체계를 널리 알린 사람이다. 1632

년에 그는 《두 체계에 관한 대화》라는 책을 출판했다. 이탈리아어로 쓴 이 책은 세 사람이 토론을 벌이는 형식이었다. 한 사람은 아리스토텔레스의 체계를 지지했고, 또 한 사람은 코페르니쿠스 체계의 지지자였으며, 세 번째 사람은 두 사람의 대화를 중재했다. 이 토론에서는 코페르니쿠스 체계가 쉽게 승리했다. 이 책은 피렌체에서 출판이 허가되었지만 1년 후 금지되었다. 갈릴레이의 오랜 친구였던 교황 우르바노 8세는 갈릴레이가 이 책에서 자신을 모욕했다고 생각했다. 갈릴레이는 심문을 받고 남은

갈릴레이가 쓴 《두 체계에 관한 대화》는 모든 행성이 태양 주위를 돌고 있다는 코페르니쿠스 체계에 대해 설명하고 있다.

생애 동안 가택 연금형을 받았으며 그가 쓴 모든 책은 금서가 되었다.

갈릴레이는 운동에 관한 연구로도 잘 알려져 있다. 기울어진 피사의 사탑을 이용한 사고 실험이 유명하다. 그는 무거운 돌과 가벼운 돌을 같이 떨어뜨리면 동시에 땅에 떨어질 것이라고 주장했다. 그의 주장은 빗면에서 공을 굴리는 실험을 통해 얻은 결론을 바탕으로 한 것이었다. 많은 과학자들이 갈릴레이의 연구가 진정한 물리학의 시작이라 믿고 있다.

시대를 통틀어 가장 위대한 과학자로 인정받는 사람은 누구인가?

많은 과학자들과 역사학자들이 뉴턴Isaac Newton, 1642~1727을 가장 영향력 있는 과학자 중 한 사람으로 생각하고 있다. 뉴턴은 운동 법칙과 중력 법칙을 발견했고, 빛과 광학 연구에 크게 공헌했으며, 최초로 반사 망원경을 제작했고, 미적분학을 발전시켰다. 그가 출판한 《자연 철학의 수학적 원리Philosophiæ Naturalis Principia Mathema tica, or The

Principia》와 《광학Optiks》은 역학과 광학의 바탕이 되었다. 그런데 라틴어로 쓴 이 책들은 뉴턴이 연구를 마치고 오랜 시간이 지난 후 동료들이 출판을 권했을 때에야 비로소 출판했다.

뉴턴은 어디에서 공부했나?

뉴턴의 어머니는 뉴턴이 농부가 되기를 바랐다. 하지만 외삼촌은 뉴턴이 과학과 수학에 재능이 있다는 것을 알아차리고 케임브리지 대학의 트리니티 칼리지에 등록할 수 있도록 도와주었다. 뉴턴은 그곳에서 4년을 보낸 후 1665년에 흑사병을 피해 고향인 울즈소프로 돌아왔다. 그는 2년간 울즈소프에 머물면서 공부하는 동안 미적분학, 중력 법칙과 운동 법칙, 그리고 광학에 관한 가장 큰 성취를 이루었다.

뉴턴의 공식 직함은 무엇이었나?

뉴턴은 살아 있는 동안에 많은 존경을 받았다. 하지만 그는 동료들에게 적대적이었고, 무뚝뚝했던 것으로 알려져 있다. 1660년대 말에 케임브리지 대학의 루카스좌 교수가 되었고, 1703년에는 런던에 있는 왕립 협회 회장이 되었으며, 1705년에는 과학자로서는 최초로 기사 작위를 받았다. 또한 조폐국장이 되어 오돌도돌한 가장자리를 가진 동전을 주조해 사람들이 동전 가장자리를 갉아내지 못하도록 했다. 그는 사후 런던 웨스트민스터 수도원에 묻혔다.

역사를 통틀어 가장 유명한 과학자 중 한 사람인 뉴턴은 운동 법칙을 발견했고, 미적분법을 개발했으며, 최초의 반사 망원경을 만들었다.

20세기의 가장 영향력 있는 과학자는 누구인가?

아인슈타인$^{Albert\ Einstein,\ 1879\sim1955}$은 1879년 3월 14일, 독일 울름에서 태어났다. 이 작은 소년이 후에 우주의 법칙을 바라보는 인간의 시각을 바꿔놓으리라는 것은 아무도 몰랐다. 아인슈타인은 칸트의 철학과 유클리드의 기하학을 배우고, 장난감과 모형을 만들던 초등학교 시절 가장 우수한 학생이었다. 그러나 고등학교에 입학한 후 군대적인 체제와 틀에 박힌 교육을 싫어해 열여섯 살때 학교를 그만두고 부모와 함께 지내기 위해 이탈리아로 갔다. 그는 취리히의 폴리테크니크 대학 입학시험에 응시했으나 실패하

아인슈타인은 유명한 방정식 $E=mc^2$과 함께 기억된다. 하지만 그가 노벨 물리학상을 받은 것은 광전 효과를 설명한 공로 때문이었다.

고 스위스의 아라우에서 1년 더 공부하고 나서야 대학에 들어가 4년 후인 1900년에 졸업했다.

아인슈타인은 2년 동안 취직을 위해 노력하다가 베른에 있는 특허 사무소에 서기로 취직했다. 그 후 3년 동안 그곳에서 일하며 전자기학, 시간과 운동, 통계 물리학에 대한 연구를 계속했다. 기적의 해라고 불리는 1905년에 아인슈타인은 네 편의 뛰어난 논문을 출판했다. 그중 한 편은 광전 효과에 대한 것으로, 이 논문에서는 후에 광자라고 부르게 된 빛의 양자에 대해 설명했다. 두 번째 논문은 브라운 운동에 관한 논문으로, 모든 물질이 원자로 구성되어 있다는 사실을 증명하는 것이었다. 세 번째 논문은 특수상대성이론으로, 빠른 속도에서의 운동과 전자기학을 이해하는 혁명적인 방법을 제안한 것이었다. 네 번째 논문은 유명한 식인 $E=mc^2$을 유도한 것이었다. 이 논문들로 아인슈타인은 박사 학위를 취득하는 데 필요한 조건을 만족시켰고, 2년 후에는 프라하에 있는 독일 대학의 교수로 임명되었다.

아인슈타인이 세계적 명성을 얻게 된 것은 무엇 때문이었나?

1914년에 아인슈타인이 이룬 과학적 업적이 물리학자들에게 널리 받아들여지면서 아인슈타인은 베를린 대학의 교수로 임명되었고, 프로이센 과학 아카데미 회원으로 선출되었다. 아인슈타인이 1916년에 발표한 일반상대성이론의 예측 중에는 빛이 항상 직선으로 진행하는 것이 아니라 태양과 같이 질량이 큰 물체 주변을 지날 때는 휘어져 진행한다는 것도 포함되어 있었다. 아인슈타인의 예측에 의하면, 뉴턴 역학의 예측보다 두 배 더 크게 휘어져 진행해야 했다. 그리고 1919년의 일식 때 태양 근처에 있는 별들의 위치 측정을 통해 이런 예측이 옳다는 것이 확인되었다. 그 결과는 영국과 미국의 주요 신문에 보도되었고, 아인슈타인은 세계적인 명성을 얻게 되었다. 1921년에는 광전 효과에 관한 연구로 노벨 물리학상을 수상했다.

아인슈타인이 세계적으로 유명한 물리학자 이상의 인물인 이유는?

아인슈타인은 스위스에서 독일로 이주하던 해에 독일이 제1차 세계대전에 참가하는 것을 반대하는 단체에 가입했다. 또 사회주의 운동과 평화주의 운동에도 참여했다. 히틀러 Adolf Hitler, 1889~1945가 정권을 잡자 나치에 반대했던 아인슈타인은 미국으로 망명했다. 그는 뉴저지의 프린스턴에 있는 고등 학술 연구소에 자리를 잡았고, 몇 년 후 미국 시민권을 얻었다. 다른 물리학자들의 요청을 받아들여 아인슈타인은 독일에서 우라늄에 대한 연구가 새로운 종류의 폭탄을 만들지도 모른다고 경고하는, 루스벨트 Franklin D. Roosevelt, 1882~1945 미국 대통령에게 보내는 편지에 서명했다. 이 편지는 원자 폭탄을 개발한 맨해튼 계획을 시작하는 데 중요한 계기가 되었다. 실제로 원자 폭탄 개발에 참여하지는 않았지만 원자 폭탄의 파괴력을 잘 알고 있던 아인슈타인은 독일이 항복한 뒤 원자 폭탄을 사용하지 말라는 편지를 보냈다. 그러나 이 편지는 당시의 미국 대통령 트루먼 Harry Truman, 1884~1972에게 전달되지 않았다. 전쟁이 끝난 뒤 아인슈타인은 원자 폭탄 폐기를 위한 여러 활동을 했다. 한때 그는 새로 수립된 이스라엘의 대통령직을 제안받기도 했으며 과학 연구에서나 사회 활동에서 국제적인 우상이 되었다.

아인슈타인은 왜 상대성이론이 아닌 광전 효과로 노벨상을 받았나?

아인슈타인은 논쟁의 여지가 있는 인물이었다. 그는 유대인이었으며 평화 운동의 강력한 지지자였다. 게다가 그의 이론 물리학적 접근 방법은 당시 일반 물리학자들의 방법과 매우 달랐다. 그는 노벨상 후보자로 계속 지명되었지만 노벨상 위원회에서는 그의 대중적인 유명세에도 불구하고 상을 주는 것을 거절했다(정치적인 이유 때문이라고 추측하고 있다). 1921년의 노벨상은 수여되지 않았다. 1922년에 노벨상 위원회는 타협안을 찾아냈다. 실험을 통해 검증된 광전 효과에 관한 연구로 아인슈타인에게 1921년 노벨상을 수여하기로 한 것이다.

노벨상

노벨상은 어떤 상인가?

노벨상은 세계에서 가장 권위 있는 상 중 하나이다. 노벨상은 다이너마이트의 발명자로 900만 달러 이상의 기금을 남긴 노벨^{Alfred B. Nobel, 1833~1896}의 이름을 따서 수여되는 상이다. 노벨상은 이 기금의 이자로 특정 분야에서 그해에 가장 큰 업적을 남긴 사람에게 수여된다. 물리학, 화학, 생리학 및 의학, 문학, 평화, 경제학 분야로 나누어 수여되는 노벨상의 상금은 140만 달러 정도이며, 이 상을 받으면 세계적인 명성도 함께 따라온다.

노벨 물리학상 수상자 명단과 수상 내용들

오른쪽 표에 노벨 물리학상 수상자들이 정리되어 있다. 여러 명이 공동으로 수상한 경우도 있다.

연도	수상자	업적
2015	Takaaki Kajita, Arthur B. McDonald	우주를 이루는 기본 입자인 중성미자의 진동을 발견하여 중성미자가 질량이 있음을 밝혀냄
2014	中村修二, 赤崎勇, 天野浩	청색 LED(발광다이오드)를 개발하고 실용화함
2013	François Englert, Peter Higgs	1964년 힉스 메커니즘의 존재 예측
2012	Serge Haroche, David Wineland	개개의 양자 시스템을 파괴하지 않고도 측정하고 조작할 수 있는 획기적 방법 개발
2011	Saul Perlmutter, Brian P. Schmidt	초신성 관찰을 통하여 우주의 가속도 팽창을 밝혀냄
2010	Andre Geim Konstantin Novoselov	2차원 그래핀에 대한 연구
2009	Charles K.kao Willard S. Boyle와 George E. Smith	광섬유를 통한 빛의 전파 연구 CCD 센서의 발명
2008	Yoichiro Nambu Makoto Kobayashi와 Toshihide Maskawa	자발적 대칭성 붕괴 메커니즘의 발견 대칭성 붕괴의 기원 발견
2007	Albert Fert 와 Peter Grüberg	거대 자기 저항의 발견
2006	John C. Mather와 George C. Smoot	우주 배경 복사의 비등방성에 대한 연구
2005	Roy J. Glauber, John L. Hall Theodor W.Häsch	광학 결맞음성에 대한 양자 이론 연구에 대한 공헌 레이저를 기반으로 하는 분광기 개발
2004	David J. Gross, Frank Wilczek H. David Politzer	강한상호작용에서의 점진적 자유의 발견, 강한상호작용 이론 연구
2003	Alexei A. Abrikosov, Vitaly L. Ginzburg, Anthony J. Leggett	초전도체와 초유체 이론에 대한 연구
2002	Raymond Davis Jr.와 Masatoshi Koshiba, Riccardo Giacconi	우주 중성미자의 검출에 관한 연구 우주 X선원 발견
2001	Eric A. Cornell, Wolfgang Ketterle, Carl E. Wieman	보즈 아인슈타인 집적 상태 연구
2000	Zhores I. Alferov와 Herbert Kroemer Jack St. Clair Kilby	고속 광전 소자로 사용되는 반도체 구조 개발 집적회로의 개발
1999	Gerardus T Hooft와 Martinus J. G. Veltman	전약 상호작용에서의 양자 구조 규명
1998	Robert B. Laughlin, Horst L. Stormer, Daniel C. Tsui	새로운 형태의 양자 유체 발견
1997	Steven Chu, Claude Cohen-Tannoudji, William D. Phillips	레이저를 이용해 원자를 냉각하여 포획하는 방법 개발

연도	수상자	업적
1996	David M. Lee, Douglas D. Osheroff, Robert C. Richardson	헬륨 3의 초유체 성질 발견
1995	Martin L. Perl, Frederick Reines	타우 입자의 발견 중성미자 검출
1994	Bertram N. Brockhouse Clifford G. Shull	중성자 분광기 개발 중성자 간섭 기술 개발
1993	Russell A. Hulse와 Joseph H. Taylor Jr.	새로운 형태의 펄사 발견
1992	Georges Charpak	입자 검출기 개발
1991	Pierre-Gilles de Gennes	액정과 고분자 화합물의 구조에 대한 연구
1990	Jerome I. Friedman Richard E. Taylor	양성자와 중성자에 의한 전자의 비탄성 산란 연구, 최초 발견 중성자 성질 연구
1989	Norman F. Ramsey, Hans G. Dehmelt와 Wolfgang Paul	수소 메이저와 원자시계에 대한 연구 이온 트랩 기술의 개발
1988	Leon M. Lederman, Melvin Schwartz, Jack Steinberger	뮤 중성미자의 발견
1987	J. Georg Bednorz와 K. Alexander Müler	세라믹 물질의 초전도성 발견
1986	Ernst Ruska, Gerd Binnig와 Heinrich Rohrer	최초 전자 현미경의 설계 STM의 설계
1985	Klaus von Klitzing	양자 홀 효과의 발견
1984	Carlo Rubbia와 Simon van der Meer	약한상호작용에 대한 연구
1983	Subramanyan Chanrasekahr William A. Fowler	백색왜성의 진화 과정에 대한 연구 원자 형성에 대한 핵융합 반응의 이론 및 실험적 연구
1982	Kenneth G. Wilson	상 변화와 관계된 현상에 대한 이론적 연구
1981	Nicolaas Bloembergen Athur L. Schawlow, Kai M. Siegbahn	레이저 분광기의 개발 고해상도 전자 스펙트로스코피 개발
1980	James W. Cronin과 Val L. Fitch	K 중간자 붕괴시 대칭성의 붕괴 발견
1979	Sheldon L. Glashow, Abdus Salam, Steven Weinberg	약-전 상호작용의 통합 이론 개발
1978	Pyotr Leonidovich Kapitsa, Arno A. Penzias와 Robert W. Wilson	저온 물리학 연구에 대한 공헌 우주배경복사의 발견

연도	수상자	업적
1977	Philip W. Anderson, Sir Nevill F. Mott John H. van Vleck	자성 물질과 비정질 물질의 전자 구조에 대한 연구
1976	Burton Richter와 Samuel C. C. Ting	새로운 종류의 무거운 소립자 발견
1975	Aage Bohr, Ben Mottelson, James Rainwater	핵자들의 운동에 관한 연구
1974	Martin Ryle과 Antony Hewish	전파 천문학에 대한 연구 펄사의 발견
1973	Leo Esaki와 Ivar Giaever Brian D. Josephson	반도체와 초전도체에서의 터널링 현상 발견 초전도체의 조지프슨 효과 발견
1972	John Bardeen, Leon N. Cooper, J. Robert Schrieffer	초전도 형상에 대한 BCS 이론 개발
1971	Dennis Gabor	홀로그래픽 기술 개발
1970	Hannes Alfvé Louis Nél	자기 유체 역학에 대한 기초 연구 강자성과 반자성에 대한 연구
1969	Murray Gell-Mann	소립자의 분류와 상호작용에 대한 연구
1968	Luis W. Alvarez	소립자의 공명 상태의 발견과 수소 거품 상자 개발
1967	Hans Albrecht Bethe	별 내부의 핵융합 반응에 대한 이론적 연구
1966	Alfred Kastler	원자의 헤르츠 공명에 대한 연구
1965	Sin-Itiro Tomonaga, Julian Schwinger, Richard P. Feynman	양자 전자기학(QED)에 대한 연구
1964	Charles H. Townes와 Nicolay Gennadiyevich Basov와 Alexandr Mikhailovich Prokhorov	메이저-레이저의 원리에 바탕을 둔 진동 장치와 증폭 장치의 개발
1963	Eugene P. Wigner Maria Goeppert-Mayer와J. Hans D. Jensen	원자핵과 소립자에 대한 이론적 연구 원자의 핵껍질 모델 발견
1962	Lev Davidovich Landau	응집 물질 특히 액체 헬륨에 대한 연구
1961	Robert Hofstadter Rudolf Ludwig Mösbauer	원자핵에서의 전자의 산란에 대한 연구 감마선의 뫼스바우어 흡수에 대한 연구
1960	Donald A. Glaser	거품 상자의 발명
1959	Emilio Gino Segré? Owen Chamberlain	반양성자의 발견

연도	수상자	업적
1958	Pavel Alexseyevich Cherenkov, Il'ja Mikhailovich Frank Igor Yevgenyevich Tamm	체렌코프 복사선의 발견과 해석
1957	Chen Ning Yang과 Tsung-Dao Lee	패리티 보존에 관한 연구
1956	William Shockley, John Bardeen, Walter Houser Brattain	반도체와 트랜지스터에 대한 연구
1955	Willis Eugene Lamb Polykarp Kusch	수소 스펙트럼의 미세 구조 발견 전자의 자기 모멘트 결정
1954	Max Born Walther Bothe	양자 역학의 확률적 해석 동시 계수법의 개발
1953	Frits Frederik Zernike	현미경 개발 위상차
1952	Felix Bloch와 Edward Mills Purcell	핵자기 정밀 측정 방법의 개발
1951	John Douglas Cockcroft와 Ernest Thomas Sinton Walton	가속 입자를 이용한 원자핵 변환
1950	Cecil Frank Powell	핵 반응 연구를 위한 사진 방법 개발
1949	Hideki Yukawa	중간자에 대한 이론적 연구
1948	Patrick Maynard Stuart Blackett	우주선의 재발견
1947	Edward Victor Appleton	상층 대기에 대한 물리학적 연구
1946	Percy Williams Bridgman	고압력 상태 기구 개발
1945	Wolfgang Pauli	파울리 배타 원리의 발견
1944	Isidor Isaac Rabi	원자핵의 자기 공명 방법 개발
1943	Otto Stern	양성자의 자기 모멘트 발견
1940~42	제2차 세계대전으로 수상자 없음	
1939	Ernest Orlando Lawrence	사이클로트론의 발명
1938	Enrico Fermi	중성자를 이용한 새로운 방사성 동위 원소 발견
1937	Clinton Joseph Davisson과 George Paget Thomson	결정에 의한 전자 회절 발견

연도	수상자	업적
1936	Victor Franz Hess Carl David Anderson	우주선의 발견 양전자의 발견
1935	James Chadwick	중성자의 발견
1934	수상자 없음	
1933	Erwin Schröinge와 Paul Adrien Maurice Dirac	양자 역학에 파동 방정식 도입
1932	Werner Heisenberg	양자 물리학의 발전에 공헌
1930	Chandrasekhara Venkataraman	빛의 산란에 대한 연구
1929	Louis-Victor de Broglie	전자의 파동적 성질 발견
1928	Owen Willans Richardson	열전 효과에 리처드슨 법칙
1927	Arthur Holly Compton Charles Thomson, Rees Wilson	콤프턴 효과 발견 기체 속에서 하전 입자의 궤적 연구
1926	Jean Baptiste Perrin	물질의 불연속적인 구조에 대한 연구
1925	James Franck와 Gustav Hertz	원자와 전자의 충돌에 대한 이론 발견
1924	Karl Manne Georg Siegbahn	엑스선 분광기에 대한 연구
1923	Robert Andrews Millikan	기본 전하와 광전 효과에 대한 연구
1922	Niels Bohr	원자의 구조에 대한 연구
1921	Albert Einstein	이론 물리학 특히 광전 효과에 대한 이론
1920	Charles Edouard Guillaume	정밀한 측정 특히 니켈 합금의아노말 발견
1919	Johannes Stark	스타르크 효과의 발견
1918	Max Karl Ernst Ludwig Planck	플랑크의 에너지 양자 발견 연구에 공헌
1917	Charles Glover Barkla	특성 X선에 관한 연구
1916	제1차 세계대전으로 수상자 없음	
1915	William Henny Bragg와 William Lawrence Bragg	엑스선을 이용한 결정 구조 분석 연구

연도	수상자	업적
1914	Max von Laue	결정 구조에서의 X선 회절 연구
1913	Heike Kamerlingh-Onnes	저온에서의 액체 헬륨의 성질 연구
1912	Nils Gustaf Dal?	기체 집적 장치를 이용한 원자 제어 장치 개발
1911	Wilhelm Wien	열역학 연구
1910	Johannes Diderik van der Waals	기체 상태 방정식에 대한 연구
1909	Guglielmo Marconi와 Carl Ferdinand Braun	무선 통신 연구
1908	Gabriel Lippmann	간섭 현상을 이용한 색의 재현 방법 연구
1907	Albert Abraham Michelson	빛의 측정에 관한 연구
1906	Joseph John Thomson	기체 전도율에 관한 연구
1905	Philipp Eduard Anton Lenard	음극선에 관한 연구
1904	John William Strutt Rayleigh	기체 밀도에 관한 연구 및 아르곤 발견
1903	Antoine Henri Becquerel Pierre Curie와 Marie Curie	방사능에 관한 연구
1902	Hendrik Antoon Lorentz와 Pieter Zeeman	자기장이 복사선에 주는 영향에 대한 연구
1901	Wilhelm Conrad Rötgen	엑스선의 발견

노벨 물리학상 수상자를 가장 많이 배출한 나라는 어느 나라인가?

미국은 노벨상이 시상되기 시작한 후 6년이 지난 1907년에야 최초의 노벨상 수상자를 배출했지만 지금까지 어느 나라보다도 많은 노벨 물리학상 수상자를 배출했다.

노벨 물리학상을 수상한 최초의 미국인은 누구인가?

빛의 속도를 정밀하게 측정하고 간섭계를 발명한 공로로 1907년에 노벨 물리학상을 받은 독일 출신의 미국 물리학자 마이컬슨^{Albert A. Michelson, 1852~1931}이 최초의 미국인 노벨 물리학상 수상자이다.

최초로 노벨 물리학상을 수상한 여성 물리학자는 누구인가?

1903년에 노벨 물리학상을 수상한 마리 퀴리^{Marie Curie, 1867~1934}가 최초로 노벨 물리학상을 수상한 여성 과학자이다. 마리 퀴리는 40개 이상의 방사성 원소를 발견한 연구와 방사성 연구의 기초를 마련한 공로로 남편인 피에르 퀴리^{Pierre Curie, 1859~1906}, 그리고 베크렐^{Antoine Henri Becquerel, 1852~1908}과 공동으로 노벨 물리학상을 수상했다.

1963년에 원자핵의 껍질 모형을 제안한 공로로 노벨 물리학상을 수상한 괴퍼트-메이어^{Maria Goeppert~Mayer, 1906~1972}는 두 번째 여성 노벨 물리학상 수상자가 되었으며, 유일한 미국인 여성 노벨 물리학상 수상자이다.

운동과 운동의 원인

위치란 무엇인가?

물리학자들은 물체가 놓여 있는 곳을 위치라고 정의한다. 물체가 놓여 있는 위치는 어떻게 나타낼까? 방문과의 거리를 이용해 물체가 놓인 지점의 위치를 나타낼 수도 있을 것이다. 물체는 방문에서 2m 떨어진 지점에 놓여 있고, 방문은 집의 현관에서 5m 떨어진 곳에 있으며, 집은 1번가 모퉁이에서부터 150m 떨어진 곳에 있다고 나타낼 수도 있을 것이다. 이 예를 통해 알 수 있듯이 위치를 나타내기 위해서는 기준점이 있어야 한다. 기준점에서 물건이 있는 곳까지 떨어져 있는 정도를 거리라고 한다.

위치는 무엇이며, 거리와 어떻게 다른가?

위의 예에서는 물체의 위치를 나타내기 위해 방향은 고려하지 않고 거리만을 고려했다. 거리는 크기만을 가지는 양이다. 앞에서 집은 1번가 모퉁이에서 150m 떨어진 곳에 있다고 했다. 150m는 거리다. 그러나 위치는 거리와 함께 방향까지 포함하고 있는 양이다. 따라서 집이 1번가 모퉁이에서 서쪽으로 150m에 있다고 말하면 그것은 집의 위치를 이야기한 것이 된다. 또는 서쪽을 (+)로 나타내면 +150m 지점에 있다고 할 수도 있다. 이처럼 방향과 크기를 가지고 있는 양을 벡터라고 한다.

변위와 같은 벡터는 어떻게 나타내는가?

벡터를 나타내는 가장 편리한 방법은 화살표를 이용하는 것이다. 화살표의 길이는 벡터의 크기를 나타내고 화살표의 방향은 벡터의 방향을 나타내도록 하면 된다. 예를 들어 1cm의 화살표는 100m를 나타내고, 서쪽은 종이 좌측을 향하기로 하면 서쪽으로 1.6km 떨어져 있는 집의 위치를 나타내는 벡터는 좌측으로 향하고 길이는 16cm인 화살표가 된다.

변위는 1차원 이상의 차원으로 나타낼 수 있을까?

변위는 종종 2차원이나 3차원으로 나타내야 할 경우가 있다. 예를 들면 서쪽으로 160m 떨어져 있고 북쪽으로 200m 떨어져 있는 집의 위치를 벡터를 이용하여 나타낸다고 하자. 서쪽으로 160m와 북쪽으로 200m는 1차원인 직선 위에 나타낼 수 없다. 방향이 다른 양은 더하거나 뺄 수 없기 때문이다. 이 경우에도 화살표를 이용하는 것이 좋다. 종이 위에서 서쪽은 좌측으로, 북쪽은 위쪽으로, 10m는 1cm로 나타내기로 하자. 그러면 서쪽 160m는 좌측으로 향하는 16cm의 화

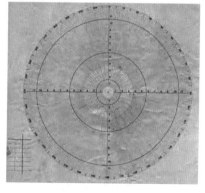

이 다이어그램은 항해사들이 바다와 공기의 운동을 계산하기 위해 사용했던 것과 비슷하다.

살표로 나타나고, 북쪽 200m는 위쪽으로 향하는 길이 20cm의 화살표로 나타난다. 두 화살표를 한 점에서 그리면 직각으로 교차하는 두 개의 화살표를 얻을 수 있다. 이 두 화살표를 두 변으로 하는 직각사각형을 그리면 반대편 꼭짓점이 집의 위치, 대각선의 길이는 집까지의 거리가 된다. 대각선의 길이는 직접 측정하거나 피타고라스의 정리를 이용하여 계산할 수 있으며 이 대각선이 집의 위치를 나타내는 벡터가 된다.

GPS는 어떻게 작동하는가?

GPS의 주요 기능 중 하나는 200나노초(ns) 이내의 오차를 가진 시간에 관한 신호를 보내는 일이다. 왜 시간을 이렇게까지 정확히 알아야 할까? 세계 곳곳에 분포해 있는 컴퓨터를 사용할 경우에는 각 컴퓨터의 시간을 정확하게 동조시켜 정보 교환이 원활히 이루어지도록 하는 것이 매우 중요하다.

GPS는 위치를 알아내는 데 필요한 정보도 제공한다. 등산을 하는 사람들은 이제 지도, 나침반 그리고 여러 가지 지형지물 대신 GPS를 사용해 자신의 위치를 알아낸다. 자동차 운전자들은 은행이나 식당, 주유소 등을 찾는 데 지도 대신 GPS를 사용한다. 농업에 종사하는 사람들은 GPS를 이용해 그들이 소유한 땅의 위치를 확인할 수 있다. 경작지에 대한 정보는 작물을 파종하고 수확하는 데 사용될 뿐만 아니라 해충 방제를 위한 농약의 살포나 비료를 주는 데도 사용할 수 있다.

공학자들은 GPS를 이용하여 교통 흐름을 파악하고 교통사고를 줄이는 방법에 대해 연구하고 있다. 이 경우 모든 자동차들이 GPS 수신기를 이용해 자신의 위치를 알려준다면 이 정보를 이용하여 교통 신호를 제어함으로써 교통 흐름을 원활하게 할 수 있을 것이다. 만약 두 자동차가 이런 장치를 가지고 있다면 두 자동차의 상대적인 거리와 속도를 알 수 있는 만큼 두 자동차가 충돌할 정도로 가까이 다가가면 브레이크를 작동시켜 충돌을 예방할 수도 있다.

지구 위에서의 위치는 어떻게 정해지는가?

GPS를 이용하면 위치가 위도와 경도로 나타나는 것을 확인할 수 있다. 예를 들면 지구 상에서의 위치는 40° 26′ 28.43″N와 80° 00′ 34.49″W와 같이 나타난다. 이것은 거리가 아니라 각도를 나타내는 것이다. 위도는 적도로부터의 각도를 나타내고, 경도는 영국 런던 교외에 있는 그리니치를 지나는 본초 자오선으로부터의 각도를 나타낸다.

1993년 미 국방부에 의해 개발된 GPS^{Global Positioning System}는 세 개의 부분으로 이루어져 있다. 첫 번째 부분은 24시간 동안 지구 궤도를 돌면서 자신의 위치와 시간에 대한 정보를 포함한 신호를 내보내고 있는 24개의 인공위성이다. 두 번째 부분은 인공위성이 정확한 위치에서 제대로 작동하도록 통제하는 인공위성 통제 체계이다. 그리고 세 번째 부분은 수신 장치다. 일부 수신 장치는 자동차에 부착되어 부근의 위치가 표시된 지도 위에 자신의 위치를 나타내도록 만들어져 있다. 일부 수신 장치는 바다, 강 또는 호수를 항해하는 배의 위치를 알아내는 데 사용되기도 한다. 휴대용 소형 수신 장치는 등산하는 사람들이 사용하기도 한다. 더 작은 크기의 수신 장치는 휴대 전화와 같은 전자 장비에 내장되기도 한다.

위도와 경도는 어떻게 거리로 환산할 수 있을까?

지구는 완전한 구가 아니어서 위도나 경도를 거리로 징확히 환산하는 것은 매우 어렵다. 그러나 위도를 거리로 환산하는 것은 비교적 쉽다. 북극과 남극을 지나는 자오선의 길이는 37,775.712km인데, 이는 위도 360도에 해당한다. 위도 1도의 차이는 110.4km에 해당된다. 따라서 남북으로 위도 5도 떨어진 두 도시 사이의 거리는 552km이다.

경도의 경우에는 경도 차를 이용해 거리를 구하는 것이 매우 복잡하다. 적도에서는

지구본이나 지도에서 볼 수 있는 세로로 그어 있는 직선은 경도를 나타내고, 가로로 그어진 직선은 위도를 나타낸다.

경도 360도의 거리가 39,842.48km지만 북극과 남극에서는 그 거리가 0이다. 따라서 경도 1도의 차이가 나타내는 거리는 위도에 따라 달라진다. 삼각 함수를 이용하면 어떤 위도에서의 둘레는 적도에서의 둘레에 위도의 코사인 값을 곱한 것과 같다는 것을 알 수 있다. 따라서 위도가 40도인 곳에서의 둘레는 30,521.6km로, 경도 1도의 차이는 84.8km이다. 지구는 완전한 구가 아니기 때문에 이런 계산을 통해서는 근삿값만 구할 수 있다. 이와 관련된 좀 더 정확한 정보는 다음 인터넷 사이트에서 알아볼 수 있다(http://www.nhc.noaa.gov/gccalc.shtml).

속력이란 무엇인가?

물체가 한 지점에서 다른 지점으로 움직여 갈 때 속력은 물체가 얼마나 빨리 움직이고 있는지를 나타낸다. 속력은 움직인 거리를 움직이는 데 걸린 시간으로 나눈 값으로 정의되어 있다. 속력은 시간에 대한 거리의 변화율이다. 예를 들어 자동차로 네 시간 동안 320km를 달렸다면 속력은 80km/h가 된다. 그러나 네 시간 동안 똑같이 80km/h의 속력으로 달리는 경우는 거의 없다. 이 경우의 속력은 평균 속력이다. 만약 일시적으로 120km/h의 속력으로 달리다가 경찰에 적발되었을 때 "제 차의 평균 속력은 80km/h밖에 안 됩니다"라고 말해도 아무 소용 없을 것이다. 경찰이 문제 삼은 것은 평균 속력이 아니라 순간 속력이기 때문이다.

속력을 나타내는 데 사용되고 있는 단위는?

1초에 몇 미터 가는지를 나타내는 m/s, 한 시간에 몇 킬로미터를 달리는지를 나타내는 km/h가 자주 사용되는 속력의 단위이다.

초속(m/s)	시속(km/h)
1m/s	3.6km/h
10m/s	36km/h
0.28m/s	1km/h
28m/s	100km/h

순간 속력은 무엇이며 어떻게 측정하는가?

측정하는 시간의 간격을 짧게 하면 움직인 거리와 움직이는 데 걸린 시간이 모두 짧아진다. 만약 속력이 일정하다면 측정하는 간격을 얼마로 선택하든 거리를 시간으로 나눈 속력은 일정할 것이다. 그러나 속력이 일정하지 않은 경우에는 측정 간격을 어떻게 정하느냐에 따라 속력의 값이 달라진다. 순간 속력은 측정하는 시간 간격이 0으로 다가갈 때의 속력의 극한값으로 정의되어 있다. 실제로 이런 극한값을 측정하는 것은 불가능하다. 그러나 측정 간격을 100분의 1초까지 줄여서 순간 속력의 근삿값을 구할 수는 있다. 간접적인 방법으로 순간 속력을 측정하는 방법이 사용되기도 한다. 예를 들어 경찰은 도플러 효과(이에 대해서는 이 책 뒷부분에서 다룰 예정이다)를 이용하여 순간 속력을 측정한다. 도플러 효과는 움직이는 물체에 의해 반사된 빛이나 전파의 진동수 변화를 이용해 속력을 알아낸다. 자동차의 속도계는 자동차 회전축과 함께 회전하는 자석에 의해 알루미늄 원반에 작용하는 토크를 측정하여 순간 속력을 측정한다. 토크에 대해서도 뒷부분에서 설명할 예정이다.

고대에는 운동을 어떻게 인식하고 있었는가?

고대 그리스인들은 운동을 자연 운동과 강제 운동으로 나누었다. 그들은 4원소가 각각 자신의 위치로 돌아가려는 성질을 가지고 있다고 생각했다. 흙(금속 포함)은 중력이라는 성질을 가지고 있어 아래로 떨어진다. 반면에 불(연기 포함)은 가벼운 성질을 가지고 있어 위로 올라간다. 물은 흙과 공기의 중간이다. 에테르로 이루어진 천체는 원운동을 하는 성질을 가지고 있다.

활을 떠난 화살이 하는 운동은 강제 운동이다. 그렇다면 강제 운동이란 무엇인가? 활은 화살에 힘을 전달한다. 공기(또는 물)와 같은 매질 속에서는 매질이 물체를 민다. 힘이 다 떨어지면 매질이 운동을 방해하게 되고 그렇게 되면 물체는 땅에 떨어진다.

6세기의 필로포누스는 매질의 역할에 대한 아리스토텔레스의 견해를 의심했다. 스페인에 살던 아벰파세^{Avempace} 역시 매질의 역할에 대한 자신의 견해를 밝혔다. 그의 아랍어 이름은 이븐 바자$^{Ibn\ Bajja}$로 1138년에 사망했다. 아리스토텔레스는 진공 상태에서는 운동이 가능하지 않다고 주장한 반면 아벰파세는 아무것도 운동을 방해하지 않기 때문에 운동이 영원히 계속될 것이라고 주장했다.

운동이 변할 수 있다는 가능성이 제기된 것은 1330년의 일이었다. 이 시기에 옥스퍼드 대학 머튼 칼리지의 철학자들은 순간 속도와 가속도의 개념을 발전시켰다. 파리 대학의 학자들은 운동에 대한 현대적 측정을 가능하게 한 개념들을 정의하는 데 크게 기여했다.

속력과 속도의 다른 점은 무엇인가?

거리의 변화에 방향을 더하면 변위가 되는 것처럼 운동의 방향도 정할 수 있다. 속력과 방향을 결합한 것을 속도라고 한다. 속도는 변위를 시간으로 나눈 값, 또는 시간에 대한 위치의 변화율이라고 할 수 있다. 속도는 변위와 마찬가지로 벡터이다. 그래서 사람이 북쪽으로 4km/h의 속력으로 움직인다고 말하거나, 풍선이 5m/s의 속력으로 위로 올라가고 있다고 말할 수 있다. 북쪽과 남쪽은 x라는 변수를, 동쪽과 서쪽은 y라는 변수를, 아래와 위는 z라는 변수를 이용하여 나타내기로 하자. 그리고 북쪽,

동쪽, 위쪽을 각각 플러스로 나타내기로 하자. 그러면 앞에서 예를 든 사람의 속도는 +4$x$km/h로 나타낼 수 있으며, 풍선의 속도는 +5zm/s로 나타낼 수 있다.

대개의 경우 평균 속력이 평균 속도보다 유용하다. 예를 들어 자동차 경주에서는 출발점과 도착점이 동일하다. 따라서 경기를 하는 동안에는 변위가 0이므로 경기에 참가한 자동차의 평균 속도는 0이다. 그러나 움직인 전체 거리를 시간으로 나눈 평균 속력은 0이 아니다. 평균 속도가 평균 속력보다 유용한 경우에 대해서는 뒤에서 다시 다룰 예정이다.

속도는 길이와 시간에 영향을 주는가?

아인슈타인의 특수상대성이론은 길이와 시간이 속도에 따라 달라진다는 것을 보여 준다. 아인슈타인은 길이와 시간을 측정하는 방법을 정의해야 한다는 사실로부터 이러한 결론을 이끌어냈다. 물체가 빛의 속도만큼이나 빠른 속도로 움직이는 경우에 길

도시의 불빛으로부터 멀리 떨어진 곳에서 맑은 날에는 은하수의 멋진 모습을 볼 수 있다. 지구는 태양 주위를 공전할 뿐 아니라 은하의 중심도 돌고 있다. 은하의 중심을 한 바퀴 도는 데 걸리는 시간인 우주 년의 길이는 2억 2500만 년이다.

이(운동하는 방향으로의)는 수축하고 시간은 지연된다. 변화의 정도는 항상 1보다 큰 값을 가지는 γ(감마)라는 요소에 의해 결정된다. 고정되어 있는 시계가 측정한 시간을 t라고 하면 운동하고 있는 시계가 측정한 시간은 γt가 되며, 고정된 관측자에게 l로 측정된 길이는 운동하고 있는 관측자에게는 l/γ로 측정된다. 아래 표는 다양한 속도에서의 감마값을 나타낸다(c는 빛의 속도이다).

속도	γ
880km/h	$1+3\times10^{-11}$
28,000km/h	$1+3\times10^{-8}$
0.5c	1.2
0.9c	2.3
0.99c	7.1
0.995c	10.0

움직이는 버스 안에서 사람이 서 있을 수 있는 이유는 무엇인가?

어떤 사람이 달리는 버스에 앉아 《한 권으로 끝내는 물리》을 읽고 있다고 가정해보자. 같은 버스에 탄 다른 승객이 볼 때는 책을 읽고 있는 사람의 속도가 0으로 관측될 것이다. 그러나 길가에 서 있는 사람이 관측할 때 책을 읽고 있는 사람의 속도는 버스의 속도와 같게 보일 것이다. 만약 버스 안에서 앞으로 걸어가고 있다면 길가에 서 있는 사람은 이 사람의 속도를 버스의 속도에다 이 사람이 걷는 속도를 더한 값으로 관측할 것이다. 만약 버스의 뒤쪽으로 걸어가면 버스의 속도에서 이 사람의 속도를 뺀 속도로 관측할 것이다. 지구도 서 있는 것이 아니다. 지구는 스스로의 축을 중심으로 자전하면서 태양을 중심으로 공전하고 있다. 그리고 전체 태양계는 우리은하의 중심을 돌고 있다. 따라서 운동을 측정하기 위해서는 기준계를 결정해야 한다. 대개의 경우 지구 표면을 기준계로 삼는다. 따라서 지구 표면에 정지한 사람의 속도는 0으로 관측된다.

움직이고 있는 시계는 얼마나 천천히 가는가?

제트기(속도 880km/h)에 실려 있는 시계는 1년에 0.9밀리초ms만큼 천천히 간다. 반면 우주 왕복선(속도 28,000km/h)에 실려 있는 시계는 1년에 0.9초씩 천천히 간다. 1971년에 원자시계를 비행기에 싣고 한 대는 동쪽으로, 다른 한 대는 서쪽으로 날아갔다. 두 비행기에서 측정된 시간을 이용하여 시간의 변화를 알아보았는데 그 결과 상대성이론에서 예측한 것과 일치했다. 때문에 GPS 위성에 실려 있는 시계는 시간의 지연을 계산에 포함시켜야 한다.

좀 더 결정적인 실험이 매우 빠른 속도(0.995c)로 움직이는 뮤온을 이용하여 이루어졌다. 정지한 상태의 뮤온은 2.2마이크로초(μs) 만에 붕괴한다. 대기의 상층부에서 우주에서 날아온 입자에 의해 만들어진 뮤온이 높은 산꼭대기와 산기슭에서 발견되었다. 두 지점에서 발견된 뮤온 입자 수의 비는 뮤온이 22마이크로초(μs) 동안이나 붕괴하지 않았다는 것을 알려주었다. 이것은 0.995c의 속도에서의 시간 변화와 일치하는 결과다. 뮤온의 입장에서 보면 산의 높이가 10분의 1로 줄어든다. 따라서 길이의 수축과 시간의 지연이 확인되었고, 그 결과는 아인슈타인의 예측과 일치했다.

모든 상대 속도는 더해지는가?

빛의 속도의 반이나 되는 빠른 우주선에 타고 있다고 가정해보자. 레이저를 이용하여 우주선이 달리고 있는 방향을 가리켰을 때 우주선에 타고 있는 관측자는 이 레이저의 속도를 빛의 속도인 300,000km/s로 측정할 것이다. 정지해 있는 관측자는 이 레이저의 속도를 얼마로 측정할까? 놀랍게도 정지해 있는 관측자도 레이저의 속도를 빛의 속도에 우주선의 속도를 더한 값이 아니라 그냥 빛의 속도로 측정할 것이다. 다시 말해 빛의 속도는 모든 관성계에서 같다. 이것은 아인슈타인의 특수상대성이론의 또 다른 결론이다. 이 결과는 우주선 대신, 빛의 속도와 비교할 수 있을 정도로 빠르게 달리고 있는 입자가 내는 감마선을 이용한 실험을 통해 시험을 거쳤다.

가속도란 무엇인가?

속력이나 속도가 일정한 경우는 거의 없다. 대개 속력과 속도는 변하고 있으며, 가속도는 이러한 변화가 어떻게 일어나고 있는지를 나타내는 양이다. 가속도는 시간에 대한 속도 변화율이다. 다시 말해 속도의 변화량을 변화에 걸린 시간으로 나눈 양이다. 예를 들면 자동차가 속도 0km/h에서 60km/h로 가속된다고 하자. 스포츠카는 5초 동안 이렇게 속도를 변화시킬 수 있지만, 일반 자동차는 9초가 걸린다고 가정했을 때 두 자동차의 속도의 변화량은 같지만 대신 스포츠카는 이런 속도의 변화를 가져오는 데 걸리는 시간이 더 적다. 따라서 스포츠카의 가속도가 크다.

속도와 마찬가지로 가속도 역시 벡터이기 때문에 크기와 방향을 가지고 있다. 속도가 빨라지는 경우에는 속도의 변화가 양의 값을 가지므로 가속도도 양의 값이다. 그러나 속도가 느려지는 경우 가속도는 음의 값이 된다. 하지만 자동차가 음의 방향(반대 방향)으로 달리고 있으면 속도가 빨라지는 경우에 가속도는 음의 값을 가지게 된다. 처음보다 나중 상태가 더 큰 음의 값이 되기 때문이다.

물리학자들은 감속이라는 단어 대신 음의 값을 가지든 양의 값을 가지든 항상 가속이라는 말로 나타낸다. 아래 표는 여러 가지 단위 체계에서의 전형적인 가속도 값을 나타낸 것으로 맨 우측 열에는 지구의 중력 가속도의 몇 배인지를 나타내는 값이 실려 있다. 이 값은 일상생활에서나 과학 논문에서 자주 사용된다.

설명	m/s^2	$km/h \cdot s$	g
0km/h에서 16km/h로 빨라지는 자동차	8.9	32.2	0.9
100m를 달리는 사람의 처음 1초	5	19	0.5
보잉 757 이륙 시	3	11	0.3
96km/h로 달리던 자동차가 멈출 때	−10	−33	−0.9
35km/h로 달리던 자동차가 충돌할 때	−483	−1,739	−49
중력에 의해 자유낙하하는 물체	9.8	35.3	1.0

힘과 뉴턴의 운동 법칙

운동의 원인은 무엇인가?

기원전 500년에서 1600년 사이에 운동의 원인을 설명하는 여러 이론이 개발되었다. 어떤 사람은 돌이 아래로 떨어지는 것은 돌이 가지고 있는 성질의 하나인 '돌의 무게' 때문이라고 했다. 어떤 사람들은 "사과가 지구에 의해 끌어당겨진다"고 가정했다. 아리스토텔레스 같은 사람들은 물체가 지구를 향해 움직이려는 경향을 가지고 있다고 했다. 또 다른 사람들은 힘은 한 물체에서 다른 물체로 전달될 수 있는 것이라고 주장했다. 레오나르도 다빈치Leonardo da Vinci, 1452~1519는, 힘은 물체를 끌어당기거나 미는 외부적인 작용이라고 주장했다.

무엇이 힘을 작용시킬 수 있는가?

가장 먼저 머리에 떠오르는 것은 사람이 힘을 작용할 수 있다는 것이다. 사람은 공을 던질 수 있고, 시위를 당겨 화살을 쏠 수 있으며, 의자를 밀 수 있고, 언덕에서 손수레를 끌 수 있다. 동물들도 그들 나름의 일을 할 수 있다. 따라서 살아 숨 쉬는 동물은 힘을 작용할 수 있다.

돌멩이를 탁자 위에 올려놓으면 어떻게 될까? 탁자는 돌멩이에 힘을 작용할까, 아니면 돌멩이의 자연스러운 낙하 운동을 방지하고만 있는 것일까? 무거운 돌을 손에 들고 있으면 돌 위쪽으로 힘을 가하는 것이 어렵기 때문에 돌이 아래로 내려갈 것이다. 같은 일이 탁자에서도 일어난다. 탁자가 얇은 나무로 만들어졌다면 돌멩이는 아래로 내려갈 것이다. 만약 탁자를 종이로 대치하면 어떻게 될까? 종이는 아주 작은 돌멩이는 지탱할 수 있을 것이다. 그러나 무거운 돌멩이를 얹어놓으면 큰 힘을 지탱할 수 없어 찢어질 것이다. 돌멩이가 무거우면 무거울수록 종이나 탁자는 더 큰 힘을 작용해야 한다. 결론적으로 말하면, 움직이지 못하는 물체도 힘을 작용할 수 있다.

사람이나 탁자와 같이 접촉을 통해 전달되는 힘을 접촉력이라고 한다. 접촉력에는 또 어떤 것들이 있을까? 고무총의 고무줄, 자동차 바퀴에 힘을 가하는 도로, 차를 견인하는 로프 등을 생각할 수 있을 것이다. 물과 공기 역시 힘을 작용할 수 있다. 흐르는 물을 따라 떠내려가는 막대기와 달리는 자동차 창밖으로 손을 내밀었을 때 느껴지는 것을 생각해보라.

힘의 크기를 나타내는 단위에는 어떤 것들이 있나?

국제 단위 체계^{SI, the metric system}에서 힘은 뉴턴(N)이라는 단위를 이용하여 나타낸다. 1N은 1kg의 물체를 $1m/s^2$의 가속도로 가속시킬 수 있는 힘이다.

가속도와 힘 사이에는 어떤 관계가 있는가?

장난감 자동차나 매끄러운 공이 있다면 힘이 운동에 어떤 영향을 주는지 알아보는 실험을 쉽게 할 수 있다. 장난감 자동차나 공이 멈추어 있을 때 손가락으로 가볍게 밀어보고 어떻게 움직이는지 살펴보자. 그리고 움직이고 있는 동안 두 번, 세 번, 네 번 더 밀면 어떤 일이 일어날까?

정지해 있던 장난감 자동차에 힘을 가하면 힘을 가한 방향으로 움직이는 것을 볼 수 있다. 움직이고 있는 방향으로 힘을 가하면 속도가 빨라진다. 힘을 가할 때마다 속도는 더 빨라지는 데, 움직이고 있는 동안에 계속 힘을 가하면 어떤 일이 일어날까? 계속 힘을 가하는 것이 쉽지는 않겠지만 시도해보자.

이 실험을 통해 운동하는 방향으로 힘을 가하면 속도가 빨라진다는 결론을 얻을 수 있다. 다시 말해 힘의 방향과 가속도의 방향이 같다. 운동하는 방향을 플러스 방향으로 보면 힘과 가속도 모두 플러스가 된다. 이제 장난감 자동차를 움직이도록 한 후 자동차가 움직이는 것과 반대 방향으로 힘을 가해보자. 너무 큰 힘을 가해 자동차가 멈추거나 방향을 바꾸지 않도록 운동하는 반대 방향으로 부드럽게 밀어보자. 차가 멈추지 않도록 하면서 운동하는 반대 방향으로 두 번, 세 번 힘을 가했을 때 무슨 일이 일어나는가?

이 실험을 통해 움직이는 방향과 반대 방향으로 힘을 가하면 속도가 줄어든다는 결론을 얻을 수 있다. 이 역시 힘의 방향으로 가속된다고 말할 수 있다. 운동하고 있는 방향을 플러스 방향이라고 하면, 이 경우에 힘과 가속도의 방향은 마이너스 방향이 된다.

힘을 작용하지 않으면 어떤 일이 일어날까? 정지해 있는 장난감 자동차는 힘을 가할 때까지는 정지한 채 머물러 있을 것이다. 운동하는 동안에는 어떻게 될까? 힘을 가하지 않아도 속도가 조금씩 줄어들 것이다. 속도가 줄어드는 정도는 장난감 자동차와 바닥 상태에 따라 다르다. 그러나 속도가 줄어드는 정도는 운동하는 반대 방향으로 힘을 가했을 때보다는 훨씬 작을 것이다.

힘은 가속도에 어떻게 영향을 주는가?

앞에서 행한 실험을 통해 물체에 한 가지 힘만 작용할 경우, 힘의 크기가 크면 클수록 가속도가 커진다는 결론을 얻을 수 있다.

질량은 가속도에 어떤 영향을 주는가?

질량이 가속도에 수는 영향을 알아보기 위해서는 두 대의 장난감 자동차로 실험하는 것이 좋다. 두 대의 자동차 중 한 대의 질량을 다르게 해보자. 예를 들면 테이프로 동전을 붙인 다음 두 자동차를 나란히 놓고 연필이나 자를 이용해 두 자동차에 동시에 같은 힘을 가해보자. 어떤 자동차가 더 빨리 달리는가? 무게가 가벼운 자동차의 속도가 더 빨리 빨라지는 것을 알 수 있을 것이다. 따라서 같은 힘이 작용할 경우에는 질량이 클수록 가속도가 작다는 것을 알 수 있다.

관성이란 무엇인가?

관성은 가속도에 저항하는 성질을 말한다. 외부에서 힘을 가하지 않으면 서 있던 물체는 관성에 의해 계속 서 있고, 달리던 물체는 관성에 의해 계속 직진한다.

뉴턴의 요람이라 부르는 이 단진자에서 공 하나를 들어 올렸다가 놓으면 뉴턴의 운동 법칙에 의해 힘이 다음 공으로 차례로 전해져 맨 끝에 있는 공이 처음 공과 같은 높이까지 올라간다.

뉴턴의 운동 법칙은 무엇인가?

앞에서 힘과 질량이 가속도에 어떤 영향을 주는지 알아보았다. 뉴턴은 이를 뉴턴의 제2법칙에 종합해놓았다. 한 가지 힘이 작용할 경우에 가속도는 작용한 힘을 질량으로 나눈 것과 같다. 이것을 식을 이용하여 나타내면 $a=F/m$이다.

힘이 작용하지 않는 경우에는 무슨 일이 일어날까? 방정식에 의하면, 외부에서 힘이 작용하지 않을 때 가속도는 0이 된다. 다시 말해 정지해 있던 물체는 계속 정지해 있고, 달리고 있는 물체는 계속 같은 속도로 달린다. 이것을 뉴턴의 제1법칙이라고 한다.

한 가지 이상의 힘이 한 물체에 작용하면 어떻게 될까?

이 질문의 답도 장난감 자동차를 이용해 구할 수 있다. 장난감 자동차에 두 가지 이상의 힘을 작용해보자. 예를 들어 두 손가락으로 장난감 자동차를 같은 방향으로 밀어보자. 그러면 한 손가락으로 밀 때보다 장난감 자동차의 속도가 더 빨리 증가한다. 두 힘이 더해진 때문이다. 두 힘이 반대 방향으로 작용하면 어떻게 될까? 서 있는 장난감 자동차의 양쪽을 동시에 밀어보자. 두 힘의 크기가 같으면 어떻게 될까? 한 힘이 다른 힘보다 더 강하면 어떻게 될까? 두 힘의 세기가 같으면 자동차는 움직이지 않는다. 두 힘이 서로 반대 방향으로 작용할 경우에는 힘이 작용하지 않는 것과 똑같은 결과가 나타난다. 한 힘이 다른 힘보다 강하면 약한 힘 방향으로 움직인다. 그러나 가속도는 훨씬 작아진다. 즉, 다른 크기의 힘이 서로 반대 방향으로 작용한 경우에는 큰 힘에서 작은 힘을 뺀 힘이 작용한 것과 같은 결과가 나타난다. 여러 방향에서 힘이 작용할 때 어떻게 되는지에 대해서는 뒤에서 다시 다룰 예정이다. 물리학자들은 힘을 더하거나 빼서 얻은 결과를 알짜 힘이라고 한다. 가속도는 알짜 힘에 의해 결정된다.

뉴턴의 운동 법칙은 다음과 같다.

제1법칙 - 물체에 가하는 알짜 힘이 0이면 정지해 있는 물체는 계속 정지해 있고 운동하고 있는 물체는 등속 직선 운동을 계속한다.

제2법칙 - 물체에 알짜 힘이 작용하면 힘이 가한 방향으로 가속된다. 가속도는 가한 알짜 힘에 비례하고 질량에 반비례한다. 이것을 식으로 니티내면 다음과 같다.

$$a = F_{알짜}/m \text{ 또는 } F_{알짜} = ma$$

장난감 자동차는 왜 같은 속도로 계속 움직이지 않을까?

달리는 자동차를 건드리지 않는 경우에도 장난감 자동차는 속도를 늦춘다. 달리는 자동차는 물체 자체가 가지고 있는 성질 때문에 속도를 늦추는 것일까, 아니면 속도를 늦추게 하는 힘이 작용하는 것일까? 속도를 늦추는 것이 마찰력 때문임은 이미 많이 알려져 있다. 그러나 많은 사람들이 마찰력은 항상 작용하는 것이며 방향이 없는 힘이라 생각하고 있다. 하지만 뉴턴에 의하면, 마찰력은 운동 방향과 반대 방향으로 작용하는 힘이다.

마찰력은 어떤 힘일까?

거실에 있는 소파를 밀어보면 마치 소파 반대편에서 소파를 미는 듯한 느낌을 받는다. 소파가 무거우면 무거울수록 반대 방향으로 작용하는 힘은 더 커진다. 힘의 크기는 소파가 놓여 있는 바닥 상태에 따라 달라진다. 소파가 카펫 위에 놓여 있으면 나무나 타일 위에 놓여 있을 때보다 큰 힘이 작용한다. 따라서 서로 접촉해 있는 두 물체 사이에 작용하는 마찰력은 다음과 같이 정리할 수 있다. 마찰력은 항상 운동하는 방향의 반대 방향으로 작용한다. 바닥이 거칠수록 마찰력은 커진다. 그러나 속도가 커진다고 마찰력이 커지는 않는다.

접촉한 두 표면 사이에 작용하는 마찰력의 크기는 어떻게 결정되는가?

대부분의 경우 마찰력은 두 표면에 수직으로 작용하는 힘(N)의 크기에 비례한다. 마찰력의 이러한 성질은 $F_{마찰} = \mu N$ 와 같이 식으로 나타낸다. 그리스 문자 μ(뮤)는 마찰 계수를 나타낸다. 표면에 수직으로 작용하는 힘(N)의 방향과 마찰력($F_{마찰}$)의 방향이 일치하지 않는다는 것을 알아둘 필요가 있다. 소파를 움직이기 시작할 때는 소파가 움직이고 있을 때보다 더 큰 힘이 필요하다는 것을 경험을 통해 알고 있을 것이다. 물리학에서는 이것을 정지 마찰 계수가 운동 마찰 계수보다 크다고 말한다.

속도	최대 정지 마찰 계수	운동 마찰 계수
테프론과 테프론	0.04	0.04
참나무와 참나무	0.62	0.48
강철과 강철	0.78	0.42
유리와 유리	0.94	0.40

어떻게 하면 마찰 계수를 줄일 수 있을까?

한 가지 방법은 테프론처럼 화학 결합이 잘 일어나지 않는 물질로 표면을 만드는 것이다. 또 다른 방법은 표면 사이에 얇은 기름층을 형성하는 것이다. 기름은 표면을 이루는 원자들 사이에 화학 결합이 일어나는 것을 막아준다. 기름이나 다른 종류의 윤활유는 마찰 계수를 0.1에서 0.2 정도 감소시킬 수 있다.

굴러가고 있는 물체도 접촉에 의한 마찰을 경험하는가?

볼링공이 트랙을 굴러가거나 바퀴가 도로 위를 굴러갈 때는 미끄러짐이 전혀 발생하지 않는다. 따라서 접촉에 의한 마찰력은 발생하지 않는다. 그렇다면 굴러가는 물체에 작용하는 마찰력의 원인은 무엇인가? 굴러가는 물체에 작용하는 마찰력은 굴러가는 물체나 바닥의 변형에 의한 것이다. 굴러가던 공이 단단한 바닥보다 잔디 위나 모래 위에서 얼마나 빨리 멈추는가를 생각해보자. 굴러가는 공은 바닥을 이루는 물질을 아래로 눌러야 하고, 이것이 접촉 마찰력과 같은 힘을 작용하도록 한다. 자전거를 타는 경우를 생각해보자. 도로와 접촉하면 바퀴가 약간 찌부러지는데, 이것이 마찰력을 작용하도록 한다.

액체도 마찰력과 같은 힘을 작용할까?

달리는 자동차의 창문 밖으로 손을 내밀어보면 공기의 저항을 직접 경험할 수 있다. 빨리 달리면 달릴수록 공기의 저항력은 더 커진다. 손바닥을 앞으로 향하면 손바닥을 위로 향했을 때보다 훨씬 더 큰 힘을 받는다. 이것은 공기의 저항력이 물체의 모양에 따라 달라진다는 것을 보여준다. 손이 작으면 작을수록 저항력의 크기도 작아진다. 공기의 저항력은 속도, 면적, 물체의 모양, 공기의 밀도에 따라 달라진다. 이것은 고체 사이에 작용하는 접촉 마찰력과는 다른 성질이다. 그러나 저항력의 방향은 마찰력과 마찬가지로 운동하는 방향의 반대 방향이다. 따라서 저항력도 물체의 속도를 줄인다. 액체도 마찰력과 비슷하게 작용하는, 그러나 더 강한 저항력이 작용한다.

뉴턴의 제3법칙은 어떤 법칙인가?

힘은 물체 사이의 상호작용이다. 따라서 힘이 작용하기 위해서는 두 개 이상의 물체가 필요하다. 두 물체가 상호작용하는 경우에 두 물체는 서로 반대 방향에서 힘을 가하게 된다. 친구의 손을 밀면 친구의 손이 나를 밀게 된다. 또는 바닥에 서 있는 경우에 우리는 바닥에 힘을 가한다. 그러면 바닥도 우리에게 힘을 가한다.

뉴턴의 제3법칙에 의하면, 상호작용하는 두 물체가 서로 작용하는 두 힘은 크기가 같고 방향은 반대이다. 만약 800N의 힘으로 바닥을 누르면 바닥도 800N의 힘을 위로 작용한다. 이처럼 제3법칙은 두 물체 사이에 작용하는 힘에 대해 설명하고 있다. 제2법칙과 제3법칙의 차이점을 알아두는 것이 좋은 이유는, 제2법칙을 이용하면 이 힘이 물체의 운동을 어떻게 변화시키는지 알 수 있기 때문이다.

제3법칙은 어떻게 응용되나?

자동차는 어떻게 가속되는가? 자동차를 가속시키기 위해서는 가속 페달을 밟아야 한다. 하지만 그것만으로는 자동차를 가속시킬 수 없다. 자동차를 가속시키기 위해서는 외부의 힘이 자동차에 작용해야 한다. 무엇이 자동차와 상호작용해야 할까?

자동차는 도로와 접촉해 있으므로 도로와 상호작용해야 한다. 가속 페달을 밟으면 엔진이 돌면서 바퀴를 회전시켜 타이어와 도로의 마찰력에 의해 자동차는 도로를 뒤로 밀어내게 된다. 자동차가 도로를 뒤로 밀면 제3법칙에 의해 도로는 자동차를 앞으로 밀게 되어 자동차가 앞으로 나가게 된다. 자동차가 얼음 위에 있을 때에는 어떤 일이 일어날까? 대개의 경우 타이어와 얼음 사이의 마찰력은 매우 작아서 자동차는 큰 힘으로 얼음을 밀어낼 수 없고, 따라서 얼음도 자동차를 가속시킬 수 있을 정도로 큰 힘을 자동차에 작용할 수 없다.

이처럼 마찰력은 나쁜 것이 아니라 오히려 자동차를 움직이게 하는 데 꼭 필요한 힘이 된다. 물체를 가속시키는 데 마찰력이 필요한 경우는 또 어떤 것이 있을까? 걷거나 뛰기 위해서는 무엇이 필요한지를 생각해보자. 발바닥도 땅과 상호작용을 한다. 충분한 마찰력이 있을 경우 발이 땅바닥을 밀면 땅바닥도 발을 밀어 앞으로 나아갈 수 있다.

중력은 어떻게 우리에게 작용할까? 중력도 접촉력일까?

뉴턴은 지구의 중력이 사과처럼 지구 가까이 있는 물체뿐만 아니라 달처럼 멀리 떨어져 있는 물체에도 작용한다는 것을 밝혀냈다. 그렇다면 태양과 같은 천체는 어떻게 1억 5000만 km나 떨어진 지구에 중력을 작용하여 궤도 위에 붙들어두고 있을까? 최초의 설명은 원격 작용에 의해 중력이 작용한다는 것이었다. 원격 작용이란 예를 들면 태양이 중간에 아무것도 없이 지구와 같은 모든 물체에 중력을 작용한다는 것이다.

19세기 중엽 영국의 물리학자 패러데이

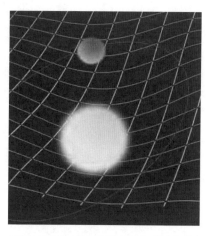

오늘날의 많은 과학자들이 중력은 질량에 의해 휘어진 공간으로 인해 작용한다고 믿고 있다. 오랫동안 중력의 효과에 대해 연구하고 중력의 법칙을 정의했지만 중력에는 아직 토론의 여지가 많이 남아 있다.

Michael Faraday, 1791~1867는 자석이 그 주위에 자기장을 만들고 다른 자석이 이 자기장과의 상호작용을 통해 힘이 작용한다는 장이론을 제안했다. 이 이론을 이용하면 지구가 주변에 중력장을 만들고, 사과와 달은 이 중력장과의 상호작용에 의해 중력이 작용한다고 할 수 있다. 지구와 사과, 지구와 달의 직접적인 상호작용이 아니라 지구가 만든 중력장과 사과, 또는 달의 상호작용으로 중력이 작용한다는 것이다.

만약 태양이 갑자기 사라진다면 지구에는 어떤 일이 일어날까? 지구에서는 얼마나 빨리 태양의 중력장이 사라졌다는 것을 알 수 있을까? 태양이 사라짐과 동시에 태양의 중력장이 사라질 수는 없다. 아인슈타인의 특수상대성이론에 의하면, 어떤 정보도 빛의 속도보다 빠른 속도로 전달될 수 없기 때문이다. 따라서 태양 빛이 사라졌다는 것과 태양의 중력장이 사라졌다는 것을 알기까지는 약 8분 20초가 걸릴 것이다.

중력장의 세기를 결정하는 것은 무엇일까?

뉴턴은 중력의 크기가 두 물체의 질량의 곱에 비례하고 두 물체 사이의 거리의 제곱에 반비례한다는 것을 알아냈다. 중력장의 세기는 중력의 크기를 중력이 작용하는 물체의 질량으로 나눈 값이다. 중력장을 나타내는 기호는 g이고, 중력 상수는 G로 나타낸다. 중력 상수를 만유인력 상수라 부르기도 하는데, 이는 1kg의 사과에서부터 은하에 이르기까지 모든 물체에 작용하는 중력을 계산하는 데 같은 중력 상수가 사용되기 때문이다.

특정 지점의 중력장을 나타내는 방정식은 $g = GM/r^2$과 같이 쓸 수 있다. 여기서 M은 중력을 작용하는 물체의 질량이고, r은 이 물체로부터의 거리다. 중력장은 벡터다. 중력장의 방향은 중력을 작용하는 물체의 중심을 향하는 방향이다. 중력의 크기에 대해서는 다시 자세히 다룰 예정이다.

지구 중력장의 크기는 얼마나 되나?

지구의 질량은 5.9736×10^{24}kg이고 중력 상수는 6.673×10^{-11}Nm^2/kg^{2}이다.

지구 중심으로부터 약 6.4×10^6m 떨어진 지구 표면에서 중력장의 세기는 $g=9.8$N/kg이다. 따라서 1kg의 물체에는 지구 중심 방향으로 9.8N의 중력이 작용한다.

지상 320km에서 지구 주위를 돌고 있는 국제 우주 정거장에서는 얼마나 큰 중력이 작용하고 있을까? 지구 중심에서 국제 우주 정거장까지의 거리는 약 6.7×10^6m다. 따라서 국제 우주 정거장이 있는 고도에서의 중력장의 세기는 $g=8.9$N/kg으로 지구 표면에서의 중력장의 세기와 크게 다르지 않다.

달은 지구 중심으로부터 약 384×10^6m 떨어져 있다. 이 거리에서 지구 중력장의 세기는 약 0.0027N/kg이다. 따라서 이 거리에서의 지구 중력의 세기는 지구 표면에서의 지구 중력 세기의 약 3000분의 1 정도다. 어떻게 이렇게 작은 중력이 달을 궤도 위에 붙들어두고 있을까? 달이 있는 위치에서의 지구 중력장 세기는 매우 약하지만 달의 질량이 7.2×10^{22}kg으로 크기 때문에 달 전체에 작용하는 지구의 중력은 2.0×10^{20}N이나 된다. 뒤에서 달 궤도에 대해 이러한 자료를 다시 이용할 것이다.

지구는 매우 큰데 왜 지구의 중력장은 지구 중심에서부터의 거리에 따라 달라질까?

이것은 대답하기 쉬운 문제가 아니다. 뉴턴은 이 문제에 대답하기 위해 적분법이라는 새로운 수학적 방법을 개발했다. 적분법은 나무로 만든 단추를 이용해 간단히 설명할 수 있다. 창가에서 단추를 들고 팔을 뻗어 창밖에 있는 나무를 보면서 단추가 얼마나 많은 나무를 가리는지 확인해보자. 나무와 나무로 만든 단추는 같은 나무로 만들어져 있다. 뉴턴의 계산에 의하면, 단추가 그것을 들고 있는 사람에게 작용하는 중력은 단추가 가린 나무가 당신에게 작용하는 중력과 똑같다. 단추까지의 가까운 거리와 나무의 많은 질량이 정확히 같은 효과를 내기 때문이다. 단추가 가린 나무의 면적은 단추의 면적에 γ^2을 곱한 값과 같다. 나무와 단추에 의해 작용하는 중력의 합은 나무와 단추의 질량을 합한 질량이 단추와 나무의 중간에 놓여 있을 때의 중력과 같다.

중력장은 힘과 어떤 관계가 있는가?

앞에서 설명한 것처럼 물체에 작용하는 중력은 중력장의 세기에 물체의 질량을 곱한 값과 같다. 이것을 식으로 나타내면 $F = mg$이 된다. 따라서 질량이 70kg인 사람에게 작용하는 지구의 중력은 686N이다.

가속도를 이용하여 정의한 질량과 중력을 이용하여 정의한 질량은 서로 같은가?

가속도를 이용하여 $m = F_{알짜}/a$와 같이 정의한 질량을 관성 질량이라 하고, 중력을 이용하여 $m = F_{중력}/g$와 같이 정의한 질량을 중력 질량이라고 한다. 헝가리의 외트뵈시Roland Eötvös, 1848~1919를 비롯한 많은 물리학자들이 모든 물질에서 이 두 질량이 같은지를 알아보는 실험을 했다. 최근의 실험에 의하면, 만약 두 질량이 다르다 해도 그 차이는 중력의 10^{15}분의 1보다 작다. 더구나 아인슈타인의 일반상대성원리는 이 두 질량이 같다고 설명하고 이 두 질량이 같은 것을 '중력 질량과 관성 질량의 동등의 원리'라고 불렀다. 다시 말해 가속되는 기준계에서의 물리 법칙과 중력이 작용하는 기준계에서의 물리 법칙은 구별할 수 없다. 가속도에 의한 관성과 중력을 구분할 수 없다는 것이다.

여러 가지 천체의 중력장 크기는 얼마나 되나?

오른쪽 표는 태양, 행성 그리고 달의 물리적 사실과 천체에서의 태양의 중력과 표면에서의 천체 자체의 중력을 보여주고 있다. 목성, 토성, 천왕성 그리고 해왕성은 기체로 이루어진 행성으로 고체 표면을 가지고 있지 않다. 어떤 행성이 가장 강한 중력장을 가지고 있을까? 가장 많은 질량을 가지고 있는 행성의 중력장이 가장 클까? 목성의 질량보다

태양계에서 가장 큰 행성인 목성은 가장 큰 중력을 작용한다.

1000배나 많은 질량을 가지고 있는 태양 표면에서의 중력장의 세기가 목성 표면에서의 중력장의 세기의 10배밖에 안 되는 이유는 무엇 때문일까? 그 해답은 중력장의 세기가 질량 외에도 중심에서부터의 거리에 따라서도 달라지기 때문이다.

속도	태양으로부터의 거리 (10^3 km)	반지름 (km)	질량 (kg)	태양중력 (N/kg)	천체중력(표면) (N/kg)
태양	0	695,000	1.99×10^{30}		274.66
수성	57,910	2,439.70	3.30×10^{23}	3.96×10^{-2}	3.70
금성	108,200	6,051.80	4.87×10^{24}	1.13×10^{-2}	8.87
지구	149,600	6,378.14	5.98×10^{24}	5.93×10^{-3}	9.80
달	(지구로부터)384.4	1,737.40	7.35×10^{22}		1.62
화성	227,940	3,397.20	6.42×10^{23}	2.55×10^{-3}	3.71
목성	778,330	71,492	1.90×10^{27}	2.19×10^{-4}	24.80
토성	1,429,400	60,268	5.69×10^{26}	6.49×10^{-5}	10.45
천왕성	2,870,990	25,559	8.69×10^{25}	1.61×10^{-5}	8.87
해왕성	4,504,300	24,746	1.02×10^{26}	6.54×10^{-6}	11.15

중력도 뉴턴의 제3법칙을 따를까?

모든 물체는 주위에 중력장을 만든다. 따라서 지구 중력장에 의해 지구의 중력이 달에 미치듯이 달의 중력장에 의해 지구에는 달의 중력이 작용한다. 결과적으로 달은 지구의 중심을 도는 것이 아니며, 지구와 달은 지구 중심에서 약 2900km 떨어진 공동의 질량 중심을 돌고 있다. 또한 태양과 다른 행성도 지구에 중력을 작용하고 있고, 지구도 이들 천체에 중력을 작용하고 있다.

행성의 중력장, 특히 목성의 중력장은 태양을 표면 부근에 있는 점을 중심으로 돌게 한다. 따라서 태양계 밖에 있는 다른 행성계에 있는 관측자가 태양의 운동을 자세히 관측하면 태양 주위에 행성이 돌고 있다는 것을 알 수 있을 것이다. 이런 방법은 다른 별에서 200여 개의 행성 또는 행성계를 발견하는 데 사용되었다.

왜 명왕성은 행성에서 제외되었나?

2006년에 열렸던 국제 천문 협회는 '행성'을 처음으로 정의했다. 이 정의에 의해 명왕성을 비롯한 다섯 개의 천체는 '왜행성'으로 분류되었다. 이 다섯 천체 중 하나인 에리스의 질량은 명왕성보다 27%나 더 많은 질량을 가지고 있다.

아인슈타인은 중력장을 어떻게 기술했나?

아인슈타인은 일반상대성이론에서 중력장은 물체의 질량에 의한 시공간의 휘어짐 때문에 작용한다고 설명했다. 시공간은 시각적으로 보여주기 힘든 4차원이기 때문에 시공간의 휘어짐은 2차원 모델을 이용하여 설명하는 것이 이해에 도움이 될 것이다. 종종 시공간은 볼링공이 놓여 있는 고무판을 이용해 설명한다(60쪽 그림). 고무판은 태양을 나타내는 공에 의해 아래로 움푹 들어간다. 지구는 태양을 향한 힘을 받으면서 태양 주위를 돌고 있는 작은 공으로 나타낸다. 지구를 나타내는 작은 공은 마찰에 의해 태양을 나타내는 큰 공 쪽으로 끌려들어가기 전에 큰 공을 몇 바퀴 돈다. 물리학자 휠러^{John Wheeler, 1911 ~ 2008}는 질량과 시공간의 관계를 다음과 같이 표현했다.

시공간은 질량이 어떻게 움직일지를 결정하고
질량은 시공간이 어떻게 휘어지는지를 결정한다.

아인슈타인의 이론은 충분한 시험을 거쳤는가?

아인슈타인의 이론은 여러 방법으로 시험되었다. 아인슈타인의 이론은 매일 GPS의 시계를 보정하는 데 사용되고 있다. GPS 위성은 중력이 작아 시공간이 덜 휘어져 있는 높은 궤도를 돌기 때문에 시간이 빠르게 간다. 특수상대성이론의 효과(시간이 천천히 가도록 하는)와 일반상대성이론의 효과(시간이 빠르게 가도록 하는)를 모두 계산에 포함시켜야 GPS 위성의 시계와 지상의 시계를 정확히 일치시킬 수 있다.

중력은 조석 현상에 어떤 영향을 주나?

바닷가에 살고 있는 사람은 매일 두 번의 밀물과 썰물이 있다는 것을 잘 알고 있을 것이다. 밀물과 썰물은 매일 같은 시간에 일어나는 것이 아니라 달의 위상에 따라 달라진다. 조금과 사리는 계절에 따라 달라진다. 조석 현상의 원인은 무엇일까?

달의 중력장에 의해 물에 중력이 작용한다. 그러나 중력장의 세기는 거리에 따라 달라진다. 달과 보다 가까운 부분의 물에는 다른 지역보다 달의 중력이 크게 작용하고 멀리 있는 물에는 약한 중력이 작용하기 때문에 달과 보다 가까운 부분의 물은 달 쪽으로 이끌린다. 반면, 달에서 먼 곳에 있는 물에는 지구가 달에 이끌리는 것보다 약한 중력이 작용한다. 따라서 달의 가까운 쪽과 먼 쪽에 바닷물의 수위가 높아지는 밀물이 발생한다. 달이 지구 주위를 공전하면서 물을 끌고 가기 때문에 밀물이 달 바로 아래서 일어나지는 않는다. 지구가 달의 공전속도보다 빠른 속도로 자전하면서 바닷물을 끌고 가기 때문에 밀물은 매일 달이 머리 위에 오기 약 두 시간 전에 일어난다.

간만의 차는 지역에 따라서도 달라진다. 간만의 차가 가장 큰 곳은 캐나다의 노바스코샤 주와 뉴브런즈윅 주 사이에 있는 펀디 만이다. 이곳에서는 간만의 차가 17m나 된다. 그래서 펀디 만에 댐을 만들고 조석 현상을 이용하여 발전하자는 제안이 여러 번 있었지만 환경에 대한 영향 때문에 받아들여지지 않았다.

태양도 조석 현상에 영향을 주지만 달보다는 훨씬 작다. 그믐달이나 보름달 때처럼 태양, 지구, 달이 일렬로 배열하면 달과 태양의 영향이 합쳐 간만의 차가 커진다.

중력장 안에서 물체의 운동을 어떻게 기술할 수 있을까?

물체에 작용하는 힘이 중력뿐이라면 뉴턴의 제2법칙, $a = F/m_{관성}$을 이용하여 물체의 가속도를 계산할 수 있다. 실험에 의한 관측 결과와 아인슈타인의 상대성이론에 의해 중력의 크기는 $F = m_{중력} g$이며, 중력 질량은 관성 질량과 같다. 따라서 중력장의 세기는 중력에 의한 가속도와 같다($a = g$).

여기에는 또 하나의 의문이 생길 수 있다. 가속도의 단위는 m/s^2이고, 중력장의 단위는 N/kg인데 어떻게 두 양이 같을 수 있는가 하는 것이다. 해답은 뉴턴의 제2법칙에서 발견할 수 있다. 제2법칙을 나타내는 식, $F_{알짜} = ma$을 살펴보면 m/s^2과 N/kg이 같은 단위라는 것을 쉽게 알 수 있다. 힘의 단위인 N이 kg m/s^2이기 때문이다.

자유낙하하는 물체의 위치는 시간에 따라 어떻게 달라지는가?

중력만 작용하는 경우 중력에 의한 가속도는 g이다. 지구 표면에서 중력 가속도의 크기는 $9.8m/s^2$이다. 시간이 0이었을 때($t = 0$) 물체를 낙하시켰다면 t초에서의 속도는 $v = gt$가 된다. 다시 말해 속도는 매초 $9.8m/s$씩 빨라진다. 만약 t초 동안 낙하한 거리를 측정하면 그 거리 d는 $d = 1/2 gt^2$이 된다.

다음 표는 일정한 시간이 지나는 동안에 낙하한 거리를 나타낸다.

시간(초)	속도(m/s)	거리(m)
0.1	1	0.05
0.15	1	0.11
0.2	2	0.20
0.5	5	1.20
1	10	4.90
2	20	19.60

위의 표에서 자유낙하 하는 물체의 속도와 거리를 계산할 때 왜 이 시간들을 선택했나?

앞에 표에 나타난 처음 세 가지 시간은 사람의 반응 시간을 알아보기 위해 선택되었다. 자의 한끝을 수직으로 들게 한 후 다른 사람의 손을 자에 닿지 않은 채 자 아래쪽으로 잡을 준비를 하도록 한다. 자를 쥐고 있던 사람이 자를 떨어뜨리고 동시에 떨어지는 자를 다른 사람이 잡도록 해보자. 자가 떨어지는 시간과 자를 잡으려는 사람의 반응 시간을 비교해보면 표의 앞쪽 세 가지 시간에서의 실험을 통해 반응 시간이 0.1초에서 0.2초 사이임을 알 수 있을 것이다.

물체를 자유낙하 시키는 것이 아니라 위나 아래로 던질 때는 어떻게 되는가?

이런 경우 물리학에서는 물체가 초기 속도를 가지고 있다고 말한다. 그러나 초기 속도는 물체에 작용하는 중력에 영향을 주지 않기 때문에 물체는 이런 경우에도 아래쪽으로 매초 9.8m/s씩 속도가 증가한다. 예를 들어 공을 아래쪽으로 2.0m/s의 속력으로 던졌다고 가정해보자. 시간이 0이었을 때($t=0$), 이 물체는 이미 아래쪽으로 2.0m/s의 속력으로 움직이고 있었다. 따라서 0.1초 후의 속도는 $(2+0.98)$m/s=2.98m/s가 되고, 0.5초 후의 아래쪽을 향한 속력은 $(2+4.9)$m/s=6.9m/s가 된다. 다시 말해 초기 속도를 중력에 의해 얻는 속도에 더해주면 최종 속도를 구할 수 있다.

이제 같은 2.0m/s의 속력으로 위로 던지는 경우를 생각해보자. 앞의 계산에서 아래쪽 방향의 속도를 플러스로 계산했으므로 위 방향의 속도는 마이너스가 된다. 따라서 이 경우 초기 속도는 -2.0m/s가 된다. 중력은 아래 방향으로 작용하므로 중력에 의한 가속도와 속도는 플러스 값을 갖는다. 따라서 0.1초 후의 속도는 $(-2.0+0.98)$m/s=-1.02m/s가 되고, 0.2초 후의 속도는 $(-2.0+1.96)$m/s=-0.04m/s가 되어 거의 정지하게 된다. 그러나 중력은 아직도 작용하고 있기 때문에 아래쪽으로 계속 가속된다. 따라서 0.3초 후에는 속도가 $(-2.0+2.94)$m/s=$+0.94$m/s가 되어 물체는 이제 아래 방향으로 운동하게 된다.

최고점에서 물체는 정지하는가?

최고점에서 물체는 순간적으로 정지한다. 그러나 중력이 작용하고 있기 때문에 정지한 채로 머물지는 않는다.

가속도가 질량에 무관한 이유는 무엇인가?
볼링공이 축구공보다 빨리 떨어질까?

볼링공과 축구공 중에서 어느 공의 무게가 더 클까? 두 공을 차례로 들어보면 축구공을 들 때보다 볼링공을 들 때 훨씬 더 큰 힘이 필요하다는 것을 쉽게 알 수 있을 것이다. 뉴턴의 제1법칙에 의하면, 물체가 정지해 있는 경우, 물체에 작용하는 알짜 힘은 0이다. 그것은 중력이 물체를 들어 올리는 힘과 같다는 것을 뜻한다. 이것은 볼링공의 무게가 축구공의 무게보다 크다는 것을 나타낸다.

갈릴레이는 철로 만든 공과 나무로 만든 공을 피사의 사탑에서 떨어뜨려 두 공이 동시에 바닥에 도달한다는 것을 보여주었다고 알려져 있다. 그는 또한 나무 공을 묶어 질량을 두 배로 해도 따로따로 떨어뜨렸을 때와 같은 속도로 떨어진다고 주장했다. 이런 결과는 어떻게 이해할 수 있을까? 공을 떨어뜨릴 때 공에 작용하는 힘은 중력뿐이다. 따라서 물체의 가속도는 $a=F_{중력}/m$이다. 큰 힘이 작용하는 경우, 작은 힘이 작용할 때보다 큰 가속도가 생기는 것은 질량이 같은 경우뿐이다. 만약 질량이 다르면 같은 힘이 작용하는 경우에 질량이 작은 물체의 가속도가 크다. 앞에서 설명한 것처럼 중력은 질량에 비례하여 증가하고 가속도는 질량에 반비례하여 감소하므로 두 효과가 상쇄되어 가속도는 물체의 질량에 관계없이 항상 $a=g$ 이 된다.

공기의 저항은 낙하하는 물체에 얼마나 영향을 주나?

공기의 저항은 물체가 운동하는 방향과 반대 방향으로 작용하는 힘이다. 아래 방향으로 작용하는 중력과 위 방향으로 작용하는 공기의 저항력 차이가 낙하하는 물체에 작용하는 알짜 힘이다. 앞에서 설명했던 것처럼 공기의 저항력은 속도가 증가함에 따라 커진다. 따라서 물체가 낙하하면서 속도가 빨라짐에 따라 위쪽으로 작용하는 공기의 저항력이 커진다. 공기의 저항력이 중력과 같아지는 속도에서는 알짜 힘이 0이 된다. 따라서 이런 속도에 이르면 뉴턴의 제1법칙에 의해 물체는 일정한 속도로 움직이게 된다. 이 일정한 속도를 종속도(또는 종단속도)라고 한다.

종속도는 무엇에 의해 결정되나?

공기의 저항력은 공기의 밀도, 공의 크기, 속도 그리고 공의 모양에 따라 달라진다. 따라서 종속도는 저항력의 크기를 결정하는 이런 요소들과 중력의 크기를 결정하는 질량에 의해 달라진다. 간단한 실험을 통해 공기의 저항력이 속도에 비례하는지 또는 속도의 제곱에 비례하는지 알아볼 수 있다.

이 실험을 위해서는 커피 메이커에 사용되는 다섯 장의 필터만 있으면 된다. 필터는 컵 모양이어야 한다. 만약 공기의 저항이 속도에

공기에 의해 이 사람의 낙하산에 작용하는 힘(공기의 저항력)은 속도가 증가할수록 커진다. 따라서 특정 속도에 도달하면 저항력과 중력이 같아져 일정한 속도로 낙하하게 되는데 이 속도를 종속도라고 한다.

비례한다면 종속도는 $kv=mg$의 식에 의해 계산할 수 있을 것이다. 따라서 종속도는 질량에 비례한다. 그러나 만약 공기의 저항력이 속도의 제곱에 비례한다면 종속도는 $kv^2=mg$의 식에 의해 계산되므로 질량의 제곱근에 비례한다.

이 실험에서는 낙하하는 두 물체의 속도를 어떻게 동시에 측정하여 비교하느냐가 중요하다. 그것을 할 수 있는 간단한 방법이 있다. 두 물체를 다른 높이에서 떨어뜨려 동시에 땅에 도달하는지를 살펴보면 된다. 만약 공기의 저항력이 속도에 비례한다고 했을 때 질량이 두 배가 되면 종속도도 두 배가 될 것이다.

한 손에는 두 장의 필터를 겹쳐서 들고 다른 한 손에는 두 장의 필터 높이보다 반 정도의 높이에서 한 장의 필터를 들고 있다가 동시에 떨어뜨려 똑같이 땅에 도달하는

지를 보자. 질량이 두 배인 두 장의 필터의 종속도가 필터 한 장의 종속도의 두 배라면 동시에 땅에 도달해야 한다. 관측 결과는 어떤가? 두 필터가 동시에 땅에 도달하지 않는 것을 관측했을 것이다. 이제 한 손에 두 장의 필터를 더해 네 장이 되도록 하고 같은 실험을 해보자. 만약 공기의 저항력이 속도의 제곱에 비례한다면 질량이 네 배인 물체의 종속도는 두 배가 될 것이다. 따라서 네 장의 필터는 한 장의 필터보다 두 배의 종속도로 떨어질 것이다.

다른 높이에서 떨어뜨렸을 때 두 필터는 동시에 땅에 떨어지는가?

공기의 저항력은 이런 간단한 실험으로 알 수 있는 것보다 복잡하게 작용한다. 속도가 느릴 때의 저항 계수 k는 속도가 빠를 때보다 크다. 테니스공, 야구공, 축구공 등을 이용한 공기 저항 실험이 많이 이루어졌다. 공 표면의 실밥, 털, 공을 만든 가죽 조각의 수와 같은 표면 상태 역시 공기 저항의 크기에 많은 영향을 미친다. 때문에 투수가 다양한 구질의 공을 던지기 위해서는 공기 저항의 이런 성질을 잘 이용해야 한다.

스카이다이버와 낙하산은 속도를 조절하기 위해 공기 저항을 어떻게 이용하나?

스카이다이버는 팔이나 다리를 펴거나 오므리는 방법으로 몸의 모양을 바꿔 종속도의 크기를 조절한다. 낙하산은 낙하산의 기울기를 바꿈으로써 떨어지는 방향을 조절한다.

무중력 상태는 어떤 상태인가?

무게는 물체에 작용하는 중력의 크기를 나타낸다. 엄밀히 말해서 무중력 상태는 행성이나 별과 같은 천체로부터 무한히 멀리 떨어져 중력장이 0인 상태를 말한다. 어느 누구도 이런 상태에 도달할 수는 없다. 지구 궤도를 돌고 있는 인공위성에서 지구의 중력은 지구 표면에서의 중력의 약 80% 정도다. 따라서 인공위성에 탑승한 우주인에게 작용하는 중력은 지상 사람들에게 작용하는 중력보다 약간 작을 뿐이다.

지구 궤도를 돌고 있는 우주 비행사에게는 지구 표면에서와 거의 같은 크기의 중력이 작용하고 있다.

무게는 어떻게 측정하는가?

저울에 올라서면 저울은 중력에 대항해 위 방향으로 힘을 작용한다. 제3법칙에 의해 이 힘은 중력으로 아래로 누르는 힘과 같다(실제로는 지구의 회전 때문에 약간의 차이가 난다). 엘리베이터 안에서 저울에 올라서 있으면 엘리베이터의 가속도에 따라 저울에 나타나는 무게가 달라지는 것을 볼 수 있다. 올라가면서 속도가 빨라지는 경우에는 저울의 눈금이 올라간다. 내려가면서 속도가 줄어드는 경우에도 같은 결과를 관측할 수 있을 것이다. 그러나 올라가면서 속도가 줄어들거나 내려가면서 속도가 빨라지는 경우에는 반대로 무게가 줄어드는 것을 관측할 수 있을 것이다. 엘리베이터와 함께 가속되는 데 필요한 힘을 제2법칙을 이용하여 계산해보면 이 결과를 설명할 수 있다(이것은 저울이 없어도 몸의 느낌을 통해 알 수 있다).

그렇다면 만약 엘리베이터를 지탱하고 있는 줄이 끊어진다면 어떻게 될까? 그렇게 되면 엘리베이터와 그 안에 타고 있는 사람은 함께 g의 가속도로 자유낙하 하게 되며 그럴 경우 저울 눈금은 0을 가리킬 것이다. 자유낙하 하는 동안 엘리베이터와 그

안에 타고 있는 사람은 '무중력' 상태에 놓이게 된다. 인공위성 안에서도 같은 상태가 이루어진다. 인공위성 안에서의 무중력 상태에 대해서는 뒤에 다시 설명할 예정이다.

중력 외에도 접촉하지 않고도 작용하는 힘이 있는가?

전하 사이에 작용하는 전기력과 자기력 역시 비접촉적인 힘이다. 전기력과 자기력도 전하에 의해 만들어진 전기장과 자기장이 다른 전하나 자기 모멘트와의 상호작용을 통해 작용한다.

힘과 압력은 어떻게 다른가?

왜 바닥이 편평한 운동화를 신었을 때보다 뒷굽이 뾰족한 신발을 신었을 때 땅에 깊은 자국을 남기는가? 어떤 신발을 신든 바닥에 가하는 힘의 크기는 같다. 다른 점은 힘의 크기를 바닥과 접촉하는 면적으로 나눈 값이다. 일정한 면적에 작용하는 힘의 크기는 뒷굽이 뾰족한 신발의 경우 훨씬 더 크다. 단위 면적에 작용하는 힘을 압력이라고 한다. 예를 들어 몸무게가 50kg중(490N)인 사람이 바닥이 가로와 세로가 모두 1.5cm인 뾰족한 신발을 신었다고 가정해보자. 이 경우 신발 바닥의 면적은 $2.2cm^2$이다. 이 사람의 몸무게가 양쪽 신발에 골고루 나뉜다고 가정하면 신발이 바닥에 가하는 압력은 약 $4.5N/cm^2$이 된다. 압력은 대개 N/m^2을 나타내는 파스칼(Pa)이라는 단위를 이용하여 나타낸다. 이 경우 신발의 압력은 110만 Pa 또는 1100kPa이다. 만약 이 사람이 밑바닥의 면적이 $7.5 \times 7.5cm$인 신발을 신는다면 신발이 바닥에 가하는 압력은 45kPa이 된다.

공기의 압력은 약 101kPa이나 되는데도 우리는 왜 101kPa의 공기 압력을 느끼지 못할까? 첫째로는 공기의 압력이 우리 몸에 골고루 작용하기 때문이다. 두 번째로는 우리 몸의 외부와 내부에서 작용하는 압력의 크기가 같기 때문이다. 입과 코를 막고 공기를 들이마시려 해보면 공기의 압력을 느낄 수 있다. 외부의 압력이 내부의 압력보다 커지기 때문이다.

핀, 바늘, 못 침대에는 어떤 원리가 적용되고 있는가?

핀이나 바늘, 못의 한쪽 끝은 매우 뾰족하다. 따라서 작은 힘만 가해도 큰 압력이 만들어지기 때문에 옷감이나 피부를 쉽게 뚫고 들어갈 수 있다.

못의 뾰족한 부분이 위로 올라오도록 박아서 만든 침대를 본 적이 있는가? 옷을 입지 않은 사람도 이 침대에 누울 수 있다. 때로는 또 다른 못 침대를 배 위에 올려놓은 후 콘크리트 블록을 두 번째 침대 위에 올려놓고 망치로 내리쳐 깨뜨리는 실험도 행해진다. 그런데 못 침대 위에 누워 있는 사람은 다치지 않는다. 어떻게 이런 일이 가능할까? 못은 매우 뾰족하여 하나의 못만 있다면 쉽게 피부를 뚫고 들어갈 수 있다. 그런데 많은 못이 박혀 있을 경우에는 사람의 몸무게가 모든 못에 분산되기 때문에 하나의 못에 작용하는 힘은 매우 작아진다. 따라서 못 하나에 작용하는 압력은 피부를 뚫고 들어가기에 충분할 만큼 크지 않다.

이 실험을 하는 사람들은 여러 가지 안전 조치를 해야 한다. 침대 위에 올라가지 않은 몸의 부분도 못의 높이로 고정되어야 하고, 콘크리트 블록을 부수는 경우에는 고글을 착용하여 날아온 콘크리트 조각에 얼굴을 다치지 않도록 해야 한다.

자유낙하시킨 공은 어떤 운동을 하는가?

공을 떨어뜨리면 어떤 일이 일어나는지 쉽게 알 수 있다. 낙하하는 공은 매초 9.8m/s씩 속도가 빨라지면서 아래로 떨어진다.

공을 책상 끝에서 수평으로 밀면 어떤 운동을 할까?

이 질문에 답하기 위해서는 기준계를 정의해야 한다. 한 축은 수직 아래 방향으로 향하도록 하고, 다른 한 축은 이 방향에 수직인 수평 방향이 되도록 잡자. 중력은 아래 방향으로만 작용하기 때문에 공은 아래 방향으로 가속된다. 수평 방향으로는 아무런 힘도 작용하지 않기 때문에 수평 방향의 속도는 변하지 않는다. 아래 방향의 가속도만 낙하하는 물체의 속도에 영향을 주므로 이 물체는 자유낙하 시킨 물체와 동시에 바닥에 떨어진다. 이 공의 이동 경로는 포물선이 된다.

아인슈타인의 상대성이론이 아니라 갈릴레이의 상대성이론이 이러한 결과를 이해하는 데 도움을 준다. 갈릴레이는 달리는 배에서 떨어뜨린 물체는 배의 속도와 같은 속도로 달려야 한다고 했다. 배에 타고 있는 선원은 공이 똑바로 떨어지는 것으로 관측한다. 그러나 해안에서 이 공의 운동을 관측한 사람은 공이 배의 속도와 같은 속도로 수평 방향으로 운동하면서 떨어지는 것을 관측할 것이다. 따라서 이 관측자는 공의 경로를 포물선이라고 관측할 것이다. 그러나 두 관측자는 볼이 바닥에 떨어지는 것을 동시에 관측할 것이다. 갈릴레이는 물리 법칙은 상대 속도에 관계없이 일정하다고 했다. 이를 상대성 원리라고 한다.

어떻게 공기 압력이 철로 만든 드럼통을 찌그러뜨릴 수 있을까??

공기의 압력을 보여주는 여러 가지 시범이 있다. 철로 만든 커다란 드럼통을 가스버너 위에 올려놓고 물을 일부 채운 후 가열해보자. 물이 끓으면 드럼통은 수증기로 가득 차게 된다. 드럼통이 공기 대신 수증기로 가득 찬 후 드럼통의 마개를 단단히 막고 가스버너의 불을 끈다. 드럼통이 식으면 수증기는 다시 물로 변한다. 수증기의 부피는 물의 부피의 약 1000배나 되기 때문에 수증기가 물로 바뀌면 드럼통 안에는 기체가 거의 남아 있지 않아 밖으로 내미는 압력이 0에 가까워진다. 그러나 101kPa이나 되는 외부 공기의 압력은 그대로 있다. 따라서 드럼통은 큰 소리를 내며 찌그러든다. 이 실험은 음료수 캔과 물을 이용해 간단히 해볼 수도 있다. 음료수 캔에 0.6cm 정도 높이로 물을 넣은 후 가열한다. 구멍을 통해 수증기를 수 분 동안 뺀 후 고무 덮개로 덮은 뒤 빠르게 위쪽을 물속에 집어넣는다. 이번에도 수증기가 물로 변한다. 외부의 물은 덮개가 막고 있어 거의 들어갈 수 없다. 음료수 캔에 어떤 일이 일어날까?

공을 비스듬히 던지면 어떤 일이 일어날까?

이 경우에는 공이 수평 방향과 수직 방향의 초기 속도를 가지게 된다. 이번에도 수평 방향으로는 아무런 힘도 작용하지 않으므로 수평 방향의 속력은 일정하게 유지된다. 수직 방향의 속력은 위나 아래 방향으로 던진 경우와 같게 변할 것이다. 비스듬히 아래로 던지는 것보다 비스듬히 위쪽으로 던지는 경우가 더 흥미로우므로 이 경우에 대해 살펴보기로 하자.

이 경우에 초기 속도는 두 가지 방법으로 나타낼 수 있다. 한 가지는 앞에서와 마찬가지로 수평 방향과 수직 방향 성분으로 나누어 따로 다루는 방법이다. 또 다른 좀 더 유용한 방법은 크기와 방향을 이용하여 속도를 나타내는 것이다. 타자가 공을 40m/s의 속력으로 쳤다고 가정하자. 공이 날아가는 각도는 0도, 10도, 30도, 45도, 90도 등 어떤 각도도 될 수 있다.

공이 땅에 떨어질 때까지 날아간 거리는 속력은 물론 각도에 의해서도 달라진다. 공기의 저항력이 매우 작다면 45도 방향으로 쳤을 때 가장 멀리 날아간다. 하지만 공기의 저항력 때문에 실제로 가장 멀리 날아가는 각도는 약 35도이다. 제2차 세계대전 동안에 총알이 멀리 날아가는 각도를 알아내기 위해 많은 계산과 실험이 이루어졌고 그 결과가 표로 정리되었다.

원운동은 어떻게 가능한가?

행성이나 위성 또는 끈에 달린 공과 같이 원운동을 하는 물체의 경우 운동 방향으로는 아무런 힘도 작용하지 않으므로 속력은 변하지 않는다. 그러나 운동 방향이 바뀌어 속도가 변하기 때문에 힘이 작용해야 하는데 이 힘은 운동 방향과 수직한 방향으로 작용해야 한다.

공이 원운동을 하도록 해보자. 나무나 타일로 된 매끄러운 바닥에서 축구공이나 농구공으로 실험하는 것이 좋다. 공이 움직이도록 한 다음 움직이는 방향과 수직한 방향으로 부드럽게 밀어보자. 조금 후에 두 번, 세 번 더 밀어보자. 밀 때마다 미는 방향으로 운동의 방향이 바뀌는 것을 확인할 수 있을 것이다. 만약 운동하는 방향과 수직한 방향으로 계속 힘을 가한다면 공은 원운동을 하게 된다. 이때 가해야 하는 힘의 방향은 원의 중심 방향이다. 이 힘을 '구심력'이라고 한다.

원운동을 유지하는 데 필요한 힘의 크기는 물체의 질량, 물체의 속도 그리고 원운동의 반지름에 의해 결정된다. 질량이 크면 클수록, 물체의 속도가 빠르면 빠를수록, 원운동의 반지름이 작으면 작을수록 원운동을 하기 위해 필요한 힘이 커진다.

구심력은 어디에서 제공되는가?

구심력은 외부에서 작용해야 한다. 놀이 공원에서 빙글빙글 도는 회전차 안에 탈 때는 사람들이 가장자리 벽에 기대선다. 회전차의 회전 속도가 빨라짐에 따라 벽에 의해 중심 방향으로 등에 가해지는 힘이 증가하는 것을 느낄 것이다. 회전차의 회전 속도가 어느 정도가 되면 바닥이 사라진다. 바닥이 사라진 후에는 벽과 등 사이에 작용하는 마찰력만이 사람이 아래로 떨어지는 것을 막아준다.

자동차가 커브 길을 돌 때는 무엇이 구심력을 제공하는가? 길이 이 힘을 제공한다. 도로는 타이어와 접촉하고 있다. 도로가 자동차에 구심력을 작용하기 위해서는 도로와 타이어 사이의 마찰력이 필요하다. 만약 길이 얼음에 덮여 있어 마찰력이 충분히 크지 않으면 자동차는 회전하는 대신 똑바로 진행한다. 자동차 경주용 트랙은 바깥쪽 부분이 높도록 경사지게 만들어져 있어 구심력의 50% 이상을 이 경사에 의해 제공받기 때문에 도로와 바퀴 사이의 마찰력을 줄일 수 있다.

자동차 안에 타고 있을 때는 자동차가 커브 길을 따라 회전할 때 자동차에 의해 힘이 옆으로 작용한다. 대개의 경우 사람과 의자 사이의 마찰력이 필요한 구심력을 전달하기에 충분하다. 그러나 똑바로 서 있기 위해 더 많은 힘이 필요한 경우에는 손잡이를 잡아야 한다.

원운동을 할 때 왜 바깥쪽으로 향하는 힘을 느끼는가?

뉴턴의 운동 법칙을 이야기할 때 우리는 중요한 것을 빠뜨렸다. 운동 법칙은 가속되지 않는 '관성계'에서만 성립한다. 자동차가 속도를 높이거나 속도를 줄일 경우, 또는 운동 방향을 바꿀 경우에는 가속도가 있는 경우다. 따라서 자동차에 타고 있는 사람은 또 다른 힘을 느끼게 된다.

자동차의 속도가 빨라지는 경우에는 의자가 미는 것과 같은 힘을 느끼게 되고, 자동차의 속도가 줄어드는 경우에는 앞쪽으로 작용하는 힘을 느낀다. 원운동을 하는 경우에는 바깥쪽으로 미는 것과 같은 힘을 느낀다. 그러나 이 힘들은 실제 힘이 아니어서 '가상적인 힘'이라고 한다. 원운동을 하는 경우에는 원심력과 코리올리 힘이라는 두 가지 힘이 작용한다. 자동차가 커브 길을 돌 때 바깥쪽으로 힘이 작용하는 것을 느끼는 것은 가성적인 힘인 원심력 때문이다.

지상에서 코리올리 힘은 어떤 영향을 미치는가?

지구 표면에 고정된 기준계는 관성 기준계가 아니다. 코리올리 힘은 고기압과 저기압 주변에서 부는 바람의 방향에 영향을 준다. 공기는 저기압의 중심을 향해 분다. 북반구에서는 코리올리 힘에 의해 모든 물체의 운동이 오른쪽으로 힘을 받기 때문에 저기압을 중심으로 반시계 방향으로 도는 기류가 만들어진다. 남반구에서는 코리올리 힘의 방향과 바람의 방향이 북반구와 반대 방향이 된다. 반면, 고기압에서는 바람이 불어 나오므로 북반구에서는 고기압을 중심으로

케플러는 브라헤의 관측 자료를 이용해 화성의 궤도를 연구했다. 그는 화성의 공전 궤도가 원이 아니라 타원이라고 결론지었다. 태양계 행성의 궤도가 타원이라는 것이 케플러 제1법칙이다.

시계 방향으로 도는 바람이 불게 되고 남반구에서는 반대 방향의 바람이 만들어진다.

중력이 행성의 운동에 어떤 영향을 미치는가?

고대에는 행성(하늘을 떠돌아다니는 별이라는 의미에서 이런 이름이 붙게 되었다)은 원운동을 한다고 생각했다. 그래서 관측 결과와 일치시키기 위해 행성들은 한 원운동의 궤도 위에 또 다른 원운동의 궤도가 첨가된 복잡한 운동을 하고 있다고 설명했다. 1600년과 1605년 사이에 케플러^{Johannes Kepler, 1571~1630}는 브라헤^{Tycho Brahe, 1546~1601}가 관측한 화성의 관측 자료를 분석해 브라헤의 관측 자료와 원운동은 2분(달 크기의 약 네 배)의 차이가 난다는 것을 발견했다. 브라헤의 관측 결과를 신뢰하고 있던 그는 40번 이상의 시행착오를 거친 후, 마침내 화성의 궤도가 타원이라는 것을 밝혀냈다. 우리는 현재 행성을 비롯해 태양 주위를 공전하는 혜성과 같은 모든 천체는 물론 행성을 도는 위성의 궤도가 타원이라는 것을 알고 있다. 천체의 궤도가 타원이라는 것이 케플러의 행성 운동 법칙 중 제1법칙이다.

타원은 원이 아니므로 태양의 중력은 항상 운동 방향에 수직한 방향으로 작용하지 않는다. 따라서 행성이 궤도를 도는 동안 속력에 변화가 생긴다. 케플러의 행성 운동 제2법칙은, 같은 시간 동안에 행성의 궤도가 지나가는 면적은 같다는 것이다. 따라서 행성이 태양에 가까이 있을 때는 멀리 있을 때보다 빠른 속력으로 움직여야 한다.

케플러의 제3법칙은 실제 1595년에 발견된 것으로, 철학적이고 신학적인 논리를 바탕으로 하고 있다. 태양 주위를 도는 행성 궤도의 상대적인 크기는 다섯 가지 플라톤의 정다각형(정사면체, 정육면체, 정팔면체, 정십이면체, 정이십면체)으로부터 구할 수 있다고 했다. 플라톤의 궤도는 각각의 정다면체에 내접하는 원이다. 오늘날 케플러의 제3법칙은, 주기의 제곱은 궤도 반지름의 세제곱에 비례한다고 말한다. 이때 비례 상수는 행성의 중심에 있는 천체의 질량과 중력 상수에 의해 결정된다. 이 법칙은 중심에 있는 별이나 행성을 도는 천체의 궤도에 관한 두 가지 법칙을 종합한 법칙이다.

이론과 법칙은 어떻게 다른가?

법칙은 관측 결과를 종합한 것으로 관측된 현상을 나타낸다. 이론은 많은 관측 결과에 대한 설명 체계다. 아인슈타인의 중력 이론은 중력에 관한 케플러의 세 가지 법칙을 유도하는 데 사용된 뉴턴의 법칙을 설명한다. 이처럼 이론과 법칙은 근본적으로 다른 것이므로 이론은 법칙이 될 수 없다.

케플러의 제3법칙은 지구 주위를 도는 인공위성의 운동에 대해 무엇을 말해주는가?

케플러의 제3법칙은 행성의 주기와 지구 중심으로부터 인공위성까지의 거리의 관계를 나타낸다. 아래 표는 일부 특정한 인공위성의 지상 고도와 인공위성의 주기를 나타낸 것이다.

인공위성	궤도 형태	고도(km)	궤도 반경(km)	주기
국제 우주 정거장	적도	278~460	6,723	91.4분
허블 우주 망원경	적도	570	6,942	95.9분
기상 위성(NOAA19)	극궤도	860	7,234	102분
GPS 위성	적도	20,200	25,561	718분
통신 위성	적도	36,000	42,105	1,436분
달	타원	364,397~406,731	384,748	27.3일

기상 위성은 지구 표면 전체를 관측할 수 있도록 하기 위해 극궤도를 돌고 있다. 달의 궤도는 지구의 적도와 나란한 것이 아니라 지구의 공전 면과 같은 평면 위에 있다. 케플러의 제3법칙은 다른 행성이나 태양을 중심으로 도는 행성들에 적용된다. 그러나 이 법칙을 설명하기 위해서는 뉴턴이나 아인슈타인의 이론을 사용해야 한다.

운동량과 에너지

운동량

왜 운동량과 에너지의 개념이 필요할까? 뉴턴의 법칙만으로는 충분하지 않은가?

뉴턴의 법칙만으로도 물체의 운동을 설명할 수 있지만 여러 개의 물체가 상호작용할 경우, 뉴턴의 법칙은 너무 복잡하다. 운동량과 에너지를 이용하면 상세한 상호작용의 과정을 알 필요가 없고, 상호작용의 시작과 끝 상태에 대해서만 알면 되는 경우가 많아 문제를 쉽게 다룰 수 있다.

스포츠 팀이 모멘텀을 가지고 있다는 말을 듣게 되는데, 물리학에서 모멘텀(운동량)은 무엇을 뜻하나?

물리학에서 운동량은 질량과 속도를 곱한 양으로 정의된다. 운동량은 크기와 방향이 있는 벡터이다. 미식축구 선수를 생각해보자. 이 선수가 달릴 경우 몸무게와 속도를 곱한 양(mv)이 운동량이다. 이때 운동하는 방향이 운동량의 방향이 된다.

사고시 부상을 줄이기 위해 자동차는 어떤 구조를 가지고 있는가?

자동차가 구조물이나 다른 자동차와 충돌하면 속도가 줄어들거나 정지한다. 자동차의 앞부분과 뒷부분은 변형되기 쉬운 물질로 이루어져 있다. 이는 자동차가 구조물이나 다른 자동차와 충돌할 때 정지할 때까지의 시간을 길게 함으로써 정지하는 동안 작용하는 힘의 크기를 작게 하기 위해서이다. 자동차에는 또한 승객의 안전을 위해 에어백이 장착되어 있다. 갑자기 큰 가속도가 감지되면 화학 반응이 일어나 에어백 안에 기체를 채움으로써 에어백의 표면은 290km/h나 되는 빠른 속도로 승객을 향해 부풀어 오른다. 승객의 운동량은 에어백을 누르기 때문에 서서히 감소된다. 그리고 에어백은 표면적이 넓어 힘이 집중되지 않고 넓게 분산된다. 이것이 몸에 가해지는 압력을 줄여 부상을 방지해준다.

최근에 생산되는 대부분의 자동차들은 측면 충돌에 의한 부상을 방지하기 위해 측면에도 에어백을 장착하고 있다. 그러나 에어백은 오히려 어린이들을 다치게 할 수도 있다. 어린이는 몸무게가 작아 정지하는 데 작은 힘이 필요하기 때문에 어린이에게 안전한 에어백이란, 덜 부풀어 올라 승객에게 가해지는 충격이 작은 에어백이다.

충격량과 운동량의 변화의 예는 어떤 것이 있는가?

야구공이나 소프트볼을 받을 때, 특히 글러브를 끼지 않고 받을 때는 손이 공이 움직이는 방향과 같은 방향으로 움직이면서 공을 받는 것을 볼 수 있다. 공이 날아오는 방향을 향해 손을 움직이면서 공을 받는 사람은 없다. 이때 공을 정지시키는 동안의 운동량의 변화는 어떻게 받든 같다. 따라서 공이 손에 가하는 충격량도 같다. 그렇다면 손을 뒤로 이동하면서 받는 것과 앞으로 이동하면서 받는 것은 무엇이 다를까? 손을 뒤로 움직이면서 공을 받으면 공이 정지할 때까지의 시간이 길어진다. 그렇게 되면 공과 손 사이에 작용하는 힘이 작아진다.

두 물체가 상호작용하는 경우 물체의 운동량에는 어떤 일이 일어나는가?

뉴턴의 운동 법칙에 의하면, 손이 공에 힘을 가하면 공은 손에 힘을 가한다. 따라서 손에도 충격량이 가해진다. 그렇다면 손의 운동량도 변하는가? 손은 몸의 일부다. 땅에 든든히 버티고 서 있으면 몸은 잘 움직이지 않으니 더 간단한 경우로, 매끄러운 바닥에 놓여 있는 바퀴 달린 의자에 앉아 날아오는 무거운 공을 받는다고 생각해보자. 이 경우 공을 받는 사람은 뒤로 밀려난다. 다시 말해 공의 운동량이 줄어드는 대신 공을 받는 사람과 의자의 운동량이 증가한다.

공과 공을 받는 사람 그리고 의자 전체의 운동량은 어떻게 되는가?

외부에서 작용하는 힘이 없거나 아주 작으면 상호작용의 종류에 관계없이 전체 운동량은 보존된다. 이를 운동량의 보존 법칙이라고 한다. 줄어드는 공의 운동량과 증가하는 사람과 의자의 운동량 크기는 같으므로 전체적인 운동량의 변화는 0이다.

운동량이 보존되는 또 다른 예는 어떤 것이 있는가?

단 하나의 물체만 있고 외부에서 아무런 힘도 작용하지 않는 경우, 뉴턴의 제2법칙에 의해 속도가 변하지 않는다. 이것을 운동량의 관점에서 보면 운동량이 보존된다고 할 수 있다. 처음에 운동량이 0이었다면 운동량은 0인 채 유지된다.

총을 쏠 때는 어깨에 총을 단단히 밀착시켜야 한다. 이것은 물리학적으로 무슨 의미일까? 총을 쏘면 총알의 운동량이 변한다. 총알의 운동량이 앞 방향이라면 운동량 법칙에 의해 총은 뒤쪽으로 향하는 운동량을 얻어 뒤쪽으로 밀려나므로 어깨에 총을 단단히 밀착시키지 않으면 상대적으로 가벼운 총은 빠른 속도로 뒤로 밀리게 된다. 따라서 총이 어깨를 쳐서 다칠 수 있다. 그러나 총을 어깨에 밀착시키면 뒤로 밀리는 질량은 총의 질량에 총을 쏘는 사람의 몸무게를 합한 값이 되어 뒤로 밀려나는 속도가 작아진다.

미식축구 선수인 라인맨의 운동량은 어떻게 변하는가?

라인맨을 정지시키려면 라인맨이 움직이는 방향과 반대 방향으로 힘을 가해야 한다. 힘이 크면 클수록 그리고 힘을 가하는 시간이 길면 길수록 운동량의 변화는 크다. 힘의 크기에 시간을 곱한 값을 충격량이라고 한다. 힘은 벡터이기 때문에 충격량 역시 벡터이다. 따라서 라인맨에 가해지는 충격량 방향은 라인맨의 운동과 반대 방향이어야 한다. 라인맨에게 가해지는 충격량이 크면 클수록 라인맨의 운동량 변화도 커진다.

우주 공간에서 로켓은 어떻게 가속되는가?

로켓의 모터가 작동하면 로켓은 기체를 뒤쪽으로 빠르게 분사한다. 그 결과 원래 로켓 안에 정지해 있던 기체가 뒤쪽으로 큰 운동량을 얻게 된다. 로켓과 기체에 외부에서 힘이 작용하지 않으면 로켓의 운동량은 앞쪽으로 증가해 속도가 빨라지게 된다.

로켓이 발사대에 있는 동안에는 외부에서 중력이 작용한다. 그렇다면 어떻게 발사가 가능할까? 이 경우, 기체와 로켓의 운동량은 보존되지 않는다. 그러나 로켓이 기체를 밀어내는 충격량과 같은 크기의 충격량이 기체에 의해 로켓에 가해진다. 따라서 로켓이 중력을 이기고 상승할 수 있다. 그러나 상승하는 속도는 중력이 없는 우주 공간에서보다 느리다.

우주 공간에는 밀어낼 것이 없기 때문에 로켓이 가속할 수 있는 것이 이상하게 보일 수도 있다. 로켓은 연료를 태워 뒤로 밀어내면서 앞으로 가속되는 추진력을 얻는다.

아인슈타인의 특수상대성이론은 운동량에 어떤 영향을 주는가?

길이와 시간에 영향을 주었던 같은 요소인 γ가 같은 방법으로 운동량에도 영향을 준다. 상대성이론에서의 운동량도 질량과 속도를 곱한 값인 $\gamma m v$이다. 속도가 느린 경우에는 γ값은 1에 가깝고, 빛의 속도에 가까울 정도로 빠른 경우에만 큰 값을 가진다.

운동량은 회전하고 있는 물체에도 영향을 주는가?

회전 운동도 운동량을 이용하여 기술할 수 있지만 각운동량은 선운동량과 다르게 정의된다. 위치는 각도로 대치되고 속도는 각속도로 바뀌며, 가속도 대신 각가속도를, 힘 대신에는 토크를 사용해야 한다.

회전 운동에서 힘의 역할을 하는 것은 무엇인가?

토크가 어떻게 작용하는지에 대해서는 경험을 통해 이미 알고 있을 것이다. 한쪽이 경첩으로 고정된 문을 밀어서 여는 경우를 생각해보자. 문이 열리는 속도는 문을 미는 힘에 따라 달라진다. 그러나 문의 속도는 문의 미는 지점과 미는 각도에 따라서도 달라진다. 문을 수직으로 미는 것이 작은 각도나 큰 각도로 미는 것보다 훨씬 효과적이다. 직각으로 밀 경우, 토크는 힘의 크기에 회전축으로부터의 거리를 곱한 값과 같다.

회전에서 질량과 같은 역할을 하는 것은 무엇인가?

질량은 알짜 힘을 가속도로 나눈 값으로 정의된다. 마찬가지로 회전 운동에서 질량과 같은 역할을 하는 양은 토크를 각가속도로 나눈 값으로 정의된다. 이 값을 회전 관성 또는 관성 모멘트라고 한다. 관성 모멘트는 질량뿐 아니라 회전축과의 거리에 따라서도 달라진다.

질량이 회전축에서 멀리 있으면 있을수록 관성 모멘트는 커진다. 의자에 무거운 물건을 들고 앉아 있는 경우 팔을 멀리 벌리면 벌릴수록 회전시키기 힘들어진다. 다시 말해 같은 각가속도를 얻기 위해 더 큰 토크가 작용해야 한다.

회전 운동에서 운동량 역할을 하는 양은 무엇인가?

회전하는 물체가 가지고 있는 각운동량은 관성 모멘트에 각속도를 곱한 값이다. 외부에서 토크가 작용하지 않으면 각운동량은 변하지 않는다. 선형 운동에서는 질량이 변하지 않기 때문에 외부에서 힘이 작용하지 않으면 운동량을 보존하기 위해 일정하게 속도가 유지돼야 한다. 그러나 회전하는 물체는 관성 모멘트를 바꿀 수 있기 때문에 각운동량이 일정하게 유지되는 경우에도 각속도가 변할 수 있다.

운동선수는 각운동량을 어떻게 이용하는가?

두 가지 스포츠에 대해 생각해보자. 다이빙 선수는 물에 뛰어들기 위해 발판을 힘차게 굴러야 한다. 선수가 발판을 밀면 운동 법칙(제3법칙)에 의해 발판은 선수를 민다. 그러나 선수가 수직한 방향으로 서 있지 않았다면 이 힘은 선수에게 토크로 작용하여 선수를 회전시킨다. 선수가 회전하는 동안 팔과 다리를 오므려 질량을 회전축 가까이 가져오면 관성 모멘트가 줄어들면서 회전 속도가 빨라진다. 회전을 느리게 하기 위해서는 팔과 다리를 멀리 뻗으면 된다. 이런 방법으로 회전 속도를 조절하며 물속으로 뛰어들 수 있다.

피겨 스케이터의 경우도 생각해보자. 피겨 선수는 한 발로 서 있을 때 다른 발로 얼음을 밀어 회전을 시작할 수 있다. 이 경우에도 얼음을 미는 힘은 토크로 작용하여 얼음을 계속 밀면 회전 속도가 빨라진다. 이때 팔을 뻗으면 회전 속도가 느려지고, 몸 가까이로 오므리면 회전 속도가 빨라진다.

장난감 자이로스코프를 스탠드 위에 세워놓고 돌려보라. 중력이 자이로스코프의 무게 중심을 잡아당기고 있어 회전축을 회전시키는 토크가 생겨 아래 방향으로 회전한다.

회전축도 변할 수 있을까?

장난감 자이로스코프는 회전하는 바퀴를 가지고 있다. 이것을 세워놓으면 회전축은 원을 그리며 돈다. 왜 그럴까? 중력이 바퀴의 질량 중심을 아래로 잡아당기기 때문이다. 따라서 자이로스코프는 아래로 회전한다. 이 새로운 토크의 영향으로 회전축의 방향이 변하는 세차 운동을 하게 된다. 세차 운동은 자전거나 모터사이클에서도 중요하다. 자전거가 우측으로 기울면 회전하는 앞바퀴의 회전축도 회전한다. 그러면 바퀴가 우축으로 돌아 자전거가 넘어지는 것을 막아준다.

에너지

에너지란 무엇인가?

에너지를 가지고 있는 물체는 자신과 주변을 변화시킬 수 있다. 이는 매우 추상적인 에너지의 정의이다. 여러 가지 방법으로 물체가 에너지를 가지는 방법과 에너지가 만들어낼 수 있는 변화에 대해 알아보자.

빠르게 달리는 자동차는 에너지를 가지고 있다. 벽이나 다른 자동차와 충돌했을 때 어떤 변화를 만들어낼 수 있는지를 생각해보자. 운동하는 물체가 가지고 있는 에너지를 운동 에너지라고 한다. 회전하는 바퀴도 에너지를 가지고 있다. 때문에 회전하는 바퀴를 손으로 정지시키려면 손을 다칠 수도 있다. 이런 종류의 에너지를 회전 운동 에너지라고 한다.

압축된 용수철이나 잡아 늘인 고무줄도 돌을 움직일 수 있는 에너지를 가지고 있는데 이를 탄성 에너지라고 부른다. 이외에도 물질 속에는 다양한 형태의 에너지가 저장되어 있다. 물질을 구성하는 원자들의 불규칙한 운동도 운동 에너지를 가지고 있다. 물질을 구성하는 원자들의 불규칙한 운동에 의한 에너지를 측정한 것이 온도로, 원자들이 많은 에너지를 가지고 있으면 온도는 더 높아진다. 이런 에너지를 열에너지라 부른다. 휴대 전화의 전지를 방전시키거나 충전시키는 것은 전지를 구성하는 물질의 화학적 상태를 변화시키는 것이다. 충전시키면 전지의 화학 에너지가 증가하고, 방전시키면 전지의 화학적 에너지가 줄어든다. 음식을 먹음으로써 우리 몸의 화학적 에너지를 증가시킬 수도 있다.

질량 속에도 에너지가 들어 있다. 우라늄의 원자핵을 더 작은 질량을 가지는 원자핵으로 분열시키면 질량이 에너지로 바뀌어 많은 양의 에너지가 나온다.

에너지는 어떻게 변환되는가?

에너지가 변환되기 위해서는 에너지의 변환에 의해 에너지가 줄어드는 부분과 증가되는 부분이 있어야 한다. 에너지의 변환과 흐름을 알아보기 위해서는 84쪽과 85쪽의 도표를 살펴보는 것이 좋다. 예를 들어 당구공이 다른 공과 충돌하면 공이 가지고 있는 에너지의 일부 또는 전부를 다른 공에 전달할 수 있다. 이런 방법으로 에너지를 전달하는 것을 일이라고 한다. 운동하고 있던 공은 정지해 있던 공에 일을 하고 에너지가 줄어든다. 정지해 있던 공의 운동 에너지는 일을 받아 증가한다.

고무총이 돌을 발사하면 고무에 저장되었던 탄성 에너지가 줄어들고 돌의 운동 에너지가 증가한다. 공을 던지면 공을 던지는 사람의 화학 에너지가 줄어들고 공의 운동 에너지가 증가한다. 일이 관계되지 않은 에너지의 변환에 대해서는 뒤에 다시 다룰 예정이다.

공을 위로 던질 때는 어떤 에너지가 관계되는가?

공과 같은 물체를 위로 들어 올리면 지구 중력장의 에너지를 증가시킨다. 이때는 공을 들어 올리는 사람으로부터 에너지가 중력장으로 전달되어 공을 들어 올린 사람의 화학 에너지가 줄어든다(85쪽 참조). 공을 위로 던지는 경우를 생각해보자. 공을 던지기 위해서는 공에 일을 해야 한다. 몸 안에 저장되었던 에너지가 공에 전달되어 공의 운동 에너지와 중력장의 에너지를 증가시킨다. 일단 공이 손을 떠난 후에도 공은 계속 위로 올라간다. 그러나 위로 올라갈수록 공의 속도는 줄어든다. 이때 공의 운동 에너지가 줄어드는 대신 중력장의 에너지는 증가한다. 가장 높은 지점에 이르면 운동 에너지는 0이 되고 모든 에너지는 중력장의 에너지로 변환된다. 공이 다시 떨어짐에 따라 속도가 빨라지면서 공의 운동 에너지가 증가하고 대신 중력장의 에너지는 감소한다. 이 과정에서 공의 운동 에너지와 중력장의 에너지를 합한 값은 일정하게 유지된다. 이처럼 에너지는 한 물체에서 다른 물체로, 그리고 다시 반대 방향으로 전달될 수 있다.

공을 받으면 공의 운동 에너지는 0으로 줄어든다. 이때는 공이 공을 받는 사람에게 일을 한다. 그러나 이 에너지가 다시 몸 안의 화학 에너지로 바뀌지는 않는다.

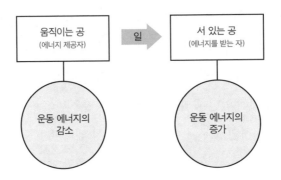

공이 다른 공에 충돌할 때 에너지 전달

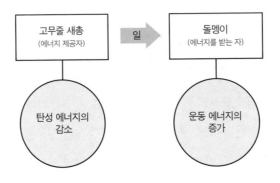

고무줄 새총으로 돌멩이를 발사할 때 에너지 전달

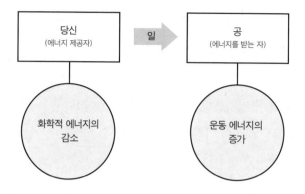

당신이 공을 던질 때 에너지의 전달

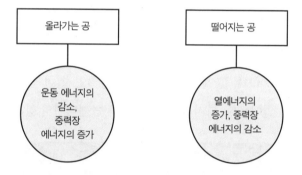

위로 던진 공이 올라갈 때와 내려올 때의 에너지의 변화

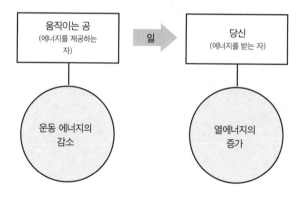

당신이 공을 받을 때 에너지 전달

계의 전체 에너지는 절대 바뀌지 않는가?

그렇다. 책상 위에 얹혀 있는 나무토막을 생각해보자. 나무토막을 밀면 에너지가 몸에서 나무토막으로 전달되어 나무토막이 움직이기 시작한다. 그러나 곧바로 나무토막의 속도가 줄어들어 정지한다. 나무토막이 가지고 있던 운동 에너지는 어디로 갔을까? 나무토막과 책상 사이의 마찰력은 어떤 작용을 할까?

마찰력에 대해 알아보기 위해 지우개로 손바닥을 문지른 뒤 지우개를 볼에 대보자. 그러면 지우개와 손바닥이 따뜻해진 것을 느낄 수 있을 것이다. 나무토막과 책상 사이의 마찰력도 같은 작용을 한다. 그러나 온도 변화가 너무 작아 감지하기는 어려울 것이다. 온도가 올라가면 물체의 열에너지도 증가한다. 따라서 나무토막이 가지고 있던 운동 에너지는 나무토막과 책상의 열에너지로 전환되었음을 알 수 있다. 에너지가 형태를 바꾼 것이다.

다양한 형태의 에너지를 정밀하게 측정한 과학자들은 에너지가 창조되거나 소멸되지 않는다는 것을 알아냈다. 다시 말해 계에 더해준 에너지의 양은 계의 에너지 변화

움직이던 당구공이 다른 공과 충돌할 때 공이 가지고 있던 에너지의 전부 또는 일부가 다른 공에 전달된다. 당구 게임을 즐길 수 있는 것은 이 때문이다.

량과 계를 떠난 에너지의 양을 합한 값과 같다. 이것이 에너지 보존 법칙이다. 새로운 물체가 계에 더해지거나 계를 떠나지 않는 한, 그리고 계와 외부 환경 사이에 상호작용이 없는 한 계의 에너지는 변하지 않는다.

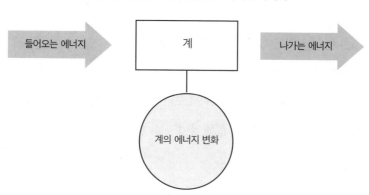

들어오는 에너지 = 에너지 변화 + 나가는 에너지

운동량과 에너지 보존 법칙은 일상생활에서 어떻게 이용되는가?

이 두 보존 법칙은 물체의 충돌을 분석할 때 가장 자주 이용된다. 외부에서 힘이 작용하지 않을 경우에는 운동량이 보존된다. 두 물체 사이에 작용하는 힘의 크기가 외부에서 작용하는 힘의 크기보다 훨씬 큰 경우에는 두 물체가 충돌하는 동안 운동량의 변화는 매우 작다. 예를 들면 두 자동차가 충돌할 경우, 자동차 사이에 작용하는 힘의 크기가 바퀴를 통해 외부에서 작용하는 힘보다 훨씬 크다. 따라서 운동량은 보존된다. 이 경우에 에너지도 보존되는가?

에너지의 총량은 보존되지만 충돌하기 전의 운동 에너지는 충돌한 후의 운동 에너지보다 훨씬 작다. 대부분의 에너지는 금속 부품을 변형시키거나 유리나 플라스틱 부품을 파괴하는 데 사용되었다. 자동차의 충돌 사고를 분석하여 충돌 전의 두 자동차의 속력을 알아낼 때는 운동량 보존 법칙을 이용한다.

모든 충돌 과정에서 운동 에너지가 항상 다른 형태의 에너지로 바뀌는 것은 아니다. '뉴턴의 요람'이라 불리는 장난감에서는 줄에 매달린 금속 공들이 충돌한다. 이런 충돌에서는 운동 에너지가 거의 대부분 보존된다. 다가오는 공은 두 번째 공에 충돌한 후 정지하고 두 번째 공이 같은 속도로 운동한다. 당구공의 충돌은 운동 에너지가 보존되는 또 다른 예로, 이런 종류의 충돌을 '탄성 충돌'이라 부른다. 반면, 운동 에너지가 보존되지 않는 자동차의 충돌과 같은 충돌은 '비탄성 충돌'이라고 한다.

온도가 높은 물체는 열에너지를 가지고 있다. 열에너지는 어떻게 전환되나?

지우개와 손바닥을 비벼 만들어진 열에너지와, 나무토막이 책상과 마찰하여 만들어진 열에너지는 어떻게 될까? 조금 후에 모든 물체는 다시 원래대로 차가워진다. 이런 물체들은 온도가 낮은 주변으로 열에너지를 빼앗긴다. 온도 차이가 있으면 열이 흘러간다. 열은 항상 온도가 높은 물체(에너지원)에서 온도가 낮은 물체(에너지 수용체)로 흐른다.

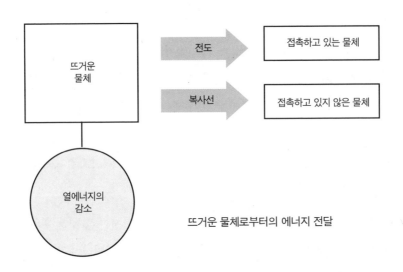

뜨거운 물체로부터의 에너지 전달

열에너지는 전도, 대류, 복사의 세 가지 방법으로 전달된다. 전도는 손을 뜨거운 물에 넣었을 때처럼 두 물체가 접촉해 있을 때 일어난다. 대류는 공기나 물과 같은 유체의 운동에 의해 일어난다. 온도가 높은 물체와 접촉하여 뜨거워진 유체가 이동, 온도가 낮은 물체를 만나면 열을 전달한다. 복사선은 뜨거운 물체가 내는 전자기파로 온도가 낮은 물체에 의해 흡수된다. 뜨거운 전기난로 가까이 손을 가져가면 복사선에 의한 열을 느낄 수 있다. 태양 역시 복사에 의해 지구에 에너지를 전달한다.

주위 환경에 있는 열에너지는 어떻게 될까? 주위 환경의 온도가 점점 올라가면 열에너지가 증가한다. 그러면 주위 환경은 온도가 더 낮은 물체에 에너지를 전달한다. 지구는 주위 우주 공간보다 온도가 높다. 따라서 우주 공간으로 에너지를 내보내고 있다. 지구에서 방출한 에너지가 다른 행성이나 별에 흡수되면 이런 천체들의 온도가 올라간다. 이런 일은 우주 전체에서 일어나고 있다.

일과 에너지는 다른 양인가? 열과 열에너지도 다른 양인가?

운동 에너지, 화학 에너지, 열에너지는 물체가 가지고 있는 에너지이고, 중력장 에너지는 중력장이 가지고 있는 에너지이다. 일과 열은 에너지가 전달되는 방법을 말하며 역학적 에너지가 전달되는 것을 일이라고 한다. 열은 온도가 다른 두 물체 사이에서 열에너지가 전달되는 것이다. 일의 예로는 공을 던지거나 돌팔매로 돌을 던지는 것, 글러브로 공을 잡는 것 등이 있고, 열의 예로는 뜨거운 물체를 이용하여 손을 덥히거나 냉장고에서 음료수를 차게 하는 것, 태양 빛으로 지구 표면이 더워지는 것 등이 있다.

누가 운동량 보존 법칙과 에너지 보존 법칙을 발전시켰나?

뉴턴이 처음으로 운동량을 질량과 속도의 곱으로 정의했지만, 그는 이것을 '운동의 양'이라고 불렀다. 에너지의 개념이 등장한 후 에너지라는 용어가 사용되기까지는 150년이 걸렸다. 네덜란드의 물리학자 하위헌스Christiaan Huygens, 1629~1695(호이겐스로 표기하기도 함)는 두 물체가 탄성 충돌하는 동안에는 오늘날 우리가 운동 에너지라고 부르는 양이 변하지 않는다는 기록을 남겼다. 독일의 라이프니츠Gottfried Wilhelm Leibniz, 1646~1716는 1695년 운동 에너지를 비스 비바vis viva라고 불렀다. 그러나 비스 비바가 탄성 충돌이 아닌 경우에도 보존되는 것을 알아내기까지는 150년이 걸렸다.

에너지 개념의 정착에는 톰슨[Benjamin Thompson, 1753~1814]이 중요한 공헌을 했다. 톰슨은 매사추세츠에서 태어났지만 미국의 독립 전쟁에 반대하여 영국으로 건너가 조지 3세로부터 기사 작위를 받고 럼퍼드 백작으로 불렸다. 미국에 있는 동안에는 영국을 위해 간첩 활동을 했으며, 영국에 있는 동안에는 프랑스와 영국의 이중간첩으로 활동하기도 했다. 또한 지금은 독일에 속해 있는 바이에른으로 이주하여 전쟁을 주관하는 장관이 되었다. 고아원을 운영하기도 했던 그는 돈을 벌기 위해 열에 대해 연구하면서 열효율이 좋은 난로, 여과 장치가 달린 커피 추출기와 같은 많은 것을 발명했다. 그는 열에 대한 오랜 연구 끝에 1798년 열은 오늘날 우리가 원자로 알고 있는 물질을 구성하는 입자들의 진동 운동에 의한 에너지라고 결론지었다.

럼퍼드보다 약 20년 앞서 프랑스의 화학자 라부아지에[AntoineLaurent Lavoisier, 1743~1794]와 라플라스[PierreSimon Marquis de Laplace, 1749~1827]는 기니피그가 음식을 먹은 후 발생시키는 열은 음식이 탈 때 내는 열과 매우 유사하다는 것을 보여주었다.

와트[James Watt, 1736~1819]와 다른 사람들이 개발한 증기 기관이 널리 사용되면서 일과 열 사이의 관계와 더 나은 열효율을 가지는 증기 기관을 만드는 방법에 대한 연구가 시작되었고, 1807년경부터 '에너지'라는 단어가 현재와 같은 의미를 가지고 사용되기 시작했다. 1842년에 독일의 의사였던 마이어[Julius Robert von Mayer, 1814~1878]는 모든 형태의 에너지는 동일하며 에너지의 총량은 보존된다고 주장했다. 그는 대개 정성적인 용어를 이용하여 논문을 썼지만 후에는 기체를 가열했을 때 한 일을 기초로 한 정량적인 증거도 논문에 포함시켰다. 하지만 그의 논문은 그가 살아 있는 동안에는 주목받지 못했다.

비슷한 시기에 영국의 아마추어 과학자 줄[James Prescott Joule, 1818~1889]은 일의 양과 일로 발생한 열량 사이의 관계를 밝히기 위한 실험을 준비했다. 그것은 발전기와 기체의 압축, 그리고 물을 휘저을 때 발생되는 열량에 대해 알아보는 실험이었다. 그가 실험 결과를 계속 발표하자 그 결과를 주목하는 사람들이 늘어났다.

독일의 의사였던 헬름홀츠Hermann Ludiwg Ferdinand von Helmholtz, 1821~1894는 1847년에 역학, 열에너지와 열, 전기학, 자기학, 화학 그리고 천문학과 같은 여러 분야에서 에너지가 어떻게 보존되는지를 보여주는 수학적인 관계식을 개발했다. 그의 연구 결과를 통해 과학자들은 럼퍼드, 마이어, 줄과 같은 과학자들이 이루어놓은 업적을 인정하고, 에너지 보존 법칙을 받아들이게 되었다.

에너지 효율은 무엇을 의미할까?

대개의 경우 열에너지는 유용한 형태의 에너지가 아니다. 휘발유 속에 포함되어 있는 에너지가 운동 에너지가 아닌 열에너지로 전환되는 것을 원하는 사람은 없을 것이다. 냉각 시스템은 물과 부동액의 혼합 용액을 이용하여 엔진을 식히고 라디에이터의 온도를 높인다. 라디에이터에는 공기가 흐르면서 액체를 식힌다. 공기 중에 포함된 열에너지는 종종 낭비된 에너지라고 부른다. 자동차의 에너지 효율은 대략 20% 정도다. 다시 말해 휘발유가 가지고 있던 에너지의 5분의 1만 자동차를 움직이는 운동 에너지로 이용된다. 엔진에 의해 공기가 데워지는 것 외에도 도로와의 마찰에 의해 타이어도 뜨거워지고, 브레이크도 뜨거워진다. 이렇게 공기 중으로 방출되는 열에너지는 모두 폐기되는 에너지다.

가정용 난로는 등유나 가스가 가지고 있는 화학 에너지 또는 전기 에너지를 공기나 물의 열에너지로 전환한다. 그러나 모든 에너지가 난방에 이용되는 것은 아니다. 일부 에너지는 굴뚝을 통해 공기 중으로 빠져나가 폐기된 에너지가 된다. 난방 장치의 열효율은 대략 60% 정도이지만 열효율이 95%나 되는 새로 개발된 난방 장치도 있다.

자동차나 가정용 난방 장치의 에너지 효율을 높이는 방법에 대한 연구가 중요한 국가적 과제로 활발하게 진행되고 있다. 우리 몸은 음식물이 가지고 있는 에너지의 20% 정도만 몸을 움직이는 데 사용한다. 우리 몸은 공기와의 접촉을 통해 또는 땀을 배출하면서 열을 식힌다. 또한 호흡기를 통해 배출되는 수증기와 공기 속에도 많은 열에너지가 포함되어 있다.

에너지는 어떻게 측정되는가?

에너지의 SI 단위는 J이다. 그러나 에너지는 칼로리(cal)나 킬로칼로리(kcal)를 이용하여 측정하기도 한다. 영국이나 미국에서는 BTU라는 단위를 이용하여 에너지를 측정하기도 한다. 전기 에너지의 크기를 나타낼 때는 kWh라는 단위가 사용되기도 한다. 아래 표는 여러 가지 단위 사이의 관계를 나타낸다.

	줄 (J)	칼로리 (cal)	킬로칼로리 (kcal)	킬로와트시 (kWh)
J	1	0.239	0.000239	0.000000278
cal	4.186	1	0.001	0.00000116
kcal	4,186	1,000	1	0.00116
kWh	3,600,000	859,000	859	1

연료 속에는 얼마나 많은 에너지가 들어 있을까?

가정용 난방에 사용되는 연료(천연가스, 전기, 등유, 목재)의 유용성을 비교하기 위해서는 메가줄(MJ)당 가격뿐만 아니라 다른 많은 요소들도 고려해야 한다. 가열된 공기나 물을 이용하는 난방 장치는 매우 다른 에너지 효율을 가지고 있다.

연료	MJ/l	MJ/kg	가격($/MJ)
휘발유	35	47	0.021
에탄올	22	38	0.033
중유	39	48	0.020
천연가스	0.039	11,000	0.001
전기			0.430
등유	38	148	0.019
목재		18	0.007
석탄		27	0.003
천연 우라늄		54,000	
사탕수수		2.1	8.4

* MJ: 100만J

일률은 무엇인가?

계단을 올라간다고 생각해보자. 같은 높이를 올라간다면 걸어 올라가거나 뛰어 올라가거나 중력장 에너지의 증가는 같다. 다른 것은 에너지 변화율이다. 에너지 변화량을 시간으로 나눈 변화율을 일률이라고 한다. 일률의 단위가 와트(W)이다. 1W는 1초 동안 1J의 에너지가 변하는 일률을 나타내고, 1kW는 1초 동안 1000J의 에너지가 변하는 것을 나타낸다. 자동차는 10초 동안 속도를 0km/h에서 100km/h로 가속시킬 수 있다. 그러나 더 강력한 엔진을 가지고 있는 자동차는 6초 동안 이만큼 속도를 증가시킬 수 있으며, 약한 엔진을 가지고 있는 자동차는 이만큼 속도를 증가시키는데 10초보다 더 많은 시간이 걸릴 수도 있다.

마력이란 말은 어디에서 유래했는가?

마력이란 말은 스코틀랜드의 발명가 와트가 처음 사용했다. 1마력의 크기는 와트가 광산에서 말이 석탄을 끌어 올리는 것을 세밀히 관측하여 정했다. 그는 보통의 말이 1분 동안 1.5톤의 석탄을 0.3m 끌어 올릴 수 있다는 것을 알아냈다. 현재 1마력(hp)은 746W(0.746kW)로 정해서 사용하고 있다.

미국에서는 자동차 엔진의 일률을 나타낼 때 아직도 마력을 사용하고 있지만 대부분의 국가에서는 일률을 나타내는 데 kW를 사용한다. 우리나라에서도 공장이나 공사 현장에서는 아직도 마력이라는 단위가 사용되고 있지만 점차 사라져가는 추세이다. 하지만 휘발유 엔진과 전기모터를 모두 가지고 있는 하이브리드 자동차는 휘발유 엔진의 일률은 마력으로, 전기 모터의 일률은 kW를 이용하여 나타내는 경우가 많다.

와트는 '마력'이라는 용어를 사용했는데, 이것은 746W와 같은 일률을 나타내는 것으로, 보통 말이 하는 일률을 나타낸다.

자주 사용되는 일률에는 어떤 것이 있나?

다음 표는 2009년 11월 13일 위키피디아의 '단위 크기(일률)'에서 발췌한 것이다.

단위	예
펨토와트(fW, 10^{-15}W)	디지털 휴대 전화가 사용하는 가장 작은 일률
10fW: 피코와트(pW, 10^{-12}W)	1pW: 인간 세포가 평균적으로 사용하는 일률
마이크로와트(μW, 10^{-6}W)	1μW: 수정 손목시계가 평균적으로 사용하는 일률
밀리와트(10^{-3}W)	5mW: DVD 플레이어에 사용되는 레이저의 출력
와트(W)	20~40W: 인간의 두뇌가 사용하는 일률 70~100W: 인간의 기초 대사량 5~253W: 2001년 세계의 1인당 평균 에너지 사용률 500W: 열심히 일하는 사람의 일률 909W: 30초 동안 인간이 낼 수 있는 최대 일률
킬로와트(10^3W)	1.366kW: 지표면 1m^{3}이 받는 태양 에너지 ~2kW: 프로 사이클 선수가 낼 수 있는 최대 일률 1~2kW: 전기 커피포트가 사용하는 일률 11.4kW: 2009년 미국인 1인당 평균 에너지 소비율 40~200kW: 보통 자동차의 일률
메가와트(10^6W)	1.5MW: 풍력 발전기의 최대 출력 2.5MW: 흰긴수염고래가 낼 수 있는 최대 일률 3MW: 디젤 엔진의 일률 16MW: 가솔린 엔진이 화학적 에너지를 전환하는 일률 140MW: 보잉747기의 평균 에너지 소비율 200~500MW: 전형적인 원자력 발전소의 출력
기가와트(10^9W)	2.074GW: 미국 후버 댐의 최대 출력 4.116GW: 세계 최대 화력 발전소의 출력 18.3GW: 세계 최대인 중국 수력 발전소의 출
테라와트(10^{12}W)	3.34TW: 2005년 미국 전체의 에너지 소비율 50~200TW: 태풍이 방출하는 일률
페타와트(10^{15}W)	4PW: 바다와 공기를 통해 적도에서 극지방으로 전달되는 열량 174.0PW: 지구가 태양으로부터 받는 총 에너지율
요타와트(10^{24}W) 더 높은 일률	384.6YW: 태양이 방출하는 에너지율 5×10^{36}W: 우리은하가 방출하는 일률 1×10^{40}W: 퀘이사가 방출하는 일률 1×10^{45}W: 감마선 폭발이 방출하는 일률

재생 에너지는 무엇을 뜻하는가?

화석 에너지의 양은 한정되어 있다. 새로운 유전을 찾아내고 유전에서 더 많은 석유를 퍼내는 기술이 개발되었고, 천연가스를 생산하고 이판암에서 기름을 추출하는 방법도 개발되었다. 그러나 석탄, 우라늄과 함께 이러한 에너지는 한번 사용하면 다시 사용할 수 없는 에너지다. 반대로 바람, 물, 태양열을 이용하는 에너지는 궁극적으로 태양이 에너지원이기 때문에 앞으로도 수십억 년 동안 더 사용할 수 있다. 하지만 현재 이런 에너지의 사용량은 매우 적다. 이런 에너지의 사용을 증가시키는 데는 여러 가지 어려움이 있기 때문이다. 바람은 매우 불규칙하게 불고, 댐이나 저수지를 만들어 수력을 이용하는 것은 환경 문제를 야기한다. 조력이나 파도를 이용하는 기술은 아직 충분히 개발되지 않았다. 태양에서 받는 에너지를 태양 전지를 이용해 직접 전기 에너지로 바꿀 수도 있다. 그러나 현재로서는 태양 전지의 성능이 좋지 않고 값이 비싸 경제적이지 않다. 대규모 태양열 발전소에서는 태양 에너지를 이용해 물을 끓이고, 이때 발생하는 수증기를 이용하여 발전하기도 한다. 이러한 에너지원의 사용을 증가시키는 데 따르는 또 다른 문제는 가격이 비싼 희귀 물질이 필요하다는 것이다. 그럼

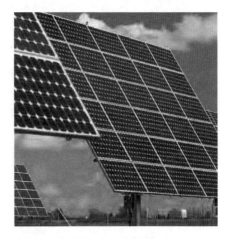

화석 에너지는 바닥이 날 것이므로 태양 에너지와 같이 오랫동안 사용할 수 있는 에너지의 개발이 필요하다.

에도 불구하고 최근의 분석에 의하면 핵에너지, 풍력, 수력 그리고 태양 에너지를 잘 이용하면 전기를 생산하기 위해 사용되는 석탄의 대부분을 대체할 수 있을 것이라고 한다.

간단한 도구란 무엇인가?

간단한 도구란 인간의 능력과 연계하여 필요한 일을 수행할 수 있게 하는 도구를 말한다. 이런 도구들은 일하는 데 필요한 힘의 크기를 줄이거나, 움직여야 하는 거리를 줄이고 때로는 움직이는 방향을 바꾸는 데 사용된다.

예를 들어 무거운 물체를 들어 올리려 한다고 하자. 도구를 사용하기 위해서는 몸 안에 저장되었던 화학 에너지를 이용해 도구를 움직여야 한다. 그러면 도구가 필요한 일을 한다. 만약 힘의 크기가 일정하고 움직이는 방향이 변하지 않는다면 일의 양은 힘에다 움직인 거리를 곱하면 구할 수 있다($W = Fd$). 도구에 가한 힘을 도구가 내는 힘으로 나눈 것을 도구의 역학적 능률(MA)이라고 정의한다($F_{출력}/F_{입력} = MA$). 도구에 가한 힘보다 더 큰 힘이 나오도록 하기 위해서는 역학적 능률이 1보다 큰 도구를 선택해야 한다. 위 그림은 그런 과정을 나타낸다. 작은 힘을 먼 거리에 작용하면 도구는 큰 힘을 짧은 거리에 작용한다.

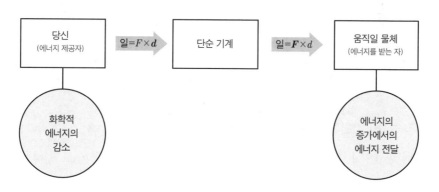

역학적 능률이 1보다 큰 단순 기계 운동

간단한 도구의 한계는 무엇인가?

간단한 도구도 에너지 보존 법칙을 만족시켜야 한다. 이는 도구에 해주는 일의 양과 도구가 하는 일과 일을 할 때 마찰로 인해 발생하는 열량의 합이 같아야 한다는 것을 의미한다. 일부 도구는 에너지 효율이 매우 우수해 도구에 해주는 일의 양과 도구가 하는 일의 양이 거의 비슷하지만, 대부분의 경우에 도구는 받은 에너지의 일부만 일하는 데 사용한다.

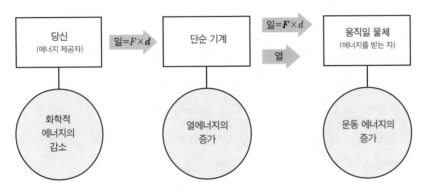

역학적 능률이 좋지 않은 단순 기계에서의 에너지 전달

위의 그림은 단순한 도구가 가열되는 경우를 보여준다. 그것은 열에너지가 증가한다는 것을 의미한다. 그렇게 되면 도구의 온도가 주변 환경의 온도보다 높아져 주위로 열을 내보낸다(이 그림에는 이것이 나타나 있지 않다). 도구가 하는 일의 양은 도구에 해준 일의 양보다 적다. 때문에 도구에 따라서는 도구에 가한 힘보다 도구에서 나오는 힘이 작은 경우도 있다.

역학적 능률이 1보다 작은 도구를 사용하는 이유는 무엇일까?

역학적 능률이 1보다 작은 도구를 사용할 경우에는 도구에서 나오는 힘보다 더 큰 힘을 도구에 가해주어야 한다. 다시 말해 입력보다 출력이 작다. 이런 도구를 사용하는 이유는 움직이는 거리가 길어지기 때문이다. 따라서 도구에 일을 해주기 위해 하는 운동의 속도보다 도구가 일하는 속도가 더 빨라진다. 그러므로 먼 거리를 움직여야 하거나 빠른 속도를 내야 할 필요가 있을 경우에 이런 도구를 사용한다.

역학적 능률이 1인 도구를 사용하는 것은 무슨 이익이 있을까? 이런 도구들은 힘이 작용하는 방향이나 물체가 움직이는 방향을 바꿀 때 사용한다. 힘의 방향을 바꾸면 일하기가 훨씬 쉬운 경우가 많다.

단순한 도구에는 어떤 것들이 있을까?

단순한 도구로는 지레(축바퀴 포함), 도르래(톱니바퀴 포함), 빗면(쐐기와 나사 포함)과 같은 세 가지가 주로 사용된다.

빗면은 어떻게 이용되나?

빙글빙글 돌면서 올라가는 램프는 빗면의 예다. 물체를 직접 끌어 올리는 것보다 빗면을 이용하면 훨씬 더 먼 거리를 움직여야 하지만 물체를 움직이는 데 필요한 힘은 크게 줄어들기 때문에 빗면을 이용하면 출력이 입력보다 커진다. 따라서 빗면의 역학적 능률은 1보다 크다. 다시 말해 $MA = F_{출력}/F_{입력} = $ (빗면의 길이)/(빗면의 높이)가 된다.

미국 장애인 관련법에는 휠체어를 위한 램프의 경사를 제한하고 있다. 휠체어를 움직이기 위해 해야 하는 일의 양은 $F_{입력} \times L$이다. 여기서 L은 램프의 길이이다. 출력은 $F_{출력} \times d$이다. 여기서 d는 램프의 높이이고, F 출력는 휠체어에 탄 사람과 휠체어의 무게를 합한 무게이다. 미끄러지지 않고 굴림 마찰이 없다고 가정하면 에너지 보존 법칙에 의해 $F_{입력} \times L = F_{출력} \times d$이 되어야 한다. 따라서 역학적 능률은 L/d이고, 휠체어에 가해야 하는 힘의 크기는 $F_{입력} = F_{출력}/MA$가 된다. 여기에 $MA = L/d$를 대입하면 휠체어에 가해주어야 하는 힘의 크기는 $F_{입력} = F_{출력}/(L/d)$가 되는 것을 알 수 있다.

가위도 빗면을 이용한 예다. 가위의 날과 자르고자 하는 물질이 접촉하는 부분을 자세히 살펴보면 가위의 날이 물건과 비스듬히 접촉하는 것을 볼 수 있다. 따라서 가위 날과 물체가 접촉하는 거리를 길게 하여 힘의 크기를 줄인다.

어떻게 쐐기가 빗면과 같은 원리로 작동하나?

칼은 쐐기의 예다. 부엌칼의 칼날 부분을 자세히 살펴보면 두 개의 빗면이 서로 등을 맞대고 접촉해 있는 것처럼 보인다. 칼로 음식물을 자를 때는 칼날이 음식물을 두 조각으로 나누어놓는다. 도끼는 빗면을 이용하는 또 다른 예다. 나무를 쪼갤 때는 쐐기가 사용되기도 한다. 이 경우에는 주로 도끼의 편평한 부분을 이용하여 쐐기를 나무에 박아 넣어 나무토막을 두 부분으로 나눈다. 쐐기와 물체 사이에는 큰 마찰력이 작용하기 때문에 쐐기는 효율 좋은 도구가 아니다. 따라서 쐐기를 사용하면 쐐기와 물체 사이에 많은 열이 발생한다.

나사는 어떤 종류의 단순 도구인가?

나사는 축을 둘러싸고 만들어진 빗면이라고 생각할 수 있다. 고대 그리스인들은 물을 퍼올리는 데 나사를 사용했다.

나사와 볼트는 나무, 플라스틱 또는 금속 부품들을 고정시키는 데도 사용된다.

나사는 역학적 능률이 큰 도구이다. 따라서 나사를 돌려야 할 거리는 나사가 앞으로 나가는 거리보다 훨씬 크다. 또한 나사를 돌리기 위해 가하는 토크보다 나사가 물체를 파고 들어가기 위해 작용하는 힘이 훨씬 크다. 그런데 나사와 볼트를 사용할 경우에도 나사와 물체 사이에 큰 마찰력이 작용하여 많은 열이 발생하기 때문에 에너지 효율은 좋지 않다.

지레는 무엇인가?

지레는 받침점을 중심으로 회전할 수 있는 막대다. 받침점으로부터 힘점과 작용점까지의 거리와 힘점과 작용점의 위치에 따라 지레의 종류가 달라진다. 지레의 종류는 아래 그림에 나타나 있다.

화살표의 굵기는 힘의 크기를, 화살표의 길이는 움직인 거리를 나타낸다.

지레의 효율은 얼마나 되나?

지레에서 마찰력이 작용하는 부분은 받침점뿐이다. 따라서 받침점의 마찰을 최소로 하면 지레의 에너지 효율은 100%에 가깝다.

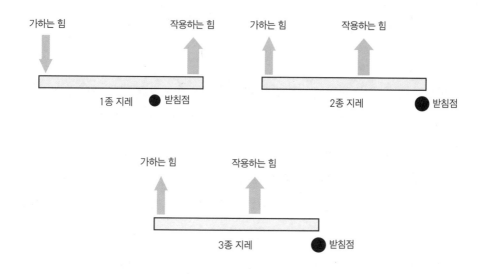

지레의 예는 어떤 것들이 있나?

1종 지레의 역학적 능률은 1보다 크다. 받침을 어디에 놓아야 역학적 능률이 1보다 작아질까? 가위를 자세히 관찰해보자. 가위에서 물건을 자르는 부분을 이동하면 역학적 능률을 변화시킬 수 있다. 큰 힘이 필요한 경우에는 물건을 가위의 어느 부분에 놓아야 잘 자를 수 있는가? 이런 경우에는 물건을 축 가까이 놓아야 한다. 반대로 잘 잘리는 물체는 가윗날 끝 쪽에 놓아도 쉽게 자를 수 있다. 병따개는 어떤 종류의 지레인가? 받침점, 힘점, 작용점의 위치를 알아보고 앞의 그림과 비교해보라.

팔도 지레라고 할 수 있다. 팔의 경우에는 팔꿈치가 받침점이 된다. 이두근은 팔꿈치 가까이 있다. 따라서 팔은 3종 지레라고 할 수 있다. 우리 몸의 다른 근육과 뼈들도 쉽게 구분할 수 있는가? 대부분의 경우에 그것은 가능하지 않다. 근육에서 뼈로 힘을 전달하는 힘줄이 길고 여러 개의 관절을 통과하기 때문이다.

야구 방망이나 테니스 라켓, 골프 클럽 같은 스포츠 장비들은 대개 팔의 연장선에서 작용한다. 따라서 이 경우에는 팔과 장비를 함께 고려해야 한다. 그러나 3종 지레의 경우에는 힘을 증가시키는 것이 아니라 더 먼 거리를 움직여 더 빠른 속도를 내는 데 사용된다.

축바퀴는 어떻게 지레와 유사한가?

축바퀴란 무엇인가? 축바퀴는 바퀴가 지름이 작은 축에 고정되어 함께 돌아가도록 만든 것을 말한다. 대개의 경우 바퀴 가장자리에 힘을 가하고 축에 감겨 있는 끈의 움직임을 통해 출력을 얻어낸다. 만약 두 힘이 같은 방향으로 작용하면 이 축바퀴는 3종 지레라고 할 수 있다. 만약 두 힘이 반대 방향으로 작용하면(예를 들어 바퀴를 누르는 동안 로프가 반대편에서 위로 올라가면) 1종 지레라고 할 수 있다. 만약 축에 힘을 가하고 바퀴에서 출력을 얻는 경우에는 2종 지레가 된다.

지레와 축바퀴는 모두 힘이 아니라 토크를 증가시키는 데 이용된다. 힘이 축과 작용점을 잇는 직선에 수직으로 작용하는 경우, 토크는 힘과 축에서부터의 거리를 곱해서 얻을 수 있다. 따라서 축의 반지름을 a라 하고 바퀴의 반지름을 w라고 하면 바퀴에 가해주어야 하는 입력 $F_\text{입력}$과 축에서 얻을 수 있는 출력 $F_\text{출력}$ 사이에는 $F_\text{출력} = F_\text{입력}(w/a)$과 같은 관계가 성립한다.

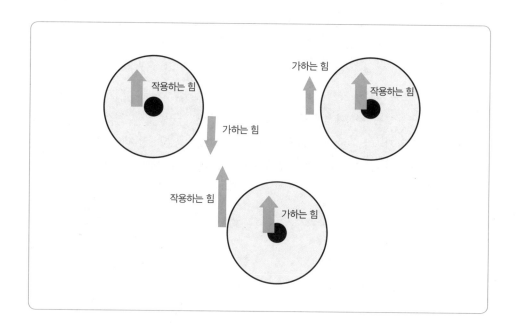

축바퀴의 예는 어떤 것들이 있나?

나사를 돌릴 때 사용하는 드라이버는 축바퀴의 예다. 손잡이 부분의 지름이 크면 클수록 더 큰 토크를 나사에 작용할 수 있다. 많은 경우에 축바퀴는 축 주위에 로프나 끈을 감아 사용한다. 배의 방향키는 선장이 어디를 잡고 어떻게 사용하느냐에 따라 앞에 있는 그림의 좌측이나 중앙의 그림을 이용하여 나타낼 수 있다. 축에 감겨 있는 로프는 방향타에 연결되어 있어 방향타를 좌측이나 우측으로 돌릴 수 있다.

우물에서 물을 퍼올리는 데 사용하는 장치 역시 비슷하게 작동된다. 이 경우에 바퀴는 L자 모양의 손잡이로 대체되어 있지만 작동 방법은 똑같다. 이때에도 물을 퍼올리기 위해 손잡이를 당겨 올릴 수도 있고, 내려 누를 수도 있다.

자전거 뒷바퀴도 같은 축에 두 개의 바퀴가 달려 있는 것으로 볼 수 있다. 고무 타이어가 부착된 커다란 바퀴는 도로를 뒤로 미는 힘을 작용하는 반면, 작은 바퀴는 체인을 이용하여 돌릴 수 있도록 톱니를 가지고 있다. 105쪽 그림 중 우측 그림은 체인에 작용하는 힘이 바퀴가 도로에 작용하는 힘보다 크다는 것을 나타낸다.

아르키메데스가 지레로 지구를 움직이겠다고 한 말은 무슨 뜻인가?

아르키메데스는 기원전 260년경에 처음으로 지레를 설명했다. 지레에 대한 여러 가지 실험을 하면서 그는 "나에게 받침점과 지레를 달라. 그러면 지구를 움직여보겠다"라고 말했다. 이 말은 지레의 유용성을 강조한 것이다. 이론적으로 충분히 긴 지레와 지구 밖의 단단한 받침점이 있으면 지구를 움직일 수 있다. 이때는 어떤 종류의 지레를 이용해야 할까?

도르래도 단순 도구라고 할 수 있나?

고정도르래는 축과 바퀴의 지름이 똑같은 축바퀴라고 할 수 있으므로, 역학적 능률은 1이다. 따라서 고정도르래는 힘을 크게 하거나 작게 하는 대신 힘의 방향을 바꾸는 데 사용된다.

만약 도르래를 움직이게 하고 출력을 도르래의 축에서 뽑아내면 입력은 두 개의 로프 끝에 나누어 걸린다. 만약 로프의 한끝을 고정하고 다른 쪽 끝을 잡아당기면 역학적 능률이 2가 된다. 이처럼 움직이는 도르래와 고정도르래를 결합하여 사용하는 것을 복합 도르래라고 한다. 아르키메데스는 복합 도르래를 이용해 짐을 가득 실은 배를 끌었다고 전해진다. 복합 도르래에서의 에너지 손실은 축과 바퀴 사이의 마찰과 로프와 도르래 사이의 굴림 마찰에 의한 것이다.

도르래를 사용하는 또 다른 방법이 있는가?

두 개 또는 그 이상의 도르래를 고정 축에 설치한 후 벨트를 이용해 연결할 수 있다. 만약 두 개의 도르래 지름이 다르면 작은 지름을 가진 도르래는 더 빨리 돌아가기 때문에 더 큰 토크를 작용한다. 자동차에는 하나 또는 그 이상의 도르래와 벨트가 엔진으로부터 크랭크축, 냉각수 펌프, 에어컨의 컴프레서, 전기 발생 장치 등으로 토크를

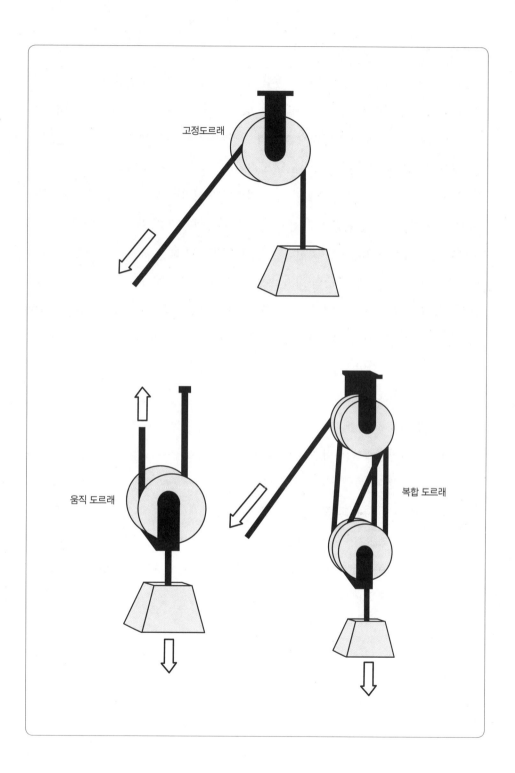

고정도르래

움직 도르래

복합 도르래

전달하기 위해 설치되어 있다.

최근에 생산된 자동차에는 엔진과 바퀴의 회전축을 연결하기 위해 자동 변속 장치가 설치되어 있다. 엔진으로부터 전달되는 토크의 크기는 회전 속도에 따라 달라지는데 중간 정도의 속도에서 전달되는 토크가 가장 크다. 변속 장치는 엔진의 회전을 회전축에 전달하여 바퀴가 원하는 속도로 굴러가도록 하는 역할을 한다.

자동차가 정지한 상태에서 출발할 때는 바퀴가 돌아가는 속도가 느리다. 따라서 변속기에서는 엔진에 연결된 작은 지름을 가진 도르래와 바퀴의 회전축에 연결된 큰 지름을 가진 도르래를 연결시켜야 한다. 반면에 자동차가 빠른 속도로 달리고 있을 때는 엔진의 회전 속도가 회전축의 회전 속도와 같거나 느릴 수 있다.

여러 가지 지름을 가진 도르래를 만드는 방법은 V자 모양의 벨트와 너비를 조절할 수 있는 홈이 파인 도르래를 사용하는 것이다. 이런 종류의 변속기는 하이브리드 자동차에 사용되어 연료의 사용을 줄이는 데 이용되고 있다.

누가 톱니바퀴를 발명했나?

기원전 2600년경에 인도와 동남아시아 일부 지역에서는 사원의 문을 열고 닫을 때와 물을 퍼올릴 때 톱니바퀴를 사용했다. 기원전 400년경에는 아리스토텔레스가 톱니바퀴가 어떻게 사용되는지를 설명했다. 아르키메데스는 기원전 240년경에 웜기어에 대해 설명했고, 기원전 40년경에는 비트루비우스가 톱니바퀴를 이용하여 수평 운동을 수직 운동으로 바꾸는 방법에 대해 설명했다. 1300년경에는 교회의 종탑에 설치된 시계에 톱니바퀴가 사용되었다.

톱니바퀴는 고대 천문학에서 어떤 역할을 했나?

기원전 1세기에 그리스의 보물을 로마로 옮기던 로마의 상선이 침몰했다. 그 후 1900년에 해산물을 채취하던 그리스 잠수부들이 폭풍우를 만나 안티키테라 섬으로 대피했다. 그들은 폭풍이 지난 후 해산물을 찾다가 로마의 난파선을 발견했다. 9개월 동안 그들은 이 배에서 많은 보물을 찾아냈고 그중에는 전화번호부 크기의 벽돌 모양 상자도 포함되어 있었다. 몇 달 후 이 상자가 땅에 떨어져 부서졌다. 그 안에는 청동 톱니바퀴와 눈금과 그리스어가 새겨진 판이 들어 있었다. 독일의 과학자 렘^{Albert Rehm, 1871~1949}은 1905년에 이것이 천문학용 계산기라는 것을 알아냈다. 1959년에 미국의 역사학자 프라이스^{Derek de Solla Price, 1922~1983}는 《사이언티픽 아메리칸》에 이 계산기의 자세한 구조와 이것으로 할 수 있는 계산을 설명하는 글을 실었다. 또 1974년에는 27개의 톱니바퀴와 각 톱니바퀴의 톱니 수를 설명했다. 톱니 수를 분석한 그는 톱니 수의 비가 고대 바빌로니아에는 알려지지 않았던 달의 공전 주기를 나타내는 것이라는 것을 알아냈다.

2005년에 휴렛패커드(HP)와 엑스텍 실험실은 이 계산기의 놀라운 구조를 밝혀내기 위한 연구 팀을 구성했다. HP는 맨눈으로 식별할 수 없는 판에 새겨진 기록을 컴퓨터를 이용해 식별하기 위한 카메라 시스템을 책임졌다. 엑스텍은 내부 기계 장치의 2D, 3D 영상을 통해 자세한 구조를 밝혀내는 데 사용될 8톤이나 되는 엑스선 분석 장비를 제공했다. 엑스선 분석 장치는 기계 장치를 설명한 수천 자나 되는 그리스 문자도 찾아냈다. 또한 30개의 톱니바퀴를 발견했는데 분석에 의하면, 상자의 앞과 뒤에 있는 다이얼을 움직여 계산하기 위해서는 적어도 다섯 개의 톱니바퀴가 더 필요하다는 것을 알아냈다.

안티키테라 장치는 일식과 월식을 예측할 수 있었고, 미래의 올림픽 날짜를 계산할 수 있었으며, 달의 복잡한 운동을 보여줄 수 있었다. 톱니바퀴로 만들어진 이 장치는 그 후 1000년 동안 만들어진 어떤 기계보다 정확했다. 그러면 이것은 누가 어디에서 만들었을까? 그것은 확실하지 않다. 그러나 시칠리아 섬에 있던 코린트의 식민지 중 하나에서 만들어졌을 가능성이 높다. 기원전 212년에 아르키메데스가 로마군에 의해 죽임을 당한 후 그의 제자 중 한 사람이 만들었을 가능성이 크다고 보고 있다(《사이언티픽 아메리칸》 2009년 12월호 참조. http://www.anti kythera-mechanism.gr).

톱니바퀴는 무엇이며 왜 이것이 단순 도구인가?

톱니바퀴는 톱니가 있는 바퀴를 이용해 두 축 사이에 토크를 전달하는 장치로, 톱니는 바퀴가 미끄러지지 않게 하는 역할을 한다. 두 개의 톱니바퀴 중 작은 톱니바퀴를 피니언(작은 톱니바퀴)이라 부르고 큰 톱니바퀴를 기어라고 부른다.

톱니바퀴의 톱니들은 서로 맞물려 있기 때문에 두 톱니바퀴에서 이동하는 톱니의 수는 같다. 톱니바퀴가 가지고 있는 톱니의 총수는 둘레의 길이에 비례하므로 톱니바퀴의 반지름에 비례한다. 따라서 작은 톱니바퀴가 한 바퀴 도는 동안 큰 톱니바퀴는 r_p/r_g만큼 돌게 된다. 또한 에너지가 보존되기 때문에 큰 톱니바퀴가 작용하는 토크는 작은 톱니바퀴를 통해 전달되는 토크의 r_g/r_p배가 되어야 한다.

톱니바퀴의 경우 회전 속도는 크지만

풍차의 날개는 천천히 회전하지만 큰 토크를 발생시킬 수 있다. 톱니바퀴가 회전 속도를 증가시키고 토크를 줄여 발전기를 돌린다. 바람에서 받은 대부분의 에너지가 발전기에 전달된다.

토크는 작은 엔진의 회전을 회전 속도는 작게 하고 토크는 크게 하여 바퀴의 회전축에 전달하는 자동차의 변속기에도 사용된다. 이런 종류의 톱니바퀴를 감속 기어라고 한다. 한편 풍력 발전기에서는 날개가 천천히 돌아가면서 커다란 토크를 만들어낸다. 반면에 전기 발전기에서는 높은 회전 속도가 필요하다. 그러므로 풍력 발전기에서 사용되는 톱니바퀴는 회전 속도를 높여주는 가속 기어이다. 톱니바퀴는 페달의 회전수와 바퀴의 회전수를 적당히 조절하여 무리 없이 자전거를 달릴 수 있도록 해준다.

톱니바퀴의 발전에 시계가 어떻게 중요한 역할을 했나?

시계의 제조 기술이 발전하면서 시계에 사용되는 톱니바퀴의 제조 기술도 발전했다. 진자시계는 진자가 일정한 주기로 진동하도록 하기 위해 탈진기라 부르는 톱니바퀴를 사용했다. 정밀한 톱니바퀴는 시계가 적은 에너지로도 정확히 작동할 수 있게 했다.

오늘날 톱니바퀴는 어떻게 이용되고 있는가?

톱니바퀴는 자동차와 시계 외에도 세탁기, 전기 믹서, 캔 오프너, 전동 드릴, 컴퓨터의 하드 드라이버나 CD/DVD 드라이버와 같이 다양한 곳에 사용되고 있다. 오늘날 톱니바퀴 제조 기술은 재료 공학의 발전에 힘입어 크게 발전했다. 새로운 합금은 자동차와 산업용 장비에 사용되는 톱니바퀴의 수명을 크게 늘렸다. 전기 기기에는 윤활유가 필요 없고 조용히 작동하는 플라스틱 톱니바퀴가 사용되고 있다.

정역학

무게 중심

공중으로 던졌을 때 망치는 왜 아래위로 도는가?

지금까지는 '질점'에 대해서만 생각해보았다. 다시 말해 크기를 고려하지 않아도 될 만큼 크기가 아주 작은 물체의 운동에 대해서만 살펴본 것이다. 이제 크기를 가지는 물체로 넘어가보자.

우선 야구공을 생각해보자. 야구공을 공중으로 던지면 부드러운 포물선을 그리며 날아간다. 그러나 망치를 공중으로 던지면 망치는 매우 복잡한 운동을 하면서 날아간다. 왜 그럴까?

모든 물체는 원자로 이루어져 있다. 물체의 질량은 물체를 구성하고 있는 모든 원자들의 질량의 합이다. 각 원자에 작용하는 중력은 원자의 질량에 비례한다. 야구공의 중심 부분은 겉부분과 다른 재질로 만들어져 있다. 그러나 표면에 튀어나온 실밥을 무시한다면 야구공은 모든 방향이 같은 재질로 되어 있다. 따라서 야구공은 구형 대칭을 이룬다. 물체의 무게 중심은 무게의 평균점이라고 할 수 있다. 야구공에서는 모든 질량이 고르게 분포되어 있으므로 무게 중심은 공의 중심이 된다. 그러나 금속으로 된 머리 부분과 나무로 된 손잡이 부분을 가지고 있는 망치와 같은 물체의 경우에는 무게 중심이 중간에 위치하지 않는다. 더 많은 질량이 금속으로 만들어진 머리 부분에 분포해 있기 때문에 무게 중심은 머리 가까운 곳에 있다.

물리 법칙에 의하면, 물체를 공중으로 던질 경우 무게 중심이 포물선 궤도를 따라 운동한다. 때문에 공과 망치가 서로 다른 모양의 운동을 하는 것처럼 보이지만 실제로 두 물체의 무게 중심은 비슷한 운동을 한다. 즉, 공과 망치의 무게 중심 운동을 자세히 관찰하면 모두 포물선 운동을 한다는 것을 알 수 있다. 중력은 질량에 비례하기 때문에 질량 중심과 무게 중심은 같은 점이다.

사람의 무게 중심은 어디일까?

사람의 무게 중심은 몸무게가 어떻게 분포되어 있느냐에 따라 달라진다. 몸무게의 분포는 여성이냐 남성이냐에 따라 크게 다르다. 남성은 상체에 더 많은 질량이 분포되어 있고 여성은 하체에 더 많은 질량을 가지고 있다. 남성의 무게 중심은 키의 65% 정도 되는 높이에 있지만 여성의 무게 중심은 키의 55% 정도 되는 높이에 있다. 발가락 끝을 벽에 대고 벽을 바라보며 발끝으로 서보자. 할 수 있는가? 발끝은 무게 중심보다 앞쪽에 있다. 따라서 뒤쪽으로 넘어지게 된다. 벽을 마주 보지 않을 경우에는 어떻게 발끝으로 설 수 있을까? 그런 경우에는 자연스럽게 팔을 앞으로 뻗거나 허리를 구부려 무게 중심을 앞으로 이동하여 발끝 바로 위에 오게 한다.

등을 벽 쪽에 기대고 앞쪽으로 상체가 수평이 되도록 할 수 있을까? 남성인 경우에는 대부분 앞으로 넘어질 것이다. 여성은 성공할 가능성이 많은데, 여성과 남성의 무게 중심의 위치가 다르기 때문이다.

왜 서 있는 물체는 넘어뜨리기 쉬운가?

물체를 넘어뜨리려면 물체를 회전시켜야 하고, 물체를 회전시키려면 물체에 토크를 가해야 한다. 서 있는 물체에는 여러 가지 힘이 작용한다. 우선 무게 중심에 작용하는 중력이 있다. 두 번째는 바닥에서 물체를 떠받치는 힘이 작용한다. 세 번째는 물체와 바닥 사이의 마찰력이 작용하고 있다. 물체가 정지한 경우에는 바닥이 경사져 있을 때만 마찰력이 작용한다.

이제 사각형의 상자 윗부분을 옆으로 민다고 가정해보자. 이 힘이 토크로 작용해 상자가 회전하기 시작할 것이다. 손을 놓으면 상자는 계속 회전할까, 아니면 다시 원래의 위치로 돌아올까? 그것은 위 그림에서와 같이 무게 중심의 위치와 상자 귀퉁이의 상대적 위치에 따라 달라진다.

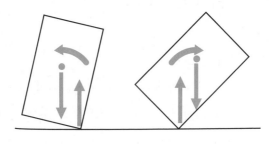

만약 무게 중심이 물체의 바닥 위에 있으면 물체는 원래 상태로 돌아간다. 그러나 무게 중심이 물체의 귀퉁이 바로 위에 있다면 상자는 어느 쪽으로도 회전하지 않는다. 만약 무게 중심이 상자 바닥의 바깥쪽에 있으면 상자는 계속 회전하여 넘어지게 된다.

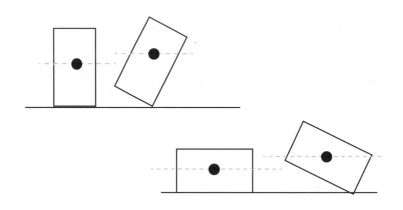

왜 어떤 물체는 쉽게 넘어지고, 어떤 물체는 잘 안 넘어지나?

위의 예에서 알 수 있는 것처럼 무게 중심이 물체의 바닥 바깥쪽으로 나가면 물체는 넘어진다. 여기서 일반적인 법칙을 이끌어낼 수 있다. 물체의 높이가 낮고 폭이 넓으면 안정적이다. 다시 말해 무게 중심을 낮게 하고 바닥을 넓게 하면 잘 넘어지지 않는다.

넓고 낮은 물체를 넘어뜨리기 위해서는 큰 토크가 필요할 뿐 아니라 무게 중심이 더 높이 올라가도록 해야 한다. 따라서 물체를 넘어뜨리기 위해 더 많은 일을 해야 한다.

좌측: '높고 좁은' 물체는 쉽게 넘어진다.

우측: '낮고 넓은' 물체는 잘 넘어지지 않는다.

각 물체의 경우 물체를 넘어뜨리기 위해 얼마나 무게 중심을 들어 올려야 하는지를 점선으로 표시해놓았다.

이 법칙은 어떻게 응용할 수 있을까? 좁아서 무게 중심이 높은 곳에 있는 자동차와 트럭은 불안정해서 전복되기 쉽다. 미식축구 선수와 레슬링 선수는 몸의 중심을 낮추고 발을 넓게 벌리라는 이야기를 자주 듣는다. '낮고 넓게'의 법칙을 따른 이 자세는 몸을 좀 더 안정되게 만들어 잘 넘어지지 않도록 한다. 상대편 선수가 이 선수를 넘어뜨리려면 몸의 무게 중심을 높이 들어 올린 다음 밀어 넘겨야 한다. 반대로 두 발을 모으고 선 채 '높고 좁은' 자세를 하고 있으면 상대방이 쉽게 밀어 넘어뜨릴 수 있다.

정역학

물체가 정적인 상태에 있다는 것은 무슨 의미인가?

정적이라는 것은 '움직임이 없다'는 뜻이다. 공학과 물리학에서 정적이라는 것은 물체가 움직이지 않는다는 뜻이다. 정적인 경우에는 물체에 작용하는 모든 힘의 합이 0

이다. 다시 말해 물체에 작용하는 알짜 힘이 0이어서 물체가 움직이지 않는 상태가 정적인 상태이다.

의자에 앉아 있는 것이 왜 정적인 상태인가?

의자에 앉아서 움직이지 않는다면(지구에 대해) 정적이라고 말할 수 있다. 이 경우 의자는 몸에 작용하는 중력과 같은 힘으로 몸을 떠받치고 있다. 외부에서 다른 힘이 작용해 움직이기 전까지는 정적인 상태로 앉아 있을 수 있다.

의자가 몸을 지탱하고 있는 힘은 무슨 힘인가?

의자가 몸을 지탱하고 있는 힘은 '수직 항력'이라고도 부른다. 수직 항력은 항상 표면에 수직한 방향으로 작용한다. 만약 의자가 편평한 표면에 똑바로 놓여 있다면 수직 항력은 위쪽으로 작용한다. 그러나 빗면의 경우에는 수직 항력이 표면에 수직하게 비스듬한 방향으로 작용한다. 여기서 '수직'이라는 말은 지표면에 수직이라는 뜻이 아니라 힘이 작용하는 표면에 수직이라는 뜻이다.

물체에 어떤 종류의 힘을 작용할 수 있는가?

손으로 책을 들어보자. 책에 어떤 종류의 힘을 가할 수 있는가? 양쪽에서 책을 잡아당길 수도 있고, 양쪽에서 책을 밀어 넣을 수도 있다. 양쪽에서 잡아당겨 길이가 늘어나게 하는 힘을 인장력, 밀어 넣어서 길이가 줄어들게 작용하는 힘을 압축력, 물체가 뒤틀리도록 가하는 힘을 염력이라고 한다. 마지막으로 한 손을 책의 뒷장에 대고 다른 한 손을 책의 앞장에 댄 후 서로 반대 방향으로 밀어보자. 이렇게 작용하는 힘을 전단력이라고 한다.

인장력은 일반적인 힘이다. 철봉에 매달리면 팔에는 인장력이 작용한다. 로프, 철사 또는 막대를 잡아당길 때 이들이 받는 힘도 인장력이다. 인장력을 받은 물체는 길이가 늘어난다. 어떤 물체는 많이 늘어나고 어떤 물체는 적게 늘어난다. 쉽게 늘어나는 물체는 유연한 물체라 하고, 잘 늘어나지 않는 물체는 강하다고 말한다.

　과학자들은 인장력과 압축력에 물질이 반응하는 정도를 측정했다. 가해진 압력(응력)과 변형된 길이의 비를 원래의 길이로 나눈 것을 영률이라고 한다. 영률은 물질에 따라 다른데 나무의 경우에는 $10GN/m^2$이고 강철의 경우에는 $200GN/m^2$이다. 이는 같은 힘을 강철에 가했을 때 변형되는 길이가 나무에 가했을 때 변형되는 길이의 20분의 1밖에 안 된다는 것을 의미한다.

　길이가 6m이고, 지름이 2.5mm인 강철선에 120kg의 물체를 매달면 7mm 정도 늘어난다. 강철선의 경우 매달았던 무게를 제거하면 늘어났던 길이는 원래의 길이로 돌아간다. 이런 물질을 탄성체라고 한다. 그러나 훨씬 더 무거운 물체를 매달아 변형이 커지면 물체를 제거한 후에도 원래 상태로 돌아가지 않는다. 이런 변형을 소성 변형이라고 한다. 변형이 어느 정도에 이르면 끊어지게 된다. 끊어질 때의 힘을 인장 강도라고 부른다. 강철의 인장 강도는 $1GN/m^2$이다. 따라서 위의 예에서 든 강철선은 500kg의 물체를 매달면 끊어지게 된다.

　영률은 압축력이 작용할 때 물체의 길이가 짧아지는 것도 나타낸다. 서 있을 때 다리에는 압축력이 작용하여 길이를 약간 수축시킨다. 몸무게가 70kg인 사람이 서 있을 때 다리의 길이는 몸무게의 압축력으로 인해 약 0.01% 정도 줄어든다. 뼈와 뼈 사이를 잇는 연골의 영률은 뼈의 영률의 1만분의 1 정도다. 따라서 70kg의 몸무게를 대퇴골과 같은 크기의 연골 위에 가하면 길이가 10% 정도 줄어들 것이다.

　압축력에도 압축 강도가 있다. 그러나 많은 물질의 경우 큰 압축력이 강해지면 주름이 생긴다. 반면에 부서지기 쉬운 물질은 부서지고 만다. 뼈의 경우에는 인장 강도와 압축 강도가 거의 같다.

얼마나 휘어지는지를 결정하는 것은 무엇인가?

　자를 휘어보자. 자의 한끝을 책상 위에 고정시키고 다른 쪽 끝을 아래로 눌러보자. 이렇게 하면 자의 한쪽 면에서는 인장력을 가하고 반대 면에는 압축력을 가하는 것이 된다. 자의 휘는 정도는 자를 만든 물질의 영률(Y), 자의 길이(L), 너비(w), 그리고 두께(t)에 의해 결정된다. 휘는 정도를 x라고 하면 x는 가한 힘의 크기와 길이의 세제곱에 비례하고 두께의 세제곱에 반비례한다. 이를 식으로 나타내면 $x=FL^3/t^3wY$이다. 마루를 지탱하는 가로 막대가 너비보다 두께가 더 두꺼운 것은 이 때문이다. 일반적으로 너비는 1.25cm에서 2.5cm 사이지만 두께는 25cm에서 30cm 정도의 나무를 사용한다. 두께가 더 두꺼울수록 막대 사이의 간격이 더 넓어도 잘 버틸 수 있다.

구조물을 지탱하는 데는 단면이 I자 형태로 되어 있는 'I형강'이 자주 사용된다. 길고 좁은 수직 부분은 휘어지지 않도록 버티게 하는 역할을 하고 위와 아래 부분은 수직한 부분이 뒤틀리는 것을 방지한다. 대개의 경우 I형강은 강철로 만들지만 때로는 나무로 만들기도 한다. 나무는 가벼우면서도 강하고 강철보다 싸기 때문이다.

구조물에는 어떤 재료가 사용되고 있나?

인류가 처음 사용한 재료는 돌이었다. 특히 가장자리를 날카롭게 떼어내거나 끝을 뾰족하게 만들 수 있는 단단한 돌을 주로 사용했다. 그 다음으로, 고대인들은 순수한 형태 또는 다른 비금속 물질과 섞여 있는 광물 형태의 금속을 발견했다. 구리, 주석, 금, 철은 기원전 2000년경부터 알려져 있었다. 그중 구리와 주석, 금은 매우 연해서 도구나 무기를 만드는 데 유용하게 사용되었다.

금속을 강화하는 방법 중 하나는 두 가지 혹은 그 이상의 금속을 섞어 합금을 만드는 것이다. 청동은 구리에 주석을 섞어 만들었는데, 현재 이라크와 이란에 해당되는 지역에서 기원전 4000년경부터 사용되었다. 청동은 매우 단단한 금속으로, 녹인 다음 주조하여 동상을 비롯해 다양한 형태를 만들 수 있었다. 오늘날 청동은 종이나 심벌즈를 만드는 데 사용되고 있다. 주석은 영국의 남부에서 생산된다.

오래 지나지 않아 산소나 황이 혼합되어 있는 철광석에서 숯불을 이용하여 순수한 철을 만들어내는 철의 제련법도 발견되었다. 철은 값이 쌌고, 주석을 구하기 위해 먼 곳까지 가지 않아도 되기 때문에 도구와 무기를 만드는 재료로 청동을 대신하게 되었다, 하지만 철이 부서지는 것을 방지하기 위해서는 탄소를 제거해야 했다. 철을 가열한 후 망치로 치면 탄소가 밖으로 나와 제거할 수 있는데 이런 방법으로 1% 미만의 탄소를 포함한 철을 만들 수 있었다.

강철은 철과 탄소의 합금으로 다른 금속을 첨가해 성질을 바꿀 수 있다. 여러 가지 도구를 만드는 데 사용되는 강철은 텅스텐, 몰리브덴, 크롬 등의 금속을 소량 포함하고 있다. 강철은 가열한 상태에서 갑자기 물이나 다른 액체 속에 넣어 식히면 강도가 증가한다. 칼, 포크, 숟가락 등을 만드는 데 쓰이는 스테인리스 스틸은 18%의 크롬과 10%의 니켈을 포함하고 있다. 다른 종류의 스테인리스 스틸은 조금씩 다른 비율의 크롬과 니켈, 몰리브덴과 마그네슘을 포함하고 있으며 녹이 슬지 않아서 널리 사용되지만 도구를 만들 때 사용되는 강철만큼 단단하지는 않다.

백랍은 컵과 접시를 만들기 위해 영국에서 개발된 주석 합금으로, 주석에 구리, 비스무트, 안티몬을 섞는다. 원래는 납이 사용되었지만 독성 때문에 더 이상 사용되지 않는다.

황동(놋쇠)은 80~90%의 구리에 아연을 섞어 만든 합금이다. 실제로 황동은 아연이 제련되기 이전부터 만들어졌다. 아연광에 구리를 섞어 녹이면 황동을 얻을 수 있으며 탄피나 장식용 금속을 만드는 데 사용되었다. 황동은 알루미늄과 주석을 첨가하면 바닷물에서도 녹이 슬지 않는다.

금은 매우 연한 금속이다. 금에 같은 양의 구리나 은을 첨가하면 강도가 증가하는데 금 합금은 캐럿karets으로 나타낸다. 24캐럿 금은 순수한 금을 나타내고, 18캐럿 금은 24분의 18이 금이고, 나머지가 다른 금속인 금의 합금이다. 14캐럿의 금은 24분의 14가 금이고, 나머지가 다른 금속인 금 합금이다.

티타늄은 가볍고 내식성이 좋아 여러 가지 합금에 사용되고 있다. 전자 재료로는 많은 금속의 합금과 비금속 물질이 사용되고 있으며, 일부 LED 램프는 갈륨과 알루미늄 그리고 비금속인 비소를 포함하고 있다.

복합 재료란 무엇인가?

앞에서 설명한 것과 같이 콘크리트처럼 부서지기 쉬운 재료는 인장 강도보다 압축 강도가 크다. 따라서 강철로 만든 철근을 콘크리트 안에 넣어 보강한다. 철근은 인장력을 받을 때는 콘크리트를 지지하여 갈라지거나 넘어지는 것을 방지한다.

복합 재료는 벽돌을 만들 때 진흙에 짚을 넣기 시작한 고대부터 사용되기 시작했다고 할 수 있다. 최근에 사용되는 복합 재료에는 순수한 탄소로 만들어 가볍고, 매우 큰 인장 강도를 가지고

철근으로 강화된 콘크리트는 콘크리트에 금이 가는 것을 방지한다. 철근 콘크리트와 같은 복합 재료는 인장 강도가 큰 재료와 압축 강도가 큰 재료를 결합하여 건축 재료로 사용하는 예다.

있지만 압축 강도가 작은 탄소 섬유(지름이 0.01mm 이하인)가 자주 사용되고 있다. 탄소 섬유와 플라스틱을 결합하면 영률이 크고 무거운 재료를 만들 수 있다. 골프 클럽의 샤프트는 탄소 섬유를 채운 플라스틱으로 만들어 가벼우면서도 매우 강하다. 이때 탄소 섬유의 양을 조절하면 샤프트의 유연성을 조절할 수 있다.

진정한 의미에서 복합 재료는 아니지만 유리도 잘 깨지지 않게 만들 수 있다. 표면에 항상 압축력이 작용하도록 하여 금이 가지 않게 하는 것이다. 판유리는 액체 상태의 유리를 식혀 만든다. 뜨거운 상태에서 식힐 때 바람을 불어넣어 표면을 빠르게 식히면 경화 유리가 만들어진다. 경화 유리는 렌즈나 안경 제조에도 사용된다. 1970년대에 낮은 온도에서 경화유리를 만드는 화학적 방법이 발명되었다. 유리를 인산염 위에 얹어놓아 인산이 유리 표면의 나트륨과 치환되도록 하는 방법이었는데, 인산이 포함된 유리 표면은 팽창하기 때문에 내부의 유리가 표면을 압축하여 유리에 금이 가는 것을 방지할 수 있다.

전단력은 무엇인가?

가위는 두 개의 날을 이용해 자르려고 하는 물체를 반대 방향으로 민다. 따라서 자르려고 하는 물체에 전단력을 작용한다. 지진은 땅과 도로에 커다란 전단력을 작용한다. 지진이 일어난 후 갈라진 도로의 사진을 보면 도로 한 부분과 다른 부분이 서로 반대 방향으로 움직이면서 포장도로가 포개지도록 만들어놓은 것을 볼 수 있다.

구조에 작용하는 또 다른 중요한 힘에는 어떤 것이 있나?

바람에 의해 작용하는 염력은 구조를 뒤틀어놓는 중요한 원인을 제공한다. 건물, 교량 그리고 탑은 그러한 힘에 의해 뒤틀리는 것을 방지하기 위해 대각선 방향으로 지지대를 설치해놓고 있다. 예를 들어 시카고의 존 핸콕 빌딩은 외부에서도 볼 수 있는 대각선 지지대를 가지고 있다.

교량과 다른 '정적인' 구조물들

최초의 교량은 어떤 형태였나?

최초의 교량은 거더교였다. 최초의 다리는 넘어진 나무를 계곡이나 냇물 위에 걸쳐놓아 사람이 지나다니도록 한 것이었을 것이다. 나무는 강바닥이나 바위에 의해 지탱되었을 것이다. 거더교는 수평으로 놓인 상판과 바닥에서 수직으로 세운 기둥으로 이루어져 있으며 상판이 휘어지지 않고 견딜 수 있어야 한다.

거더교의 휘어짐은 어떻게 방지할 수 있나?

거더교의 상판이 휘어지지 않도록 하는 가장 간단한 방법은 왕대공을 세우는 것이다. 125쪽 그림과 같이 다리 중심에서 아래로 향하는 힘은 수직 기둥을 아래로 끌어당긴다. 이 때문에 대각선 지지대가 압축력을 받게 된다. 대각선 지지대는 이 힘을 기둥에 전달한다. 수직 기둥에 위로 작용하는 힘은 중심부에서 아래로 향하는 힘과 상쇄되어 기둥에 작용하는 힘은 0이 된다. 이로써 기둥은 인장력이 작용하는 상태가 된다.

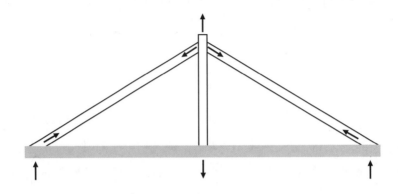

왕대공은 교량 중심부의 휘어짐을 방지할 수는 있지만 기둥 사이나 다리 중심부가 휘어짐을 방지하지는 못한다. 이런 것을 방지하는 방법으로는 상판 위에 또 다른 기둥을 세우고 수평대로 두 기둥을 연결하여 퀸 포스트 다리를 만드는 것이 있다. 그러나 더 긴 교량을 지탱하도록 하기 위해서는 트러스교를 설치해야 한다.

아래 방향으로 작용하는 힘을 교량 양 끝에 있는 기둥에 작용하는 압축력으로 바꾸는 비슷한 방법이 돌과 콘크리트를 사용했던 로마인들에게도 알려져 있었다. 그들은 거대한 수로에 아치를 설치한 것으로 유명하다. 그런 수로의 하나인 퐁 뒤 가르^{Pont du Gard}는 기원전 18년에 완성된 것으로서 남부 프랑스에 있는 가르동 강 계곡을 가로지르도록 270m 길이로 설치되었다.

세계에서 가장 긴 현수교는 일본 고베에 있다. 아카시 현수교의 주탑 사이의 거리는 1911m다. 전체 길이가 3911m인 이 다리는 33억 달러의 공사비가 들었으며, 12년의 공사 기간이 소요되었다. 이 다리는 리히터 규모 7.5의 지진과 80m/s의 강풍에도 견딜 수 있도록 설계되어, 1995년에 있었던 5000명의 사상자를 낸 리히터 규모 7.2의 고베 지진을 견뎌냈다. 놀랍도록 잘 설계된 이 다리는 한 기둥과 고정 장치가 1m 정도 틀어진 것이 지진으로 인한 피해의 전부였다. 첨단 기술로 설계된 이 다리는 지진에 의한 흔들림에 대항하기 위해 거대한 수직 탑 안에 진자를 설치해놓았다. 진자가 다리의 반대 방향으로 흔들리면서 다리를 안정되게 유지해주기 때문에 다리 위를 지나는 운전자들이 지진시에도 안전하게 운전을 계속할 수 있다.

현수교는 어떻게 도로 상판을 지지하는가?

세계에서 가장 긴 교량 20개는 현수교다. 현수교는 주탑이라 부르는 대형 수직 탑으로부터 긴 케이블을 연결해 도로 상판을 지지할 수 있어 긴 교량을 만드는 데 적합하다. 주탑은 상판에 연결된 케이블을 지지한다. 도로 상판을 지지하는 케이블의 한 끝은 교량 끝에 있는 지지대에 고정되어 있다. 최초의 현수교는 7세기에 멕시코의 마야인들이 그들의 수도였던 야슈칠란^{Yaxchilan}에 건설한 다리였다. 이 다리의 길이는 100m였다.

뉴욕 주에 있는 길이 1298m의 베라자노 협곡 현수교는 미국에서 가장 길다.

새로운 복합 교량은 무엇인가?

가장 새롭고, 가장 아름다우며, 가장 경제적인 교량은 사장 현수교다. 세련된 선과 두

께가 얇은 상판을 가진 이 교량은 교각 사이의 거리가 중간 정도인 완전한 형태의 교량이다. 1999년에 일본 오오미치에 건설된 타타라 교량은 세계에서 가장 긴 사장 현수교로 길이가 890m다. 사장교는 여러 개의 케이블을 직접 상판에 연결하여 상판을 지지한다. 이 케이블은 높은 수직 탑을 지나 지면에 설치되어 있는 교대에 고정된다. 이러한 방법은 현수교를 지지하는 데 사용되는 거대한 주탑의 설치와 무겁고 비싼 강철의 사용량을 줄일 수 있다.

고층 건물을 짓는 데는 어떤 어려움이 있는가?

첫 번째 어려운 과제는 대형 건물의 엄청난 무게를 지탱할 수 있는 기초를 설계하는 일이다. 최상의 방법은 암반까지 파는 것이다. 뉴욕 지역에서는 21m 정도 파면 암반에 도달할 수 있지만 시카고 지역에서는 61m 정도를 파야 암반에 도달한다. 만약 암반까지의 거리가 짧으면 암반에 구멍을 뚫고 콘크리트 기둥을 이 구멍에 설치할 수 있다. 종종 수중 작업용 잠함이 필요할 때도 있다. 이것은 방수 장치가 된 바닥이 없는 구조물로, 진흙 바닥에 박고 위로 진흙을 퍼낸다. 세 번째 방법은 단단한 진흙층 위에 떠 있는 강철과 콘크리트로 된 거대한 지하 패드를 설치하는 것이다.

기초가 지탱해야 할 무게에는 건물의 무게, 가구와 기구들의 무게, 건물을 사용하는 사람들의 무게가 포함된다. 하중 외에 강한 바람의 영향도 고려해야 한다.

초기 고층 건물에서는 석재로 만든 벽이 건물의 하중을 견디도록 했다. 시카고에 있는 높이 65.5m의 16층 건물인 모나드녹 빌딩은 벽의 두께가 1.8m나 되었다. 결국 이 건물은 너무 무거워 가라앉았기 때문에 도로와 지하층 사이에 계단을 만들어야 했다. 건물의 상층부는 철골 구조물을 만들고 거기에 석재를 부착하여 넓은 창문을 달 수 있도록 했다.

철골은 볼트와 리벳 그리고 용접을 이용해 연결한다. 1974년부터 1977년 사이에 뉴욕에 지어진, 279m 높이의 59층짜리 씨티그룹 건물은 볼트를 이용해 철골을 고정했다. 그러나 후에 컴퓨터를 이용한 분석은 허리케인 강도의 바람이 불면 건물이 붕괴할 위험이 있다고 경고해 1978년에 허리케인이 미국 동부 해안을 따라 올라오자 서둘러 볼트를 용접했다. 다행히 허리케인은 뉴욕을 피해 바다로 빠져나갔다.

고층 건물에 주는 바람의 또 다른 영향은 건물을 앞뒤로 흔들리게 하는 것이다. 다양한 형태의 버팀대를 이용하면 이런 진동을 막을 수 있지만, 그것은 건물의 무게를 더 무겁게 한다. 따라서 현재는 다른 방법이 사용되고 있다. 씨티그룹 건물은 꼭대기에 400톤의 콘크리트 완충 장치가 설치되어 있다. 이 완충 장치는 바람에 의한 진동과는 반대 방향으로 흔들리면서 건물이 크게 흔들리는 것을 방지한다.

고체나 액체로 만든 완충 장치가 고층 건물, 탑, 해상 유전, 교량, 육교에 사용되고 있다. 두바이에 있는 높이 210m의 버즈 알 아랍 호텔은 11개의 완충 장치를 가지고 있다. 이런 완충 장치는 지진의 영향을 완화시키는 데도 도움이 된다.

많은 인원을 고층으로 실어 나르는 엘리베이터를 설계하는 것도 해결해야 할 문제 중 하나다. 2001년 9월 11일, 뉴욕의 월드 트레이드 센터 붕괴에서 볼 수 있듯이 긴급 상황시에 계단을 이용할 수도 있지만 많은 사람들이 대피하는 동시에 소방관들은 현장으로 진입해야 하기 때문에 여러 가지 어려움이 발생한다.

고려해야 할 또 다른 사항은 화재시의 안전에 관한 것이다. 일부 건물은 특별한 층 전체를 비인화성 물질로 만들어놓아 화재시에 사람들이 이 층으로 피신하도록 하고 있다.

세계에서 가장 높은 건물은 어느 건물인가?

최근까지 가장 높은 건물은 미국 시카고에 1974년에 지어진 높이 443m의 시어스 타워였다. 현재는 아시아에 지어진 세 개의 건물이 시어스 타워를 능가하고 있다. 1996년 말레이시아에 완공된 페트로나스 타워의 높이는 452m이고, 2008년 중국에 완공된 상하이 세계 경제 센터의 높이는 492m다. 2010년 1월에 완공된 버즈 두바이(두바이 타워)의 높이는 818m로 세계에서 가장 높다.

마천루^{skyscraper}라는 말은 고층 건물을 가리키는 비공식적인 용어다. 최초의 마천루는 석재와 콘크리트로 만들어 하중을 지탱하는 외벽을 가지고 있었다. 오늘날의 마천루는 내부의 철골 구조물에 의해 지탱되고 있다. 마천루는 좁은 면적 위에 넓은 건축 공간을 확보할 수 있어 인구 밀도가 높은 도시에서 경제적이다.

세계에서 가장 높은 구조물은 무엇인가?

구조물과 탑은 고층 건물과는 별도의 목록으로 분류된다. 폴란드의 바르샤바 교외에 있는 바르샤바 라디오 타워는 지금까지 지어진 구조물 중에서 가장 높다. 긴 케이블로 지지되어 있는 이 타워의 높이는 646m다. 하지만 불행하게도 이 타워는 1991년 8월 보수 공사 도중 붕괴되었다.

현재 존재하는 구조물 중에서 가장 높은 것은 미국 노스다코타에 있는 KTHI-TV 타워로, 높이는 629m다. 케이블 없이 스스로 지탱하고 있는 가장 높은 구조물은 캐나다 토론토에 있는 CN 타워로 높이는 553m다.

정하중과 동하중은 어떻게 다른가?

정적인 상태로 유지되기 위해서는 교량(그리고 모든 구조물과 재료)이 교량에 가해지는 하중을 견딜 수 있어야 한다. 하중은 힘을 가리키는 공학적 용어다. 정하중은 교량이나 구조물 자체의 무게를 말한다. 반면에 동하중은 어떤 시점에 교량을 지나가는 차량과 사람들에 의해 가해지는 하중을 말한다. 공학자들은 안전을 위해 평상시의 동하중보다 훨씬 큰 동하중을 고려하여 교량이나 구조물을 설계한다.

유체

유체란 무엇인가?

고체는 원자들이 강한 힘으로 결합되어 있어 모양이 변하지 않는다. 액체에서는 원자들 사이의 거리가 일정하게 유지되지만 자유롭게 움직일 수 있다. 기체에서는 원자 사이의 거리가 고체나 액체보다 10배나 멀기 때문에 원자 사이에 작용하는 힘이 훨씬 약하다. 따라서 액체와 기체는 자유롭게 흘러갈 수 있고, 용기에 따라 모양을 바꿀 수 있다. 이런 기체와 액체를 유체라고 한다.

유체의 성질을 연구하는 분야에는 정지해 있는 유체의 성질을 연구하는 유체 정역학과 유체의 운동을 연구하는 유체 동역학이 있다. 여기서는 우선 유체 정역학에 대해 알아보기로 한다.

물의 압력

물의 압력은 무엇인가?

압력은 힘의 크기를 힘이 작용하는 면적으로 나눈 것이다. 1647년에 프랑스의 과학자 파스칼Blaise Pascal, 1623~1662은 물이 모든 방향으로 같은 압력을 가한다는 것을 알아냈다. 이를 파스칼의 원리라고 한다.

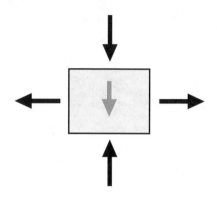

파스칼의 원리를 이해하기 위해 왼쪽의 그림과 같은, 물로 된 작은 정육면체를 생각해 보자. 가운데 회색 화살표는 육면체에 작용하는 중력을 나타낸다. 중력 때문에 아래로 향하는 힘의 합이 위로 향하는 힘보다 크다. 뉴턴의 제3법칙에 의해 물이 밖으로 작용하는 힘과 밖에서 안으로 작용하는 힘이 같아야 한다. 이 힘은 어디에서 올까? 만약 이 육면체가 물을 담고 있는 용기의 가장자리에 있다면 용기가 이 힘을 작용할 것이다. 주스를 담는 사각형 용기나 우유갑과 같은 빈 상자를 사용해 이를 직접 확인해 볼 수 있다. 한쪽 면에 구멍을 뚫은 후 물을 붓는다. 물이 구멍으로 새어나가지 않도록 하기 위해서는 엄지손가락으로 구멍에 힘을 가해야 한다. 구멍이 바닥에 있을 때도 마찬가지다. 육면체의 윗면에서 아래로 향한 힘은 어떻게 작용하는가? 만약 육면체가 맨 위에 있지 않다면 아래로 향하는 힘은 육면체 위쪽에 있는 물에 의해 작용할 것이다. 그러나 맨 위에 있을 때는 뒤에서 이야기하게 될 공기의 압력이 윗부분에 힘을 가하게 된다.

아래로 갈수록 위에서 누르는 유체의 양이 많아지기 때문에 압력은 깊이가 깊어짐에 따라 커진다. 그러므로 용기 맨 아래서의 압력은 위에서의 압력보다 크다. 압력의 증가는 밀도 ρ와 깊이 h를 곱해서(ρgh) 구할 수 있다. 따라서 용기 바닥에서의 압력은 $P_{바닥} = P_{맨\ 위} + \rho gh$이다.

물의 수위가 유지되는 것은 무엇 때문인가?

하나의 용기(잔이나 목욕통 또는 호수)에 담겨 있는 물의 표면은 용기의 모든 부분에서 지구 표면에 대해 같은 높이를 유지한다. 한쪽에 물을 더 부으면 모든 표면이 똑같이 올라간다. 잔이나 목욕통 그리고 호수의 어느 부분이 다른 부분보다 더 높은 수면을 가질 수는 없다. 이를 이해하기 위해 한 부분에 작은 육면체의 물을 더해보자. 이 물은 아래 방향으로 향하는 힘을 작용할 것이다. 그러나 물은 흘러갈 수 있기 때문에 아래에 있는 물이 바깥쪽으로 흘러나가 모든 부분의 압력이 같아질 때까지 다른 부분의 수위를 높일 것이다.

물은 다른 용기에서도 같은 수면을 유지한다. 호스나 튜브에 물을 채우고 'U'자 형태로 구부리면 양 끝의 물 높이가 같은 것을 알 수 있다. 'U' 튜브를 이용하면 내부가 보이지 않는 용기 안의 수위를 알아볼 수 있는 장치를 만들 수 있다. 수위계를 가진 커피 메이커가 그것이다. 여기에는 바닥에서 연결된 작은 튜브가 달려 있는데 좁은 관 안의 수위와 용기 안의 수위는 항상 같다.

압력을 재는 단위는 무엇인가?

압력은 단위 면적에 작용하는 힘으로 정의되어 있으며, 힘을 면적으로 나눈 양이다. $1m^2$의 넓이에 1N의 힘이 작용하는 압력을 1파스칼(Pa)이라고 한다. 1파스칼은 매우 작은 압력이다. 따라서 1000Pa을 나타내는 kPa이 자주 사용된다. 또 다른 압력의 단위는 액체의 압력을 같은 압력이 작용하는 유리관 안에 들어 있는 수은의 높이를 이용해 나타내는 것이다. 수은의 높이를 mm로 나타낸 것을 토르(torr)라고 하며 이들 압력의 단위 사이에는 760mmHg＝760torr＝101.3kPa의 관계가 있다.

물탱크는 왜 건물 꼭대기에 설치하나?

가정에서의 수돗물 압력은 350～700kPa은 되어야 한다. 도시의 수도는 펌프를 이용해 파이프 안의 압력을 이 수준으로 유지한다. 위층에 물을 공급하기 위해서는 수직으로 설치된 파이프가 있어야 한다. 1m 올라갈 때마다 물의 압력은 약 10Pa씩 낮아진다. 모든 층에 같은 압력으로 물을 공급하기 위해서는 추가 펌프가 설치되어야 한다. 또 다른 해결책은 지붕 위에 대형 물 저장용 탱크를 설치하고 펌프를 이용해 이 탱크에 물을 채우는 것이다. 이렇게 하면 모든 층에 충분한 압력으로 물을 공급할 수 있게 된다. 또한 전기 소비량이 적어 전기 요금이 싼 심야에 펌프를 작동시켜 탱크

뉴욕 시에 있는 이와 같은 물탱크는 대개 높은 건물 꼭대기에 설치한다. 이렇게 하면 중력이 건물 곳곳에 물을 보낼 수 있는 압력을 제공한다.

에 물을 채울 수도 있다. 탱크에 저장된 물은 화재시에 사용할 수도 있다.

지하수에서 물을 공급받는 작은 도시에서는 전기가 고장 날 때에 대비해 물탱크에 물을 저장한다. 물탱크에는 보통 1일 소비량의 물을 저장하며 충분한 압력으로 물을 공급해, 사용해야 할 펌프의 수를 줄이고 있다.

왜 도시의 물탱크는 높은 탑 위에 설치하나?

물의 높이는 압력을 결정한다. 물탱크를 높은 곳에 설치하면 탱크와 연결되어 있는 모든 곳의 물의 압력을 증가시킨다. 물탱크는 가능하면 넓은 표면적을 가지고 있어야 같은 양의 물에 의해 높이의 차이가 작아질 수 있다. 때문에 물탱크가 비어 있을 때와 가득 차 있을 때의 압력 차이가 물탱크 설계에 중요한 요소가 된다.

수영장에서 바닥까지 다이빙할 때 고막을 다치게 되는 이유는 무엇 때문인가?

공기에 의해 기압이 작용하는 것처럼 위에 있는 물의 무게가 수압으로 작용한다. 물 표면 근처에서는 압력으로 작용할 물이 많지 않다. 그러나 깊이 잠수할수록 물의 압력은 높아진다. 고막은 피부처럼 힘을 전달할 물질이 뒤에 없기 때문에 특히 압력

에 민감하다. 실제로 1.5 ~ 3m 잠수하면 고막은 압력을 느낀다.

호수 표면 20m 아래와 바다 표면 10m 아래 중 어디가 압력이 높을까?

바다가 호수보다 훨씬 많은 물을 가지고 있지만 물의 압력은 물의 깊이에 의해서만 결정된다. 잠수부에게 작용하는 압력은 잠수부 바로 위에 있는 물의 무게에 의해서만 결정된다. 따라서 호수 표면으로부터 20m 아래로 잠수한 사람이 바다에서 10m 아래로 잠수한 사람보다 두 배의 압력을 경험할 것이다. 바닷물은 민물보다 밀도가 높지만 밀도에 의한 압력의 차이는 깊이에 의한 압력의 차이보다 훨씬 작다.

왜 댐은 아래로 갈수록 넓어질까?

댐은 물을 담고 있고 물의 압력은 깊이가 깊어질수록 커진다. 따라서 댐에 수평 방향으로 작용하는 압력도 아래로 갈수록 커진다. 만약 댐의 바닥 부근과 중간, 그리고 꼭대기 부분에 구멍이 난다면 가장 큰 압력이 작용하는 맨 아래 구멍에서 더 긴 물줄기가 뿜어져 나올 것이다.

혈압

혈압을 잰다는 것은 무슨 뜻일까?

혈압은 혈액이 동맥벽에 가하는 압력을 말한다. 유체 역학은 혈압에서도 중요한 역할을 한다. 심장은 온몸에 피를 공급하는 펌프이고, 혈관은 몸으로 혈액을 보내는 파이프이다.

혈압을 측정하는 도구인 혈압계로 팔뚝 윗부분을 감고 공기를 불어넣어 부풀렸다가 다시 공기를 빼는 동안 압력의 변화를 측정하면서 청진기나 전자 센서를 이용해 맥박 수를 잰다.

왜 혈압은 팔뚝 윗부분에서 재나?

액체의 압력은 깊이에 따라 달라진다. 심장에서 나오는 혈액의 압력은 심장 부근에서 측정해야 하지만 그것이 가능하지 않기 때문에 심장과 같은 높이에서 잰다. 혈압을 측정하는 의사나 간호사는 심장과 같은 높이를 찾아 혈압을 잰다. 이때 심장과 같은 높이이면서 혈압을 측정하기 편리한 부분이 팔뚝 윗부분이다. 그러나 누워 있을 때는 몸의 모든 부분이 심장과 거의 같은 높이에 있기 때문에 몸의 어디에서나 혈압을 재도 된다.

혈압을 측정할 때는 맥박 소리가 들리지 않을 때까지 가압대를 부풀렸다가 서서히 압력을 낮춘다. 가압대의 압력이 심장 수축기의 압력보다 작아지면 맥박 소리가 다시 들리기 시작한다. 가압대의 압력이 심장 확장기의 압력보다 낮아지면 맥박이 다시 약해진다. '120과 70' 같은 측정 결과는 수축기의 압력이 120torr이고 확장기의 압력이 70torr라는 뜻이다.

대기압

기체의 압력은 액체의 압력과 어떻게 다른가?

기체의 압력은 액체의 압력과 같은 방법으로 작용한다. 기체의 압력과 액체의 압력의 다른 점은 기체의 밀도가 액체 밀도의 1000분의 1 정도밖에 안 돼 기체의 압력이 훨씬 작다는 것이다. 또 다른 차이점은 기체가 쉽게 압축할 수 있는 반면 액체의 압축률은 매우 작다.

대기압은 무엇인가?

지구의 대기는 지상 약 100km까지 분포해 있다. 그러나 높이가 높아짐에 따라 공기의 밀도가 점점 작아진다. 만약 밀도가 일정하다면 대기의 높이는 약 8km(에베레스트 산의 높이와 비슷한) 정도일 것이다. 대기의 약 63%는 이 높이 이하에 있다. 공기가 $1m^2$의 넓이에 작용하는 힘은 약 10만 1300N이다. 다시 말해 대기의 압력은 101.3kPa이다. 대기압은 온도와 다른 조건에 의해서도 변한다. 그리고 정상적인 대기압의 5% 내외로 변해 만들어지는 저기압과 고기압이 날씨 변화에 큰 영향을 미친다.

고도가 높아지면 내리누르는 공기층이 엷어지기 때문에 대기압은 낮아진다. 고도 3km에서의 대기압은 해수면에서의 대기압의 70% 정도이고, 고도 100km에서는 해수면 대기압의 300만분의 1이다.

잠수병이란 무엇인가?

정상적인 대기압 아래에서는 질소가 거의 혈액에 용해되지 않는다. 그러나 압력이 높아지면 용해도가 증가한다. 따라서 잠수부가 깊은 물속으로 잠수하면 혈액이 더 많은 질소를 포함하게 된다. 폐에서 혈액이 산소와 이산화탄소를 교환하는 동안 질소가 혈액 속에 용해되어 들어가기 때문이다. 잠수부가 상승하여 압력이 낮아지면 혈액은 질소의 과포화 상태가 된다. 과포화 상태의 질소는 혈액에서 나와 혈액 속이나 세포에 거품을 만든다. 이 거품이 혈관에 모이면 통증을 일으키고, 세포벽을 파괴하거나 세포로 가는 혈액의 흐름을 막아 상처를 입거나 심하면 죽음에 이르게 한다.

잠수병을 예방하는 가장 좋은 방법은 물 밖으로 천천히 나와서 압력을 서서히 감소시키는 것이다. 대부분의 스쿠버 다이버들은 정상적인 공기(20%의 산소와 80%의 질소로 이루어진) 대신 35%의 산소와 65%의 질소로 이루어진 '나이트록스'라는 공기를 사용한다. 이렇게 하면 잠수병의 가능성을 줄일 수 있지만 완전히 방지할 순 없다.

대기압은 어떻게 측정하는가?

대기압을 측정하는 장치를 기압계라고 부른다. 기압계에는 수은 기압계와 아네로이드 기압계가 있다. 갈릴레이의 비서였던 토리첼리Evangelista Torricelli, 1608~1647(토르라는 압력의 단위는 그의 이름을 따서 명명되었다)는 1643년에 수은 기압계를 만들었다. 이 기압계는 위가 막힌 길이 80cm의 유리관에 수은을 채우고 수은이 채워진 다른 용기에 거꾸로 세워놓은 것이다. 유리관

압력계는 기체의 압력을 측정하는 장치다. 낮은 기압은 궂은 날씨를 불러오고 높은 기압은 맑은 날씨를 가져오기 때문에 기압계는 날씨를 예측하는 데도 사용된다.

안의 수은을 누르는 대기의 압력에 따라 수은의 높이가 올라가거나 낮아진다. 보통 737~775mm인 이 수은의 높이를 재면 대기압을 측정할 수 있다.

가정에서 가장 많이 사용하는 아네로이드 기압계에서는 대기압이 아주 낮은 압력 상태에 있는 드럼에 압력을 가하면 이 압력에 의해 탄성체가 휘어지는 정도를 측정하여 대기압을 알 수 있다. 아네로이드 기압계는 비행기의 고도를 측정하는 고도계로도 이용된다. 고도가 높아짐에 따라 대기압이 줄어들기 때문에 아네로이드 기압계는 고도를 측정하는 이상적인 도구다. 또한 수은 기압계보다 훨씬 안전하다. 수은 기압계는 기압을 측정할 때 독성을 가진 수은이 공기 중에 노출되게 되는데 이때 어느 정도의 독성을 가진 수은 증기가 발생하게 된다.

풍선을 물속에 넣으면 어떻게 될까?

공기가 들어 있는 풍선을 물속에 넣으면 물(공기보다 높은 압력을 가진)이 모든 방향에서 풍선에 압력을 가한다. 풍선을 깊이 잠글수록 물의 압력은 더 커지면서 풍선 안의 공기를 압축시켜 풍선은 점점 더 작아진다. 결국 물의 압력은 풍선 안의 공기 압력이 같은 압력으로 내밀게 될 때까지 풍선의 크기를 작게 만든다.

왜 밀폐된 용기는 추운 날에 찌그러지는가?

풍선을 물속에 넣으면 작아지는 것처럼 밀폐된 용기는 모양을 바꾸거나 특정한 대기압 아래에서 찌그러지기도 한다. 예를 들면 제초기에 쓸, 휘발유가 들어 있는 용기를 사용하지 않을 때는 대개 마개를 잘 닫아 보관한다. 대기압이 낮은 더운 날 마개를 닫았다면 날씨가 차가워져 대기압이 높아질 때 용기가 찌그러진다. 용기가 찌그러지는 또 다른 이유는 용기 속에 휘발유 증기가 있다가 날씨가 추워져 액화되면서 용기 안의 압력이 낮아지기 때문이다.

왜 육상 선수는 고지대에서 훈련해야 하나?

달리기 선수는 대개 공기의 압력이 낮은 고지대에서 훈련한다. 고지대는 저지대보다 공기의 밀도가 낮기 때문에 몸에 충분한 양의 산소를 공급하기 위해서는 허파가 더 많은 일을 해야 한다. 그러한 조건에서 육상 선수들이 훈련하면 몸이 적은 산소 상태에 잘 적응한다. 따라서 몸이 더 많은 산소를 확보하기 위해 열심히 일하는 데 익숙해 있기 때문에 고도가 낮은 지역에서 경기할 때 최대의 능력을 발휘할 수 있게 된다.

가라앉기와 뜨기: 부력

가라앉는 물체와 뜨는 물체는 무엇이 다른가?

위로 작용하는 힘보다 아래로 작용하는 힘이 크면 물체는 가라앉는다. 아래로 작용하는 힘에는 두 가지가 있다. 물체 위에 있는 액체가 내리누르는 힘과 물체 자체의 중력이 그것이다. 위로 작용하는 힘은 물체 아래 있는 액체에 의해 작용한다. 높이가 h이고, 바닥의 넓이가 A인 정육면체 모양의 물체를 생각해보자. 이 물체의 부피 V는 hA이다. 물체의 밀도 ρ는 질량을 부피로 나누면 되므로 $\rho = m/V = m/hA$이다. 물체의 윗면과 아랫면의 압력 차이에서부터 시작해보자. 압력은 힘을 면적으로 나눈 값이다. 따라서 $P_{아랫면} = P_{윗면} + \rho_물 ghA$이고, 이 식은 $F_{아랫면}/A = F_{윗면}/A + \rho_물 ghA$ 또는 $F_{아랫면} = F_{윗면} + \rho_물 ghA$라고 다시 쓸 수 있다. 그런데 hA는 물체의 부피이므로 $\rho_물 ghA$는 물체와 같은 부피를 가진 물의 질량이 된다. 물속에 있는 물체에 아래 방향으로 작용하는 알짜 힘은 윗면에 작용하는 힘에다 자체의 무게를 더한 것에서 아랫면에 작용하는 힘을 빼면 된다. 따라서 다음과 같은 식이 성립된다

$$F_{알짜} = F_{윗면} + m_{물체}g - F_{아랫면}$$

이것은 다시 $F_{알짜} = m_{물체}g - m_물 g$이라고 쓸 수 있다. 따라서 물체의 질량이 물체와 같은 부피의 물의 질량보다 크면 가라앉는다. 반대로 물체의 질량이 물체와 같은 부피의 물의 질량보다 작으면 뜬다. 무게는 질량에 중력 가속도를 곱한 값이므로 물체에 작용하는 알짜 힘은 $F_{알짜} = W_{물체} - W_물$이라고 할 수 있다. 물체의 부피와 같은 부피의 물은 '물체가 차지하고 있는' 부피의 물이라고 표현하기도 한다.

부력은 무엇인가?

앞의 질문에 답을 구하기 위해 사용했던 식에서 물체를 물속에 넣었을 때는 물체의 무게가 물체와 같은 부피의 물의 무게만큼 가벼워진다는 것을 알 수 있다. 물속에서

물체의 무게가 가벼워지도록 작용하는 힘을 부력이라고 한다. 부력은 물에 의해 물체의 위 방향으로 작용한다.

왜 돌은 가라앉고 나무는 뜰까?

돌은 물보다 밀도가 크다. 다시 말해 돌의 무게와 같은 부피의 물의 무게를 비교하면 돌이 더 무겁다. 따라서 물체의 무게에서 부력을 뺀 값, $W_{물체} - W_{물}$이 양의 값을 갖게 되고 아래로 향하는 알짜 힘이 작용하여 돌은 아래로 움직이며 바닥으로 가라앉는다. 반면에 나무는 물보다 밀도가 작다. 따라서 나무를 물속에 넣으면 $W_{물체} - W_{물}$이 음수값을 가지게 된다.

결국 나무에는 위로 향하는 알짜 힘이 작용하게 되어 위로 떠오른다. 그렇다면 어디까지 올라올까? 나무가 물 위로 떠오름에 따라 물체가 차지하는 물속의 부피가 줄어들어 이 부피와 같은 부피의 물의 무게도 감소한다. 나무의 무게와 물속의 나무 부피와 같은 부피의 물의 무게가 같아지면 나무에 작용하는 알짜 힘은 0이 되어 나무는 더 이상 떠오르지 않는다.

물속에서 돌을 들기 쉬운 이유는 무엇일까?

돌의 밀도가 물의 밀도보다 커서 돌이 가라앉기는 하지만 돌에는 아직도 부력이 작용한다. 따라서 돌의 무게는 부력만큼 가벼워지기 때문에 물속에서는 들기 쉬워진다.

열기구는 기구 안의 기체를 팽창시켜 주위의 공기보다 밀도가 작아지도록 하여 부력에 의해 떠오를 수 있다.

액체에서처럼 기체에서도 물체가 뜰 수 있을까?

모든 유체 속에 잠겨 있는 물체의 아랫면과 윗면 사이에는 $P_{아랫면}=P_{윗면}+\rho gh$이 나타내는 것과 같은 압력의 차이가 생긴다. 기체의 밀도 P는 액체의 밀도보다 매우 작지만 아직도 압력의 차이는 발생한다. 따라서 부력이 작용한다. 액체와 기체 사이에는 밀도의 차이 외에도 다른 점이 있다. 기체는 압축될 수 있다. 따라서 높이 올라갈수록 공기의 밀도는 작아진다. 열기구의 버너에 불을 붙이면 열기구는 위로 떠오른다. 높이 올라가면 공기의 밀도가 작아져 부력도 작아진다. 일정한 높이에서 열기구의 무게와 열기구와 같은 부피의 공기의 무게가 같아지면 열기구는 상승을 멈춘다. 때문에 열기구를 더 높이 올라가게 하려면 더 많은 열을 가해 열기구 안의 공기 밀도를 더 낮추어야 한다.

기원전 3세기에 아르키메데스가 발견한 것은 무엇인가?

아르키메데스는 당시 그리스의 일부였던 시칠리아 섬에 살았다. 그는 시칠리아의 왕으로부터 금관이 순수한 금으로 만들었는지 아니면 금과 은의 합금으로 만들었는지를 알아내라는 지시를 받았다. 아르키메데스는 왕관을 부수지 않고 이 일을 해내야 했다.

하루는 공중목욕탕에서 목욕을 하다가 물속으로 들어가면 목욕탕 물의 수면이 높아진다는 것을 발견했다. 그는 문제 해결의 실마리를 발견했다는 생각에 너무 흥분한 나머지 옷도 입지 않은 채 거리로 뛰어나가면서 "유레카(나는 답을 찾아냈다)!"라고 외쳤다고 전해진다.

왕 앞에 나아간 아르키메데스는 저울 한쪽에는 금관을 매달고 다른 한쪽에는 금관과 같은 무게의 금과 은을 준비했다. 그런 다음 물속에 저울을 넣었다. 금관과 금속의 부피가 다르면 밀어내는 물의 양도 달라져서 저울이 한쪽으로 기울게 된다. 그는 금을 매달았을 때나 은을 매달았을 때 모두 한쪽으로 기우는 것을 발견했다. 금관은 순수한 금이 아니라 금과 은의 합금으로 만들었으며 왕은 사기를 당했던 것이다.

항공모함과 같이 강철로 만든 거대한 배가 돌멩이처럼 가라앉지 않는 것은 배의 무게와 같은 무게의 물을 밀어내기 때문이다. 배 안에는 많은 공기가 차 있어서 배의 평균밀도는 물의 밀도보다 작다.

이 일을 통해 아르키메데스는 유체 정역학의 중요한 원리를 발견하게 되었다. 아르키메데스의 이름을 딴 이 아르키메데스의 원리는 유체 속에 잠겨 있는 물체는 물체의 부피와 같은 부피의 유체의 무게만큼의 부력을 받는다는 것이다.

왜 작은 강철 조각은 가라앉는데 5만 톤의 강철로 만든 배는 물에 뜰까?

물 위에 떠 있기 위해서는 자신의 무게와 같은 무게의 물을 밀어내야 한다. 강철 덩어리의 무게는 같은 부피의 물의 무게보다 훨씬 무겁기 때문에 강철 덩어리를 물에 넣으면 가라앉는다. 5만 톤의 배가 물 위에 떠 있을 수 있는 것은 5만 톤의 물을 밖으로 밀어내기 때문이다. 그것은 배 전체가 강철이 아니라 많은 양의 공기를 포함하고 있기 때문이다. 따라서 배 전체의 밀도, 즉 전체 무게를 부피로 나눈 값은 물의 밀도보다 작다.

하마는 어떻게 강바닥으로 가라앉을 수 있을까?

하마는 하루의 반을 물속에서 보낸다. 길이가 거의 3m나 되고 무게가 4500kg이나 되는 하마는 강바닥에 나는 풀을 먹기 위해 강바닥으로 내려가야 한다. 그런데 문제가 한 가지 있다. 하마의 작은 밀도는 하마를 물 위에 떠 있게 한다. 그리고 하마는 강바닥으로 빠르게 내려갔다가 다시 올라올 수 있을 만큼 재빨리 움직일 수도 없다. 그러니 바닥에 닿기 위해 하마는 밀도를 증가시켜 부력이 물 위에 떠 있도록 하는 것을 방지해야 한다. 결국 하마는 몸속 공기의 양을 줄여 밀도를 증가시킨다.

승객과 화물이 더해지면 배의 부력은 어떻게 되나?

화물을 싣거나 승객이 타면 배 전체의 무게가 증가한다. 배의 무게가 증가하면 배는 조금 더 가라앉으면서 더 많은 물을 밀어낸다. 만약 배가 지나치게 가라앉아 물이 배에 들어올 정도가 되면 배의 무게가 더욱 증가해 결국 배 전체가 물속으로 가라앉게 된다.

화물과 승객의 영향으로 가라앉는 정도는 항해에 큰 영향을 미친다. 대형 화물선과 여객선은 배의 바닥에서부터 배가 가라앉아 물이 차는 곳까지의 높이를 나타내는 수치가 있다. 이 값을 배의 흘수라고 한다. 만약 배가 6m의 흘수를 가지고 있고 물의 깊이가 5.5m라면 승객이나 화물 일부를 내려 배가 덜 가라앉도록 해야 한다.

배가 뜨기 위해서는 얼마나 많은 물이 필요한가?

배가 물에 뜨는 데는 배의 무게만큼의 물만 있으면 된다. 따라서 배가 운하에 들어가기 위해서는 배의 크기보다 조금 더 큰 크기의 수로만 있으면 된다. 물에 잠기는 선체 부분을 얇게 감쌀 정도의 물만 있으면 배를 띄울 수 있다.

비행선은 어떻게 원하는 고도에 떠 있을 수 있나?

비행선은 거대한 풍선 모양의 주머니 속에 들어 있는 기체의 부력으로 떠 있다. 배가 물에 떠 있는 것과 같은 원리로 공중에 뜨는 보통 비행선에는 공기의 7분의 1 정도의 밀도를 가지는 헬륨 기체가 5000m^3 정도 들어 있다. 비행선의 무게는 부력과 같아야 한다. 비행선의 고도를 높이려면 고압 탱크에서 헬륨을 더 많이 주머니에 주입해 주머니의 부피를 크게 하여 부력을 증가시키면 된다. 비행선의 고도를 낮추려면 주머니 속의 헬륨을 방출해 크기를 작게 하여 부력을 감소시키면 된다.

왜 수소가 아니라 헬륨이 비행선에 사용되나?

수소는 헬륨보다 두 배의 부력을 낼 수 있어 비행선을 띄우는 데 훨씬 더 효과적이지만 매우 위험한 기체다. 당시 세계 최대 비행선이었던 독일의 힌덴부르크호가 1937년 5월 6일 미국 뉴저지의 레이크허스트에서 착륙 도중 거대한 화염에 휩싸여 36명이 목숨을 잃었다.

1937년, 미국은 유일한 헬륨 생산국으로 헬륨의 대부분은 텍사스에 있는 한 광산

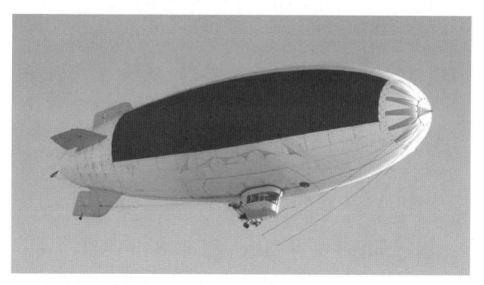

헬륨이 수소보다 안전하기 때문에 오늘날의 비행선에는 헬륨이 사용되고 있다.

에서 생산되었다. 나치가 비행선을 위해 헬륨을 구입하려 했지만 미국은 헬륨을 전략 물자로 분류하고 있었기 때문에 판매를 거부했다. 헬륨은 암석 속에 들어 있는 우라늄과 토륨의 방사성 붕괴에 의해 생성되며 오늘날 물질을 냉각하여 초전도체를 만드는 데 많이 사용되고 있어 수요는 계속 증가하고 있다.

비행선은 어떤 목적으로 사용되는가?

프랑스의 지파르Henry Giffard, 1825~1882가 1852년에 만든 최초의 비행선은 주로 군사적인 목적으로 사용되었다. 제1차 세계대전과 제2차 세계대전 동안 비행선은 폭탄을 투하하고 경계를 하는 데 사용되었고 승객을 실어 나르는 상업적인 용도의 비행선은 짧은 기간 동안만 운항했다. 그리고 오늘날에는 광고나 높은 곳에서 스포츠 경기를 중계하는 데 사용되고 있다.

어린이가 헬륨이 든 풍선을 놓치면 어떤 일이 일어나는가?

풍선이 단단히 매여 있다면 높이 올라갈수록 크게 부풀 것이다. 이러한 팽창은 고도가 높아지면 공기의 압력이 줄어들기 때문에 일어난다. 결국 풍선이 너무 부풀어올라 터지게 되어 헬륨은 공기 중으로 방출되고 풍선은 땅으로 떨어진다.

유체 역학 : 수력학과 기체 역학

유체 역학이란 무엇인가?

유체 역학은 유체의 운동과 관련된 현상을 연구하는 학문 분야다.

수력학은 무엇인가?

수력학은 대개 기계 장치와 같은 기구 안에서의 액체의 운동을 연구한다. 펌프, 충격 흡수 장치, 유압 승강기에는 주로 기름이 사용된다.

유압 승강기는 어떻게 작동하나?

파스칼의 원리에 의하면, 액체의 압력은 항상 표면에 수직하게 작용한다. 압력은 힘을 면적으로 나눈 값이므로 어떤 표면에 작용하는 힘의 크기는 압력에다 면적을 곱하면 구할 수 있다. 유압 승강기는 실린더에 작은 피스톤이 들어 있어 이 피스톤에 힘을 가해 액체에 압력을 작용한다. 작은 실린더는 면적이 넓은 피스톤에 연결되어 있다. 유체의 압력이 넓은 피스톤에 전달되면 이 피스톤은 훨씬 큰 힘으로 일할 수 있다. 액체 모든 부분의 압력은 같지만 큰 피스톤에서는 면적이 넓어 큰 힘이 만들어지는 것이다. 따라서 유압 승강기는 1보다 큰 역학 능률을 가지게 된다. 물론 이 경우에도 에너지는

대형 기중기는 무거운 물건을 들어 올리는 데 유압 장치를 사용한다.

보존된다. 따라서 작은 피스톤은 큰 피스톤보다 훨씬 더 먼 거리를 움직여야 한다.

많은 자동차 정비소에서 사용하는 리프트는 정비사들이 아주 작은 힘으로도 자동차를 들어 올릴 수 있도록 되어 있다. 지름이 작은 실린더의 피스톤에 힘을 가해 자동차를 떠받치고 있는 지름이 큰 실린더의 피스톤을 밀어 올린다. 액체는 공기처럼 압축할 수 없기 때문에 작은 실린더에 가해진 압력은 큰 실린더에 그대로 전달되고 따라서 단면적이 큰 피스톤이 큰 힘으로 자동차를 밀어 올릴 수 있다.

유압 승강기가 사용되는 또 다른 곳은 어디인가?

자동차 정비소 외에도 크레인, 굴착기, 비행기의 양력 장치, 자동차의 브레이크 시스템 등에 사용되고 있다. 유압 장치가 유용하게 사용되는 것은 액체가 압축되지 않는 성질을 가지고 있기 때문이다. 유압 승강기에는 물보다 잘 얼지 않기 때문에 기름이 더 많이 사용된다.

기체 역학은 무엇인가?

수력학은 역학적 능률을 얻기 위해 액체를 사용하지만 기체 역학에서는 압축 공기를 이용한다. 기체는 압축해서 저장하는 것이 가능하다. 압축되었던 공기를 방출하면 고압 드릴, 해머, 렌치 등을 작동시키는 데 필요한 큰 힘이나 토크를 얻을 수 있다.

유체는 어떤 방법으로 이동하는가?

유체가 천천히 흐를 때는 정상류를 나타낸다. 그러나 속도가 빨라지면 흐름이 와류로 바뀐다. 어떤 경우에는 정상류가 바람직하고, 어떤 경우에는 와류가 유리하다.

정상류와 와류의 다른 점은 무엇인가?

흘러가는 관의 벽과 접촉하고 있는 얇은 액체 층은 벽과의 마찰로 인해 흐르지 않는다. 그러나 가운데 있는 액체는 잘 흐른다. 정상류에선 흐르지 않는 바깥쪽과 잘 흐르는 가운데 부분으로의 속도 변화가 연속적으로 일어난다. 이 경우에는 얇은 액체 층이 바로 옆에 있는 가장자리에 가까운 액체 층보다 조금 더 빠른 속도로 흐른다. 와류에선 흐르지 않는 부분에서 최대의 속도로 흐르는 부분이 갑작스럽게 변한다. 그리고 액체는 작은 원을 그리면서 흐른다. 정상류는 와류보다 더 큰 마찰력을 가지고 있다. 예를 들어 야구공에는 표면에 정상류가 흐르는 경우에 더 큰 저항력이 작용한다.

> ## 왜 강폭이 좁은 곳에서는 강폭이 넓은 곳보다 물이 빨리 흐를까?
>
> 강물 흐름의 크기는 강의 단면적을 통과한 물의 양을 물이 흘러가는 데 걸린 시간으로 나눈 값이다. 예를 들어 강의 흐름이 2,000m³/min이라면 강의 모든 부분이 1분 동안에 2000m³의 물을 흘려보냈다는 것을 뜻한다. 우리는 이것을 (2000m²)×(1m/min)이라고 고쳐 쓸 수 있다. 강물은 끊임없이 흐르기 때문에 강물이 한곳에 모이지 않으려면 강의 폭이 좁아지는 경우에도 1분 동안 2000m³의 물이 흘러가야 한다. 강폭이 좁아진다는 것은 단면적(m²로 측정되는)이 줄어든다는 것을 의미한다. 따라서 속력(m/s로 측정되는)이 빨라져야 한다. 이것을 연속의 원리라고 한다.

유체를 흐르게 하는 것은 무엇인가?

고체의 경우와 마찬가지로 유체도 알짜 힘이 작용할 때 움직인다. 유체의 경우, 알짜 힘은 두 지점의 압력 차이에 의해 작용한다. 유체는 압력이 줄어드는 방향으로 흐른다.

공기 역학

공기 역학은 무엇인가?

공기 역학은 유체 역학의 한 분야로, 공기와 다른 기체의 운동을 다룬다. 공기 역학을 연구하는 엔지니어들은 공기 속에서 운동하는 자동차, 비행기, 골프공과 같은 물체 주변에서의 공기 흐름을 분석한다. 그들은 또한 공기의 흐름이 건물, 교량과 같은 정적인 구조물에 주는 영향에 대해서도 연구한다.

베르누이의 정리는 무엇인가?

1783년, 스위스의 물리학자 베르누이^{Daniel Bernoulli, 1700~17}82는 유체의 흐름이 빨라지면 빨라질수록 압력은 작아진다는 것을 발견했다. 지름이 다른 파이프를 지나는 물의 압력을 측정하여 이를 알아낸 베르누이는 또 파이프의 지름이 줄어들수록 물의 속력이 빨라진다는 것(연속의 정리)과 물이 벽에 가하는 압력이 줄어든다는 것도 알아냈다. 이 발견은 유체 역학에서 이루어진 가장 중요한 발견 중 하나이다.

왜 도시에서는 항상 더 많은 바람이 부는가?

이 질문의 해답은 기상학적인 것이 아니라 물리학적인 것이다. 대도시에는 고층 건물들이 공기의 흐름을 막는다. 바람이 이러한 장애물을 지나가기 위해서는 고층 건물 사이의 도로와 같은 좁은 통로에서 속도가 빨라져야 한다. 터널에서도 비슷한 효과를 발견할 수 있다. 도로와 같은 좁은 통로에서 속력이 빨라져 도시를 바람이 많이 부는 장소로 만드는 것은 유체의 흐름에 연속의 정리가 작용하기 때문이다.

비행기 날개는 어떻게 양력을 만들어내나?

빠른 공기의 흐름으로 인해 비행기 날개에 위쪽으로 작용하는 힘을 양력이라고 한다. 뉴턴의 제3법칙에 의하면, 공기가 날개에 위쪽으로 향하는 힘을 작용하면 날개는 공기에 아래쪽으로 향하는 힘을 가해야 한다. 위 방향으로 작용하는 힘의 원인에는 세 가지가 있다. 첫 번째는 날개의 각도이고, 두 번째는 베르누이의 정리다. 날개의 모양에 의해 날개 윗부분에서의 공기의 흐름은 아랫면에서보다 빠르다. 따라서 위쪽에 작용하는 압력이 아래쪽에 작용하는 압력보다 작기 때문에 날개 아래로 작용하는 힘이 줄어든다. 세 번째 원인은 공기가 날개의 표면에 '붙어서' 흐르기 때문이다. 윗면을 흐르던 공기가 윗면을 지난 다음 그 일부가 아래쪽으로 흐른다. 이 힘은 위쪽으로 작

엔지니어가 풍동의 날개를 조사하고 있다. 풍동에서는 연기를 이용해 유선을 보이도록 한다. 이것은 자동차의 효율을 증가시키는 연구에도 이용된다.

용하는 또 다른 힘이 된다. 이렇게 위 방향으로 작용하는 힘들이 반작용을 통해 양력을 발생시켜 비행기를 하늘에 떠 있게 한다.

항력은 무엇인가?

항력은 유체 속에서 운동하는 물체가 운동의 반대 방향으로 받는 힘이다. 항력이 최소로 유지되는 경우에 '공기 역학적'이라고 말한다. 비행기에는 유해 항력과 유도 항력의 두 종류 항력이 작용한다. 유해 항력은 비행기, 자동차와 같은 물체가 유체 속을 운동할 때 받는 힘이다. 항력의 크기는 유체의 밀도, 물체의 속력, 물체의 단면적, 그리고 물체의 모양에 따라 달라진다. 대형 여객기에는 작은 전투기보다 더 큰 항력이 작용한다. 물방울 모양을 한 물체에는 사각형의 물체보다 작은 항력이 작용한다. 낙하산은 큰 항력을 받도록 설계되었다. 유도 항력은 날개가 만들어낸 양력에 의한 항력이다. 유도 항력의 크기는 날개의 각도에 따라 달라진다. 날개의 각도가 작을수록 유도 항력의 크기는 작아진다. 유도 항력은 날개 끝 쪽에서 아래로 향하는 공기가 정지해 있는 공기와 만날 때 만들어진다. 유도 항력은 비행기 뒤나 아래에 나선형으로 도는 바람을 만들어내는데, 이것은 비행기 운항에 매우 위험하다. 이 경우 날개 끝에 기울어진 작은 면을 만들면 유도 항력을 줄일 수 있다.

유선은 무엇인가?

유선은 유체 속을 운동하는 물체나 정지해 있는 물체 주변에 흐르는 유체의 흐름을 나타내는 선이다. 공기 속에 얇은 연기 막을 넣으면 유선을 볼 수 있다. 유선은 비행기 날개나 자동차의 풍동 실험에 이용된다. 풍동은 밀폐된 방으로 연기를 포함한 공기를 앞에서 뒤로 흐르게 하여 물체 주변에서의 유선을 볼 수 있도록 한 것이다. 만약 유선이 끊어지지 않고 부드럽게 보이면 이 물체는 기체 공학적 물체로 간주된다. 만약 물체에 부딪히는 지점에서 연기가 끊어지면 흐름은 와류가 된다. 흐름이 와류가 되면 항력이 증가할 수 있다.

커브 볼은 어떻게 던지나?

커브 볼은 골프공과 마찬가지로 마그누스 힘을 받는다. 투수가 공을 뒷방향으로 회전하면서 날아가도록 하면 양력이 생겨 아래에서 위로 떠오르는 공이 되고, 옆으로 회전하도록 하면 커브 볼이 된다. 투수가 너클 볼을 던지면 공은 매우 천천히 회전한다. 공 표면에 드러나 있는 실밥이 한쪽으로 작용하는 작은 힘을 만들어 공이 엉뚱한 방향으로 날아가도록 만든다.

왜 원반던지기에서는 순풍보다 역풍에서 던지는 것이 좋을까?

대부분의 스포츠에서 던지거나 달릴 때는 바람을 등지고(순풍) 던지거나 달리는 것이 바람이 불어오는 방향으로(역풍) 던지거나 달리는 것보다 훨씬 쉽다. 예를 들어 요트 경기 역시 바람에 수직한 방향이나 바람을 등에 지고 나가는 것이 쉽고 빠르다. 미식축구 경기에서는 동전을 던져 어느 팀이 바람을 등지고 공격할 것인지를 결정한다. 바람이 불어오는 방향으로 나가는 것은 훨씬 어려워 고도의 기술을 필요로 한다. 트랙 경기인 100m 달리기 기록은 뒷바람을 받으며 달릴 때 훨씬 더 기록 경신이 쉽다. 이처럼 대부분의 스포츠는 바람을 등지는 것이 유리하다.

그러나 원반던지기에서는 앞바람이 도움을 준다. 실제로 원반던지기에서 10m/s의 앞바람을 받을 때 8m나 더 멀리 던질 수 있다는 실험 결과가 있다. 원반에도 앞바람에 의해 항력이 작용하지만 원반 아래와 윗면의 압력 차이 때문에 발생하는 양력이 항력보다 더 중요한 역할을 한다. 양력으로 인해 원반이 더 오랫동안 공중에 떠 있을 수 있어 더 멀리 날아가는 것이다.

골프공에는 왜 딤플이 있을까?

골프 경기는 수 세기 전부터 행해졌다. 그러나 골프공에 딤플을 만들어 넣은 것은 약 100년 전부터다. 골프공 제조 회사였던 스폴딩은 1908년 골프공에 딤플을 만들어 비거리를 두 배나 늘렸다. 딤플이 없으면 공 주변의 공기 흐름은 정상류가 되고, 공은 공을 둘러싼 얇은 공기층을 끌고 가게 된다. 딤플은 공기층을 끊어 와류를 만드는데, 이것이 항력을 줄이는 역할을 한다. 골프공에도 양력이 작용한다. 백스핀으로 공을 치면 공의 윗부분을 지나는 공기의 흐름은 공이 나가는 방향과 반대 방향으로 흐른다. 이 때문에 윗부분에 작용하는 압력이 작아진다. 반면 아랫부분에서는 공이 날아가는 방향과 공기 흐름의 방향이 같아 공기의 압력이 커진다. 베르누이의 정리에 의한 이런 압력 차이가 공에 위로 작용하는 양력을 만든다. 마그누스 힘이라고 부르는 이 힘으로 인해 공은 수 초 동안 더 공중에 떠 있을 수 있다.

가장 공기 역학적인 모양은 어떤 것인가?

일부 사람들은 가는 바늘 모양의 물체에 작용하는 항력이 더 작을 것이라고 생각한다. 바늘 모양의 뾰족한 앞부분이 공기층을 쉽게 뚫고 나갈 수는 있겠지만 문제는 뒤쪽에서 발생한다. 뒤쪽에서는 바람이 와류가 되면서 작은 소용돌이를 만들어 공기의 흐름을 방해한다. 항력을 줄이는 가장 효과적인 모양은 속력에 따라 달라진다.

소리의 속도보다 느린 속도에서 가장 공기 역학적인 모양은 물방울 형태다. 물방울의 앞부분은 둥글고 뒷부분으로 갈수록 길게 늘어져 있다. 이렇게 되면 표면을 흐르는 공기의 흐름이 와류를 형성하지 않고 부드럽게 흘러갈 수 있다.

제트기나 총알처럼 속도가 빠를 때는 다른 모양이 더 효과적이다. 와류에서는 끝부분이 뭉툭할 때 항력이 작다. 뭉툭한 끝 부분이 와류를 만들면 다른 공기는 와류 위로 부드럽게 흐를 수 있다.

1903년 12월 17일 노스캐롤라이나 키티학에서 무슨 일이 있었나?

라이트 형제, 즉 오빌Orville Wright, 1871~1948과 윌버Wilbur Wright, 1867~1912가 라이트 1903 플라이어의 엔진을 점화하여 차가운 겨울 하늘로 날아오른 것이 바로 이날이었다. 첫 번째 비행에서 오빌은 12초 동안 37m를 나는 데 성공했다. 날개 길이는 12m였고, 전체 무게가 272kg이었던 라이트 1903 플라이어는 그날 네 번 비행했다. 그날 윌버는 거의 1분 동안 260m를 비행하는 데 성공했지만 그 후 바람에 의해 비행기가 튀어올랐다가 떨어져, 날개와 엔진이 부서졌다.

비행기와 자동차의 조종은 어떻게 다른가?

자동차는 2차원 표면에서 운행하기 때문에 앞 방향의 속도를 조절하기 위한 가속 페달과 브레이크, 그리고 좌우로 방향을 바꾸는 운전대만 조종하면 된다. 반면에 비행기는 3차원 공간을 날아간다. 비행기의 추진력은 연료 조절 장치를 이용해 제어한다. 브레이크를 작동하려면 연료 주입구를 닫거나 비행기의 날개를 조절하여 항력을 증가시킨다. 비행기를 옆으로 돌게 하는 것은 비행기의 방향타다.

아래위 방향의 운동을 조절하기 위해서는 비행기의 방향타 근처에 있는 수평 조종면을 이용한다. 비행기 축을 중심으로 회전하기 위해서는 에일러론이라고 부르는 날개 뒷부분의 면적을 조절하면 된다. 이러한 회전 제어가 비행 성공의 핵심 기술임을 알아낸 라이트 형제는 날개를 접는 방법을 개발하여 초보적이지만 효과적인 에일러론을 만들었다.

음속 장벽

충격파는 무엇인가?

물 위를 달리는 배가 V자 형태의 파동을 만드는 것과 마찬가지로 비행기도 공기 중을 날아갈 때 원뿔 모양의 파동을 만들어낸다. 비행기가 만드는 파동은 압축된 공기의 파동이다. 비행기의 속도가 소리의 속도인 마하 1에 이르면 비행기의 압력 파동이 겹쳐 충격파를 만들어낸다. 충격파가 발생하면 지상의 관측자는 커다란 폭발음(소닉 붐)을 들을 수 있다. 비행기가 음속보다 느린 속도로 비행하는 동안에는 음파가 겹치지 않기 때문에 소닉 붐 대신 비행기보다 약간 지연된 소리가 들린다.

마하 1이 소리의 속도라면 마하 2는 어떤 속도인가?

마하는 속도가 소리 속도의 몇 배인지를 나타내는 수치다. 따라서 마하 2는 소리 속도의 2배 속도를, 마하 3.5는 소리 속도의 3.5배 속도를 의미한다. 마하 1보다 빠른 속도를 '초음속'이라고 부른다.

음속의 장벽을 최초로 깬 조종사는 누구인가?

1947년 10월 14일, 이거$^{Chuck\ Yeager,\ 1923\sim}$가 시험용 비행기 벨 X-1, '글래머러

스 글래니스'호를 타고 최초로 음속의 장벽을 깼다. 음속에 도달하기 위해 X-1은 B-29 폭격기에 실려 3658m 상공까지 올라가 투하되었다. 폭격기에서 투하된 후 이거는 X-1의 엔진을 점화하여 고도 1만 3106m까지 올라갔다. 이 고도에서 이거는 1056km/h의 속력으로 달려 음속을 깼다. X-1은 마하 1.05를 통과하기 직전에 압축된 파동의 와류를 통과해야 했다. 이거는 지상으로 내려오기 전에 몇 분 동안 초음속 상태로 비행했다.

음파를 중심에서 발생하여 바깥쪽으로 퍼져나가는 물결파와 비슷하게 생각할 수 있다.

이거는 왜 음속을 돌파하기 위해 높은 고도로 올라갔나?

해수면 위의 따뜻하고 밀도가 높은 공기 속에서 소리는 약 1216km/h의 속력으로 전파된다. 소리의 속도는 공기의 온도가 낮을수록 그리고 밀도가 작을수록 느려진다. 따라서 고도가 높은 곳에서는 음속이 느려지기 때문에 고도가 음속의 장벽을 넘는 것이 쉽다. 고도 1만 2192m에서의 밀도와 온도를 알게 된 과학자들은 그곳에서의 음속이 1056km/h라는 것을 계산해냈다. 높은 고도에서는 소리의 속도가 느려질 뿐만 아니라 공기의 밀도도 작아져 유해 항력(마찰에 의한 항력)이 작아진다. 따라서 이거는 느린 음속과 작은 유해 항력을 이용해 음속의 장벽을 넘기 위해 고도 1만 3106m로 올라갔다.

음속 장벽을 돌파할 때의 어려움은 무엇인가?

비행기를 이용해 음속 장벽에 도달하는 것은 공기 역학 분야에서 일하는 사람들의 오랜 목표였다. 하지만 비행사나 엔지니어들은 음속을 돌파할 때 발생하는 충격파로 인해 비행기를 통제하는 데 어떤 어려움이 있을지를 예상할 수 없었으며 비행기 구조

자체가 어떤 영향을 받을지도 알 수 없었다. 제2차 세계대전이 끝날 무렵에는 많은 강력한 엔진을 장착한 비행기와 숙련된 비행사들이 있었다. 하지만 전쟁 중에 비행기가 공중에서 부서지거나, 물속으로 추락하여 많은 비행사들이 죽었다.

비행기에는 두 가지 문제가 있었다. 첫 번째는 날개의 후퇴각이 없다는 것이었고, 또 하나는 프로펠러로 추진력을 얻는 비행기라는 것이었다. 마하 1에서 만들어지는 충격파는 배가 만드는 파도처럼 비행기 앞부분에서 V자 형태로 퍼져나간다. 충격파가 날개와 만나면(날개가 충격파 속으로 뻗어나와 있으면) 엄청난 힘이 날개에 가해진다. 초음속 비행기에서는 충격파가 날개를 날려버릴 수도 있기 때문에 날개가 충격파 뒤쪽에 있게 설계된다. 프로펠러는 날개에 가하는 압력에 진동을 준다. 프로펠러의 날개가 지나가면 그 뒤에는 항상 압력이 약간 높은 부분을 만들고 곧 다시 압력이 낮아진다. 이 모든 힘의 작용으로 제2차 세계대전 동안 많은 전투기들이 공중에서 고장을 일으켰던 것이다.

초음속 비행

초음속 비행기에서 날개의 각도가 중요한 이유는 무엇인가?

비행기가 음속을 돌파하면 음파가 비향기보다 더 빨리 진행할 수 없기 때문에 파동이 겹쳐 강력한 충격파가 만들어진다. 음속을 쉽게 돌파하기 위해서는 비행기가 좀 더 기체 공학적으로 설계되어야 하고, 효율적인 날개를 가지고 있어야 한다. 앞에서 설명했던 것처럼 비행기가 손상되는 것을 방지하고 안전하게 비행하기 위해 초음속 비행기의 날개는 충격파 뒤쪽에 있어야 한다. 군사용이나 민간용 비행기에서 발견되는 날개의 후퇴각은 비행기가 쉽게 가속되도록 하고 날개 앞쪽에 만들어지는 압력에 대항해 빠르게 비행할 수 있도록 해준다. 많은 제트 비행기에서 발견되는 델타 날개는 최대한의 양력을 얻으면서도 항력을 줄일 수 있게 충격파 뒤쪽에 위치하도록 설계되어 있다.

후퇴각이 있는 날개를 사용할 때도 문제는 있다. 비행기가 빨라지면서 양력의 중심이 너무 뒤로 옮겨가 비행기에 힘의 불균형을 일으켜 비행기의 조종을 어렵게 하고 안전 문제를 야기한다.

왜 상업적인 초음속 여객기는 없을까?

1973년부터 2000년 사이에 사업을 하는 사람들이 자주 이용하던 콩코드는 빠르지만 항공료가 비싼 항공기의 상징이었다. 78명의 승객을 실어 날랐던 이 비행기는 빠르기는 했지만 비효율적이었다. 날씬한 델타 날개와 이륙이나 착륙시 앞으로 기울어지는 앞쪽이 뾰족한 구조로, 이 비행기는 고도 1만 5240m에서 마하 2.2의 속력을 낼 수 있었다. 그러나 착륙용 바퀴와 관련된 사고로 109명의 승객이 죽은 후 콩코드의 운항은 중단되었다. 그 후 16개월 동안 비행기를 개조하여 시험 비행을 했다. 그러나 2001년 9월 11일에 있었던 테러리스트들의 공격으로 빠른 항공기에 대한 수요가 줄어들면서 영국 항공사와 에어 프랑스는 상업용 비행을 잠정 중단했다. 현재 남아 있는 12대의 콩코드는 세계 곳곳의 박물관에 전시되어 있다.

가장 빠른 비행기는 어떤 것인가?

처음으로 음속을 돌파한 척 이거의 벨 X-1과 마찬가지로 지금까지 만들어진 비행기 중에서 가장 빠른 X-15A-2도 B-52 폭격기에서 낙하시켰다. B-52에서 투하된 후 X-15A-2의 로켓 엔진을 점화하여 최대 7296km/h의 속력을 냈는데 이는 마하 6에 해당하는 속도이다. X-15 비행기들은 1969년 비행을 중지할 때까지 199회를 비행했다.

SR-71(블랙버드)은 자신의 힘으로 이륙할 수 있는 비행기 중에서 가장 빠른 비행기로 1998년까지 비행했다.

열역학

열역학이란 무엇인가?

열역학은 차갑고 더운 물체의 연구 및 이들 물체의 상호작용에 대해 연구한다. 열역학에서 사용하는 많은 용어들이 무엇이 물체를 따뜻하게 하는지를 이해하기 전부터 사용해오던 것들이어서 오늘날의 상식으로는 이해하기 어렵기는 하다. '열', '열용량' 그리고 '잠열'과 같은 용어들은 물체가 온도에 따라 양이 달라지는 어떤 물질을 가지고 있다는 인상을 주는 용어들이다. 에너지를 설명하는 부분에서 설명했듯이, 현재 우리가 알고 있는 열과 에너지의 개념이 성립된 것은 1800년대의 일이다. 그로부터 200년이 지났지만 아직도 우리가 사용하는 많은 용어들은 그 이전의 생각에 바탕을 둔 것들이 많다.

열에너지

물체를 뜨겁게 하는 것이 무엇인지를 알아낸 사람은 누구인가?

열이 무엇인지를 알아내는 데 가장 중요한 역할을 한 사람은 럼퍼드 백작이라고도 불리는 톰프슨Benjamin Thompson, Count Rumford, 1753~1814이다. 그는 영국의 식민지였던 미국 매사추세츠에서 태어났지만, 현재는 독일에 속해 있는 바이에른 왕국에서 활동했다. 그가 실험을 하기 전에는 대부분의 과학자들이 뜨거운 물체는 열소라고 부르는 눈에 보이지 않는 유체를 가지고 있다고 생각했다. 럼퍼드 이전의 과학자들도 가열할 때 물체의 무게가 무거워지지 않는다는 것을 알고 있었다. 따라서 열소는 보이지 않을 뿐만 아니라 무게도 없는 물질이라고 했다. 그러나 이런 설명은 많은 과학자들이 열소를 이용해 열을 설명하는 것을 의심하게 만들었다.

1789년에 럼퍼드는 드릴을 이용하여 청동 대포에 포탄을 발사할 구멍을 뚫다가 대포와 부스러기들이 가열되는 것을 발견한다. 그는 대포와 부스러기의 열을 이용해 끓는 온도까지 높일 수 있는 물의 양을 측정하고, 열소설이 실험 결과와 일치하지 않는다는 것을 보여주었다. 그리고 뜨거운 물체 속에서는 물체를 구성하는 입자들이 차가운 물체 속의 입자들보다 빠르게 움직인다고 결론지었다. 현재 우리가 사용하는 용어를 이용하여 설명하면, 뜨거운 물체는 더 많은 운동 에너지를 가지고 있다는 것이다. 물체를 구성하는 입자들은 정지해 있는 것이 아니라 빠르게 운동하고 있는 것이다.

열에너지란 무엇인가?

열에너지는 물질을 구성하고 있는 원자와 분자들의 무질서한 운동에 의한 운동 에너지다. 물체를 가열하면 팽창하는데, 원자들의 결합 길이가 늘어나기 때문이다. 이는 물체가 더 많은 탄성 에너지를 가지게 된다는 것을 뜻한다. 따라서 열에너지는 원자와 분자의 운동 에너지와 원자나 분자의 결합 길이의 변화로 인한 탄성 에너지의 합이다. 열에너지는 물체 내부에 포함하고 있는 에너지이므로 내부 에너지라고도 부른다.

온도와 온도의 측정

온도는 무엇인가?

온도는 뜨거운 정도를 정량적으로 측정한 양이다. 많은 물질에서 온도는 물체가 가지고 있는 열에너지에 비례한다. 그러나 온도와 에너지의 관계는 많은 다른 요소의 영향을 받는다.

온도는 어떻게 측정하는가?

온도는 온도계로 측정한다. 온도계의 종류는 다양하지만 온도에 비례해 달라지는 성질을 이용하여 온도를 측정하는 것은 모두 같다. 가장 일반적인 온도계는 가는 유리관 안에 액체를 넣어 만든 것으로, 온도가 올라가면 액체가 팽창하여 유리관 위로 올라간다. 유리관에는 눈금이 매겨져 있어 온도를 읽을 수 있다.

초기에 만들어진 온도계는 금속이면서도 상온에서 액체 상태인 수은을 사용했다. 그러나 수은은 독성을 가지고 있어 오늘날 시중에서 판매되는 모든 온도계는 붉은색으로 물들인 알코올을 사용하고 있다.

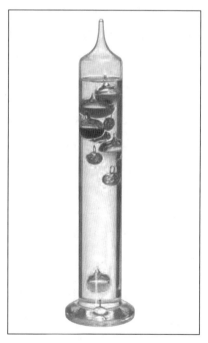

갈릴레이가 개발한 것과 비슷한 온도계. 튜브 속에 들어 있는 밀도가 다른 물체들이 온도에 따라 떠오르거나 가라앉는다.

최근에는 전자 온도계를 많이 사용하고 있다. 대부분의 전자 온도계가 온도에 따라 저항이 변하는 반도체로 만든 작은 구슬을 가지고 있다. 온도에 따라 저항이 크게 변하는 이 구슬은 서미스터라고 부른다. 작은 반도체 다이오드를 이용한 온도계도 있다. 다이오드 양쪽에 걸리는 전압이 온도에 따라 달라진다. 매우 높은 온도를 측정하기 위해서는 백금으로 만든 도선이 사용된다. 백금은 온도에 따라 저항이 변하고 높은 온도에서도 잘 견디기 때문이다. 또 다른 전자 온도계는 두 종류의 다른 금속을 용접하여 만든 두 개의 도선을 이용한다. 일반적으로 이런 용도로 사용하는 도선은 구리와 니켈을 포함한 합금으로 만든다. 이런 종류의 온도계를 열전쌍이라고 한다. 열전쌍은 가스난로나 온수기에서 주 버너의 가스 밸브를 열 때 파일럿 불꽃이 켜져 있는지를 확인하는 데 사용된다. 전압과 저항에 대해서는 뒤에서 다룰 예정이다.

가장 편리한 온도계는 온도에 따라 색깔이 변하는 플라스틱 띠를 사용하는 것이다. 이 플라스틱은 액정을 포함하고 있는데 액정 분자의 기하학적인 배치가 온도에 따라 달라져 색깔이 변한다. 하지만 정확도에서는 조금 떨어지는 경향이 있다.

두 개의 다른 금속을 띠 형태로 용접하면 온도가 변함에 따라 한쪽으로 휘게 되는 원리를 이용한 것도 있다. 주로 황동과 강철이 사용되는데, 이를 바이메탈이라고 한다. 이런 종류의 온도 조절 장치는 다리미나 요리기구와 같은 가정용 전기 기구의 온도를 조절하는 데 사용된다.

최초의 온도계는 누가 발명했는가?

갈릴레이가 1592년에 최초의 온도계를 발명한 것으로 알려져 있다. 대기에 노출되어 있던 이 온도계는 온도와 압력을 함께 측정했다. 1713년에 파렌하이트$^{Daniel\ Gabriel\ Fahrenheit,\ 1686\sim1736}$가 최초로 밀폐된 관을 이용한 온도계를 만들었다. 그가 발명한 온도계는 다음 해 그가 정의한 화씨온도와 함께 과학 발전에 큰 공헌을 했다.

화씨온도는 무엇인가?

사람에게 중요한 의미를 지닌 온도를 기준으로 온도의 눈금이 정해진다는 의미에서 온도는 인위적인 값이다. 독일의 물리학자 파렌하이트는 1714년에 화씨온도를 정의했다. 최초의 수은 온도계에 사용했던 화씨온도는 물이 어는 온도를 32°F로 정하고 물이 끓는 온도를 212°F로 정했다.

파렌하이트는 왜 물이 어는 온도를 0도가 아닌 32°F로 정했을까?

파렌하이트는 물이 어는 온도를 32°F로 정한 것이 아니라 물과 소금이 섞인 소금물이 어는 온도를 0°F로 정했다. 소금이 어는 온도를 낮게 하기 때문에 소금물은 물보다 낮은 온도에서 언다. 이렇게 어는 온도와 끓는 온도 사이의 눈금을 정하다 보니 순수한 물이 어는 온도가 32°F가 되었던 것이다.

수은 온도계가 부서졌을 때 흩어진 수은에 손을 대는 것은 위험할까?

수은은 위험한 금속으로, 신장이나 신경 계통에 손상을 가져올 수 있다. 때문에 부서진 온도계에서 나온 수은을 만져서는 안 된다. 이 경우 쓸어서 쓰레기통에 버리지 말고 위험 물질로 분류하여 폐기해야 한다. 많은 양의 수은을 먹거나 증기로 바뀐 수은을 흡입하기 전에는 수은 중독이 일어나지 않지만 수은을 다루거나 폐기할 때는 조심해서 다뤄야 한다. 수은은 온도계뿐만 아니라 대기의 압력을 측정하는 압력계에도 사용되고 있다.

섭씨온도는 누가 발명했나?

섭씨온도에서는 물이 어는 온도가 섭씨 0도이고 끓는 온도는 섭씨 100도이다. 섭씨온도는 천문학 연구에 일생을 바친 스위스의 천문학자 셀시우스[Anders Celsius, 1701~1744]이름을 따서 명명되었다. 1742년에 섭씨온도를 발명하기 전인 1733년에 그는 북극광 또는 오로라의 관측 결과를 담은 책을 출판했다. 셀시우스는 1744년 마흔셋의 나이로 사망했다.

일상생활에서 경험하는 온도는 몇 도나 될까?

일상에서 경험하는 온도는 섭씨온도와 화씨온도로 몇 도나 될까? 미국과 같이 화씨온도를 사용하는 나라를 여행하기 위해서는 특별한 경우의 화씨온도를 알아두는 것이 편리하다.

인공위성	섭씨온도(℃)	궤도 반경(km)
아주 더운 여름날 낮	40	104
더운 여름날 낮	30	86
실내 온도	20	68
겉옷을 입어야 하는 온도	10	50
물이 어는 온도	0	32
추운 겨울날	−10	14
아주 추운 겨울날	−20	−4

켈빈 온도는 무엇인가?

켈빈이라고도 불리는 톰슨[William Thomson, Lord Kelvin, 1824 ~ 1907]이 개발한 켈빈 온도(절대온도)는 전 세계 과학자들이 사용하는 온도이다. 절대 0도는 열에너지가 최소가 되는 온도이다. 절대온도 체계에서 1도 사이의 간격은 섭씨온도와 같지만 0도의 위치는 다르다. 섭씨온도에서는 물이 어는 온도가 섭씨 0도지만 절대온도에서는 절대 0도가 0도이다. 따라서 0K는 −273.15℃이고 0℃는 273.15K이다. 절대온도는 아주 낮은 온도나 아주 높은 온도를 나타낼 때 주로 사용된다.

세 가지 온도는 어떻게 비교되나?

아래 표는 몇몇 중요한 온도를 세 가지 온도로 나타낸 것이다.

온도	섭씨온도	절대온도	화씨온도
절대 0도	−273.15	0	−459
물이 어는 온도	0	273.1	32
사람의 체온	37	310.15	98.6
물이 끓는 온도	100	373.15	212

세 가지 온도는 어떻게 변환되나?

아래 변환식을 이용하면 섭씨온도, 화씨온도, 절대온도를 쉽게 변환할 수 있다.

인공위성	섭씨온도(℃)	궤도 반경(km)
화씨온도	섭씨온도	$°F = 9/5 °C + 32$
섭씨온도	화씨온도	$°C = 5/9 °F − 32$
섭씨온도	절대온도	$K = °C − 273.15$
절대온도	섭씨온도	$°C = K + 273.15$

물체와 접촉하지 않고도 물체의 온도를 측정할 수 있는가?

앞에서 에너지를 설명할 때 이야기한 것처럼 온도가 높은 물체는 온도가 낮은 물체로 에너지를 전달한다. 다른 물체와 접촉하고 있는 경우에는 전도를 통해 에너지 전달이 일어난다. 그러나 절대 0도가 아닌 모든 물체는 스펙트럼에서 적외선에 해당하는 복사선을 방출한다(스펙트럼에 대한 설명은 파동을 다룬 부분 참조). 온도가 높은 물체는 흡수하는 에너지보다 더 많은 에너지를 복사선으로 방출하고, 온도가 낮은 물체는 방출하는 에너지보다 더 많은 에너지를 흡수한다. 따라서 온도가 높은 물체에서 온도가 낮은 물체로 에너지 전달이 이루어진다. 전자 센서는 물체가 방출하는 적외선을 감지하여 물체의 온도를 알아낼 수 있다. 이러한 센서를 카메라에 장착하면 모든 부분의 온도를 나타내는 사진을 찍을 수도 있다. 그러한 사진을 온도 기록계라고 한다.

온도는 어떻게 조절하나?

일정하게 온도를 유지하는 장치를 온도 조절기라고 부른다. 전통적인 가정용 온도 조절기에는 바이메탈이 들어 있다. 정해진 온도 이하로 내려가면 바이메탈과 연결된 스위치가 전기를 켠다. 좀 더 현대적인 가정용 온도 조절기에는 전자 온도 조절기와 전자 회로가 난로나 에어컨을 켜거나 끄는 데 사용된다.

온도 기록계는 어떻게 이용되나?

물체나 일정한 지역에서 방출되는 적외선의 양을 측정하는 온도 기록계는 색깔을 이용하여 온도 분포를 나타낸다. 일반적으로 붉은색은 온도가 높은 부분, 파란색은 온도가 낮은 부분을 나타낸다. 온도 기록계는 과학의 모든 분야에서 사용되고 있지만 숲 속과 같

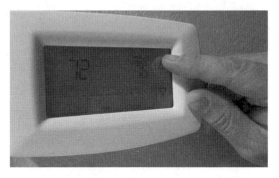

가정이나 사무실의 온도 조절기 안에 있는 전자 온도계는 온도에 따라 난로의 스위치를 켜거나 끈다.

은 곳에서 사람을 찾을 때나 주택에서 단열이 더 필요한 것을 찾아낼 때, 인체의 온도 분포를 알고자 할 때, 그리고 지구 전체의 온도 분포를 측정할 때 주로 사용된다.

천문학자들은 태양의 온도를 어떻게 측정하나?

철의 온도가 올라가면 열을 내는 것을 느낄 수 있다. 적외선 형태의 복사선이 철에서 방출되기 때문이다. 철의 온도가 아주 높이 올라가면 붉은빛이 나오고, 더 높이 올

라가면 흰색으로 빛난다. 철이나 다른 물체의 온도는 물체가 내는 복사선의 양과 복사선의 색깔을 측정하면 알 수 있다.

과학자들은 색깔과 밝기를 분석하여 태양과 같은 별들의 온도를 측정한다. 그런 측정을 통해 천문학자들은 태양 표면의 온도가 약 5500°C라는 것을 알아냈다.

절대 0도

가장 낮은 온도는 무엇인가?

가장 낮은 온도를 절대 0도(0K)라고 한다. 절대 0도는 분자들의 운동이 최소가 되는 온도로 더 이상 낮출 수 없는 온도이며 절대로 도달할 수 없는(이 장 끝 부분에 있는 열역학 제3법칙 참조) 온도이기도 하다. 현재 실험을 통해 도달한 가장 낮은 온도는 4.5nK(4.5×10^{-9}K)이다.

도달할 수 있는 최고 온도도 있는가?

절대 0도는 있지만 최고 온도는 없다. 지상에서 도달한 가장 높은 온도는 원자 폭탄의 폭발시 만들어지는 온도로 1억 도K까지 올라간다.

태양계 행성의 평균 표면 온도는 얼마인가?

행성은 대기(행성의 표면을 둘러싸고 있는 혼합 기체)를 가지고 있으므로 평균 온도는 비교적 일정하게 유지된다. 대기가 단열재 역할을 하기 때문이다. 행성들은 표면이 태양을 향하고 있을 때와 태양의 반대 방향을 향하고 있을 때 작은 온도 차이가 나타난다. 그런데 대기를 가지고 있지 않고 타원 궤도를 돌고 있는 수성의 경우에는 커다란 온도 차이가 나타난다. 아래 표에서 수성·금성·지구·화성은 표면 온도가 수록되어 있고, 목성·토성·천왕성·해왕성은 고체로 된 표면을 가지고 있지 않아 구름

꼭대기에서의 온도가 나타나 있다.

행성	온도 범위(℃)
수성	−184~420
금성	427
지구	−55~55
화성	−152~20
목성	−163~−123
토성	−178
천왕성	−215
해왕성	−217

물질의 상태

물질의 상태는 어떻게 다른가?

물질의 네 가지 상태는 고체, 액체, 기체, 플라스마이다. 고체는 낮은 온도에서 발견된다. 내부 에너지가 증가하면 물질은 고체에서 액체로 그리고 기체로 바뀌고, 마지막엔 극단적 상태인 플라스마로 변한다. 예를 들면 물은 고체 상태인 얼음에서 액체인 물로, 그리고 기체인 수증기로 바뀐다. 이처럼 상태의 변화가 일어나는 온도는 물질의 성질에 따라 달라진다.

고체 상태에서는 원자와 분자가 화학 결합에 의해 일정한 위치에 자리 잡고 있다. 원자와 분자는 진동할 수 있지만 쉽게 위치를 바꿀 수는 없다.

온도가 어는점에 이르면 고체는 녹아서 액체가 된다. 액체 상태에서 분자나 작은

과학 전시회나 진기한 물품을 판매하는 상점에서 자주 볼 수 있는 플라스마 램프는 플라스마의 흐름을 만들어낸다. 플라스마는 별이나 텔레비전 디스플레이, 형광등 등에서 발견할 수 있다.

분자 덩어리는 자유롭게 움직일 수 있다. 대부분의 액체에서 분자 사이의 거리는 고체 상태에서의 분자 사이의 거리보다 약간 크다. 따라서 액체 상태에선 밀도가 약간 작아진다. 그러나 물의 경우에는 액체 상태에서 분자 사이의 거리가 작아져 얼음보다 물의 밀도가 커진다. 얼음이 물에 뜨는 것은 이 때문이다.

온도가 끓는점에 도달하면 액체는 기체가 된다. 기체 상태에서는 원자와 분자들 사이에 아무런 힘도 작용하지 않기 때문에 자유롭게 운동할 수 있다. 기체 상태의 원자와 분자는 액체 상태보다 10배 정도 더 멀리 떨어져 있다. 따라서 일반적으로 기체 상태의 밀도는 액체 상태의 밀도의 1000분의 1 정도밖에 안 된다.

플라스마 상태가 되기 위해서는 하나 이상의 전자가 원자를 떠나야 한다. 전하를 띤 입자들로 이루어진 플라스마는 형광등, 일부 텔레비전 디스플레이, 대기의 상층부, 태양을 비롯한 별의 내부, 성간 공간 등에서 발견된다.

물질의 온도를 높이는 데 필요한 에너지의 양은 어떻게 결정되나?

물체 1kg의 온도를 1°C높이는 데 필요한 에너지의 양을 비열이라고 부른다. 예를 들면 물 1kg(1ℓ)을 1°C 높이는 데 필요한 에너지의 양은 4186J이다. 아래 표에는 일반적인 고체, 액체, 기체의 비열이 수록되어 있다.

물질	비열(J/kg°C)	물질	비열(J/kg°C)
알루미늄	897	유리	837
구리	387	물	4,186
철	445	얼음	2,090
납	129	수증기	2,010
금	129	질소	1,040
은	235	산소	912
수은	140	이산화탄소	833
나무	1,700	암모니아	2,190

비열은 어떻게 이용되나?

비열은 단위 질량의 물질을 1도 높이는 데 필요한 에너지를 나타낸다. 따라서 물질을 가열하는 데 필요한 에너지의 양을 알려면 물질의 질량, 높이고자 하는 온도 그리고 그 물질의 비열을 알아야 한다. 예를 들어 물 2리터(2kg)의 온도를 상온(20℃)에서 끓는점(100℃)까지 올리는 데 필요한 에너지의 양을 구하려면 물의 비열(4186J/kg℃)에 물의 질량(2kg)을 곱하고 온도 차(80℃)를 곱하면 된다. 그 결과는 66만 9760J 또는 670kJ이다.

질량이 300g(0.3kg)인 알루미늄 물이 그릇에 담겨 있다면 전체를 가열하는 데는 얼마의 에너지가 더 필요할까? 알루미늄의 비열(897J/kg℃)에 알루미늄의 질량(0.3kg)을 곱한 다음 온도 차(80℃)를 곱하면 14만 4000J 또는 144kJ이 된다는 것을 알 수 있다. 따라서 물과 그릇을 가열하는 데 필요한 전체 에너지의 양은 814kJ이다. 물을 가열하는 데 필요한 에너지가 그릇을 가열하는 데 필요한 에너지보다 훨씬 크다는 것을 알 수 있다. 위의 표를 보면 어떤 종류의 금속으로 그릇을 만들어야 가열하는 데 필요한 에너지의 양을 적게 할 수 있는지 알 수 있다.

비열이 큰 물질인 물은 뜨거운 엔진에서 열을 흡수했다가 온도가 낮은 라디에이터에서 열을 방출하여 엔진을 식혀주는 엔진의 냉각수로 사용하기에 적당한 물질이다. 비열이 큰 물질일수록 같은 크기의 질량이 더 많은 열량을 흡수할 수 있기 때문이다.

얼음을 수증기로 바꾸는 데는 얼마나 많은 에너지가 필요할까?

물질의 상태를 바꾸는 데 필요한 에너지를 잠열이라 한다. 고체를 액체로 바꾸는 데 관여하는 잠열을 융해열이라 하고, 액체 상태를 기체 상태로 바꾸는 데 필요한 잠열을 기화열이라고 한다. 물의 융해열은 334kJ/kg이고 기화열은 2265kJ/kg이다.

얼음이 물로 바뀌거나 물이 수증기로 바뀌기 위해서는 에너지를 더해주어야 한다. 그러나 수증기가 응결하여 물이 될 때는 수증기 1kg당 2265kJ의 열을 방출한다. 수증기에 데는 것이 위험한 것은 이 때문이다. 이 에너지의 대부분이 피부로 전달된다. 물이 얼 때는 334kJ의 에너지를 방출한다. 냉동고에서는 여러 가지 방법으로 이만한 양의 에너지를 외부로 방출해야 한다.

더운 날에는 왜 유리 표면이나 음료수 병에 물방울이 생기는가?

이 물은 유리를 통과해 밖으로 나온 것이 아니라 주변의 공기에서 온 것이다. 수증기는 물의 기체 상태로 공기 중에 포함되어 있다. 앞에서 설명한 것처럼 물을 증발시키는 데는 많은 양의 에너지가 필요하다. 따라서 수증기 속의 물 분자들은 온도가 낮은 유리의 분자들보다 더 많은 에너지를 가지고 있는 만큼 물 분자가 유리와 충돌하면 많은 에너지를 유리에 전달하게 된다. 이때 에너지를 잃고 차가워진 물 분자들은 결합하여 유리 표면에 물방울을 만든다. 이런 과정을 응결이라 부른다. 응결은 바깥 온도가 낮고 내부의 온도와 습도가 높을 때도 발생한다.

칼로리란?

일(에너지를 전달하는 과정)과 마찬가지로 열도 줄James Prescott Joule의 이름을 딴 줄(J)이라는 단위를 이용해 나타낸다. J이 에너지를 측정하는 데 사용되는 국제적인 표준 단위지만 종종 열량은 칼로리(cal)를 이용하여 나타내기도 한다. 1cal는 1g의 물의 온도를 1°C 높이는 데 필요한 열량이다. 1cal의 열량은 4.186J과 같은 크기의 에너지로 비교적 적은 양의 에너지이다. 영양학자들은 '칼로리'라는 단위를 특정 음식물이 가지고 있는 에너지를 나타내는 데 사용한다. 영양학에서는 칼로리를 주로 대문자(Cal)로 쓰는데 이는 kcal(1000cal)를 나타낸다.

미국과 같은 일부 국가에서는 열의 흐름을 나타내는 데 BTU라는 단위를 사용하기도 한다. 1BTU는 1파운드의 물을 1°F 높이는 데 필요한 에너지를 나타내는 것으로 252cal에 해당된다.

액체는 어떻게 증발하는가?

물질을 액체에서 기체로 변화시키기 위해서 꼭 끓여야만 하는 것은 아니다. 끓는점은 물의 증기압이 대기 압력과 같아지는 온도다. 모든 온도에서 물질을 구성하는 분자들은 넓은 범위의 운동 에너지를 갖는데 큰 에너지를 가지고 있는 분자가 표면으로 오면 공기 중으로 달아날 수 있게 된다. 큰 에너지를 가진 분자가 액체를 떠나면 나머지 액체 분자들의 평균 에너지는 낮아진다. 이것이 증발에 의한 냉각이다. 그리고 끓는점 이하의 온도에서 액체가 기체로 바뀌는 현상을 증발이라고 부른다.

구름은 어떻게 만들어지는가?

따뜻한 공기가 대류에 의해 압력이 낮은 높은 고도로 상승하면 공기가 팽창한다. 팽창하는 동안 따뜻한 수증기는 빠르게 식어 응결되어 공기 중에 작은 물방울을 형성한다. 이 물방울들이 모이면서 공기 중에 있던 먼지 입자들도 달라붙게 된다. 이런 입자들이 큰 덩어리를 이루고 있는 것이 구름이다.

증발은 물체의 냉각에 어떻게 이용되나?

증발하면 액체의 온도가 내려간다. 따라서 액체와 접촉해 있는 물체의 온도도 내려간다. 증발은 우리 몸을 식히는 효과적인 방법이다. 땀은 피부에 얇은 수분 층을 만드는데, 이 수분이 증발하면서 피부를 식힌다. 알코올은 물보다 빠르게 증발하기 때문에 냉각 효과가 더 크다. 어린이들이 고열에 시달릴 때 알코올로 몸을 문지르는 것은 이 때문이다. 이렇게 하면 몸의 열을 안전한 온도까지 내릴 수 있다.

열

열에너지는 어떻게 전달하나?

열에너지는 항상 온도가 높은 물체에서 온도가 낮은 물체로 전달된다. 열에너지의 전달은 세 가지 과정을 통해 일어난다. 온도가 높은 물체가 온도가 낮은 물체와 접촉하고 있는 경우에는 전도에 의해 에너지가 전달된다. 온도가 높은 물체에서 빠르게 움직이는 분자가 온도가 낮은 물체의 느리게 운동하는 분자와 충돌하면서 에너지를 전달한다. 온도가 높은 물체를 이루는 분자의 평균 속도와 운동 에너지는 줄어들고 온도가 낮은 물체를 이루고 있는 분자의 속도와 운동 에너지는 증가한다.

온도가 높은 물체가 공기나 물과 접촉하고 있으면 물이나 공기를 가열시킨다. 온도가 높아지면 부피가 늘어나 유체의 밀도가 작아진다. 그렇게 되면 온도가 높아진 유체는 위로 올라가고 차가운 유체가 그 자리로 내려오면서 유체가 이동한다. 이러한 유체의 이동을 대류라고 한다. 대류는 온도가 높은 곳에서 온도가 낮은 곳으로 열에너지를 전달하는 매우 효과적인 방법이다.

열에너지는 온도가 높은 물체가 다른 어떤 물체와 접촉하고 있지 않은 경우에도 전달될 수 있다. 물체를 이루는 분자의 진동은 적외선을 발생시키고 적외선은 에너지를 가지고 있다. 적외선을 포함해 물체가 내는 모든 전자기파를 복사선이라고 한다. 온도가 높은 물체일수록 더 많은 에너지를 복사선 형태로 방출한다. 따라서 온도가 낮은 물체에서 온도가 높은 물체로 복사선을 통해 전달되는 에너지보다 온도가 높은 물체에서 온도가 낮은 물체로 전달되는 에너지가 더 많다.

가정용 난방에서는 어떤 방법으로 열을 전달하나?

가정에서의 난방 방법 중에는 난로를 이용하여 공기를 덥히고, 뜨거워진 공기를 방으로 보내 덥히는 방법이 있다. 이때 방 안의 찬 공기는 다른 통로를 통해 외부로 방출된다. 뜨거운 물을 이용하여 난방하는 경우에는 뜨거운 물을 공급하는 관과 라디에이터가 필요하다. 라디에이터는 뜨거운 물이 공기와 접촉하는 면적을 넓혀 열에너지의 교환이 잘 일어나도록 한다. 라디에이터에 의해 데워진 공기는 대류에 의해 방 안 곳곳에 에너지를 전달한다. 방바닥이나 천장에 전기 저항을 설치하면 전기를 이용하여 난방할 수도 있다. 이런 경우에도 공기의 대류는 중요한 역할을 한다. 앞에서 설명했던 것처럼 대류는 유체(액체나 기체와 같은)가 이동해 에너지를 전달하는 것을 말한다.

대류는 어떻게 바닷바람을 만드는가?

낮 시간 동안에는 태양 빛이 육지와 물을 데운다. 육지는 비열이 작으므로 물보다 온도가 더 빨리 올라간다. 빨리 더워진 육지가 공기를 덥히면 공기의 밀도가 낮아져 위로 올라가면서 아직 온도가 많이 올라가지 않은 바다 쪽의 공기가 빈자리를 채우기 위해 육지 쪽으로 이동하게 된다. 바다에서 육지로 불어오는 이 시원한 바람을 바닷바람이라고 부른다.

저녁이 되어 태양이 수평선 아래로 내려가면 육지는 물보다 더 빨리 식으면서 이번에는 물 위 공기의 온도가 육지 위 공기보다 높아진다. 따라서 공기의 흐름이 낮과는 반대로 일어난다. 따뜻한 바다의 공기가 상승하고 바람은 육지에서 바다로 불게 된다.

전도에 의해 열은 어떻게 전달되는가?

물체 일부를 가열하면 이 부분의 열에너지가 증가한다. 빠르게 움직이는 원자나 분자들은 온도가 낮아 느리게 운동하는 원자나 분자와 충돌한다. 그렇게 되면 느리게 운동하던 분자들이 빠르게 운동하면서 에너지를 얻어 온도가 올라간다. 전도가 얼마나 잘 일어나는지는 물질의 종류에 따라 다르다. 대부분의 금속은 온도 차가 작은 경우에도 열을 잘 전도하는 좋은 열전도체다. 그러나 열을 잘 전달하지 않는 다른 물질들은 온도 차가 큰 경우에도 적은 양의 에너지만 전달한다. 그런 경우에는 물체의 한쪽은 온도가 높고, 다른 쪽은 온도가 낮은 상태로 유지된다.

금속의 열전도율이 높은 것은 자유전자를 가지고 있기 때문이다. 구리, 은, 금, 알루미늄은 좋은 열전도체이다. 스테인리스 스틸은 열전도율이 크지 않다.

비금속의 열전도율은 원자의 진동을 전달하는 능력에 의해 달라진다. 얼음, 콘크리트, 유리, 나무, 고무와 같은 물질의 열전도율은 금속의 열전도율의 100분의 1 이하이다. 전도에 의해 전달되는 열의 양은 물질의 종류, 두께, 단면적 그리고 온도 차이에 따라 달라진다.

가벼운 기체는 무거운 기체보다 열전도율이 크다. 따라서 전도에 의한 열 손실을 최소로 하기 위해 이중창의 유리판 사이에는 무거운 기체인 아르곤을 채운다.

옷은 어떻게 보온을 하는가?

우리는 피부와 접촉하고 있는 공기의 대류에 의해 열을 빼앗긴다. 옷, 특히 털옷은 공기를 섬유 사이의 작은 공간에 잡아놓아 대류가 일어나지 못하게 한다. 옷을 입은 경우에는 옷을 통해 전도가 일어날 수 있다. 그러나 대부분의 옷감은 열전도율이 낮은 좋은 단열재이다. 주택의 단열에 사용되는 스티로폼, 유리 섬유와 같은 재료는 대류에 의한 열의 손실을 막는 옷과 같은 역할을 한다. 주택의 단열 정도는 에너지 흐름에 대한 저항을 나타내는 R값을 이용하여 나타낸다. R값은 열전도율의 역수이다.

$$R = 1/u.$$

눈과 얼음 속에 있는 작은 공기주머니는 우수한 단열 효과를 가지고 있다. 많은 작은 포유류들이 몸을 따뜻하게 유지하기 위해 눈에 굴을 판다. 북극 지방 원주민들은 대류에 의한 열 손실을 막기 위해 얼음으로 이글루를 짓고 그 안에서 산다.

많은 농부들이 온도가 영하로 내려가면 작물에 물을 뿌려 보호한다. 물이 얼면 열전도율이 낮은 얼음이 작물을 보호해준다.

왜 흰옷이 검은 옷보다 시원할까?

흰색 표면은 모든 색깔의 빛을 반사하지만 검은색은 모든 색깔의 빛을 흡수한다. 따라서 검은 옷의 온도가 더 빨리 올라간다. 이것은 옷과 피부 사이의 공기 온도를 올라가게 한다. 따라서 더운 날씨에는 태양열을 덜 흡수하는 흰옷이 더 시원하다.

> ### 왜 타일 바닥은 차갑게 느껴지는데
> ### 타일 위에 놓아둔 카펫은 따뜻하게 느껴질까?
>
> 두 물체 사이의 온도 차이가 있을 때 열의 흐름이 발생한다. 열은 항상 높은 온도에서 낮은 온도로만 흐른다. 두 물체 사이의 온도 차이가 크면 클수록 더 많은 양의 열이 흘러간다. 타일 바닥은 차갑게 느껴지지만 카펫은 따뜻하게 느껴지는 이유는 타일이 더 좋은 열전도체이기 때문이다. 두 물체의 온도는 같지만 타일이 카펫보다 더 좋은 열전도체여서 발이 타일과 접촉하여 타일의 표면을 덥히면 이 열이 타일의 다른 부분으로 빠르게 전달된다. 따라서 타일은 차갑게 느껴진다. 반대로 카펫은 열전도율이 좋지 않아 발에 의해 덥혀진 표면의 열이 그대로 머물러 있어 따뜻하게 유지된다. 따라서 훨씬 적은 양의 열이 발에서 카펫으로 전달된다. 이것은 전도에 의해 열이 전달되는 또 다른 예다.

열역학

열역학이란 무엇인가?

열역학은 열에너지, 역학적 에너지 그리고 일 사이의 관계를 연구하는 물리학의 한 분야다. 열역학은 증기 기관의 열효율을 증가시키는 방법을 알아내기 위해 노력하면서 시작되었다. 열역학에는 네 가지 법칙이 있는데, 이들은 역사적인 이유로 제0법칙, 제1법칙, 제2법칙, 제3법칙이라고 부른다.

열역학 제0법칙은 무엇인가?

열역학 제0법칙은 명백한 내용이어서 제1법칙에서 제3법칙까지의 법칙이 만들어지기 전에는 법칙에 포함시키지 않았다. 이것은 두 물체의 열적 평형에 관한 법칙이다. 만약 두 물체의 온도가 같으면 두 물체 사이에 열의 흐름이 생기지 않는다. 이 경우 두 물체는 열평형 상태에 있다고 말한다. 열역학 제0법칙은 물체 A가 물체 B와 열평형 상태에 있고, 물체 B가 물체 C와 열평형 상태에 있으면 물체 A와 물체 C도 열평형 상태에 있다는 것이다. 물체 B를 온도계라고 가정해보자. 물체 A와 접촉시켜 열의 흐름이 사라질 때까지 에너지를 교환하면 두 물체의 온도가 같아진다. 그런 다음 온도계를 물체 C로 옮긴다. 만약 온도계의 온도가 변하지 않으면 B와 C는 평형 상태에 있다. 이런 경우 우리는 물체 A와 물체 B가 같은 온도라고 말할 수 있다.

열역학 제1법칙은 무엇인가?

열역학 제1법칙은 에너지 보존 법칙이다. 열역학 제1법칙은 계로 들어오고 나가는 열량과 계가 외부에 해주거나 외부에서 계에 해주는 일, 그리고 온도의 변화로 나타나는 내부 에너지의 변화량 사이의 관계를 나타낸다.

실린더와 왕복 운동을 하는 피스톤으로 이루어진 자동차 엔진을 예로 들어보자. 엔진은 실린더 안에서 연료를 태워 열에너지를 얻는다. 실린더와 피스톤의 온도가 높아지면 피스톤이 밖으로 밀리면서 외부에 일을 한다. 실린더와 피스톤의 온도가 높아지지 않는다면 공급되는 열량과 외부에 해주는 일과 외부로 방출되는 열량의 합은 같아야 한다. 에너지는 만들어지거나 사라지지 않으며 형태를 바꿀 뿐이다.

열역학 제1법칙을 설명하는 또 다른 방법은, 공급되는 열량은 외부에 해준 일에 내

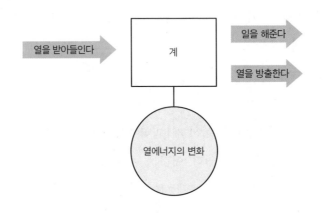

부 에너지의 변화량을 더한 값과 같다고 설명하는 것이다. 열량은 플러스 값(열이 흡수될 경우)을 가질 수도 있고 마이너스 값(열이 방출될 경우)을 가질 수도 있으며, 일의 양역시 플러스 값(계가 외부에 일을 하는 경우)과 마이너스 값(계가 외부로부터 일을 받는 경우)을 가질 수 있다. 내부 에너지는 증가할 수도 있고 감소할 수도 있다.

열역학 제2법칙은 무엇인가?

1800년대 초에 많은 과학자들이 증기 기관의 열효율을 증진시키기 위해 노력했다. 프랑스의 군인이었던 카르노$^{Sadi\ Carnot,\ 1796\sim1832}$는 두 가지 문제의 답을 얻어내기 위한 연구를 했다. 열원에서 얻을 수 있는 일의 양에 어떤 한계가 있는가 하는 것과 사용하는 액체나 기체를 바꾸어 열효율을 증진시킬 수 있는가 하는 것이 그것이었다. 카르노는 1824년에 일반인들도 쉽게 읽을 수 있도록 수학을 가능한 한 적게 사용한 '불의 힘에 관한 고찰'이라는 제목의 책을 썼다.

이 책의 가장 중요한 부분은 이상 기관에 관한 생각을 제안한 부분이다. 이상 기관은 모든 열기관에 적용될 수 있는 아이디어를 이해하는 데 이용될 수 있다. 열기관은 주기 운동을 통해 열에너지를 일로 바꾸는 기관이다. 다시 말해 엔진은 주기적으로 출발점으로 돌아온다. 증기 기관이나 휘발유나 중유를 연료로 하는 자동차 엔진은 모두 그러한 열기관이다. 하지만 로켓은 주기적으로 작용하는 열기관이 아니다. 카르노의 단순화된 다이어그램은 그가 알고자 했던 두 의문의 답을 구할 수 있도록 했다. 그는 이상 기관이 밖으로 해준 일의 양을 흡수한 열량으로 나눈 열효율이 고온의 열원과 저온의 열원의 온도에 의해서만 결정된다는 것을 알아냈다. 이상 기관의 열효율 $=(T_{고온}-T_{저온})/T_{고온}$. 그는 또한 이상 기관의 열효율은 엔진에 사용되는 유체나 기체의 종류와 관계없다는 것도 알아냈다. 실제 엔진은 이상 기관의 열효율보다 낮은 열효율을 갖는다. 어떤 열기관도 이상 기관의 열효율보다 더 높은 열효율을 가질 수는 없다.

카르노에 의하면, 열역학 제2법칙은 열기관이 열을 100% 일로 바꾸는 것은 가능하지 않다. 열기관에서는 늘 일부의 열이 외부로 방출된다. 열역학 제1법칙에 의하면, 열기관이 꼭 외부로 열을 방출할 필요는 없기 때문에 흡수된 열량과 엔진이 외부에 하는 일의 양이 같을 수 있다. 아래 다이어그램에는 열역학 제2법칙이 나타나 있다. 이 다이어그램에서는 엔진이 온도를 일정하게 유지하는 고온의 '열원'에서 열을 흡수하여 역시 일정한 온도를 유지하는 저온의 열원으로 열을 방출한다.

예를 들면 증기 기관은 고온의 수증기에서 열을 얻어 온도가 낮은 호수나 강으로 열을 방출한다. 카르노 엔진은 가역적이다. 다시 말해 반대 방향으로 작동할 수 있다. 실제 엔진에서는 이런 일이 가능하지 않다. 따라서 모든 실제 엔진은 이상 기관보다 열효율이 낮다. 그리고 실제 열기관의 열효율이 이상 기관의 열효율보다 작은 것은 마찰력 때문이다.

카르노에 의하면, 열역학 제2법칙은 영구 기관이 존재하지 않는다는 것을 나타내고 있다. 열기관에도 에너지 보존 법칙이 적용되기 때문에 열을 방출하면 결국 정지해버릴 것이다.

카르노가 서른여섯 살에 콜레라로 사망하자 사람들은 전염되는 것이 두려워 그의 모든 논문과 책들을 함께 매장했다. 그래서 그의 연구의 극히 일부만 살아남을 수 있었다.

카르노 모델의 한계에도 불구하고 그의 연구는 디젤Rudolf Diesel, 1858~1913이 증기 기관보다 열효율이 좋은 디젤 엔진을 설계하는 데 큰 도움을 주었다. 카르노의 이상 기관에 대한 연구는 실용적인 엔진을 설계하는 데도 큰 도움이 되었다.

캘리포니아에 있는 화력 발전소에서는 천연가스를 이용해 물을 끓여 만든 수증기로 터빈을 돌려 전기를 생산한다. 천연가스의 모든 에너지가 전기 에너지로 바뀌는 것은 아니다. 나머지 에너지는 열로 방출된다.

열역학 제2법칙의 또 다른 설명은 "외부에서 일을 해주지 않으면 열이 낮은 온도에서 높은 온도로 흐르지 않는다"는 것이다. 예를 들어 냉장고는 온도가 낮은 음식물에서 열을 빼앗아 냉장고 뒤쪽 아래에 있는 코일에서 열을 방출한다. 그러나 모터가 작동해 일을 하여 기체를 순환시키지 않으면 낮은 온도에서 높은 온도로 열을 보낼 수 없다.

냉장고와 에어컨은 어떻게 작동할까?

액체가 증발하면 온도가 내려가 주변으로부터 열이 흘러들어온다. 그 반대의 과정, 즉 기체가 액체로 응결하면 열에너지가 증가하여 주변으로 열을 방출한다. 냉장고는 모터를 이용해 낮은 온도에서 증발하는 냉매를 순환시킨다. 이 기체를 컴프레서를 이용해 압축하면 기체의 압력과 온도가 올라간다. 냉장고 바깥쪽에 있는 관에서는 열을 외부로 방출하면서 액체를 식힌다. 온도가 내려가면 냉매는 다시 액체로 응결하고 이 액체는 팽창 밸브라 부르는 작은 구멍을 통과한다. 압력이 낮아지면 액체가 증발하여 공기를 차갑게 식힌다. 이 차가운 기체를 포함한 냉장고 내부에 있는 관이 주변의 온도를 내려가게 하여 음식물의 온도를 낮춘다.

에어컨도 비슷한 방법으로 작동한다. 증발기는 집 안에 설치하는 부분에 들어 있고 압축기는 바깥쪽에 있음으로써 압축기에 일을 해 집 안에 있는 열을 흡수하여 외부의 공기 중으로 내보내게 된다. 아래 다이어그램은 냉장고와 에어컨에서의 일과 열의 전달 과정을 나타내고 있다.

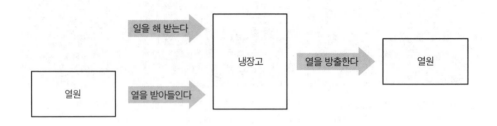

최초의 냉장고는 암모니아를 냉매로 사용했지만 암모니아는 유해한 기체였다. 그래서 1930년대에 미국 델라웨어 주의 윌밍턴에 있는 뒤퐁사가 처음으로 프레온을 개발했다. 프레온은 염화불소화탄소(CFC)로 프레온이 공기 중에 방출되면 염소를 대기 상층부까지 가져간다. 대기 상층부에서는 태양의 강한 자외선이 프레온에서 염소 원자 하나를 분리하는데 이 원소는 오존을 분해하여 산소로 만드는 작용을 함으로써 태양의 해로운 자외선을 막아주는 자연적인 보호막인 오존층을 파괴한다. 불행히도 오존을 파괴하고도 염소는 파괴되지 않고 그대로 남아 한동안 계속 오존을 파괴한다.

1970년대에 프레온의 이러한 환경 파괴 작용이 알려졌지만 1990년대가 되어서야 법률로 새로운 냉장고나 에어컨에 프레온을 사용하지 못하도록 했다. 그럼에도 불구하고 2002년에는 생산된 프레온의 양이 600만 톤이나 되었다. 그리고 아직까지도 프레온이 공기의 상층부로 올라가고 있다. 프레온이 대기의 최상층에 도달하는 데는 여러 해가 걸리기 때문이다.

뒤퐁사를 비롯한 다른 회사들은 프레온을 대체할 새로운 냉매를 개발했다. 이 새로운 냉매에서는 염소가 수소 원자로 대체되었다. 이 물질은 오존층에 해를 주지 않아 냉장고, 에어컨 그리고 여러 가지 액체의 분사제로 사용되고 있다.

발전기의 에너지 효율은 얼마나 되나?

미국에서 사용되는 발전기의 에너지 효율은 31% 정도로 알려져 있다. 자동차를 비롯한 교통수단에서는 에너지의 75% 정도만 유용하게 사용하고 있다.

공학자들은 에너지 효율을 높이는 방법과 손실되는 에너지를 사용하는 방법에 대해 연구하고 있다. 예를 들면 발전소에서 방출되는 따뜻한 물을 발전소 부근에 있는 주택의 난방용으로 사용하는 것이다.

열역학 제3법칙은 무엇인가?

열역학 제3법칙은 가장 낮은 온도인 절대 0도에는 절대로 도달할 수 없다는 것이다. 절대 0도에서는 엔트로피가 0이다. 그런데 어떤 과정이 엔트로피 일부를 제거할 수는 있지만 전부를 제거할 순 없다. 따라서 절대온도에 도달하기 위해서는 그러한 과정을 무한히 반복해야 한다. 온도를 절대온도 수십억분의 1도까지 내리는 것은 가능하지만 절대로 절대온도 0도까지 낮출 수는 없다.

엔트로피란 무엇인가?

독일의 물리학자 클라우지우스Rudolf Clausius, 1822~1888는 카르노가 열의 낭비라고 한 말에 대해 보다 깊게 연구한 뒤 엔트로피의 개념을 포함하여 열역학 제2법칙을 새롭게 설명했다. 엔트로피는 에너지의 분산이라고 정의할 수 있다. 에너지가 더 널리 퍼져 있으면 엔트로피는 더 크다. 예를 들면 소금과 후추가 다른 병에 들어 있으면 두 물질은 서로 다른 위치를 차지하고 있다. 그러나 소금과 후추를 섞으면 소금과 후추가 서로 다른 위치를 차지하는 것이 아니라 서로 섞이게 된다. 일단 섞인 다음에는 소금과 후추 알갱이들이 자연적인 과정에 의해 스스로 분리되지는 않는다. 따라서 소금과 후추를 섞는 것은 계의 엔트로피를 증가시킨다. 만약 소금과 후추를 따로따로 분리하면 엔트로피는 감소한다. 하지만 그러한 일은 절대 자연적으로 일어나지 않는다.

물속에 얼음을 넣는 경우를 생각해보자. 처음에는 얼음과 물이 분리되어 있다. 물은 얼음보다 더 많은 열에너지를 가지고 있다. 따라서 물과 얼음으로 이루어진 전체 계는 낮은 엔트로피를 가지고 있다. 그러나 얼음이 녹은 후에는 두 가지를 분리할 수 없다. 열에너지가 전체 계에 분산되어 엔트로피가 증가했다. 얼음물(계)이 주변 공기(환경)를 차갑게 하면서 자신의 엔트로피를 증가시켰다고 말할 수도 있다. 온도가 높은 공기보다 차가운 공기의 엔트로피가 더 작기 때문이다. 그러나 계산에 의하면, 얼음과 물을 섞은 것의 엔트로피 증가는 공기의 엔트로피 감소보다 크다. 따라서 열역학 제2법칙은 계와 환경의 엔트로피는 절대로 줄어들 수 없다고 말할 수 있다.

엔트로피의 증가는 시간의 흐름을 나타내기 때문에 '시간의 화살'이라 부르기도 한다. 시간의 '앞' 방향은 엔트로피가 증가하거나 같은 값에 머물러 있는 방향이다.

클라우지우스는 카르노의 연구에 더 든든한 기초를 제공했으며 후에 볼츠만 Ludwig Boltzmann, 1844~1906, 기브스 Josiah Willard Gibbs, 1839~1903, 맥스웰 James Clerk Maxwell, 1831~1879과 같은 과학자들이 제안한 통계적인 엔트로피의 토대를 만들었다.

파동

파동이란 무엇인가?

파동은 매질의 흔들림을 통해 매질 자체가 아닌 에너지가 한 장소에서 다른 장소로 전달되는 것을 말한다. 매질이나 물질의 진동은 역학적 파동을 만들고, 이 역학적 파동은 매질을 따라 퍼져나간다. 예를 들어 돌멩이를 연못에 던지면 물이 수직한 방향으로 진동한다. 그 다음 이 진동은 물의 표면을 따라 수평 방향으로 중심에서부터 바깥쪽으로 퍼져나간다.

파동에는 어떤 종류가 있는가?

파동에는 횡파와 종파가 있다. 횡파는 끈을 아래위로 흔들면 만들 수 있다. 끈은 아래위로 움직이지만 파동은 끈을 따라 끈이 진동하는 방향과는 수직인 방향으로 처음 파동이 발생한 곳으로부터 멀리 퍼져나간다.

종파에서는 매질이 진동하는 방향과 파동이 퍼져나가는 방향이 같다. 종파를 전달하는 매질은 앞뒤로 흔들리며 밀도가 큰 부분과 밀도가 낮은 부분이 주기적으로 반복된다. 종파의 가장 좋은 예는 음파다. 음파는 공기와 같은 매질을 구성하는 원자나 분자들이 앞뒤로 운동하면서 압력이 큰 부분과 압력이 작은 부분을 교대로 만들어낸다.

물이 원을 그리며 운동하는 물결파는 횡파와 종파가 결합된 파동이라고 할 수 있다. 이 경우에도 횡파와 종파에서와 마찬가지로 매질이 움직여 가는 것이 아니라 에너지가 전달된다.

파동의 속도는 어떻게 결정되나?

파동의 속도는 파동을 전달하는 매질에 따라 달라진다. 일반적으로 원자 분자 사이의 결합력이 강하면 강할수록, 그리고 질량이 작으면 작을수록 파동의 속도는 빨라진다. 같은 매질에서는 종파나 횡파가 같은 속도로 전파된다. 예를 들면 0℃에서 공기를 통해 전파되는 소리의 속도는 진동수나 진폭에 관계없이 모두 331m/s이다. 전자기파는 매질 속에서나 진공 중에서 모두 전파될 수 있다. 전자기파의 속도는 진동수나 진폭이 아니라 공간이나 물질의 전기적 자기적 성질에 따라 달라진다. 물결파의 속도는 물의 성질뿐 아니라 파동의 진동수에 따라서도 달라진다.

파동의 성질을 나타내는 용어에는 어떤 것들이 있는가?

아래 표는 파동의 성질을 나타내는 데 사용하는 것들을 정리해놓은 것이다.

파동의 종류	용어	정의
횡파	마루	파동에서 가장 높이가 높은 점
	골	파동에서 가장 높이가 낮은 점
종파	밀	높은 압력을 받아 밀도가 가장 높은 점
	소	낮은 압력을 받아 밀도가 가장 낮은 점
횡파&종파	진동수	1초 동안 진동하는 횟수, 주기의 역수
	주기	한 번 진동하는 데 걸리는 시간, 진동수의 역수
	파장	마루와 골 사이 또는 밀한 부분과 소한 부분 사이의 거리, 높이가 같은 점들 사이의 거리

진동수, 파장 그리고 속도 사이의 관계는 무엇인가?

줄을 아래위로 일정하게 흔든다고 생각해보자. 진동수는 손이 1초에 몇 번이나 가장 높은 위치에 오는지를 나타낸다. 파동이 줄을 따라 진행하는 동안에도 마루와 마루 사이의 거리인 파장은 변하지 않는다. 파장은 진동수와 속도에 따라 달라진다. 속도＝진동×파장($v = \lambda f$) 또는 파장＝속도/진동수($\lambda = v/f$)의 관계가 성립한다. 따라서 진동수가 증가하면 파장이 짧아진다. 그러나 물질의 성질에 의해 결정되는 속도는 변하지 않으므로 진동수와 파장은 서로 반비례한다.

아래 표에는 0℃에서 공기 중에 전파하는 소리의 진동수와 파장이 나타나 있다.

소리의 속도	진동수(Hz)	파장(m)
331	128	2.59
331	256	1.29
331	512	0.65
331	768	0.43

진동수와 주기 사이에는 어떤 관계가 있나?

진동수 f는 1초 동안에 몇 번 진동했는지를 나타내는 헤르츠(Hz)라는 단위를 이용하여 측정한다. 주기 T는 한 번 진동하는 데 걸리는 시간을 나타낸다. 따라서 진동수와 주기는 서로 역수의 관계를 가지고 있다.

$$f = 1/T, \quad T = 1/f$$

예를 들어 한 번 진동하는 데 1초가 걸린다면 이 파동의 주기는 1초다. 이는 1초 동안 한 번 진동한다는 것을 뜻하기 때문에, 주기의 역수인 진동수 역시 1Hz이다. 그러나 한 번 진동하는 데 0.5초가 걸린다면 한 번 진동하는 데 걸리는 시간을 나타내는 주기는 0.5초이고, 진동수는 0.5의 역수인 2Hz가 된다. 따라서 주기가 긴 파동은 진동수가 작고, 주기가 짧은 파동은 진동수가 많아진다는 것을 알 수 있다.

진폭은 무엇에 의해 결정되는가?

줄의 진폭은 얼마나 세게 흔드느냐에 따라 결정된다. 음파의 경우에는 스피커나 악기가 얼마나 세게 공기를 압축하느냐에 따라 진폭이 결정된다. 다시 말해 진폭은 파동이 가지고 있는 에너지의 크기에 의해 결정되며, 파장이나 진동수 또는 속도에 따라 달라지지 않는다.

진폭은 파원의 거리에 따라 달라지는가?

파동의 에너지는 파동의 진폭과 속도에 따라 달라진다. 파동은 에너지가 전달되는 모양에 따라 두 가지로 분류할 수 있다. 하나는 물결파, 음파, 전자기파와 같이 에너지가 넓게 퍼지는 파동이다. 또 다른 파동은 줄의 흔들림이나 도선 속의 전자기파처럼 좁은 지역 안에서만 전파되는 파동이다. 물결파는 호수, 강, 바다의 표면을 통해 전파된다. 이런 파동은 파동이 전파됨에 따라 에너지가 넓은 지역으로 분산된다. 때문에 파원에서 멀어지면 특정 지역에 전달되는 에너지의 양은 적어진다. 그러므로 물결파의 진폭은 파원의 거리에 비례해 줄어든다. 음파나 전자기파는 보통 2차원 평면 위에서 전파된다. 이 경우에도 파동이 전파됨에 따라 에너지가 넓게 퍼진다. 따라서 파원에서 멀어지면 진폭이 작아진다. 이 경우에는 거리 제곱에 비례해 감소한다.

줄이나 도선에서는 파동이 분산되지 않고 다른 요인에 의해 에너지가 감소한다. 줄에서는 마찰력이 작용하여 운동 에너지를 열에너지로 바꾼다. 만약 도선을 통해 전압이 주기적으로 바뀌는 신호를 보내면 도선의 저항에 의해 일부 전기 에너지가 열에너지로 바뀐다. 따라서 전압이 작아지고 파동의 진폭도 줄어든다. 이러한 에너지의 손실은 도선에 증폭기를 달아 더 많은 에너지를 투입하여 진폭을 크게 만들면 회복된다.

물결파

물결파는 어떤 파동인가?

바다의 파도나 물결파는 횡파처럼 보이지만 실제로는 횡파와 종파가 결합된 파동이다. 물결파에서는 물 분자들이 원을 그리며 운동한다. 이런 물의 원운동으로 인해 물결파는 파도 모양으로 보이게 된다.

바람의 속도와 파도의 종류는 어떤 관계가 있는가?

바람은 물 표면과의 마찰로 인해 파도를 만든다. 물은 바람과 같은 속도로 움직일 수 없기 때문에 물이 올라갔다가 다시 아래로 떨어지면서 파도가 만들어진다. 때문에 바람의 속도와 바람이 수면을 따라 불 수 있는 거리에 따라 파도의 크기가 달라진다.

파동의 종류	바람의 속도	효과
잔물결	1.5m/s 이하	작은 물결. 더 먼 거리에서 합칠수록 큰 물결이 된다.
물결	1.5~6.2m/s	잔물결과 결합하여 먼 거리까지 전달되며 큰 파도를 만든다.
흰 파도	5.6~7.7m/s	흰 파도가 만들어지기 위해서는 진폭이 파장의 7분의 1이상이 되어야 한다.
너울	특정 속도 없음	여러 종류의 파도가 결합하여 먼 거리에 걸쳐 형성된다.

파도의 속도는 어떻게 달라지는가?

파도의 속도는 두 마루 사이의 거리, 즉 파장에 따라 달라진다. 파장이 길수록 파도의 속도는 빨라진다. 바람에 의해 만들어진 잔물결처럼 작은 표면파는 파장이 짧아 매우 느린 속도로 전파된다. 일정하게 부는 바람에 의해 만들어지는 너울은 긴 파장을 가지고 있어 빠른 속도로 전파된다. 파도의 에너지는 파도 높이의 제곱에 비례한다. 높은 파도가 더 큰 손상을 입힐 수 있는 것은 이 때문이다.

파도는 해안에 다가오면서 부서진다. 점점 얕아지는 바닥과의 마찰에 의해 파동 아랫부분의 속도가 느려지기 때문이다.

왜 파도는 해안에 접근하면 부서지는가?

파도는 절벽이나 산으로 된 해안에 부딪히면 흰 파도를 잘 만들지 않는다. 그러나 깊이가 점차 줄어드는 해안에서는 경사가 급한 해안보다 훨씬 멋있는 흰 파도가 만들어진다.

파도가 부서지는 이유는 파도의 속도가 깊이에 따라 달라지기 때문이다. 파도가 해안으로 접근할 때 처음에는 일정한 속도로 이동하다가 깊이가 낮아지면 파도의 아랫부분은 윗부분보다 천천히 이동하게 된다. 아랫부분이 바닥과의 마찰로 윗부분보다 속도가 작아지기 때문이다. 아랫부분의 속도가 작아지면 빠르게 이동하는 마루가 골 위로 덮치게 된다. 이때 마루를 지탱할 수 있을 만큼 충분한 물이 없으면 파도가 부서져 흰 파도가 된다.

서핑에 가장 좋은 해안은 어디인가?

바람이 긴 파장의 파도를 만들어낼 수 있는 대양과 연결된 해안이 서핑에 가장 좋다. 좋은 서핑 장소의 또 다른 조건은 물의 깊이가 조금씩 줄어들어야 한다는 것이다.

여름에는 하와이의 오아후 섬에 있는 와이키키 해변이 겨울에는 오아후 섬의 북쪽 해안이 서핑하기에 좋다. 미국 본토에서 가장 좋은 서핑 장소는 남부 캘리포니아 해안이다. 또한 긴 파장의 파도를 잘 만들고 깊이가 서서히 줄어드는 태평양 연안에 세계 최고의 서핑 장소들이 분포해 있다.

스키와 서핑의 유사점은 무엇인가?

물 위에서 하는 서핑과 눈 위에서 타는 스키의 유사점은 무엇일까? 가장 큰 유사점은 두 가지 스포츠 모두 보드를 타고 언덕을 내려온다는 것이다. 스키는 눈 덮인 산기슭의 언덕을 내려오고, 서핑은 대양의 파도가 부서지면서 만든 물 언덕을 내려온다. 이상적인 서핑 파도는 진폭이 큰 파도가 깊이가 아주 서서히 줄어드는 해안을 만날 때 만들어진다. 서퍼들이 파도를 타고 내려오는 동안 앞에 있는 마루의 가장자리가 서퍼의 발밑에서 솟아오른다. 따라서 서퍼는 실제로는 언덕을 내려오지 않으면서도 계속해서 언덕을 내려오는 효과를 즐길 수 있다.

해일은 무엇인가?

해일이나 쓰나미는 바람이나 조석 작용에 의해 발생하는 것이 아니라 해저에서 일어난 지진이나 화산 폭발에 의해 발생한다. 지진 활동은 물에 돌을 던질 때와는 반대로 위 방향으로 엄청나게 큰 힘을 작용한다. 쓰나미는 마루 사이의 간격이 30분 이상 되는 여러 개의 파도다. 처음에는 해안에서 물이 바다 쪽으로 나아간다. 그런 후에 아주 빠른 속도로 육지까지 물이 들어온다. 큰 쓰나미는 엄청난 진폭으로 인해 해안 지역에 큰 피해를 입힌다.

가장 피해가 심했던 쓰나미는 2004년 12월 24일에 인도양에서 발생했다. 이 쓰나미를 일으킨 지진의 진앙지는 인도네시아 수마트라 섬 서쪽 해안이었다. 이 지진의 에너지는 히로시마에 투하된 원자 폭탄 에너지의 5억 5000만 배나 되었고, 해저 일부가 4~5m까지 높아졌으며 옆으로 10m 정도 움직였다. 500~1000km/h의 속도로 이동했던 쓰나미의 진폭은 대양에서는 60cm 정도로 낮았다. 그러나 태국에서 인도, 그리고 남아프리카 해안에 도달하자 24m까지 높아져 약 23만 명이 목숨을 잃었고, 100만 이상의 사람들이 집을 잃었다(2011년 3월 미야기 현과 이와테 현 등에 발생한 리히터 9.0 규모의 지진으로 발생한 쓰나미는 히로시마 원자폭탄의 2700배에 해당되는 위력을 가졌으며 사망자 및 실종자 수가 2만여 명에 이른다. 하지만 가장 큰 문제는 후쿠시마 원자력 발전소의 방사능 누출이었다. 방사능 누출로 인한 피해는 장기적으로 나타날 것이며 어떤 피해가 발생할지는 예측 불가능하다).

전자기파

전자기파는 무엇인가?

전자기파는 진동하는 전기장과, 전기장과 수직한 방향으로 진동하는 자기장으로 이루어졌다. 가시광선, 적외선, 자외선, 전파, X선은 모두 전자기파이다.

모든 전자기파는 진공 중에서 빛의 속도로 전파된다. 전자기파는 진동수나 파장 그리고 진폭에 의해 성질이 결정된다. 전자기파가 전파하는 데는 공기나 물 또는 강철과 같은 매질이 필요 없다는 것이 다른 파동과 다른 점이다.

전자기파는 어떻게 발생하며 어떻게 감지하나?

전자기파는 전자를 가속시켜 진동하는 전기장을 만들고 진동하는 전기장이 진동하는 자기장을 만들어낸다. 진동하는 자기장은 진동하는 전기장을 만든다. 이렇게 전기장과 자기장의 진동이 또 다른 전기장과 자기장을 만들면서 퍼져나간다. 전자기파가 포함하고 있는 에너지는 전자기파를 따라 넓은 지역으로 퍼진다. 전자기파가 자유롭게 운동할 수 있는 전자를 만나면 전자를 진동시켜 에너지를 전달한다.

전자기파 스펙트럼은 무엇인가?

전자기파 스펙트럼은 낮은 진동수에서 높은 진동수까지의 전자기파를 말한다. 스펙트럼은 진동수가 낮은 전파에서 큰 진동수를 가지고 있는 감마선까지 연속적으로 변한다. 전자기 스펙트럼의 중간쯤에 좁은 영역을 차지하고 있는 것이 가시광선이다.

누가 전자기파의 존재를 예측했는가?

1861년에 맥스웰은 진동하는 전기장과 자기장의 관계를 나타내는 수학식을 찾아냈다. 1873년에 출판된 《전기와 자기에 관한 논문Treatise on Electricity and Magnetism》에서 맥스웰은 오늘날 '맥스웰 방정식'이라고 알려진 네 개의 미분 방정식을 이용하여 전기장과 자기장의 성질과 이들의 상호작용을 설명했다. 이 네 방정식을 이용한 수학적 계산을 통해 맥스웰은 전자기파의 존재를 예측했다.

맥스웰은 1871년부터 1879년 사망할 때까지 케임브리지 대학의 교수로 있었다. 그는 열역학과 물질의 운동에 관한 연구 결과를 출판하기도 했고, 기체에 관한 운동이론을 발전시켰으며, 시각에 관한 연구도 했다. 일반인들에게 널리 알려진 사람은 아니지만 과학계에서는 크게 존경받으며 물리학에서 뉴턴, 아인슈타인과 어깨를 나란히 하는 인물로 인정받고 있다.

전자기파의 존재를 실험적으로 확인한 사람은 누구인가?

전자기파의 존재를 실험적으로 확인한 사람은 독일의 물리학자 헤르츠Heinrich Hertz, 1857 ~ 1894다. 그는 파장이 4m인 전자기파의 송신기와 수신기를 설계했다. 헤르츠는 파장을 측정하기 위해 정상파를 이용했다. 또한 전자기파가 반사, 굴절, 편광의 성질을 가지고 있으며 간섭 현상을 일으킨다는 사실을 확인했다. 헤르츠의 전자기파 발견은 라디오의 발전을 위한 기초가 되었다. 그래서 1930년 헤르츠의 공적을 기리기 위해 진동수의 단위를 헤르츠(Hz)라고 하기로 했다. 따라서 cycles/second라는 단위는 Hertz(Hz)라는 새로운 단위로 대체되었다.

전자기파를 이용한 통신

전파 통신은 어떻게 발전되었나?

진폭이나 진동수가 변하지 않는 전자기파는 아무 정보도 가지고 있지 않기 때문에 통신에 이용할 수 없다. 전자기파를 통신에 이용하는 첫 번째 방법은 일정한 패턴으로 전자기파를 끄고 켜는 것이다. 이는 전선을 통해 신호를 주고받기(전신) 위해 길고 짧은 펄스의 조합을 이용하여 글자를 나타내도록 했다. 글자를 나타내는 이러한 펄스의 조합은 이것을 만든 모스Samuel S. B. Morse의 이름을 따서 모스 부호라고 한다.

이탈리아의 발명가였던 마르코니Guglielmo Marconi, 1874 ~ 1937는 1895년에 전자기파의 송신 장치와 이 전자기파를 1km 거리에서 수신할 수 있는 수신 장치를 만들었다. 그는 후에 안테나의 성능을 개선하고 초보적인 증폭기를 개발한 무선 통신 장치로 영국에서 특허를 받았다. 1897년에는 해안에서 29km 떨어져 있는 배로 신호를 전송했고, 1901년에는 대서양을 횡단하여 무선 메시지를 보냈다. 마르코니는 전파 송신기와 수신기를 개선한 연구로 1909년 노벨 물리학상을 수상했다. 그 후 10년 동안 무선 통신 기술이 크게 개선되어 바다를 항해하는 배들이 이용할 수 있게 되었다.

전화를 이용한 목소리 전달은 1876년부터 가능했다. 그러나 거리가 멀어지면 목소리가 들릴 수 있도록 증폭되어야 했다. 1906년에 디포리스트Lee DeForest, 1873 ~ 1961가 오디온이라고 부르는 진공관 증폭 장치를 발명했다. 그 뒤인 1915년 오디온을 이용한 무선 수신 장치를 사용하게 되었고, 1916년에 디포리스트는 오디온을 이용한 전파 송신 장치를 개발해 댄스 음악을 56km까지 전송할 수 있었다. 다른 여러 개의 실험적인 라디오 방송국에서도 전파, 즉 무선을 이용하여 음악을 내보냈다. 많은 수의 아마추어 무선사들도 라디오의 발전에 크게 기여했다. 하지만 1917년 미국이 제1차 세계대전에 참전했을 때 국가 소유가 아닌 모든 방송국들이 문을 닫았고, 라디오 방송을 듣는 것이 불법화되었다.

전쟁 중에 전파는 육지와 배들 사이의 통신에 사용되었고 전쟁이 끝난 후 아마추어 무선사들은 파장이 200m(1500Hz)인 전파만 사용할 수 있도록 했다. 그 뒤로도 연구는 계속되어 한 아마추어 무선사는 4800km까지 신호를 보낼 수 있었다. 1921년에는 대서양을 횡단하여 목소리를 전할 수 있게 되었다. 또한 보석상들이 시계를 맞추는 데 쓰이게끔 시간에 대한 정보를 보내는 것과 같은 특수한 용도로 무선통신을 사용하기 시작했다.

새뮤얼 S. B. 모스는 모스 부호를 발명한 사람으로 잘 알려져 있다. 모스 부호를 이용하여 사람들은 메시지를 보낼 수 있었다.

1919년부터 1921년 사이에 라디오는 주로 음악을 방송하는 데 이용되었다. 최초로 미식축구 게임을 중계한 것은 1919년 11월의 일이었다. 1922년에는 신문사들이 뉴스, 일기 예보, 곡물 수확 정보, 그리고 강연 내용을 전해주는 라디오 방송국을 개국했다. 제너럴 일렉트릭, 웨스팅하우스, AT&T, RCA와 같은 큰 회사들이 상업 방송 개발에 참여했다.

1922년부터 1923년 사이에 미국 라디오 방송국의 수는 아무런 규제 없이 늘어났다. 1928년에 미국 정부는 550kHz에서 1600kHz를 전파를 새로 할당했다. 제2차 세계대전 후에는 더 많은 전자기파가 라디오 방송에 할당되었다. 그리고 이러한 규제는 오늘날까지도 유지되고 있다.

안테나는 어떻게 신호를 보내고 받는가?

라디오와 텔레비전 방송을 위한 안테나는 전파를 보내거나 받는 데 사용된다. 전파 송신 장치에 의해 진동하는 전압이 송신 안테나를 구성하는 도선이나 막대에 진동하는 전기장을 만든다. 진동하는 전기장은 다시 진동하는 자기장을 만들고 이 자기장은 또 다른 전기장을 만든다. 전기장과 자기장은 이렇게 서로를 만들어내면서 빛의 속도로 송신 안테나에서 멀어진다. 수신 안테나는 도선이나 막대 또는 고리 형태의 금속으로 만들어졌다. 전자기파가 안테나에 부딪히면 전파의 진동수와 같은 진동수로 안테나 안의 전자들이 진동한다. 진동하는 전자는 수신 장치에 전압을 발생시키고 이 전압이 라디오나 텔레비전의 소리와 그림을 만들어낸다.

안테나의 규격이 전자기파를 수신하는 데 중요한 역할을 하는가?

안테나의 길이는 가장 잘 들을 수 있는 진동수를 결정한다. 가장 효율적인 안테나는 길이가 수신하고자 하는 전파 파장의 반인 안테나다. 이것은 수신 안테나에 유도되는 전류가 특정한 진동수에 공진하도록 해준다. 만약 안테나가 간단한 막대라면 길이가 파장 길이의 4분의 1일 때 가장 민감하다.

고리나 코일 안테나는 낮은 진동수, 즉 파장이 긴 AM 밴드의 전파를 수신할 때 사용된다. 긴 파장에서 파장의 반의 길이를 가진 안테나는 100m나 된다. 이런 경우에는 짧은 도선이나 막대가 사용되기도 하지만 도선을 말아서 만든 코일이 더 효과적이다.

가정용 FM 라디오와 텔레비전 안테나는 넓은 범위의 진동수를 수신할 수 있도록 설계되었지만 감도는 떨어진다. 한편, HD TV 신호와 같은 진동수가 아주 큰 전파를 수신하는 안테나는 매우 작아 지붕이나 텔레비전 위에 쉽게 설치할 수 있다.

통신에 사용될 수 있도록 허용된 전파와 마이크로파는 무엇인가?

아래 표에는 통신에 이용되는 전자기파의 영역이 정리되어 있다. 진동수의 단위는 Hz로, 헤르츠는 1초 동안 몇 번 진동하는지를 나타내는 단위다. kHz는 1000Hz를 나타내고, MHz는 100만 Hz를, 그리고 GHz는 10억 Hz를 나타낸다.

진동수 범위	파장 범위	이름 또는 약어	사용
30kHz 이하	10km 이상	ELF	잠수함의 통신
30~300kHz	10km~1km	LF	항해용 통신
300kHz~3Mhz	1km~100m	MF	육상 또는 해상용 통신
3~300Mhz	10m~1m	VHF	텔레비전 방송, 아마추어 무선사 기상 정보 통신
300Mhz~3Ghz	1m~10cm	UHF	텔레비전, 레이더 휴대 전화, 군사용
3~30Ghz	10cm~1cm	SHF	레이더, 인공위성, 가정용 무선 전화 무선 컴퓨터 네트워크
30Ghz~300Ghz	1cm~1mm	EHF	전파 천문학, 레이더

전자기파에 정보 싣기

아날로그와 디지털 신호는 어떻게 다른가?

모든 송신기는 정보를 날라다 줄 특정한 진동수의 반송파를 발생시킨다. 상업 방송을 하기 위해서는 당국으로부터 사용할 수 있는 진동수를 할당받아야 한다. 그런데 반송파 자체는 아무런 정보도 전달하지 못한다. 정보가 전달되기 위해서는 반송파의 일부 성질이 변환되어야 한다. 이를 위해 처음에는 라디오 방송에 마이크로폰과 같은 곳에서 얻은 아날로그 신호를 이용했다. 음파가 마이크로폰에 충돌하면 변하는 전압 신호를 만들어낸다. 마이크로폰에서는 마이크로폰에 충돌한 소리의 진폭과 같은 모양의 전압 신호가 만들어진다. 아래 그림에서 부드러운 곡선은 마이크로폰에서 나오는 아날로그 신호를 나타낸다.

디지털 신호를 만들기 위해서는 마이크로폰의 출력을 일련의 숫자로 변환시켜야 한다. 예를 들어 192쪽의 그래프에서 매초 2000번의 신호를 추출해낸다고 생각해보

자. 다시 말해 0.5ms(밀리초)마다 전압을 기록한다고 하자. 그래프에 나타난 점들이 추출된 점들이다. 전압은 정수로만 나타낼 수 있다. 파동의 모양을 나타내는 숫자들이 표에 나타나 있다. 그 다음에 전압은 0과 1만 사용하는 2진법의 수로 변환된다. 우측 표는 0에서 7까지의 수를 2진법으로 전환하는 것을 보여준다. 1진법은 좌측에서 우측으로 차례로 4, 2, 1에 해당한다. 따라서 5 = 4 + 1 이므로 2진법에서는 101이다.

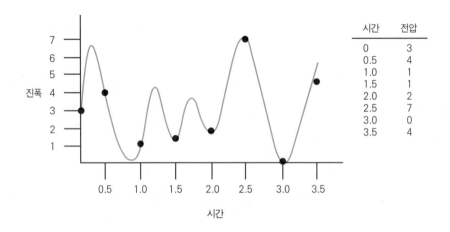

시간	전압
0	3
0.5	4
1.0	1
1.5	1
2.0	2
2.5	7
3.0	0
3.5	4

이제 2진법 숫자들이 송신기로 보낼 전압 신호로 전환되어야 한다. 한 가지 방법은 펄스 너비 조절법PWM, Pulse Width Modulation이라고 부르는 방법이다. 좁은 펄스는 0을 나타내고 넓은 펄스는 1을 나타내도록 하는 것이다. 예를 들어 위에서 추출한 처음 네 디지털 신호는 다음과 같은 전압 신호로 나타낼 수 있다.

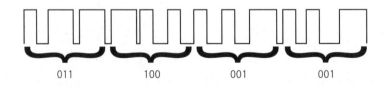

| 011 | 100 | 001 | 001 |

수신기는 이 신호를 원래의 숫자로 바꾼다. 수신 장치가 이 신호를 아날로그 신호로 변환할 때 숫자들은 아날로그 신호의 진폭을 나타낸다.

이 신호가 원래의 아날로그 신호와 같아 보이는가? 아니다! 여기에는 두 가지 문제가 있다. 첫 번째는 파동의 작은 변화들이 빠져 있다. 두 번째는 단지 여덟 개의 전압 추출로는 수직 해상도가 너무 작다. 더 정확한 변환을 위해서는 더 많은 정보를 추출 해야 한다. 0.1ms초보다 더 작은 간격으로 정보를 추출해 여덟 개의 전압 정보보다 더 많은 정보를 가지고 있어야 하는 것이다. 정보의 수가 32개 이상이면 더 좋을 것이 다. CD에서 소리의 질을 유지하기 위한 정보 추출 시간 간격은 $22\mu s$이다. 그렇게 되면 앞에서 예를 든 여덟 개의 정보가 들어가는 구간에는 4096개의 정보가 들어갈 것이다.

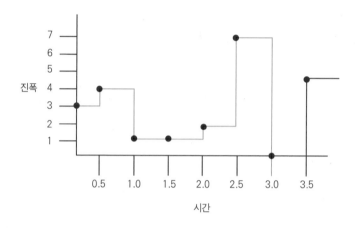

AM과 FM은 무엇을 의미하는가?

전통적인 라디오 방송에서는 디지털이 아니라 아날로그 신호를 사용했다. 진폭 변 조(AM)와 진동수 변조(FM)는 전파에 정보 를 싣는 방법이다. 각 경우에 반송파의 성 질이 변화되는데 이를 변조라고 하며 이 변 조를 통해 전파에 정보를 실을 수 있다.

AM은 맨 처음 발명된 방법으로, 송신 과 수신이 간단한 방법이다. 암스트롱Edwin Howard Armstrong, 1890~1954은 1935년에 진동 수 변조(FM)를 통해 정보를 송신하고 수신

한때 라디오 방송에는 AM만 사용했다. 그러나 1939년부터 FM 방송이 시작되었다. 오늘날에는 AM 방송의 중단을 주장을 하는 사람도 있다.

하는 것을 보여주었다. 청취자들은 잡음이 사라진 FM 방송에 깜짝 놀랐다. 천둥 번개와 같은 잡음을 만드는 것들은 진폭을 변화시키지만 진동수에 영향을 주지는 않기 때문이었다. FM 수신기의 출력은 신호의 진폭에 따라 달라지지 않는다. 이런 장점에도 불구하고 라디오 네트워크와 수신기 제조사들의 반대로 상업적인 FM 방송은 제2차 세계대전이 끝나기 전까지는 널리 사용되지 않았다.

AM과 FM 방송은 어떤 전자기파를 이용하는가?

미국의 경우 상업적 AM 방송은 550kHz에서 1600kHz 사이의 전자기파를 이용하며, FM 방송은 88MHz에서 108MHz 사이의 전자기파를 이용한다. AM의 경우 방송국에서 사용하는 진동수의 범위는 10kHz에 불과하다. 사람의 귀가 15kHz의 소리도 들을 수 있는데도 불구하고 방송에서는 보낼 수 있는 소리의 진동수를 4kHz로 제한하고 있는데 왜 그런 제약이 있을까? 예를 들어 아날로그 신호가 440Hz라고 하자. 일반적인 AM 송신기는 진동수가 1MHz인 반송파를 이용한다. 그 결과 1MHz, 1MHz+440Hz, 1MHz−440Hz의 진동수를 가지는 세 가지 다른 신호가 만들어진다. 따라서 전체 신호의 진동수 범위의 너비는 880Hz가 된다. 그래서 4kHz의 진동수를 가지는 소리의 경우에는 밴드의 너비가 8kHz가 되어 방송국 사이의 주파수 간격과 비슷해진다.

반면에 FM 방송은 좀 더 충실히 소리를 전달하도록 개발되었다. 다시 말해 진동수가 15kHz인 소리도 포함할 수 있다. 그렇게 되면 밴드의 너비는 30kHz가 되어야 한다. 아주 높은 진동수를 사용하는 FM 방송국은 더 넓은 밴드 너비가 필요하다. 따라서 FM 방송국의 주파수 간격은 200kHz이다.

전자기파는 방송 외에도 여러 가지 용도로 사용된다. 경찰과 소방관은 보통 AM을 사용하지만 잡음을 줄이는 것이 중요한 비행기는 FM를 사용한다. 텔레비전 방송은 소리는 AM을, 영상은 FM을 사용해왔지만 최근에는 모두 디지털 신호를 사용하게 되었다. 또 다른 전자기파 사용자들 중에는 군인, 배, 기상 방송, 휴대 전화, 아마추어 무선가들이 포함된다. 그들은 모두 HF, VHF, UHF, SHF의 밴드를 나누어 사용하고 있다.

2G, 3G, 4G 휴대 전화 네트워크는 무엇을 의미하는가?

'G'는 세대를 뜻한다. 아날로그 음성 신호만을 사용할 수 있었던 초기의 휴대 전화를 1세대 기기 또는 1G라고 부른다. 디지털 신호를 이용하여 더 많은 이용자들이 동시에 사용할 수 있도록 한 네트워크를 2세대 또는 2G라고 한다. 2G 체계의 늘어난 용량은 이메일과 짧은 문장으로 된 메시지를 휴대 전화를 이용하여 교환할 수 있도록 했다. 2000년에는 3G 네트워크를 위한 기준이 제시되었다. 3G 체계에서는 텔레비전과 같은 영상물을 내려받을 수 있어야 하고 영상 정보를 교환할 수 있어야 한다. 2009년부터는 '스마트'폰이 널리 사용되기 시작했다. 스마트폰은 컴퓨터의 여러 기능, GPS 위치 추적 기능, 비디오카메라, 전화기의 기능을 가지고 있다. 스마트폰이 제 기능을 하기 위해서는 3G 네트워크가 제공하는 빠른 정보의 교환이 필수적이다. 4G 네트워크를 위한 기준에는 100Mb/s의 전송 속도가 포함되어 있다. 이것은 전송 속도가 14Mb/s인 3G 네트워크보다 훨씬 진전된 것이다. 그리고 새로운 기지국, 안테나, 전화기를 필요로 하는 기술은 아직도 계속 진보하고 있다.

아날로그 방법에는 또 어떤 방법이 사용되고 있는가?

앞에서 설명한 것처럼 반송파를 변조하면 반송파의 아래위의 추가적인 주파수를 만든다. 이 주파수를 측파대라고 부르는데 아래위에 있는 측파대의 정보는 동일하다. 따라서 많은 라디오 방송국에서는 두 개의 측파대 중 하나를 제거한 뒤 하나의 측파대만 가지고 방송하는데 이를 SSB라고 부른다. SSB는 두 개의 측파대를 가지고 있는 방송보다 밴드 너비가 반밖에 되지 않기 때문에 더 많은 라디오 방송국이 같은 영역의 주파수를 사용할 수 있어 AM과 FM 라디오 모두에서 사용할 수 있다.

FM 방송에서는 어떻게 스테레오 사운드를 송신하나?

스테레오 사운드는 좌측(L)과 우측(R)의 두 스피커에서 다른 소리를 내는 것을 말한다. 스테레오 방송은 스테레오 신호를 재생할 수 없는 수신 장치에서도 수신할 수 있어야 한다. 따라서 모든 수신기는 두 채널의 신호를 합한 신호($R+L$)를 수신한다. 두 채널의 신호 차이($R-L$)를 나타내는 신호는 $R+L$ 신호보다 38kHz 위의 주파수를 이용하여 방송한다. 모노 수신기는 이 주파수를 수신하지 못하지만 스테레오 수신기는 $R+L$ 신호와 $R-L$ 신호를 수신하여 이로부터 R과 L신호를 만들어내 해당 스피커로 보낸다.

FM 방송국은 충분히 넓은 밴드 너비를 가지고 있기 때문에 제3의 신호를 방송할수도 있다. 이 신호는 매장이나 엘리베이터의 배경 음악을 방송하고자 하는 사람들에게 판매할 수도 있다. 교육 방송국에서는 수업 내용을 방송하거나 외국어로 방송하는데 사용할 수도 있다.

FM과 AM 방송은 얼마나 멀리서 들을 수 있나?

모든 전자기파는 저고도의 대기층과 같이 균일한 매질에서는 직선으로 진행한다. 따라서 대부분의 전파는 도달 범위가 제한되어 있다. 산이나 지구 표면의 곡선이 전파의 전달에 방해되기 때문에 전파를 수신하려면 일정 범위 안에 있어야 한다는 뜻이다. 이 때문에 방송용 안테나는 도달 범위를 넓히기 위해 높은 건물 꼭대기나 높은 산위에 설치하고 있다.

30Mhz보다 낮은 진동수를 가지는 전파는 지구의 전리층에 의해 반사될 수 있다. 큰 진동수를 가진 전파가 전리층을 뚫고 우주로 달아나는 것과는 달리 AM 방송에 사용되는 낮은 진동수를 가진 전파는 전리층에서 다시 지표면으로 반사되기 때문에 도달 범위가 크게 늘어난다. 태양이 진 후에는 전리층의 고도가 높아져 수천 킬로미터 밖에서도 라디오를 들을 수 있다. 많은 AM 방송국이 전체 미국 대륙에 같은 주파수로 방송하는 방송국을 하나만 두고 있음에도 다른 방송의 방해 없이 미국 전체에서 들을

수 있다. 하지만 88MHz에서 108MHz 사이의 주파수대를 사용하는 FM 방송의 전
파는 전리층을 뚫고 나가기 때문에 송신탑으로부터 80 ~ 160km 범위에서만 청취가
가능하다.

휴대 전화는 어떻게 작동하는가?

휴대 전화는 전자기파의 UHF에 해당하
는 800 ~ 900MHz, 1700 ~ 1800 MHz 그
리고 2100 ~ 2200MHz의 주파수를 이용
한다. 휴대 전화를 위한 서비스 지역은 육
각형 모양의 지역으로 나눈다. 인접하는 육
각형의 세 꼭짓점이 만나는 지점에 설치된
안테나를 갖춘 기지국에 의해 서비스가 제
공되는 것이다. 기지국에서는 휴대 전화와
정보를 주고받을 수 있다. 기지국들은 광섬
유를 이용한 네트워크로 연결되어 있다. 휴
대 전화를 켜면 휴대 전화에 저장되어 있는

우리가 당연하게 받아들이는 휴대 전화 뒤에 있는
기술은 대단한 것이다. 전자기파를 이용하여 메시
지를 송신하고 수신하는 휴대 전화는 자동적으로
주파수를 선택하여 조절하고, 일련번호를 서버로
보내 자신이 있는 장소의 셀에 등록한다.

목록에서 가능한 서비스를 찾은 후 자료를 주고받기 위한 주파수를 선택하고, 전화번
호와 기기의 일련번호를 시스템에 전송하여 등록한다. 시스템에서는 전화번호가 자
신들의 시스템에 속한 것인지 확인하고 사용료 지불 관계를 확인한다. 등록이 완료된
후에 통화가 가능하도록 시스템이 전화기를 정확한 셀에 연결한다. 휴대 전화는 항상
송수신 타워로부터 오는 가장 강한 신호를 탐색한다. 통화 중에 이동하면 신호의 세
기가 변한다. 그러면 전화기는 다른 기지국으로 연결된다.

휴대 전화는 음성을 디지털 신호로 바꾼다. 디지털 시그널 프로세서라고 부르는 회
로가 음성 신호를 압축하여 부호를 삽입하고 전송 중의 오류를 감시한다. 디지털 신
호 중에서 일정하게 유지되는 부분은 생략하고 신호가 변하는 부분만을 전송함으로

써 압축이 이루어진다. 휴대 전화 시스템은 동시에 여러 사람의 통화를 전송한다. 동시에 여러 사람의 통화를 전송하는 방법 중 시분할 다중 접속(TDMA)은 세 개의 압축된 통화를 묶어 한꺼번에 전송하는 방법이다. 부호 분할 다중 접속(CDMA)은 세 개의 통화를 한데 묶는 데는 TDMA를 사용하고 여섯 개의 통화를 다른 두 개의 주파수에 얹는다. 아홉 개의 통화 또는 그 이상의 통화에 서로 다른 부호가 할당되기 때문에 각각의 통화가 올바른 수신자에게 전달될 수 있다. 광역 CDMA 체계는 더 많은 동시 통화가 가능하도록 넓은 대역의 주파수를 사용한다.

마이크로파

마이크로파는 통신에 어떻게 이용되고 있는가?

마이크로파는 진동수가 3GHz 정도 되는 전자기파를 말한다. 마이크로파는 가정에서 사용하는 무선 인터넷 기기, 가정용 무선 전화, 블루투스 기기 인공위성을 이용한 라디오 방송, 텔레비전에 사용되고 있다. 또한 산업체, 정부 기관 그리고 군사 통신용으로도 사용되고 있다.

마이크로파는 두 가지 방법 중 하나로 전송된다. 첫 번째 방법은 마이크로파 송신기가 수신기를 똑바로 바라보는 송수신선이 직선으로 연결되는 방법이다(이 방법에서는 송수기 사이의 거리가 30km를 넘어선 안 된다). 두 번째 방법은 통신 위성을 향해 신호를 발사하면 통신 위성이 이 신호를 받아 수신용 안테나로 보내는 방법이다.

마이크로파는 통신 외에 다른 어떤 용도로 사용되는가?

넓은 범위의 마이크로파가 정보를 전송하는 데 사용되는 것 외에도 마이크로파는 세계 곳곳의 부엌에서도 사용되고 있다. 마이크로웨이브 오븐(전자 오븐)은 진동수가 2.4GHz인 마이크로파를 발생시켜 요리에 이용한다. 마이크로파는 물과 지방 분자를 들뜬상태로 만들어 회전하게 함으로써 열에너지를 증가시킨다. 분자의 종류에 따라 마이크로파 에너지를 다른 비율로 흡수하기 때문에 어떤 음식물은 다른 음식물보다 더 뜨거워진다. 음식물이 데워지는 동안 마이크로파 에너지를 흡수하지 않는 용기는 차가운 상태로 남아 있다.

마이크로웨이브 오븐 문의 격자는 무슨 작용을 하는가?

마이크로웨이브 오븐을 사용하는 사람들은 몸에 해로울 수도 있는 마이크로파에 노출되지 않으면서 오븐 안의 음식물이 조리되는 것을 보고 싶어 한다. 그래서 마이크로웨이브 오븐에는 플라스틱이나 유리로 만든 문이 설치되어 있다. 격자는 창문에 부딪힌 마이크로파를 다시 오븐 안으로 반사시켜 마이크로파가 누출되는 것을 막아준다. 마이크로파(파장이 12cm 정도인)는 이 격자를 통과하기에는 파장이 너무 길다. 그러나 파장이 훨씬 짧은 가시광선은 쉽게 격자를 통과해 밖으로 나올 수 있다. 격자가 마이크로파로부터 사람들을 보호해주지만 정기적으로 문을 잘 닦지 않으면 일부 마이크로파가 문을 통과해 누출될 수 있다.

물건을 말리는 데 마이크로웨이브 오븐을 사용할 수 있을까?

마이크로웨이브 오븐을 이용하면 물 분자의 온도를 올리고 결국은 끓여서 증발시킬 수 있으므로 마이크로웨이브 오븐을 이용해 젖은 물건을 말릴 수 있다. 그러나 물건을 마이크로웨이브 오븐에 넣기 전에 생각해야 할 중요한 사항이 있다. 말리려는 물체가 너무 많은 물을 포함하고 있지 않아야 한다. 마이크로웨이브 오븐은 젖은 책이나 종이 또는 잡지를 말리는 데는 적당하지만 식물이나 작은 동물을 말리는 데 사용해서는 절대 안 된다. 살아 있는 생물은 몸속의 물 분자가 마이크로파와 공진을 일으켜 죽을 수도 있다.

금속 물질은 왜 마이크로웨이브 오븐에 넣으면 안 될까?

마이크로웨이브 오븐 생산자들이 소비자들에게 금속 용기나 알루미늄 포일을 마이크로웨이브 오븐에 넣지 말라고 경고하는 것은 두 가지 이유 때문이다. 첫 번째는 금속이나 알루미늄이 조리를 방해하기 때문이다. 마이크로파는 음식물 안에 있는 물이나 지방 분자에 에너지를 전달해서 음식물의 온도를 올린다. 만약 음식물이 알루미늄 포일에 싸여 있거나 금속 용기 안에 들어 있으면 마이크로파는 금속에서 반사되어 음식물 속의 물 분자에 도달하지 못해 요리가 되지 않는다.

두 번째 이유는 마이크로웨이브 오븐 자체의 안전 때문이다. 만약 너무 많은 금속이 마이크로웨이브 오븐 안에 들어 있으면 마이크로파가 금속에서 반사되어 오븐 안을 돌아다니다가 마이크로파를 만들어내는 메가트론에 손상을 줄 수 있다. 금속의 크기가 적당한 경우에는 마이크로파 수신기로 작용해 전압이 올라가 전기 불꽃을 일으켜 음식에 불이 붙을 수도 있다.

중첩의 원리

중첩의 원리는 무엇인가?

두 개의 파동이 만나는 경우 두 파동이 충돌해서 다른 파동을 파괴하지 않는대신 두 파동은 상호작용을 하지 않고 그대로 통과해 지나간다. 207쪽 그래프는 다가와서 겹쳤다가, 다시 멀어지는 두 파동을 보여주고 있다. 두 파동은 같은 속도로 계속 움직이고 있다. 화살표는 파동의 운동을 나타낸다. 점선으로 나타낸 그림은 각각의 파동을, 실선은 두 파동이 합친 결과를 나타낸다.

두 파동의 진폭이 모두 플러스이거나 마이너스인 경우에는 더해져서 큰 파동을 만들고, 하나가 플러스이고 다른 하나가 마이너스인 경우에는 작은 파동을 만든다. 실제로 오른쪽 그림 ④에 나타난 것처럼 진폭은 0이 될 수도 있다. 두 파동이 합쳐 진폭이 커지는 것을 보강 간섭이라 하고, 진폭이 줄어드는 것을 소멸 간섭이라고 한다.

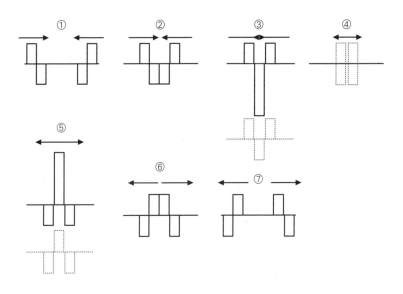

공연장에서 난청 지점은 왜 생기는가?

설계가 잘못된 공연장에는 난청 지점이 생긴다. 난청 지점은 여러 개의 음파들이 소멸 간섭을 일으키는 지점이다. 예를 들어 무대 위의 독주자가 청중을 향해 음파를 보낸다. 일부 파동은 공연장 벽에 부딪히고 일부 음파는 청중에게 직접 전달된다. 어떤 경우에는 특정한 지점에서 직접 전달된 파동과 반사된 파동이 소멸 간섭을 일으켜 소리의 세기가 줄어든다. 그 결과, 특정한 좌석에 앉아 있는 청중은 아무것도 들을 수 없게 된다. 그러나 난청 지점으로부터 조금 떨어진 곳에 앉아 있는 사람은 소멸 간섭의 영향을 받지 않아 독주자의 연주를 잘 들을 수 있다(음향학에 대한 더 많은 정보를 얻기 위해서는 소리를 다룬 장을 참조하기 바람).

정상파는 무엇인가?

위에서 든 예는 반대 방향으로 진행하는 두 개의 단일 파동이 만날 경우 어떤 일이 일어나는지를 보여주고 있다. 연속된 파동은 여러 개의 단일 파동이 계속되는 것이다. 줄의 한끝을 잡고 아래위로 계속 흔들면 연속 파동이 만들어진다. 이제 줄의 반대쪽 끝을 고정시키면 파동이 이 점에서 반사되어 반대 방향으로 향한다. 만약 줄을 적당한 진동수로 흔들면 두 개의 파동이 겹쳐 서 있는 것처럼 보이는 정상파를 만든다. 정상파에서는 두 개의 다른 점을 볼 수 있다. 어떤 점에서는 줄이 전혀 움직이지 않는데 이런 점을 마디라고 한다. 줄의 운동이 가장 큰 점은 배이다.

마디는 서로 반대 방향으로 움직이던 두 개의 파동이 소멸 간섭을 일으킨 지점이다. 한 파동의 마루와 다른 파동의 골이 이 지점에서 만난 것이다. 배는 두 파동이 모두 플러스나 마이너스의 진폭을 가짐으로써 보강 간섭이 일어난 지점이다. 이 지점에서는 두 파동이 모두 마루이거나 골이다.

정상파를 만드는 진동수는 줄의 길이와 줄에서의 파동의 속도에 따라 달라진다. 가장 작은 진동수는 양끝이 마디가 되고 가운데 부분이 배가 되는 진동수다. 다음 높은 진동수는 가운데 부분과 양끝에 마디가 생기고 두 개의 배가 만들어지는 진동수다. 정상파를 일으키는 진동수가 증가함에 따라 마디와 배의 수도 하나씩 증가한다.

악기에서는 어떻게 정상파가 만들어지는가?

많은 악기들이 정상파를 만들어 소리를 낸다. 정상파는 기타, 피아노, 바이올린과 같이 현을 이용하여 소리를 내는 악기나 트럼펫, 플루트, 파이프 오르간처럼 관을 이용하여 소리를 내는 관악기에서 발생한다. 현악기는 현을 튕기거나 활로 타서 소리를 낸다. 활로 타는 경우에는 활에 사용된 말총이 현을 옆으로 당겼다 놓아 소리를 낸다. 피아노에서는 펠트 천으로 감싼 망치로 현을 두드려

클라리넷이나 바이올린과 같은 악기는 정상파를 이용하여 소리를 낸다.

현을 진동시켜 소리를 낸다. 트럼펫 같은 금관 악기에서는 연주자가 입술을 진동시켜 소리를 내고 이 소리가 열린 관의 입구에서 반사되어 돌아온다. 플루트와 플루트를 흉내 낸 파이프 오르간에서는 연주자가 구멍으로 공기를 불어넣는다. 운동하는 공기가 관 안의 공기에 주기적인 압력의 변화를 만들어주는 구멍과 상호작용하여 움직이는 음파를 만들어낸다. 클라리넷이나 색소폰에서는 연주자가 리드라고 부르는 부드러운 대나무 조각의 좁은 틈 사이로 공기를 불어넣는다. 오보에와 비슷은 좁은 간격을 두고 떨어진 두 개의 리드가 있다. 공기의 흐름이 리드를 진동시켜 주기적으로 공기의 흐름을 차단하면 음파가 만들어진다.

악기가 내는 음을 변화시키려면 악기 안에 만들어진 정상파를 변화시켜야 한다. 관악기의 길이를 변화시키거나 현악기의 현의 길이나 장력을 변화시키면 다른 진동수를 가진 정상파가 만들어져 다른 음을 낸다. 트럼펫의 키를 누르면 관의 길이가 변화된다. 플루트나 클라리넷, 색소폰에서는 악기에 있는 구멍을 막거나 열어 악기의 효과적인 길이를 변화시킨다. 피아노에서는 각각의 음을 내는 데 특정한 길이의 현을 이용한다. 바이올린이나 기타에서는 연주자가 손가락을 이용해 현의 길이를 변화시킨다. 같은 길이일 때 굵은 현은 가는 현보다 낮은 음을 낸다. 현의 장력을 증가시키면 정상파의 진동수가 증가해 높은 소리가 난다.

공명

공명은 무엇이며 어떻게 일으키는가?

진동할 수 있는 모든 물체는 자연 진동수를 가지고 있다. 자의 한끝을 책상 위에 잡고 다른 끝을 눌렀다가 놓으면 진동하는 것을 볼 수 있다. 자연 진동수는 물질과 너비 그리고 길이에 따라 달라진다.

공명은 외부에서 주기적인 힘이 진동하는 물체에 작용할 때 생길 수 있다. 외부에서 작용하는 힘의 진동수가 자연 진동수와 같으면 진폭이 점점 커져 최대가 되는데 이를 공명이라고 한다. 공명 현상을 이용하면 아주 작은 외부의 힘으로도 큰 진폭을 가진 진동을 만들 수 있다.

줄에 요요나 금속 쪼가리를 꿰어 공명을 실험해볼 수 있다. 줄의 위쪽 끝을 잡고 물체를 한쪽으로 잡아당겼다가 놓음으로써 물체가 자연 진동수로 진동하는 것을 관찰해보자. 그런 후에 같은 진동수로 줄 위쪽 끝을 흔들면서 진폭이 커지는 것을 보자. 이런 방법으로 공명 진동수를 찾을 수 있을 것이다. 진동수를 늘리거나 줄이면 진동의 진폭이 줄어드는 것을 볼 수 있다.

운동장 어디에서 공명 현상을 발견할 수 있을까?

어린이들은 어릴 때부터 공명을 경험한다. 그네를 탈 때 어린이들은 팔과 다리를 이용해 그네를 앞뒤로 민다. 그들은 그네가 뒤에 왔을 때 뒤로 더 잡아당기면 크게 흔들린다는 것을 알고 있다. 그러나 다른 곳에서 뒤로 잡아당기거나 부모님이 잘못 밀면 진폭이 줄어든다. 외부에서 가해지는 힘의 진동수가 자연 진동수가 아니기 때문이다.

어떻게 공명이 유리잔을 깨뜨릴 수 있을까?

여러 해 전에 미국에서 가수였던 피츠제럴드Ella Fitzgerald, 1917~1996가 카세트테이프 광고를 위해 물리 실험을 했다. 회사에서는 이 유명한 가수가 순수한 소리를 내서 크리스털로 만든 잔을 깨뜨렸고, 그 소리를 카세트테이프에 녹음했다가 재생시켰을 때도 원래의 음과 똑같은 소리가 나와 크리스털 잔을 깨뜨렸다

음파가 유리를 진동시켜 유리를 깨뜨릴 수 있다. 충분한 운동 에너지를 사용하면 음파가 유리를 뒤틀리게 해 부서지게 할 수 있다.

고 주장했다. '이것이 라이브인가, 아니면 카세트테이프인가?'가 광고 문구였다.

유리는 휘어지기 어려운 물질이라고 생각하겠지만 얇은 유리잔의 가장자리를 가볍게 치면 맑은 소리가 나는 것을 들을 수 있을 것이다. 그것은 유리잔이 진동하고 있다는 것을 나타낸다. 증폭된 음파가 유리를 밀면 모양이 변한다. 이 과정에서 음파가 가지고 있던 운동 에너지 일부가 진동하는 유리의 운동 에너지로 전달된다. 음파의 진동수가 유리의 자연 진동수와 일치하면 진폭이 커져 유리가 깨질 수도 있다.

크리스털 잔으로 음악을 연주할 수 있을까?

만약 공명된 정상파가 충분한 에너지를 가지고 있다면 크리스털 잔을 쉽게 깨뜨릴 수 있다. 그러나 진폭이 작으면 잔은 부서지는 대신 소리를 낸다. 예를 들어 손가락으로 물 묻은 유리잔의 가장자리를 문질러보자. 잔이 노래를 하는 것처럼 들릴 것이다. 이 소리는 손가락으로 물에 젖은 잔을 문지를 때 정상파 형태의 진동이 만들어지기 때문이다. 공명된 잔은 주변의 공기를 진동시키기에 충분한 에너지를 가지고 있어 계속해서 소리를 낸다. 1761년에 프랭클린Benjamin Franklin, 1706~1790은 여러 가지 크기의 잔이 회전하는 축에 고정되어 있는 유리 하모니카(아모니카라고 불렸음)를 만들었다. 연주자가 적당한 잔의 가장자리를 손가락으로 문질러 연주하는 방식이었다. 모차르트를 비롯한 100명에 달하는 작곡가들이 유리 하모니카를 위한 곡을 작곡했다.

워싱턴 주에 있는 터코마 협곡의 다리는 어떻게 부서졌나?

터코마 협곡의 다리는 1940년에 완공된 후 파도 같은 진동으로 널리 알려졌었다. 모든 다리는 어느 정도 흔들린다. 그러나 터코마의 현수교는 많은 자동차 운전자들에게 다리를 건너는 것이 아니라 놀이 공원의 기구를 타는 느낌을 주었다.

다리가 준공되고 4개월이 지난 1940년 11월 7일 아침에 67km/h의 바람이 불고 있었다. 이 바람이 단단한 다리 상판에 부딪혀 다리가 준공된 후 언제나 그랬던 것처럼 다리를 앞뒤로 흔들었다. 그러나 이번에는 전보다 더 심하게 흔들리기 시작했다. 다리의 두 탑 사이에 정상파가 만들어진 것 같았다. 다리 가운데 부분에는 뚜렷한 마디가 만들어졌고, 마디 양쪽에 배가 만들어졌다. 결국 여러 시간 동안 심하게 흔들리던 다리의 상판이 강으로 추락했다. 이 사고로 희생된 것은 주인이 탈출할 때 차 안에 남겨두었던 '투비'라는 이름의 강아지였다.

다리가 붕괴된 정확한 이유에 대해서는 아직도 많은 반론이 제기되고 있다. 일정하게 부는 바람이었을까 아니면 속도가 변하는 바람이었을까? 단단한 상판 윗부분은 어떤 작용을 했을까? 상판이 충분히 단단하지 않았던 것은 아닐까? 최근에 지어진 다리들은 구멍 뚫린 상판을 가지고 있으며 아래쪽이 열려 있다.

비틀림 파동은 무엇인가?

터코마 협곡의 다리가 만들었던 것과 같은 비틀림 파동은 수직한 방향으로 진동할 뿐만 아니라 파동과 같은 형태로 뒤틀린다. 터코마 협곡 다리의 비틀림 파동은 두 방향에서 공명을 일으켰다. 첫 번째 공명은 다리 길이를 따라 파도치는 것처럼 아래위로 다리가 흔들리게 했고, 두 번째 공명은 다리의 뒤틀리는 운동에서 관측할 수 있었다.

임피던스

임피던스 매칭이란 무엇인가?

임피던스는 매질이 파동의 운동을 방해하는 것을 말한다. 파동이 한 매질에서 다른 매질로 들어갈 때 임피던스가 변하고, 따라서 파동 에너지의 일부가 처음 매질로 반사되어 되돌아간다. 따라서 파동의 모든 에너지가 새로운 매질로 전달되는 것이 아니다. 임피던스 매칭이란 두 매질 사이에서 임피던스 변화가 서서히 일어나도록 하여 반사되는 에너지를 최소로 하는 것을 말한다.

임피던스 변환기는 무엇인가?

임피던스 매칭에 사용되는 장치를 임피던스 변환기라고 한다. 임피던스 변환기를 사용하면 임피던스가 두 매질의 경계에서 갑자기 변하는 대신 한 매질에서 다른 매질로 부드럽고 점차적인 변화가 일어나게 한다. 파동과 매질의 종류에 따라 4분의 1 파장 변환기나 테이퍼드 변환기와 같은 장치들을 사용하여 반사를 최소화한다. 테이퍼드 변환기의 예는 방음된 방과 스튜디오에서 발견할 수 있다. 모든 소리는 벽의 임피던스 매칭 물질에 의해 흡수되도록 되어 있다. V자 모양으로 끝이 가늘어지는 특수한 폼이 벽에 도달하는 모든 소리를 흡수하는 변환기로 사용된다. 공기로부터 벽을 이루는 물질로의 점차적인 변화가 소리가 다시 공기 중으로 반사되어 나가는 것을 방지한다.

4분의 1 파장 변환기의 예는 카메라 렌즈와 안경에서 발견할 수 있다. 렌즈에 4분의 1 파장의 두께로 코팅하여 렌즈 표면에서 반사를 막아 더 많은 빛이 렌즈로 들어오도록 한다. 전기 변압기도 전기 회로의 전압과 전류의 변화를 바꾸어 임피던스 매치에 사용된다. 현대의 전기 회로에서는 변압기의 무게와 크기 때문에 변압기의 사용을 최소로 하고 있다.

도플러 효과

도플러 효과는 무엇인가?

도플러 효과는 물체가 관측자에 대한 상대 위치를 변화시킴으로써 파동의 진동수에 변화가 생기는 것을 말한다. 앰뷸런스가 옆을 스쳐 지나가면서 내는 소리의 변화는 도플러 효과의 좋은 예다. 고음은 앰뷸런스가 소리가 진행한 것과 같은 방향으로 움직여 음파가 서로 겹칠 때 나는 소리다. 음파가 겹치면 진동수가 증가하고, 고음이 발생한다. 저음은 앰뷸런스가 음파의 진행 방향과 반대 방향으로 달릴 때 발생한다.

앰뷸런스가 음파에서 멀어지기 때문에 이웃한 파동 사이의 간격은 멀어지며 진동수가 감소한 소리는 저음이 된다.

도플러 효과는 누구의 이름을 따서 붙인 말인가?

도플러 효과는 오스트리아 물리학자 도플러^{Johann Christian Doppler, 1803~1853}의 이름을 따서 부르게 되었다. 도플러는 1842년에 서로를 돌고 있는 이중성의 색깔이 별이 지구에 접근하느냐 아니면 멀어지느냐에 따라 달라진다고 예측했다. 하지만 이 효과는 매우 작아 측정하기가 어려웠다. 그런데 1845년, 발로트^{Christophorus Henricus Diedericus Buys Ballot, 1817~1890}가 두 세트의 트럼펫을 이용한 실험을 실시했다. 한 세트는 정지해 있고, 다른 한 세트는 56km/h의 속도로 달리는 덮개 없는 기차 위에 있었다. 두 세트의 트럼펫이 같은 음을 연주했지만 음의 차이를 분명히 구별할 수 있었다. 후에 도플러는 그의 이론을 음원과 관측자 모두가 움직이는 경우까지 포함하도록 확장했다. 프랑스 물리학자 피조^{Hippolyte Fizeau, 1819~1896}는 후에 도플러 이론을 빛으로까지 확장했다.

적색 편이와 청색 편이는 어떻게 다른가?

가시광선은 파장이 긴 빛부터 붉은색, 오렌지색, 노란색, 초록색, 푸른색, 남색, 보라색 순으로 배열되어 있다. 천문학자들은 움직이거나 회전 중인 속도를 알아내기 위해 행성, 별, 은하에서 오는 빛의 도플러 효과를 측정한다. 천체가 빠르게 움직일수록 그 천체에서 오는 빛의 진동수가 많이 변한다. 대부분의 은하가 우리로부터 멀어지고 있기 때문에 은하에서 오는 빛은 적색 편이를 나타낸다. 일반적으로 더 멀리 있는 은하일수록 더 큰 적색 편이를 나타낸다. 최근 천문학자들은 도플러 효과를 이용하여 별을 돌고 있는 400개 이상의 행성을 발견했다. 행성과 별 사이에 작용하는 중력으로 인해 행성과 별은 공통의 질량을 중심으로 돌고 있다. 그러나 질량 중심점이 별의 중심 가까이 있기 때문에 별은 행성의 공전 주기와 같은 주기로 비틀거리게 된다.

그러나 목성의 질량이 태양의 질량보다 아주 작아 목성의 영향은 크지 않다. 목성은 태양이 약 12m/s의 속도로 작은 원을 그리며 돌도록 한다.

별에서 오는 빛의 도플러 효과를 측정하면 별의 속도를 알 수 있고, 속도가 시간에 따라 어떻게 변해가는지도 알 수 있다. 이 정보를 바탕으로 천문학자들은 행성의 공전 주기, 별에서 행성까지의 거리, 행성의 질량 등을 결정한다. 현재까지 발견된 행성들은 대부분 질량이 아주 큰 행성들이다. 그러나 최근에 지구보다 불과 몇 배 정도 되는 질량을 가진 행성이 발견되었다. 어두운 붉은색 별 가까이 있는 이 행성의 온도는 영하 수십 도 정도 되는 것으로 예측된다. 만약 이 행성에도 온실 효과가 있다면 생명체가 있을지도 모른다.

대부분의 은하가 적색 편이를 나타내는 것은 무엇을 의미하나?

천문학자들이 우주 대부분의 은하에서 적색 편이를 측정한 것은 은하들이 우리, 즉 우리 은하로부터 멀어지고 있다는 것을 나타낸다. 이런 일은 우주가 팽창하고 있을 때만 나타난다. 우주의 팽창은 우주의 탄생을 설명하는 빅뱅 이론이 등장하도록 했다.

경찰은 스피드건에서 도플러 효과를 어떻게 이용하는가?

경찰은 과속을 단속할 때 도플러 효과를 이용한다. 스피드건은 특정한 진동수의 전파를 방출한다. 이 전파가 차량에 부딪히면 다른 진동수의 전파가 되어 스피드건으로 돌아온다. 반사되어 돌아오는 전파의 진동수는 차량의 속도와 방향에 따라 달라진다. 속도가 빠르면 빠를수록 진동수의 변화가

경찰이 과속을 단속하기 위해 사용하는 스피드 건은 도플러 효과를 이용한다.

크다. 스피드건은 방출한 전파의 진동수와 반사되어 돌아온 전파의 진동수 차이를 이용하여 자동차의 속도를 결정한다.

레이더

레이더는 무엇인가?

레이더는 전파 범위 측정^{RAdio Detection And Ranging}이라는 뜻의 영문 머리글자를 따서 만든 말이다. 레이더는 물체를 향해 전파를 발사한 후 물체에 의해 반사되어 돌아오는 전파를 측정한다. 레이더는 돌아오는 전파가 도착하는 시간을 측정하여 물체까지의 거리를 알아낸다. 레이더에 사용되는 접시형 안테나는 방향을 알아내기 위해 계속 회전하고 있다. 레이더는 제2차 세계대전 동안 적군 폭격기가 접근하는 것을 알아내기 위해 처음 사용된 후 많은 전쟁에서 사용되었다.

누가 레이더를 개발했는가?

레이더는 1930년대에 여러 나라에서 독립적으로 개발되었다. 그중 스코틀랜드의 물리학자 왓슨와트^{Robert Watson-Watt, 1892~1973}은 1935년에 영국군을 위해 레이더 방어 체계를 만든 그룹의 리더였다. 미국, 캐나다, 영국, 프랑스, 독일, 소련 그리고 일본과 같은 여러 나라가 1930년대에 레이더 체계를 개발하려고 노력했지만 실전에서 효과적으로 이용한 최초의 지상 레이더는 영국에서 만들었다. 1940년대 초에는 항공기에 장착하여 사용할 수 있을 정도로 소형화된 레이더는 비행기에 장착되어 야간 전투시에 다른 비행기를 식별할 수 있도록 했다.

역설적이지만 왓슨와트는 19년 후에 자신이 개발한 기술 때문에 벌금을 내야 했다. 캐나다 경찰에 의하면, 왓슨와트는 캐나다 도로에서 과속으로 달리다 레이더 건을 사용한 경찰에 의해 적발되었다. 왓슨와트는 아무 불평 없이 벌금을 내고 사라졌다.

스텔스 항공기는 어떤 비행기인가?

스텔스 항공기는 레이더를 피할 수 있는 비행기를 말한다. 비행기의 표면 물질과 특수한 형태의 겉모습이 레이더의 전파를 멀리 반사해버린다. 어떤 경우에는 비행기의 동체가 레이더에서 오는 전파를 흡수하여 레이더로 돌아가는 전파를 없애버리기도 한다(기체 역학과 비행에 대한 더 많은 정보는 유체를 다룬 부분을 참조하기 바람).

> ### 오늘날의 전투기들은 적의 레이더를 피하기 위해 소멸간섭을 어떻게 이용하나?
>
> 라팔과 같은 1990년대에 개발된 프랑스의 전투기는 레이더를 피하는 장치를 장착하고 있다. 라팔은 능동적 소멸이라 부르는 기술을 이용하고 있는데, 이 기술은 들어오는 전파를 흡수하고 흡수한 전파와 정반대 형태의 전파를 발사한다. 이 경우에 레이더의 흡수한 전파와 반송되는 전파는 반파장의 위상 차이가 나게 된다. 그렇게 되면 두 파장이 서로 소멸 간섭하여 신호를 없애버린다. 돌아오는 신호가 없기 때문에 적군은 비행기의 위치를 알 수 없다.

레이더는 천문학에서 어떻게 이용되는가?

레이더는 천문학에서 행성을 향해 전파를 발사한 후 반사되어 오는 신호를 분석하여 물체의 위치, 속도, 모양을 알아낸다. 1960년대에는 금성과 지구 그리고 지구와 목성 사이의 정확한 거리를 측정하기 위해 사용되었다. 후에는 마젤란 탐사선에 장착되어 금성 표면의 지도를 작성하기도 했다. 레이더 천문학은 태양계 안에서 정확한 거리를 측정하는 데는 사용할 수 있지만 태양계 밖에서는 물체에 의해 반사되어 오는 반사파가 너무 약해 사용하기 어렵다.

차세대 기상 도플러 레이더

차세대 기상 도플러 레이더란 무엇인가?

차세대 기상 레이더[NEXRAD]는 일기 예보에 획기적인 기술 혁신을 가져온 최신 기술이다. NEXRAD는 비가 오는 위치와 속도를 측정하는 데 도플러 효과를 이용한다. 구형의 NEXRAD 레이더는 360도 방향으로 전파를 발사한 후 비나 눈에 의해 반사되어 온 전파의 파장을 조사한다. NEXRAD 컴퓨터는 파장에 대한 정보를 분석한 후 여러 가지 색깔을 이용하여 기상 지도를 만든다.

이 지도는 인터넷에서 누구나 쉽게 찾아볼 수 있다. NEXRAD의 목적과 주요 기능은 날씨의 급격한 변화를 미리 예측하여 재난이 닥치기 전에 경고함으로써 인명과 재산 피해를 최소화하는 것이다. 기상학자들은 날씨를 예측하는 이 새로운 기술이 조기 경보 체제를 통해 많은 인명과 재산의 피해를 줄이고 있다고 생각하고 있다. NEXRAD의 가장 중요한 공헌 중 하나는 토네이도와 허리케인의 위치를 이전보다

이 사진과 같은 매우 민감한 전파 망원경 체계가 전파 천문학에서 우주의 원자, 분자, 이온이 신호를 감지하는 데 사용된다.

훨씬 더 정확하게 알아낸다는 것이다. 각 NEXRAD 기지는 반경 200km의 지역을 정밀하게 감시하고 있으며, 반경 320km 지역에서는 덜 정확하기는 하지만 정보를 수집하고 있다. 1994년에 TDWR라고 부르는 새로운 체계가 개발되어 미국 내 45개 공항에 설치되었다. 이 체계는 일반적인 기상 레이더에 사용되는 파장 10cm의 전자기파가 아니라 5cm의 전자기파를 이용한다. 그 결과, 이 체계는 예전보다 두 배 더 좋은 분해능으로 대상을 분석할 수 있어 정확하게 돌풍을 감시하는 일이 가능해졌다. 그러나 이 체계의 적용 반경은 NEXRAD의 작용 반경의 반이며, 많은 비가 내릴 때는 작동하지 않는다.

전파 천문학

전파 천문학과 레이더 천문학은 어떻게 다른가?

레이더 천문학은 송신한 전파가 반사되어 오는 것을 측정하여 물체의 표면 상태, 속도, 위치, 크기를 정한다. 전파 천문학은 전자기파 스펙트럼 중에서 VHF와 UHF 또는 마이크로파에 해당하는 전사기파를 이용한다는 것 외에는 보통의 광학 망원경과 똑같다. 전파는 은하 중심부에 많이 분포해 있어 별이 탄생하는 지역을 가리고 있는 먼지 입자들을 잘 투과한다. 또한 전파 망원경은 우주를 구성하고 있는 물질의 85%를 차지하는 수소 기체의 분포를 측정할 수 있다.

전파 천문학자가 듣는 것은 무엇인가?

전파 천문학자들은 소리와 같은 잡음을 듣는다. 그러나 이것은 별이나 은하를 구성하고 있는 원자, 분자, 이온 등과 성간 공간 또는 은하 간 공간에 흩어져 있는 입자들이 내는 신호다. 이 신호를 감지하기 위해서는 전파 망원경을 이용해야 한다. 전파 망원경은 커다란 접시 모양의 안테나로 파장이 1mm에서 1km까지의 전자기파를 감지할 수 있다.

가장 큰 전파 망원경은 어디에 있는가?

가장 큰 전파 망원경은 푸에르토리코에 설치되어 있는 지름이 305m나 되는 아레시보 망원경이다. 반사경이 4만 개의 알루미늄 판으로 이루어진 이 망원경은 산골짜기에 설치되어 있다. 안테나는 반사판 위 137m에 고정된 900톤의 플랫폼 속에 들어 있다. 50MHz에서 10GHz 사이의 전자기파에 민감한 안테나는 반사판들이 모은 신호를 감지할 수 있으며, 신호가 오는 방향을 결정하기 위해 움직일 수 있다.

아레시보는 1MW의 레이더 송신기를 이용하여 다른 행성으로 신호를 보낸 후 반사되어 돌아오는 희미한 신호를 감지하는 레이더 천문학도 하고 있다.

많은 전파 망원경으로 이루어진 전파 망원경 체계는 어떻게 이용되고 있는가?

미국의 뉴멕시코 주 소코로에는 하나의 지름이 25m인 27개의 전파 망원경이 최대 20km까지 떨어져 배열되어 있는데 이를 VLA라고 부른다. 각각의 전파 망원경이 수집한 신호는 컴퓨터에 의해 결합된다. 이 망원경 체계에서는 각 망원경이 수신한 신호 사이의 보강 간섭과 소멸 간섭으로 인해 물체의 위치와 크기에 대한 정확한 정보를 얻을 수 있다.

VLBI 전파 망원경은 이보다 더 큰 규모다. 이 전파 망원경은 전 세계에 분산되어 있기 때문에 전선을 이용하여 결합할 수가 없다. 따라서 각각의 망원경은 신호를 감지한 시간을 결정하기 위해 매우 정밀한 시계를 가지고 있어야 한다. 이런 목적으로 사용되는 시계는 주파수가 1015분의 1까지 안정된 수소 메이저가 사용되고 있다. 신호의 세기는 매우 약하지만 망원경 사이의 넓은 간격은 간섭 효과를 증가시켜 별이나 은하의 위치와 크기, 모양에 대한 정확한 정보를 알 수 있도록 하고 있다.

소리

소리

소리의 근원은 무엇인가?

소리는 역학적 진동이나 주변의 매질을 진동시킬 수 있는 힘의 진동에 의해 만들어진다. 소리굽쇠는 진동을 통해 소리를 발생시키는 좋은 예다. 고무망치로 소리굽쇠를 두드리면 소리굽쇠의 발이 진동하면서 주변의 공기 분자들을 같은 진동수로 앞뒤로 진동하게 한다. 분자들이 진동함에 따라 밀한 부분(공기 분자들이 더 많이 모여 압력이 약간 높아지는 부분)과 소한 부분(공기 분자들이 흩어져 공기의 압력이 약간 낮아지는 부분)이 생긴다. 압력의 이러한 변화가 소리굽쇠의 다리에서 멀리 퍼져나가는 종파를 만들어낸다.

음파는 어떤 종류의 파동인가?

음파와 같이 밀한 부분과 소한 부분으로 이루어진 파동을 종파라고 한다. 파동이 전파되는 매질은 파원에서 관측자에게로 이동하지 않는다. 분자들은 고정된 위치를 중심으로 앞뒤로 진동할 뿐이다. 파동을 통해 파원으로부터 관측자에게까지 전달되는 것은 에너지다.

소리의 속도

소리는 얼마나 빨리 전달되나?

빛은 소리보다 거의 100만 배나 빨리 전파된다. 좀 더 정확히 말하면 빛의 속도는 소리 속도의 88만 배다. 빛을 비롯한 모든 전자기파는 $3 \times 10^8 m/s$의 속력으로 전파되지만 소리는 일반적인 봄날에 약 340m/s의 속력으로 전파된다.

야구 경기에서 소리의 속도와 빛의 속도를 비교해볼 수 있다. 외야 쪽에 앉아 있는 관중들은 소리가 들리기 전에 타자가 배트를 휘두르는 모습을 볼 수 있다.

소리의 속도를 이용하여 바다의 온도를 알 수 있는가?

1995~1999년에 이루어진 해양 기후의 음향 온도 측정ATOC, Acoustical Thermometry of Ocean Climate 프로젝트에서는 소리의 속도를 이용하여 바닷물의 온도를 측정하는 실험이 이루어졌다. 진동수가 75Hz인 음원이 캘리포니아와 하와이의 카우아이 섬 부근 해안에서 조금 떨어져 있는 지점에 설치되었다. 검출기는 알래스카, 하와이의 빅아일랜드 부근, 캄차카 반도 부근, 그리고 러시아와 뉴질랜드 부근의 다양한 깊이에 설치되었다.

파동은 이 먼 거리를 여행하는 데 많게는 한 시간까지 걸리기도 했다. 그리고 검출기는 0.02초 이내의 오차로 시간을 측정할 수 있었다. 때문에 소리의 속도가 매우 정확하게 측정되었다. 소금물 속에서 소리의 속도는 염도에 따라 조금씩 달라진다. 그러나 온도가 1℃ 높아지면 물속에서의 소리 속도는 약 6.4m/s 빨라진다. 물의 온도는 약 0.005℃ 오차 범위 안에서 측정할 수 있었다.

소리가 전파되기 위해 매질이 필요하다는 것은 누가 알아냈나?

1660년대에 영국의 과학자 보일$^{\text{Robert Boyle, 1627~1691}}$은 음파가 전파되기 위해서는 매질이 필요하다는 것을 증명했다. 보일은 진공 장치 안에 종을 넣고 공기를 뽑아내면서 어떤 일이 일어나는지 살펴보았다. 종소리는 점점 약해지다가 결국은 들리지 않았다.

소리를 전달하는 매질에 대해 뉴턴은 무엇을 알아냈나?

뉴턴은 주로 고전 역학과 기하 광학에 관심을 가지고 있었지만 소리와 관련된 분야에서도 중요한 발견을 했다. 파동의 전파에 관련된 것으로, 매질 속에서 소리의 속도는 매질의 특성에 따라 달라진다는 것을 보여주었다. 특히, 매질의 탄성과 밀도가 소리의 속도에 큰 영향을 미친다는 것을 알아냈다. 열역학이 등장하기 전에 했던 연구였기 때문에 그의 이론에는 오류가 있었지만 소리의 속도를 계산하는 데 그다지 중요한 것은 아니다.

여러 가지 매질 속에서 소리는 얼마나 빨리 전달되나?

여러 개의 공(분자)을 용수철(분자 사이의 결합)로 연결해 만든 간단한 모델을 이용해 소리의 속도에 영향을 주는 중요한 요소에 대해 알아볼 수 있다. 이 모델에서는 한 공의 진동이 용수철을 통해 이웃 공에 전달되고, 이 진동은 다시 옆으로 전달되어 모든 공을 지나게 된다. 용수철이 강하면 강할수록 그리고 공이 가벼우면 가벼울수록 진동은 더 빨리 전달된다. 용수철의 강도는 물질의 부피 탄성률(압력의 변화에 따라 변하는 부피의 비율)을 나타내고 공의 무게와 공 사이의 간격은 물질의 밀도를 나타낸다. 일반적으로 소리의 속도는 기체에서 가장 느리고, 고체에서 가장 빠르다. 액체와 고체는 기체보다 밀도가 1000배나 크지만 고체와 액체의 큰 탄성률이 큰 밀도를 보상한다. 기체에서 소리의 속도는 분자의 종류와 온도에 따라 달라진다. 공기 중에서는 소리의 속도가 온도에 의해서만 달라진다.

아래 표는 여러 가지 매질에서의 소리의 속도를 보여주고 있다.

매질	소리의 속도(m/s)
공기(0℃)	331
공기(20℃)	343
공기(100℃)	366
헬륨(0℃)	965
수은	1,452
물(20℃)	1,482
납	1,960
나무(참나무)	3,850
철	5,000
구리	5,010
유리	5,640
강철	5,960

음속 장벽은 무엇인가?

물체의 속도가 소리의 속도보다 빨라질 때 겪는 여러 가지 어려움을 음속 장벽이라고 한다. 소리의 속도는 비행기의 속도를 나타내는 단위로 사용된다. 0℃에서의 소리의 속도인 331m/s를 마하 1, 소리의 속도보다 두 배 빠른 속도가 마하 2, 세 배 빠른 속도는 마하 3이다.

소닉 붐이란 무엇인가?

소닉 붐은 물체의 속도가 음속을 돌파했을 때 나타난다. 소닉 붐은 초음속 비행기와 같이 소리 속도보다 빠른 속도로 달리는 물체가 만들어낸다. 음파가 서로 겹쳐 충격파를 만들어내고, 이 충격파가 공기를 통해 전파되어 사람의 귀에 도달하면 '꽝!' 하는 큰 소리로 들린다. 소닉 붐은 비행기가 음속 장벽을 돌파할 때 순간적으로 발생하는 것이 아니라 충격파가 비행기와 함께 이동한다. 그러나 듣는 사람은 비행기가 특정 지점에 있을 때 한 번만 소닉 붐을 들을 수 있다.

음속을 돌파하는 모든 물체가 소닉 붐을 만든다. 가령 소리의 속도보다 빠른 속도로 달리는 미사일이나 총알도 공기 중을 날아갈 때 소닉 붐을 만든다. F-15 전투기가 만드는 충격파는 눈으로도 볼 수 있다.

추운 날과 더운 날 중 언제 소리의 속도가 더 클까?

공기 분자는 덥고 습도가 많은 날에 더 큰 열에너지를 가지기 때문에 더운 날에 더 빨리 움직인다. 소리의 전파는 분자들이 서로 충돌하여 압력이 높은 부분과 낮은 부분을 만드는 데 의존하므로 분자들의 속도가 빨라지면 소리의 속도도 빨라진다. 공기 속에서의 소리의 속도는 온도가 $1°C$ 올라갈 때마다 $0.6m/s$씩 빨라진다. 물 분자는 산소나 질소 분자보다 가벼워 공기 중의 수증기 역시 소리의 속도를 빠르게 한다. 따라

F-15 전투기와 같은 초음속 비행기는 마하 1 이상의 속도로 날 수 있다. 속도가 마하 1을 넘으면 음파가 겹쳐 충격파를 만들고 이 충격파에 의해 '소닉 붐'이 발생한다.

서 춥고 건조한 날보다 덥고 습도가 높은 날에 소리는 더 빨리 전달된다.

다음 식은 공기 중에서의 소리 속도를 나타낸다. 여기서 T는 섭씨온도를 나타낸다.

소리의 속도$= (331m/s) (1 + 0.6T)$.

번개가 친 곳까지의 거리는 어떻게 측정할까?

구름과 구름 사이 또는 구름과 땅 사이에서 방전이 일어나 번개가 칠 때 공기가 갑작스럽게 가열된다. 이로 인한 온도의 갑작스러운 증가로 번개와 동시에 천둥이 울리게 된다. 번개는 치는 것과 거의 동시에 관측자가 볼 수 있지만 관측자까지의 거리에 따라 천둥이 들릴 때까지는 어느 정도의 시간이 걸린다.

상온에서 소리의 속도는 343m/s이다. 따라서 소리가 1km를 지나가는 데 약 3초 걸린다. 그러므로 얼마나 먼 곳에서 번개가 쳤는지를 알기 위해서는 번개를 볼 때부터 천둥소리를 들을 때까지의 시간을 측정하면 된다. 번개를 보고 난 후 천둥소리를 들을 때까지의 시간을 3으로 나눈 값이 번개가 친 곳까지의 거리를 km로 나타낸 값이 된다. 예를 들어 번개를 본 후 약 9초 후에 천둥소리를 들었다면 번개는 약 3km 떨어진 곳에서 친 것이다.

듣기

사람은 어떻게 소리를 듣는가?

사람을 비롯한 모든 동물의 귀는 소리를 듣는 기관이다. 귀는 외이, 중이, 내이의 세 부분으로 이루어져 있으며 바깥쪽을 이루는 외이는 귓바퀴로 이루어져 있다. 다양한 크기와 모양을 가진 귓바퀴는 공기와 중이 사이에서 소리의 에너지를 점차 좁아지는 귓속으로 모으는 음파의 임피던스 매치 역할을 한다. 더 많은 소리를 듣고 싶을 때 사람들은 손을 귓바퀴에 대고 귓바퀴의 크기를 키워 소리를 모으는 능력을 증가시킨다.

일단 소리가 귓속으로 들어오면 고막을 향해 다가간다. 종파인 음파가 고막에 충돌하면 음파의 진동수와 같은 진동수로 고막이 앞뒤로 진동하게 된다. 중이에는 고막과 사람의 몸에서 가장 작은 세 개의 뼈인 추골, 침골, 등골 그리고 내이 앞쪽에 있는 난원창이 있다. 고막은 난원창보다 17배나 크다. 이 면적의 차이가 내이로 하여금 유압기와 같은 기능을 함으로써 난원창에서는 고막에서보다 진동이 17배나 더 커진다. 세 개의 뼈는 고막과 난원창을 연결해준다. 이 뼈들은 지레처럼 작용하여 압력을 더욱 증가시켜 난원창에 전달한다. 이 지레의 역학적 능률은 진동수에 따라 달라지는데 $1 \sim 2kHz$에서 최대가 된다. 최대 역학적 능률은 약 5이다. 따라서 매우 복잡한 구조를 지닌 중이는 고막에서 느끼는 공기의 진동을 100배 이상 증폭하여 내이에 전달해주는 역할을 한다. 고막과 세 개의 뼈에 연결된 근육은 매우 큰 소리에 반응하여 귀의 민감도를 떨어뜨림으로써 손상을 막기도 한다.

내이는 뼈로 이루어진 구조 안에 여러 개의 관과 통로로 이루어져 있다. 내이에는 나선 모양의 관으로 종파인 음파를 전기 신호로 바꾸는 역할을 하는 달팽이관이 들어 있다. 내이에는 몸의 운동 감각과 균형 감각을 담당하는 반고리관도 들어 있다. 난원창은 달팽이관 끝 쪽에 있다. 중이를 통해 난원창에 도달한 음파는 달팽이관에 들어 있는 액체 속을 통과한다. 달팽이관 안에 있는 세 개의 관 중 하나에 들어온 이 파동이 섬모라고 부르는 세포를 앞뒤로 기울게 한다. 그에 따라 신경에 화학 물질의 흐름이 생기고, 이 흐름으로 인해 청신경을 통해 뇌로 전달되는 전기 신호가 만들어진다. 뇌는 이 신호를 분석하여 소리를 인식한다. 난원창에서 멀리 있는 섬모일수록 더 낮은 진동수의 소리에 민감하다. 따라서 각각의 섬모는 다른 진동수의 소리를 감지하여 소리의 진동수를 파악할 수 있게 된다.

사람의 귀가 들을 수 있는 진동수의 한계는 얼마인가?

사람의 귀는 $20 \sim 2$만 Hz까지의 소리를 들을 수 있고 그중에서도 $200 \sim 2000Hz$ 사이의 진동수를 가진 소리를 가장 잘 들을 수 있다. 진동수가 낮은 음이나 높은 음은 듣기가 쉽지 않지만 많은 사람들, 특히 나이가 어린 사람들은 이런 범위의 소리도 잘 들을 수 있다. 나이를 먹으면 큰 소리에 대한 진동수의 민감도가 떨어진다. 큰 소리에 노출되어 섬모 세포가 손상을 입는 것 또한 귀가 높은 음을 듣는 능력을 감소시키는 원인이 된다.

왜 녹음한 소리를 들으면 다른 사람의 목소리처럼 들릴까?

자신이 듣는 자신의 목소리는 자신만이 들을 수 있는 고유한 소리다. 말을 할 때 우리는 공기를 통해 귀로 전달된 소리 이외에 몸을 통해 전달된 소리도 듣는다. 소리를 내기 위해서는 성대를 진동시켜야 한다. 성대가 진동할 때는 성대 주위에 있는 조직도 진동하게 된다. 여기에는 근육, 뼈, 연골이 포함된다. 조직을 통해 전달되는 소리는 조금 다른 속도로 전달되기 때문에 머리뼈를 통해 내이로 전달된 소리와 약간 다른 소리가 된다. 따라서 녹음한 목소리를 들으면 다른 사람의 목소리처럼 들린다. 녹음한 목소리는 몸을 통해 전달되지 않고 공기를 통해서만 전달되기 때문이다.

동물들은 어떤 소리를 들을 수 있나?

동물	가장 낮은 진동수	가장 높은 진동수
사람	20Hz	20,000Hz
개	20Hz	40,000Hz
고양이	80Hz	60,000Hz
박쥐	10Hz	110,000Hz
돌고래	110Hz	130,000Hz

초음파와 초저음파

초음파는 무엇인가?

사람이 들을 수 있는 진동수보다 큰 진동수를 가지는 소리를 초음파라고 한다. 2만 Hz 이상의 진동수를 가지는 소리를 사람은 들을 수 없지만 초음파에 민감한 동물들은 들을 수 있다. 예를 들면 돌고래는 초음파를 이용해 통신하고, 박쥐는 초음파를 이용하여 물체를 파악한다.

초음파 진단 장비는 무엇인가?

초음파 진단 장비는 실제로 몸을 열어보지 않고 사람 몸 안에 있는 근육이나 액체를 포함한 장기를 조사하는 장비다. 초음파 시스템은 고주파(5~7MHz)의 음파를 몸의 특정 부위를 향해 발사하고 음파가 반사되어 기계로 돌아오는 시간을 측정한다. 컴퓨터는 돌아온 반사파의 형태를 분석하여 몸 안의 장기 모습을 그림으로 나타낼 수 있다. 초음파 장비는 물질을 이온화시키는 방사선을 사용하지 않아 진단을 받는 사람에게 해를 입히지 않기 때문에 엑스선 대신 사용하기도 한다. 산부인과 의사는 태아의 발육 상태나 건강상의 문제를 살펴보기 위해 초음파 진단 장비를 이용한다.

초음파 진단 장비는 신경 계통, 순환 계통, 비뇨기 계통, 생식 계통과 같이 액체가 관련된 기관의 질병 진단에도 사용된다. 또 신장에 생긴 담석을 부수어 가루로 만드

돌고래는 진동수가 110~13만 Hz 사이에 있는 음파를 감지할 수 있어 사람보다 여섯 배나 잘 들을 수 있다.

는 데 사용되기도 한다. 이러한 용도에는 매우 강하고 집중도가 높은 초음파가 사용된다. 담석이 부서진 작은 알갱이들은 별다른 고통 없이 오줌을 통해 몸 밖으로 배출된다.

소나는 무엇인가?

음향 항해 범위^{SOund NAvigation Ranging}라는 말의 머리글자를 따서 소나^{sonar}라고 부르는 장비는 음파를 이용해 물체까지의 거리를 측정하는 장비다. 소나는 신호를 내보낼 때는 전기 신호를 음파로 바꾸고, 수신할 때는 음파를 전기 신호로 바꾸는 변환기를 포함하고 있다. 보통 초음파 펄스로 이루어진 음파는 변환기에서 방출된 후 물체에서 반사되어 다시 변환기로 돌아온다. 전자 회로는 음파가 물체까지 갔다가 돌아오는 데 걸린 시간을 측정하고 소리의 속도를 이용해 물체까지의 거리를 계산한다.

소나는 사람과 동물이 항해할 때 가장 많이 사용한다. 동물 중에서 돌고래와 박쥐는 소나를 여행할 때뿐만 아니라 사냥, 통신 등에도 사용한다. 배의 깊이 측정 장치, 부동산이나 건축 관련 분야에서 사용하는 거리 측정 장치, 보안 시설에 사용되는 운동 감지 장치는 모두 소나를 이용한 것이다.

초저음파란 무엇인가?

초음파는 사람이 들을 수 있는 진동수보다 높은 진동수를 가지는 음파를 말하는 반면, 초저음파는 사람이 들을 수 있는 최저 진동수인 20Hz보다 작은 진동수를 가지는 음파를 말한다. 0.001Hz의 초저음파는 지진이나 화산과 같은 자연 현상에서 발생하기도 하고 사람이 만든 장치에서 발생하기도 한다. 코끼리는 12Hz의 소리를 낼 수 있으며, 이를 이용하여 먼 거리에서도 서로 통신할 수 있다.

초저음파가 어떻게 토네이도를 예고할 수 있을까?

초저음파를 감지할 수 있는 음파 탐지기를 이용하여 토네이도를 연구하던 과학자들은 우연히 토네이도가 사람이 들을 수 있는 것보다 낮은 음을 낸다는 것으로 알게 되었다. 파이프 오르간과 매우 비슷한 토네이도는 회오리바람이 클 때는 낮은 소리를 내고 회오리바람이 작을 때는 높은 소리를 낸다. 토네이도가 내는 초저음파는 160km 떨어진 곳에서도 감지할 수 있기 때문에 토네이도를 경고할 더 많은 시간을 확보할 수 있다.

토네이도는 사람은 들을 수 없지만 기계를 이용하면 감지할 수 있는 초저음을 발생시킨다. 이것을 이용하면 수백 킬로미터 밖에서 다가오는 토네이도의 위험을 알 수 있다.

소리의 세기

소리의 세기는 무엇을 뜻하나?

소리의 세기는 음파가 매초 전달하는 일률을 면적으로 나눈 값이다. 일률은 매초 전달되는 총에너지의 크기를 나타내므로 소리의 세기는 단위 면적을 1초 동안 통과하는 소리의 에너지 크기를 나타낸다. 파동에 의해 전달되는 에너지는 진폭의 제곱에 비례한다. 음파의 경우에는 압력이 가장 큰 부분의 압력과 평균 압력의 차이가 진폭이다.

왜 소리는 멀어질수록 약해지는가?

음파는 좁은 통로를 따라 전파되지 않고 구면파의 형태로 주변 매질로 퍼져나간다. 음파의 총 에너지가 변하지 않는 한, 음파가 도달하는 면적이 늘어남에 따라 단위 면적당 에너지의 양은 줄어든다. 어떤 경우에는 소리 에너지의 일부가 열에너지로 전환되기도 한다. 때문에 거리가 멀어지면 에너지의 손실이 발생한다. 그러나 이로 인한 에너지 손실은 대개 매우 작다.

소리의 세기는 거리에 따라 얼마나 줄어드는가?

음파의 총에너지가 일정하게 유지되기 때문에 음파가 구형으로 퍼져나가 구면의 면적이 증가할수록 소리의 세기는 약해진다. 구면의 면적은 반지름의 제곱에 비례한다. 따라서 소리의 세기는 거리의 제곱에 반비례해서 줄어든다. 예를 들어 어떤 사람이 음원에서 1m 떨어져 서 있을 때, 소리의 세기를 1이라 하면 2m 떨어져 있는 경우에는 4분의 1이, 3m의 거리로 물러난다면 소리의 세기는 1m 떨어진 곳에서 들을 때의 9분의 1이 될 것이다.

소리의 세기는 항상 거리 제곱에 반비례해서 줄어드는가?

소리는 항상 균일하게 퍼지는 것이 아니다. 터널 속을 걸으면서 소리를 질러보면 쉽게 경험할 수 있을 것이다. 소리 지른 사람은 메아리를 들을 수 있고 터널 반대편에 있는 사람은 열린 공간에 있을 때보다 더 소리를 똑똑히 들을 수 있을 것이다. 과학 박물관에는 속삭임 방을 설치해놓은 곳이 많다. 속삭임 방은 타원 형태의 벽을 가지고 있다. 한 사람은 타원의 한 초점 위에 서 있고 다른 사람은 또 다른 초점 위에서 있으면 방 안에 있는 사람들이 크게 떠들어도 상대방의 속삭임을 바로 옆에서 듣는 것처럼 들을 수 있다. 빛이 광섬유를 통해 전달되는 것과 마찬가지로 소리도 바다에서 음향 도파관을 이용해 덜 퍼지면서 전달되도록 할 수 있다. 바닷물은 온도가 다른 층으로 나뉘어 있다. 소리의 속도는 물의 온도에 따라 달라진다. 차가운 물에서는 소리의 속도가 느리고, 따뜻한 물에서는 빠르게 전달된다. 차가운 물에서 전파되는 음파는 차가운 물과 따뜻한 물의 경계에서 다시 차가운 물로 반사된다. 따라서 소리가 널리 퍼지지 못하도록 한다. 이러한 통로를 음파 진동수 및 범위^{SOFAR, SOund Frequency And Ranging} 통로라고 부른다. 이것은 알래스카의 차가운 바다에서는 해수면 아래 100~200m에 위치하고, 하와이의 따뜻한 바다에서는 750~1000m 아래 위치한다.

데시벨은 무엇인가?

데시벨(dB)은 소리의 상대적인 세기를 나타내는, 국제적으로 인정된 단위다. 0데시벨은 사람이 들을 수 있는 가장 약한 소리 세기인 10^{-6}watts/cm^{2}를 나타낸다. 이것은 2×10^{-5}N/m^{2}에 해당하는 압력으로 대기 압력의 20억분의 1과 같은 압력이다. 사람의 귀는 이 정도의 압력을 감지할 정도로 민감하다. 데시벨은 로그 스케일이어서 데시벨의 값이 10 증가할 때마다 소리의 세기는 10배 강해진다. 예를 들어 소리의 세기가 30dB에서 40dB로 바뀌면 소리의 세기가 10배 더 강해졌다는 것을 의미한다. 따라서 소리의 세기가 30dB에서 50dB 바뀐 것은 소리의 세기가 100배 더 강해졌다는 것을 의미한다.

아래 표는 주변 환경에서 일반적으로 들을 수 있는 소리가 사람이 겨우 들을 수 있는 소리의 세기보다 얼마나 강한지를 나타낸다.

소리	강한 정도(배)	상대적 세기(dB)
력 상실	1×10^{15}	150
로켓 발사	1×10^{14}	140
제트 엔진(50m 떨어져)	1×10^{13}	130
견딜 수 있는 한계	1×10^{12}	120
록 음악	1×10^{11}	110
잔디 깎기	1×10^{10}	100
공장	1×10^{9}	90
오토바이	1×10^{8}	80
자동차	1×10^{7}	70
진공청소기	1,000,000	60
정상적인 연설	100,000	50
청도서관	10,000	40
귓속말	1,000	30
바람에 흔들리는 나뭇잎	100	20
숨쉬기(5m 떨어져서)	10	10
들을 수 있는 한계	0	0

청각을 보호하기 위한 기준이 있는가?

미국 연방 정부는 작업장에서 노동자를 보호하기 위한 기준을 정해놓고 있다. 이 기준에 의하면, 평균 소음이 90dB 이상인 곳에서 여덟 시간 이상 작업하는 노동자에게는 고용자가 청각 보호 장비를 지급해야 한다고 규정하고 있다. 때문에 학생들이 여름 방학 동안 소음 정도가 100dB인 잔디 깎기 아르바이트를 할 때 하루 여덟 시간 이상 일한다면 주인은 학생들에게 보호 장구를 제공해야 한다.

시끄러운 록 음악을 들은 후 귀가 계속 울리는 것은 무엇 때문인가?

시끄러운 록 음악 연주를 들은 후에 많은 사람들이 귀에 울리는 소리가 들리는 것 같다고 불평한다. 이것은 큰 소리로 인해 섬모가 손상을 입었기 때문에 나타난다. 이러한 울림은 보통 며칠 후 사라지지만 손상된 섬모 세포는 회복되지 않는다. 이러한 손상으로 인해 청력이 상실되기까지는 여러 해가 걸리겠지만 큰 소리에 반복해서 노출되면 매우 심각한 결과를 가져올 수도 있다.

사람이 견딜 수 있는 최고 데시벨 수준은 얼마인가?

사람이 견딜 수 있는 소리의 세기는 개인의 신체적 조건에 따라 다르지만 일반적으로 120dB에서 130dB 사이다. 이런 수준의 소음은 아주 시끄러운 록 콘서트에서나 제트 엔진 근처에서 경험할 수 있다.

시끄러운 록 콘서트에서 청각을 보호하려면 어떻게 해야 할까?

섬모의 손상을 방지하는 첫 번째 조치는 스피커에서 멀리 떨어지는 것이다. 스피커에서 멀리 떨어질수록 소리의 세기는 약해진다. 거리를 두 배로 하면 소리의 세기는 4분의 1로 줄어든다. 하지만 이것은 소리가 넓게 퍼질 수 있는 열린 공간에서나 그럴 뿐, 체육관이나 콘서트장과 같은 실내에서는 벽이나 천장에서 소리가 반사되기 때문에 거리에 따라 소리의 세기가 줄어들지 않는다.

귀를 보호하는 두 번째 방법은 귀로 들어오는 소리의 세기를 약하게 만드는 것이다. 록을 연주하는 사람이나 클래식을 연주하는 사람들은 청력 손상을 방지하기 위해 귀로 들어오는 소리의 진폭을 감소시켜주는 귀마개를 착용하는 경우가 많다. 귀마개를 착용하면 착용하지 않을 때보다 달팽이관 안에 들어 있는 유체가 섬모에 전달하는 에너지가 작아진다.

라이브 음악회에서 나는 큰 소리는 귀 안에 있는 청각 세포를 손상시켜 청력 손실을 유발할 수 있다. 스피커에서 멀리 떨어지면 손상을 줄일 수 있으며 연주자들은 종종 귀마개를 착용한다.

크게 들리는 것과 소리의 세기는 어떻게 다른가?

소리의 세기는 에너지에 의해 결정되는 물리적 성질이다. 크게 들리는 정도는 듣는 사람이 얼마나 크게 느끼는가 하는 주관적인 감각이다. 귀는 20Hz ~ 20kHz 사이의 진동수를 가진 소리라도 모든 진동수에 대해 같은 정도로 반응하지 않는다. 60dB의 소리도 어떤 진동수에서는 다른 진동수에서보다 크게 들릴 수 있다. 귀는 1 ~ 3kHz 사이의 진동수를 가진 음파에 가장 민감하고, 낮거나(20 ~ 100Hz) 높은(10 ~ 20kHz) 진동수에서는 민감도가 떨어진다. 귀는 나이를 먹으면서 모든 진동수에 대해 민감도가 떨어지며 그중에서도 5kHz 이상의 진동수에서는 현격하게 떨어진다. 크게 들리는 정도는 소리의 형태에 따라서도 달라진다. 한 가지 진동수의 음으로 이루어진 순수한 소리냐 여러 가지 진동수의 소리가 섞인 복잡한 소리냐에 따라 느끼는 감각이 달라지기 때문이다.

크게 들리는 정도는 소리의 세기가 10dB 높아질 때마다 두 배 커진다. 크게 들리는 정도는 손(sone)이라는 단위를 이용해 측정한다. 40dB에서 60dB 사이인 정상적인 대화의 크게 들리는 정도는 1 ~ 4sone이다. 90dB의 소리는 32sone로 들린다.

음향학

음향학이란 무엇인가?

음향학은 소리를 다루는 물리학의 한 분야다. 갈릴레이가 1600년대 초에 소리의 성질에 대해 설명한 이래 소리에 대한 연구가 이루어져왔지만 소리에 대한 놀라운 발전은 전자 음파 발생 장치와 측정 장치가 개발된 지난 수십 년 동안에 이루어졌다. 소리 자체에 대한 연구 외에도 음향학 분야에는 여러 개의 응용 분야가 있다. 이중에서 가장 중요한 분야는 말하기, 듣기, 건축 음향학, 음악 음향학이다.

건축 음향학이란 무엇인가?

극장, 콘서트홀, 교회, 교실, 방음실 등은 음향학적 성질을 고려하여 설계되고 지어져야 한다. 연사, 가수 또는 연주자들이 내는 소리가 실내의 모든 사람에게 잘 들리도록 하는 것이 매우 중요하다. 좋은 콘서트홀은 음악이 작은 방에서 연주되는 것처럼 느껴질 수 있어야 한다. 그러기 위해서는 생동감과 따뜻함을 느낄 수 있어야 한다. 소리는 깨끗해야 하고 청중은 소리가 어디서 나는지 알 수 있어야 한다. 홀 전체에서 소리가 균일하게 들려야 하고 무대에서 나는 소리는 청중이 듣는 순간에 섞여야 한다. 마지막으로 홀에는 에어컨이나 난방 시스템에서 나는 소리나 외부에서 들어오는 소음이 없어야 한다.

이런 목적을 달성하기 위해 음향학 엔지니어들은 홀의 크기와 모양뿐 아니라 바닥, 천장 그리고 벽에 사용되는 재질의 음향학적 성질도 고려해야 하고, 방 안에 있는 의자와 같은 물체의 재질에도 신경 써야 한다. 또한 청중과 공기 중의 수증기 양이 음향에 주는 영향까지 고려해야 한다. 일반적으로 콘크리트, 플라스틱, 나무, 타일과 같이 단단한 표면은 소리를 반사하고 카펫, 천, 천을 씌운 의자는 소리를 흡수한다. 정상파가 만들어지는 진동수에서는 소리가 일정하지 않기 때문에 정상파를 만들어낼 수 있는 홀의 모양이나 크기는 피해야 한다. 정상파가 만들어지면 어떤 위치에서는 크게 들리고 어떤 위치에서는 작게 들릴 것이다.

잔향 시간이란 무엇인가?

소리의 잔향 시간은 반사음의 세기가 처음 소리의 세기보다 60dB 정도, 즉 100만 분의 1로 감소하는 데 걸리는 시간을 말한다. 잔향 시간이 길수록 벽이나 다른 표면에서 반사된 소리가 오랫동안 남는다. 반대로 잔향 시간이 작을수록 더 적은 메아리를 들을 수 있다.

음향학에서 잔향 시간은 어떤 역할을 하는가?

잔향 시간은 콘서트홀에서 들을 수 있는 소리의 질을 결정하는 중요한 요소다. 그래서 음향 엔지니어들은 콘서트홀이 1초와 2초 사이의 잔향 시간을 가지도록 조심스럽게 설계한다. 연설을 위한 방은 1초 이하의 잔향 시간을 가지고 있어야 하고, 극장은 1초보다 조금 긴 잔향 시간을, 오르간 음악을 위해 설계된 방은 2초 정도의 잔향 시간을 가져야 한다. 중간 음이나 고음의 잔향 시간이 너무 짧으면 소리가 곧바로 줄어들어 '건조하게' 느껴진다. 저음은 더 긴 잔향 시간을 필요로 한다. 그러나 체육관처럼 잔향 시간이 너무 길면 반사된 소리가 새로운 소리와 간섭을 일으켜 음악을 뚜렷하게 들을 수 없도록 하고, 연사의 이야기를 알아듣기 힘들게 된다.

반사되거나 흡수되는 양은 어떻게 정해지나?

좋은 소리 흡수재는 공기와 새로운 매질 사이의 임피던스 매치를 잘하는 재료다. 반면에 좋지 않은 소리 흡수재는 매우 다른 임피던스를 가지고 있어 소리를 주변으로 다시 반사한다. 일반적인 소리 흡수재(흡음재)는 소리가 잘 파고들 수 있고, 소리의 에너지를 재료의 열에너지로 전환할 수 있도록 다양한 크기의 구멍을 가지고 있는 물질이다.

어떤 물질이 소리의 흡수재로 적당한가?

물질에 따라 가장 잘 흡수하는 진동수의 소리가 있지만 일반적으로 가장 좋은 소리 흡수재는 연한 재료다. 펠트 천이나 카펫, 옷감, 폼, 코르크는 음파의 임피던스 매치를 하여 반사되는 소리를 최소화한다. 반면에 콘크리트, 벽돌, 세라믹 타일, 금속과 같은 물질은 소리를 잘 반사한다. 체육관(단단한 나무 바닥과 콘크리트 벽 그리고 금속 천장으로 이루어진)이 상대적으로 긴 잔향 시간을 가지고 있는 것은 이 때문이다. 천을 씌운 의자, 카펫을 깐 바닥, 긴 천을 늘어뜨린 벽을 가진 콘서트홀은 상대적으로 짧은 잔향

음을 흡수하는 표면이 두둘두둘한 폼 패널이 반향을 줄이기 위해 녹음실에 사용되고 있다.

시간을 가지고 있다. 사람도 효과적으로 소리를 흡수한다. 따라서 사람으로 가득 찬 콘서트홀은 텅 빈 콘서트홀과는 다른 음향학적 성질을 가진다.

콘서트홀의 최적 형태는 무엇일까?

콘서트홀은 과학, 공학, 예술 그리고 정치의 산물이다. 정치가 중요한 것은 콘서트홀 건립을 위해 돈을 쓰는 사람들의 의도를 만족시키는 콘서트홀을 지어야 하기 때문이다. 예를 들어 뉴욕 링컨 센터에 있는 필하모닉 홀의 역사는 콘서트홀의 정치적 영향을 잘 보여준다. 이 홀은 원래 보스턴 심포니 홀처럼 길고 좁게 설계되었다. 그러나 한 신문사에 의해 주도된 캠페인에서 홀이 적어도 2400석 이상이 되어야 한다고 주장했고, 따라서 건축가들은 홀을 넓혔다. 그러나 1962년에 완공되었을 때 비평가들은 소리가 좋지 않다고 불평했다. 더 넓은 홀은 충분한 초기의 반사음을 내지 못해 소리가 매우 건조하게 들렸다. 그래서 천장에 음향 반사판을 매달았지만 반사판에서 반사된 소리는 너무 지연되어 효과적이지 못했다. 또 다른 문제는 무대 위의 연주자들

이 다른 사람의 연주를 들을 수 없다는 것이었다.

1973년에 피셔^Avery Fischer가 1000만 달러를 기부해 홀을 전체적으로 개조하여, 현재 홀의 이름은 그의 이름을 따서 부르고 있다. 이 개조는 음향을 개선시켰지만 큰 무대로 인해 저음의 세기가 줄어들었고 초기의 반사가 너무 강했다. 그래서 무대 위의 표면을 휘게 만들고 단단한 단풍나무 바닥재를 사용해 저음 문제를 해결했다. 3만 개의 막대로 이루어진 반사판도 벽에 설치되었다.

클래식 음악 연주와 오페라 외의 대부분의 연주자들은 전자 앰프를 사용한다. 큰 스피커를 홀 전체에 분산 배치할 수 있으며, 다른 진동수에 대한 반응을 조절하여 홀 전체에서 최적의 상태를 만들 수 있기 때문이다. 또한 무대에서 멀리 있는 스피커에 신호가 도달하는 시간을 지연시켜 홀 안의 모든 스피커에서 동시에 같은 소리가 나오도록 할 수 있을 뿐만 아니라 언제든 배치나 구조를 바꿀 수 있어 어떤 형태의 용도에도 최고의 음향학적 상태를 만들 수 있다.

음향학 전공 물리학자가 설계한 최초의 콘서트홀은?

물리학자 새빈^Wallace Clement Sabine, 1868~1919이 설계한 보스턴 심포니 홀이 오케스트라가 내는 음을 강화하기 위한 목적으로 특별히 설계된 콘서트홀이다. 1890년대에 이 홀을 설계한 새빈은 소리의 세기와 흡수, 잔향 시간의 관계를 발견했다. 반사음은 음악을 강화시키기도 하고 망치기도 한다. 새빈은 소리가 난 뒤 바로 뒤따르는 강한 반사음은 소리를 강화시키지만 소리가 음원과 청중의 중간에서 반사되면 원음과 반사음 사이의 시간 차이가 커 음악의 질이 저하된다는 것을 알아냈다.

1900년에 완공된, 새빈이 설계한 보스턴 심포니 홀은 음향의 질에서 좋은 평가를 받았다. 보스턴 심포니 홀은 소리를 흡수하는 재료의 적절한 선택과 소리를 반사하는 재료를 적절히 배치하여 목적을 달성할 수 있었다. 소리를 반사하는 재료(반사율이 큰 재료)를 사용해 초기 음향을 강하게 반사하도록 하는 것이 목적이었고, 소리를 흡수하는 재료를 사용한 것은 높은 천장이나 홀 뒤에 있는 벽에서 반사된 소리의 에너지를 흡수하기 위해서였다.

음악 음향학

진동수는 소리의 세기와 마찬가지로 물리적인 성질이다. 음의 높이는 소리의 크게 들리는 정도와 마찬가지로 귀와 뇌가 소리를 인식하는 것을 말한다. 소리의 높이는 기본적으로 진동수에 의해 결정된다. 그러나 크게 들리는 정도는 뒤에서 이야기하게 될 음색에 따라서도 달라진다. 사람의 귀는 두 음을 비교하여 높낮이를 결정한다. 사람은 두 음의 비율이 같을 때 두 음의 높이 차이가 같다고 느낀다. 예를 들면 한 옥타브 차이가 나는 두 음의 진동수의 비는 2이다. 일반적으로 사용되는 코드에서 음 사이의 진동수 비는 3:2, 4:3, 5:4 등이다. 같은 이유로 귀가 느끼는 100Hz의 음과 150Hz의 음 사이의 간격과 1000Hz와 1500Hz 음 사이의 간격은 같다.

하나의 진동수가 아니라 여러 개의 진동수다. 그 이유를 이해하기 위해 기타, 피아노, 바이올린과 같은 현악기를 생각해보자. 현을 튕기거나 때리거나, 활로 켜면 현이 진동하며 앞뒤로 줄을 흔들 때와 마찬가지로 현에서도 정상파가 생긴다. 흔드는 진동수를 달리하면 여러 가지 다른 진동수로 진동하게 할 수 있다. 가장 작은 진동수를 가진 진동은 양끝이 마디가 될 때다. 이 진동수보다 두 배의 진동수를 가지는 진동에서는 양끝과 가운데 지점에 마디가 만들어진다. 가장 작은 진동수의 세 배의 진동수를 가지는 진동에서는 마디가 양끝과 3분의 1이 되는 지점, 그리고 3분의 2가 되는 지점에 만들어진다.

현악기의 현을 튕기거나 때리면 어느 지점을 튕겼느냐에 따라 동시에 앞에서 이야기한 여러 가지 모드로 진동한다. 가장 작은 진동수를 기본 진동수라고 부른다. 현의 끝에서 4분의 1 되는 지점을 튕기면 현은 기본 진동수의 2, 3, 4, 6, 7배의 진동수를 가지고 진동한다. 기본 진동수보다 높은 진동수는 배음이라고 부른다. 예를 들어 기본 진동수가 256Hz라면 두 번째 배음의 진동수는 512Hz이고 세 번째 배음의 진동수는 728Hz이며 네 번째 배음의 진동수는 1024Hz이다.

현의 진동에 의해 만들어지는 소리는 매우 약하다. 현악기에서는 현이 다리를 지나가는데 다리가 악기 몸 위에 있는 판에 진동을 전달한다. 진동수가 작은 소리는 공기를 진동하게 하고 기타의 아래 판을 진동시킨다. 공기의 진동에 의한 소리는 위판에 있는 소리 구멍을 통해 주변의 공기 속에 퍼져나간다. 기본 진동수를 가진 진동의 진폭이 가장 크다. 배음들의 상대적인 진폭은 현뿐 아니라 악기의 크기와 모양에 따라서도 달라진다. 전자 기타는 전자기학을 이야기하는 부분에서 다룰 예정이다.

배음의 상대적인 세기는 악기에 따라 달라진다. 악기가 만드는 소리의 스펙트럼은 이러한 상대적인 진폭의 크기에 따라 달라진다. 소리의 스펙트럼을 소리의 질 또는 음질이라고 부른다. 음질은 소리가 어떻게 시작하고 끝나는지에 의해서도 달라진다.

플루트, 색소폰, 트럼펫과 같은 관악기는 어떻게 소리를 내는가?

관악기는 관 안에 들어 있는 공기가 진동한다. 그러므로 연주자는 공기가 진동하도록 만들어야 한다. 음료수 병의 입구를 불어 소리를 내본 적이 있을 것이다. 바람을 불면 공기의 일부가 병 안으로 들어간다. 증가된 공기의 압력이 병 바닥에 의해 반사되어 병 입구로 돌아온다. 이 과정이 되풀이되면 병의 깊이에 따라 달라지는 진동수의 소리를 내게 된다. 공기를 불어넣는 에너지가 병 안의 공기의 진동 에너지로 바뀐 것이다.

플루트도 비슷한 방법으로 소리를 낸다. 연주자는 플루트 옆에 있는 구멍을 통해 바람을 불어넣는다. 플루트의 다른 끝은 열려 있다. 관 안의 임피던스와 실내 공기의 임피던스가 다르기 때문에 음파는 반사된다. 플루트의 스펙트럼에는 모든 배음이 포함되어 있다. 만약 연주자가 세게 바람을 불면서 입술의 위치를 바꾸면 한 옥타브 또는 두 옥타브 위의 음을 연주할 수 있다. 다시 말해 플루트의 기본 진동수가 두 배 또는 네 배 증가한다.

플루트와 다른 목관 악기의 진동수는 악기 옆에 있는 구멍을 열어서 바꿀 수 있다. 관의 길이를 짧게 하면 진동수가 증가한다.

색소폰이나 클라리넷은 리드라고 부르는 얇은 나뭇조각이 진동을 만들어낸다. 연주자는 리드 사이에 있는 좁은 틈과 마우스피스를 통해 공기를 불어넣는다. 공기의 펄스가 악기 끝에서 반사되어 리드로 돌아와 리드를 밀어서 열리게 한 다음 공기 펄스가 들어오도록 한다. 오보에나 바순처럼 두 개의 리드를 가지고 있는 악기도 같은 방법으로 작동한다. 클라리넷은 원통과 같은 모양을 하고 있다. 클라리넷의 스펙트럼은 1, 3, 5, 7 등과 같은 홀수의 배음만 포함하고 있다. 클라리넷은 마우스피스 근처에 작은 구멍을 뚫어놓으면 기본음의 진폭을 현저히 줄어들게 하여 높은 음역에서도 연주가 가능하다. 새로운 음은 한 단계 낮은 음역보다 1.25옥타브 높은 음역이 된다. 색소폰은 원통형이 아니라 원뿔 모양이다. 따라서 스펙트럼에 모든 배음이 포함되어 있다. 그리고 음역의 키를 열면 음을 한 옥타브 높일 수 있다.

나팔, 트럼펫, 트롬본, 프랑스 혼 또는 다른 금관 악기는 연주자의 입술이 진동을 만들어낸다. 입술이 밸브와 같은 역할을 하여 공기의 펄스를 악기 안으로 불어넣고 이것이 관 안의 공기 진동을 만든다. 금관 악기의 경우에는 기본음이 없다. 입술의 강도를 조절하여 연주자는 2, 3, 4배음 등의 소리를 만들어낼 수 있다. 금관 악기의 밸브들은 관의 길이를 늘려 음을 낮출 수 있다. 트롬본의 경우에는 관의 길이를 연속적으로 변화시켜 어떤 진동수의 음도 연주할 수 있다. 금관 악기의 스펙트럼은 음과 소리의 크기에 따라 크게 달라진다. 더 크게 연주할수록 더 높은 배음이 더 많은 에너지를 가진다.

신서사이저는 어떻게 악기 소리를 내나?

신서사이저는 파동을 만들어내고, 변형하고, 다양한 형태로 결합하여 복잡한 소리를 만들어내는 전자 기기다. 종종 음악가들이 피아노 형태의 키보드를 이용해 음을 선택한다. 신서사이저는 전자 회로를 이용해 음을 만들어내거나 소프트웨어를 이용하여 디지털 숫자를 전압으로 바꾸는 전자 회로를 제어한다. 일부 신서사이저는 음을 선택할 때 키보드가 아니라 컴퓨터를 이용하기도 한다. 컴퓨터는 MIDI 인터페이스를 통해 전자 회로를 제어한다. 합성된 소리를 만들어내는 가장 일반적인 방법은 주파수 변조 신서사이저를 사용하는 것이다. 이 방법을 이용하면 실제 악기보다 더 높은 배음을 만들어낼 수 있다. 악기는 고유한 시작 방법, 지속 시간, 끝나는 방법이 있다. 시작하는 방법은 진폭이 얼마나 빨리 0에서 정상적인 진폭으로 올라가느냐를 나타내고, 지속 시간은 얼마나 오랫동안 진폭이 같은 높이로 유지되느냐를 말하며, 끝나는 방법은 진폭이 어떻게 줄어드는지를 나타낸다.

사진과 같은 일부 합성기는 음을 선택하기 위해 키보드를 사용한다. 컴퓨터를 이용해 음을 선택할 수도 있다. 합성기는 주파수 변조를 통해 다양한 악기의 소리를 만들어낼 수 있다.

신서사이저는 수백 가지의 다른 소리를 만들어낼 수 있고, 사람의 목소리도 만들어낼 수 있다.

사람의 목소리는 관악기가 내는 소리와 어떻게 비슷한가?

사람의 목소리는 성대가 진동하여 나온다. 성대는 비교적 낮은 진동수인 125Hz로 진동한다. 성대의 진동은 목구멍과 입안에 있는 공기를 진동시킨다. 입의 크기와 모양 그리고 혀의 위치를 바꿈으로써 소리의 진동수나, 배음의 상대적인 세기를 바꿀수 있다. 스스로 실험해보기 바란다. 같은 음으로 다섯 개의 모음 '아, 에, 이, 오, 우'를 발음해보자. 다른 모음을 발음하기 위해 입 모양과 혀의 위치를 어떻게 바꾸는지 확인해보자.

상음과 배음은 어떻게 다른가?

배음은 기본 모드의 정수배인 진동 모드를 말한다. 첫 번째 배음이 기본 진동수다. 두 번째 배음은 기본 진동수의 두 배다. 종과 같은 악기는 기본 진동수의 정수배로 진동하지 않는다. 이런 악기가 내는 기본 진동수보다 높은 진동수의 소리를 상음이라고 한다. 상음은 배음을 포함하지만 배음은 상음을 포함하지 않는다. 또 다른 점은, 첫 번째 상음이 기본음이 아니라 두 번째 배음이 첫 번째 상음이 된다는 것이다.

소리의 스펙트럼은 파동의 형태와 어떤 관계가 있는가?

프랑스 수학자이며 물리학자였던 푸리에<small>Jean Baptiste Fourier, 1768 ~ 1830</small>는 다양한 분야에서 여러 가지 발견을 했다. 그중에는 온실 효과도 포함되어 있다. 그는 또한 푸리에 급수와 푸리에 변환을 만들어 다양하게 응용할 수 있도록 했다. 푸리에 정리는 모든 주기적으로 반복되는 파동 형태는 기본 진동수와 배음으로 이루어진 특정한 진동수를 가지는 파동을 이용해 만들 수 있다는 것이다. 물론 그 반대도 성립한다. 진폭이 적당한 값을 갖고 진동수가 f, $2f$, $3f$, ……인 파동들을 합하면 복잡한 형태의 파동을 만들수 있다. 푸리에의 분석을 이용해 악기가 내는 파동의 형태를 기록한 후 그것을 구성하고 있는 배음의 진폭을 정하면 그것이 스펙트럼이다.

오늘날에는 푸리에 분석을 하기가 아주 쉽다. 대부분의 컴퓨터에는 마이크로폰이 내장되어 있거나 외부 마이크로폰을 연결할 수 있다. 인터넷에서 무료로 프로그램을 내려받아 설치하면 마이크로폰을 통해 들어온 소리의 스펙트럼을 보여줄 것이다.

차음이란 무엇인가?

차음은 두 가지 다른 진동수를 가진 음이 섞여 만들어낸 진동수를 말한다. 이러한 섞임은 기기가 비선형적일 때만 가능하다. 그것은 출력이 입력의 정수배가 아니라는 뜻이다. 장난감으로 사용하는 호적 두 개를 이용하여 차음을 만들 수 있다. 두 호적을 모두 입에 넣고 세게 불어보라. 길이를 조절하여 두 음이 같아지게 한 뒤 하나의 호적을 조절해보자. 한 호적의 음을 다른 호적의 음으로부터 멀어지게 하면 낮은 음을 들을 수 있다. 두 호적의 음이 멀어질수록 차음의 진동수는 커진다. 예를 들어 높은 음의 진동수가 812Hz이고, 낮은 음의 진동수가 756Hz라면 차음의 진동수는 144Hz이다. 이 경우 비선형적인 기기는 우리의 귀다.

미친 듯한 소란스러움은 음악인가 소음인가?

음악과 소음은 개인의 취향에 따라 결정되는 상대적인 개념이다. 그러나 과학자들은 음악은 구별 가능한 진동수를 가진 음들의 조합으로 이루어진 명확한 피크를 가지는 스펙트럼이 있어야 한다고 보았다. 반면에 소음은 넓은 범위의 다른 파장의 소리가 섞여 있다. 소음은 어떤 진동수의 음도 더 큰 진폭을 가지고 있지 않다. 백색 소음은 모든 진동수의 음이 거의 같은 진폭을 가진다. 그러나 '보라색 소음'은 진동수가 작은 저음의 진폭이 크고, 진동수가 큰 고음의 진폭이 작다.

소음 공해

과거에는 소음 공해를 소리의 세기가 너무 커서 청각에 손상을 입힐 정도가 되는 경우에만 건강에 영향을 주는 것으로 생각했다. 그러나 지난 수십 년 동안의 연구는 소음에 오랫동안 노출되면 특히 어린이들 건강에 심각한 이상 — 청력 상실을 포함해 — 을 일으킬 수 있다는 것을 발견했다. 일정한 수준의 소음(낮은 수준이라도)도 스트레스를 주어 고혈압, 불면증, 정신 장애, 심지어는 어린이들의 기억력과 사고력 장애를 유발할 수 있다. 독일에서 진행된 한 연구에 의하면 뮌헨 공항 부근에 살고 있는 어린이들은 높은 수준의 스트레스를 받고 있으며, 이로 인해 공부하는 능력에 손상을 입었다. 하지만 공항에서 멀리 떨어진 곳에 살고 있는 어린이들에게서는 이런 문제가 발견되지 않았다.

세계 보건 기구는 잠을 자는 동안에는 소음을 35dB 이하로 할 것을 권고했다. 이에 따라 각국 정부는 주거 지역과 업무 환경의 소음 수준을 규제하기 시작했다. 예를 들면 네덜란드에서는 소음 수준이 50dB 이상인 곳에는 새로운 주택을 짓지 못하도록 하고 있다. 미국에서는 90dB이 넘는 소음에 하루 여덟 시간 이상 노출되는 노동자에게 청각 보호 장구를 지급하도록 하고 있다.

소음 공해를 줄이기 위해 어떤 방법이 사용되고 있는가?

소음은 스트레스를 유발하여 건강상의 문제를 만들기 때문에 전 세계 산업체와 정부들은 소음을 줄이기 위해 노력하고 있다. 특히 인구 밀도가 높은 지역에서 이런 노력이 집중되었다. 공항 주변의 소음을 줄이는 방법 중 하나는 항공기들이 사람들이 적게 사는 지역을 통과하도록 항공기의 접근로를 재조정하는 것이다. 도로를 따라 있는 주택이나 건물로 향하는 소리를 반사하거나 흡수할 수 있는 방음벽이 고속 도로변을 따라 설치되었다. 오스트리아, 벨기에와 같은 나라에서는 소음을 5dB이나 줄이는 콘크리트로 도로를 포장하고 있다. 스웨덴의 엔지니어들은 고무 분말을 이용해 도로를 포장하여 소음 수준을 10dB이나 낮추었다.

능동적 소음 제거는 무엇인가?

능동적 소음 제거(ANC)는 소음과 반대되는 음파를 만들어 소음을 소멸시키는 방법이다. ANC 헤드셋은 소음을 감지하는 하나 혹은 두 개의 마이크로폰, 파동을 뒤집는 전자 회로, 헤드셋 드라이버로 구성되어 있다. 낮은 진동수의 소음은 높은 진동수의 소음보다 효과적으로 제거할 수 있다. 따라서 높은 진동수의 소음은 수동적인 소음 제거 방법을 사용해야 한다. 그 결과 헬리콥터, 제트 엔진, 자동차 머플러에서 나는, 진동수가 낮은 소음은 ANC를 이용해 통제할 수 있지만 제트 엔진에서 나오는 것과 같은 진동수가 높은 소음은 제거하는 데 큰 어려움이 있다.

소음 방지 헤드폰을 사용하면 소음이 아닌 다른 사람의 말이나 음악은 들을 수 있을까?

능동적 소음 제거의 목적은 소음의 파동과 반대되는 파동을 만들어 간섭 현상을 이용, 소음을 제거하는 것이다. 이를 통해 소음 수준을 낮출 수 있으므로 다른 소리는 더 쉽게 들을 수 있다. 소비자들은 ANC 기술을 이용한 헤드셋을 구입할 수 있는데, 이것을 사용하면 소음은 줄이면서도 시끄러운 곳에서도 다른 사람과 쉽게 대화를 나눌 수 있다.

이 새로운 기술 덕분에 공장 노동자나 헬리콥터 조종사가 더 쉽게 통신할 수 있게 되었고, 소음으로 인한 스트레스를 줄일 수 있게 되었다. 또한 ANC 헤드폰을 이용해 비행기의 소음을 줄이거나 없앨 수 있으므로 항공기 승객들은 음악을 감상할 수 있게 되었다.

음향 심리학은 무엇인가?

음향학과 심리학을 연결하는 음향 심리학은 마음이 음향에 어떻게 반응하는지를 다루는 학문이다. 소비자들은 특정한 소리를 특정한 상품이나 감정과 연관 짓기 때문에 이 분야는 소비재 생산에 특히 중요하다. 예를 들어 사람들은 낮은 진동수로 우르르 하는 소리는 힘이나 토크가 가해지는 것과 연관 짓고, 진동수가 높은 소리는 빠른 속도나 사고를 나타낸다. 음향 심리학은 많은 생산품의 발전과 상업적인 성공을 위해 중요한 역할을 한다.

빛

광학이란 무엇인가?

광학은 빛의 성질과 응용 방법을 연구하는 학문 분야다. 광학은 빛뿐 아니라 마이크로파, 적외선, 자외선, 엑스선을 포함한 전자기파의 전체 스펙트럼을 다룬다.

고대에는 빛을 어떻게 생각했는가?

빛의 속도는 무한대일까, 아니면 유한한 값일까? 빛은 눈에서 나오는 것일까, 아니면 눈으로 들어가는 것일까? 이런 질문은 여러 세기 동안 논의되었다. 고대 그리스의 아리스토텔레스는 빛이 움직이지 않는다고 주장했다. 알렉산드리아의 헤론$^{\text{Heron of Alexandria, ?~?}}$은 눈을 뜨자마자 별이나 태양을 볼 수 있는 것으로 보아 빛은 무한대의 속도로 이동한다고 주장했다. 엠페도클레스$^{\text{Empedocles, B.C. ?490~?430}}$는 무엇인가가 움직이고 있으며, 움직이는 것은 유한한 속도로 움직여야 한다고 주장했다. 유클리드$^{\text{Euclid, B.C. 330~275}}$와 프톨레마이오스$^{\text{Ptolemaeos, ?~?}}$는 우리가 어떤 것을 보기 위해서는 눈에서 빛이 나와야 한다고 했다. 1021년에 알하젠$^{\text{Alhazen, Ibn al-Haitham, ?965~?1039}}$은 빛이 물체에서 눈으로 이동한다는 것을 증명하는 실험을 했고, 빛은 유한한 속도로 이동한다고 주장했다. 같은 시기에 알 비루니^{al-Biruni,} ^{973~1048}는 빛의 속도가 소리의 속도보다 빠르다는 것을 지적했다. 터키의 천문학자 알딘^{Taqi al-Din, 1521~1585} 역시 빛의 속도는 유한하다고 주장하면서, 굴절을 설명하기 위해 밀한 매질에서는 속도가 느려진다고 했다. 그는 색깔에 대한 이론을 발전시켰고 반사를 올바르게 설명하기도 했다.

1600년대에 독일의 천문학자 케플러^{Johannes Kepler, 1571~1630}와 프랑스의 철학자이

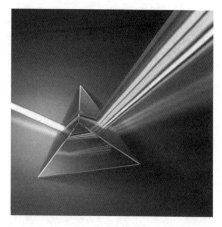

뉴턴은 흰색을 여러 가지 색깔의 빛으로 분산하는 데 프리즘을 사용했다. 그는 자신의 발견을 담은 《색깔의 이론》을 펴냈다.

며 수학자이자 물리학자였던 데카르트^{René Descartes, 1596~1650}는 빛의 속도가 무한하지 않다면 월식 때 태양, 달, 지구가 일직선으로 배열하는 것이 아니라고 주장했다. 이러한 잘못된 생각들에도 불구하고 1604년에 케플러가 출판한 《천문학의 과학적인 부분》은 광학 분야를 탄생시키는 역할을 했다. 그는 역제곱의 법칙과 바늘구멍 사진기의 원리, 평면 거울과 오목 거울에서의 반사를 설명했다. 케플러는 또한 일식과 월식 그리고 별들의 겉보기 위치에 미치는 대기의 영향을 이해했다. 스넬^{Willebrord van Roijen Snell, 1580~1626}는 1621년에 굴절의 법칙(스넬의 법칙)을 발견했다. 그 직후 데카르트는 스넬의 법칙을 이용하여 무지개가 생기는 것을 설명했다. 하위헌스^{Christiaan Huygens, 1629~1695}은 광학에 관련된 중요한 책을 쓰고 빛이 파동이라고 주장했다. 프리즘을 이용한 실험에서 뉴턴은 빛을 여러 색깔로 분산시키고 빛에 대한 자신의 이론을 담은 《색깔의 이론》을 1672년에 출판했다. 그는 망원경의 렌즈가 상에 색깔을 나타나게 하는 원인이라 생각하고 오목 거울을 이용한 반사 망원경을 발명하여 이 문제를 해결했다. 뉴턴은 빛은 무게가 없는 미립자로 이루어졌다고 믿었다.

1665년, 그리말디^{Francesco Grimaldi, 1618~1663}는 가느다란 구멍이나 격자 또는 경계를 통과하는 빛이 어떻게 굴절하는지를 설명하는 책을 출판했다. 1803년에 토머스 영

Thomas Young, 1773~1829은 하나 또는 두 개의 슬릿을 이용한 실험을 통해 빛의 굴절과 간섭을 설명했다. 프레넬Augustin Jean Fresnel, 1788~1827과 푸아송Siméon Poisson, 1781~1840은 이론적 연구와 실험을 병행하여 1815년과 1818년에 빛의 파동 이론의 든든한 기초를 마련했다.

빛에 대한 현대의 생각은 무엇인가?

영, 푸아송, 프레넬의 연구와 후에 맥스웰과 헤르츠의 연구 덕분에 빛은 인간의 눈이 감지할 수 있는 전자기파라는 것을 알게 되었다. 가시광선은 스펙트럼에서 적외선과 자외선 사이에 위치한다. 이때 사람이 가진 시각의 한계가 빛의 상단과 하단을 결정한다. 사람의 눈이 감지할 수 있는 가장 낮은 진동수는 4×10^4Hz로 파장은 700nm(700×10^{-9}m)이다. 가장 높은 진동수는 7.9×10^{14}Hz로 파장은 400nm이다. 빛을 이야기할 때는 진동수보다 파장을 더

투명한 LED의 확대 사진. LED는 레이저 포인터에 사용되는 물질을 사용하며 백열전구보다 에너지 효율이 좋다.

많이 이야기한다. 그것은 불과 30여 년 전까지는 파장만을 측정할 수 있었기 때문인데, 진동수는 너무 커서 직접적인 방법으로 측정하는 것이 가능하지 않았다.

빛은 횡파가 가지는 모든 성질을 가지고 있다. 따라서 빛은 에너지와 운동량을 전달할 수 있다. 또한 중첩의 원리를 만족시키고, 굴절과 간섭을 일으킨다. 그러면서도 빛은 질량이 없는 입자의 성질도 가지고 있다.

매질 속에서 직선을 따라 일정한 속도로 진행하는 동안 에너지와 운동량을 전달할 수 있다. 빛의 실체(파동, 입자 아니면 둘 다)에 대한 완전한 기술은 '세상은 무엇으로 만들어졌는가?' 부분에서 다룰 예정이다.

빛은 어떻게 발생하는가?

뜨거운 물체가 빛을 내는 것을 보았을 것이다. 전기난로의 가열된 코일에서 나오는 붉은색 빛이나 전기 오븐에서 나오는 오렌지색의 빛, 또는 백열등의 빛나는 필라멘트에서 나오는 밝은 노란색 빛은 모두 뜨거운 물체가 내는 빛이다. 물체가 타면서 불꽃이 내는 노란색 빛도 높은 온도로 가열된 탄소 입자들이 내는 빛이다. 에너지, 특히 화학 에너지 형태로 저장되었던 에너지가 열에너지로 전환되고, 이 에너지가 빛을 포함한 복사선을 통해 주변으로 전해지는 것이다. 불행하게도 이런 방법으로 만들어지는 빛은 매우 비효율적이어서 에너지의 97%는 눈으로 볼 수 있는 빛이 아니라 적외선으로 방출되어 주변 환경의 온도를 높인다. 이런 대량의 에너지 소모로 인해 많은 나라에서는 가까운 장래에 백열등의 사용을 제한하려 하고 있다.

기체나 고체도 빛을 낼 수 있다. 네온사인은 전기 에너지가 빛 에너지로 바뀌어 빛을 내는 예다. 밝은 빛을 내는 램프는 나트륨이나 수은 증기를 이용해 빛을 낸다. 형광등은 전기 에너지로 수은 원자를 들뜬상태로 만들어 빛을 낸다. 이 원자들이 내는 자외선은 램프 안쪽에 발려 있는 형광 물질에 흡수되고 형광 물질이 가시광선을 낸다. 형광 물질을 바꾸면 여러 가지 다른 색깔의 빛을 내게 할 수 있다. 형광등은 전기 에너지의 15% 정도를 빛 에너지로 바꾼다.

CD나 DVD 플레이어, 슈퍼마켓 바코드 스캐너, 지시봉 등에서 사용하는 레이저는 갈륨, 비소, 알루미늄과 같은 원소의 혼합물로 이루어진 작은 결정을 이용하여 빛을 낸다. 레이저는 한 가지 색깔의 빛만 내며 에너지 밀도가 높고, 지향성이 있어 한 방향으로만 전파된다. 각종 스위치 표시 장치, 교통 신호, 자동차 표시등에 사용되는 LED도 레이저를 발생시키는 데 사용된 물질과 비슷한 종류의 물질을 이용하여 전기 에너지를 빛 에너지로 바꾼다. 가정에서 조명으로 사용하기 시작한 백색 LED는 생산 단가가 비싸지만 형광등보다 에너지 효율이 높고 수명이 길다.

빛은 에너지를 가지고 있기 때문에 빛을 감지하는 장치는 빛 에너지를 다른 형태의 에너지로 바꾸어야 한다. 대부분의 경우 빛 에너지를 전기 에너지로 바꿀 수 있다. 뒤에서 자세히 다루겠지만 눈에서는 빛이 시세포라고 하는 분자에 충돌한다. 빛을 흡수하면 분자의 모양이 변하고 이것이 시신경으로 보내는 전기 신호를 만들어낸다. 디지털카메라에 사용되는 광센서에서는 빛이 반도체에 흡수되면 하나 또는 두 개의 전자가 방출된다. 이 전자들이 가지고 있는 전하가 전압을 발생시키고 그것은 디지털 신호로 전환된다. 사진 필름에서는 은과 염소, 브롬 또는 요오드를 포함하고 있는 분자가 사용된다. 빛이 이 분자에 충돌하면 빛의 에너지가 전자로 전달된다. 따라서 분자가 분해되어 작은 크기의 은 결정만 남게 된다.

빛의 속도

빛의 속도를 측정하기 시작한 것은 언제부터인가?

1638년에 갈릴레이는 빛의 속도를 측정하는 방법을 제안했다. 갈릴레이가 램프를 들고 있고 그의 조수가 멀리 떨어져서 다른 램프를 들고 있도록 했다. 갈릴레이가 램프 덮개를 벗기면 그 불빛을 보는 순간 조수도 램프 덮개를 벗기도록 했다. 갈릴레이에게서 출발한 빛이 조수에게 도달했다가 되돌아오는 시간을 측정하여 빛의 속도를 결정하기 위한 실험이었다. 갈릴레이는 이 실험을 1638년 이전에 행했다고 주장했지만 실험 결과에 대한 기록은 남아 있지 않다. 1667년에 이탈리아에 있는 피렌체의 과학 아카데미에서는 1.6km 떨어져 있는 두 사람을 이용하여 이 실험을 한 뒤 측정 가능한 시간적 차이를 발견할 수 없다고 보고했다. 그것은 빛의 속도가 매우 빠르다는 것을 의미하는 것이었다.

실험실에서 최초로 빛의 속도를 측정한 사람은 피조^{Hippolyte Fizeau, 1819~1896}였다.

1849년에 그는 빠르게 회전하는 톱니바퀴의 톱니 사이를 지나갔다가 8km 떨어져 있는 거울에서 반사되어 돌아오는 빛을 이용해 빛의 속도를 측정했다. 톱니바퀴의 골을 통과한 빛이 거울에 반사되어 돌아와 다음번 골을 통과할 때까지 톱니바퀴의 속도를 증가시키면 반사되어 돌아온 빛을 톱니바퀴 뒤에서 볼 수 있다. 피조는 이 실험을 통해 빛의 속도는 31만 5000km/s라는 결론을 얻었다. 푸코[Jean Foucault, 1819~1868]는 1년 후 톱니바퀴 대신 회전하는 거울을 이용해 빛의 속도가 29만 8000km/s라는 결론을 얻었다. 그는 이 방법을 이용하여 빛이 물속에서는 공기에서보다 느린 속도로 전파된다는 것을 확인하기도 했다.

미국의 물리학자 마이컬슨[Albert Michelson, 1852~1931]은 캘리포니아에 있는 윌슨 산에서 회전하는 8면경과 35km 떨어져 있는 샌안토니오 산에 설치된 고정 거울을 이용하여 푸코의 측정 결과보다 정확한 값을 얻었다. 거울의 회전 속도를 측정하고 거울 사이의 거리를 측정하여 당시로서는 가장 정확한 값을 얻은 그는 1907년에 노벨 물리학상을 받은 최초의 미국인이라는 영예를 갖게 되었다. 1926년에는 새로운 측정을 통해 빛의 속도가 29만 9796km/s라는 결과를 얻었는데 오차는 4km/s였다.

맥스웰이 전자기학 이론을 출판한 이후 전하와 전하가 만드는 전기장 그리고 전류와 전류가 만드는 자기장의 관계를 이용하여 간접적으로 빛의 속도를 계산하는 것이 가능해졌다. 1907년에 로사와 도시[Rosa and Dorsey]는 이 방법으로 빛의 속도가 29만 9788km/s라는 것을 알아냈다. 오차는 30km/s로 당시로서는 가장 정확한 값이었다.

제2차 세계대전 동안 레이더 기술을 발전시키기 위한 마이크로파 연구로 빛의 속도를 측정하는 새로운 방법이 제시되었다. 1950년에 에센[Louis Essen, 1908~1997]은 마이컬슨의 결과보다 조금 더 정확한 값인 29만 9792km/s라는 값을 얻었다. 1970년대에는 미국 콜로라도 볼더에 있는 국립 표준 연구소에서 직접적인 방법으로 적외선 레이저의 진동수와 파장을 동시에 측정하는 데 성공했다. 그 결과 연구소 과학자들은 빛의 속도가 29만 9792.4562km/s라는 결론을 얻었는데 오차는 1.1m/s에 불과했다.

이 새로운 기술은 크립톤이 내는 빛의 파장을 길이의 기준으로 정하도록 했다. 그러나 이 기준은 기대했던 것만큼 명확하지 않아 다른 기준으로 대체되어야 했다. 1938년에 도량형 회의에서 빛의 속도를 29만 9792.458km/s로 정하고 1m는 빛이 2억 9979만 2458분의 1초 동안 진행한 거리로 새롭게 정의했다.

다음 표에 빛의 속도 측정의 역사를 요약해놓았다.

연도	과학자	방법	결과 (km/s)	오차 (km/s)
1676	뢰메르	목성의 위성	220,000	
1726	제임스 브래들리	광행차	301,000	
1849	피조	톱니바퀴	315,000	
1862	푸코	회전하는 거울	298,000	±500
1879	마이컬슨	회전하는 8면경	299,910	±50
1907	로사, 도시	전자기 상수	299,788	±30
1926	마이컬슨	회전하는 8면경	299,796	±4
1947	에센, 고든 스미스	캐비티 공명 장치	299,792	±3
1958	프룸	전파 간섭계	299,792.5	±0.1
1973	이베이슨 외	레이저	299,792.4562	±0.0011
1983	공인된 값		299,792.458	

*Source: K.D. Froome and L. Essen, The Velocity of Light and Radio Waves (London, Academic Press, New York) 1969.

빛의 속도를 측정하는 데 어떤 천문학적인 방법이 사용되었나?

덴마크의 천문학자 뢰메르[Ole Rømer, 1644~1710]는 목성의 위성인 이오의 공전 주기를 측정했다. 그는 지구가 목성으로 다가갈 때는 이오의 공전 주기가 짧아지고, 목성에서 멀어질 때는 이오의 공전 주기가 길어진다는 사실을 알아냈다. 그는 이것이 빛이 유한한 속도로 전파되기 때문이라고 결론짓고 지구의 궤도를 가로지르는 데 약 22분이 걸린다고 했다. 하위헌스는 이 결과와 지구의 궤도 지름을 이용해 빛의 속도가 22만 km/s라는 결론을 얻었다.

1725년에 영국의 천문학자 브래들리[James Bradley, 1693~1762]는 별의 위치가 계절에 따라 조금씩 바뀐다는 것을 알아냈다. 그는 이러한 위치의 변화는 빛의 속도와 지구 공전 속도의 결합 때문이라고 생각했다. 브래들리는 여러 별의 위치 변화를 측정한 뒤 그 결과를 이용하여 빛의 속도가 지구보다 1만 210배 빠르게 달린다는 결론을 얻었다. 최근의 결과에 의하면, 빛의 속도는 지구의 속도보다 1만 66배 빠르다.

빛이 특정 거리를 달리는 데는 얼마나 걸리나?

아래 표에는 빛이 우리 생활과 관계있는 몇몇 중요한 거리를 달리는 데 걸리는 시간이 나타나 있다.

거리	시간
0.3m	1ns
1.6km(1마일)	5.3μs
뉴욕에서 로스앤젤레스까지	0.016초
석도를 따라 지구 주위를 도는 거리	0.133초
달에서 지구까지의 거리	1.29초
태양에서 지구까지의 거리	8분 20초
지구에서 켄타우로스 알파별까지의 거리	4.3년

광년이란 무엇인가?

1년은 시간의 단위다. 그러나 광년은 길이의 단위다. 1광년은 빛이 1년 동안 가는 거리를 말한다. 빛은 29만 9792km/s의 속력으로 달리고 1년은 31.577×10^6초이므로 1광년은 9.4605×10^{22}km이다(광년은 별이나 은하까지의 거리를 나타낼 때 사용된다).

빛의 속도는 매질에 따라 달라지나?

파동은 전파하는 매질에 따라 속도가 달라진다. 진공 중에서 빛은 29만9792km/s의 속도로 전파된다. 그러나 지구의 대기와 같이 밀도가 높은 매질을 만나면 빛의 속도는 느려진다. 공기 중에서 빛의 속도는 29만 8895km/s이다. 밀도가 더 높은 물속에서는 속도가 더 느려져 19만 4670km/s가 된다. 진공 중에서의 빛의 속도와 매질속에서의 빛의 속도의 비를 그 매질의 굴절률이라 하고 n으로 나타낸다. 굴절률은 렌즈를 다루는 부분에서 자세히 설명할 예정이다.

빛의 밝기는 어떻게 측정하나?

빛의 밝기를 측정하는 방법으로는 두 가지가 있다. 첫 번째는 빛의 에너지 혹은 일률을 측정하는 물리적인 방법이고 두 번째는 빛이 눈에 주는 영향, 즉 우리가 얼마나 밝게 보는가를 측정하는 방법이다. 와트(W)라는 단위에 대해서는 잘 알고 있을 것이다. 와트는 에너지가 전달되는 비율을 나타내는 일률의 단위이다. 빛에서 와트와 같은 의미를 가지는 단위는 루멘이다. 램프가 들어 있는 상자를 보면 사용한 전기 에너지의 양은 와트(W), 밝기는 루멘(lm)이라는 단위로 표시되어 있다. 예를 들어 25W짜리 전구는 200lm의 빛 에너지를, 100W짜리 전구는 1720lm의 빛을, 60W짜리 할로겐램프는 1080lm의 빛을 방출한다. 25W의 형광등이 내는 빛은 1600lm이나 될 정도로 형광등은 같은

빛은 공기, 물 또는 유리와 같이 진공보다 밀도가 높은 매질에서는 속도가 느려진다. 물속에서 빛의 속도는 22만 5400km/s로 진공 중에서 빛의 속도 29만 9792km/s보다 느리다.

전기 에너지로 더 많은 빛을 발생시킨다.

빛의 세기는 램프가 빛을 널리 퍼지게 하는지 아니면 한 점에 모으는지에 따라 달라진다. 만약 빛이 모든 방향으로 퍼진다면 반사경을 이용해 빛을 좁은 지역에 모을 때보다 빛의 세기가 약해질 것이다. 빛의 세기를 나타내는 단위는 칸델라(cd)이다. 만약 100W, 1720lm의 램프가 빛을 모든 방향으로 흩어지게 한다면 빛의 세기는 137cd가 된다. 그러나 같은 램프의 빛을 30도 각도 안에 집중시킨다면 빛의 세기는 약 640cd가 된다.

램프와 빛이 비추는 면적 사이의 거리가 멀어지면 램프 빛의 밝기는 거리 제곱에 반비례해서 줄어든다. 1m 떨어져 있을 때의 빛의 밝기가 1000lm이었다면 2m 떨어져 있을 경우에는 1000lm을 $\frac{1}{2^2}$ 으로 나눈 값이 될 것이다. 따라서 빛의 밝기는 1m 떨어져 있을 때의 4분의 1이 된다. 3m 떨어져 있을 경우 빛의 밝기는 9분의 1로 줄어든다.

편광 선글라스로 보면 왜 자동차 뒤 유리창에 점이 나타나 보일까?

편광 선글라스를 썼을 때 뒤 유리창에 보이는 점들은 안전유리를 구성하는 두 장의 유리 사이에 있는 플라스틱 층의 스트레스 마크이다. 유리를 가공할 때 만들어진 이 점들은 편광 필터와 같은 작용을 하여 일부 빛을 차단해 작은 원형의 점을 만든다.

편광

편광은 무엇인가?

빛은 진동하는 전기장과 자기장으로 이루어진 전자기파다. 전기장과 자기장은 서로 수직이다. 광원의 다른 부분에서는 다른 방향의 전기장을 만들어내기 때문에 대부분 전기장의 방향에는 특별히 선호되는 방향이 없다. 모든 방향으로 진동하는 전자기파로 이루어진 빛이 보통의 빛이다. 그러나 레이저와 같은 일부 경우에는 한 방향으로만 진동하는 전자기파로 이루어진 빛도 있다. 이런 빛을 편광이라고 한다.

편광은 어떻게 만드는가?

두 가지 방법으로 편광을 만들 수 있다. 물이나 자동차 유리와 같이 매끄러운 표면에서 반사된 빛은 부분적으로 편광되어 있다. 또는 한 방향으로 진동하는 빛만 통과시키는 편광 필터를 사용해도 편광을 만들 수 있다. 편광 필터에는 길고 가는 분자가 모두 한 방향으로 배열되어 있다. 이 분자들은 긴 방향과 나란한 전기장을 흡수한다. 따라서 편광 필터를 통과하는 빛은 분자의 길이 방향과 수직한 방향으로 진동하는 전기장을 가진 빛뿐이다.

왜 편광 선글라스가 필요한가?

편광 선글라스는 운전, 항해, 스키 등 지나치게 강한 햇빛을 받으며 활동하는 경우에 필요하다. 물, 도로, 눈과 같은 물체 표면에서 반사된 빛은 어느 정도 편광되어 있다. 심한 경우에는 편광 선글라스 없이 운전하는 것이 어려울 수도 있다.

예를 들어 호수에서 반사되는 빛을 생각해보자. 물 표면에서 반사된 빛은 표면에 나란한 방향으로 진동하는 빛의 세기가 수직한 방향으로 진동하는 빛의 세기보다 강하다. 따라서 수직한 방향으로 편광된 빛만 통과시키는 선글라스를 끼면 눈부심을 줄일 수 있다.

편광 선글라스인지를 어떻게 알 수 있을까?

편광 렌즈는 한 방향으로 진동하는 전기장에 대해서만 투명하다. 따라서 두 개의 선글라스가 편광 선글라스이면 두 선글라스를 수직으로 배치했을 때 아무 빛도 통과시키지 못한다.

하늘에서 오는 빛도 공기 분자들의 산란에 의해 부분 편광되어 있다. 따라서 맑은 날 편광 선글라스를 쓰고 귀가 어깨에 닿을 정도로 목을 기울이면 하늘의 밝기가 변한다. 아무 변화도 느낄 수 없다면 그 선글라스는 편광 선글라스가 아니다.

액정 디스플레이는 편광을 어떻게 이용하나?

LCD는 액정 디스플레이Liquid Crystal Display의 머리글자를 따서 만든 말이다. 액정은 액체처럼 마음대로 이동할 수 있는 길고 가는 분자로 이루어졌지만 결정처럼 규칙적으로 배열되어 있다. LCD에서 액정은 두 장의 유리판 사이에 얇은 층을 이루고 있다. 아래 유리판을 한쪽 방향으로 문지르면 이 표면과 접촉하고 있는 액정이 문지른 방향과 같은 방향으로 정렬한다. 위쪽 유리판을 수직한 방향으로 문지르면 이 판과 접촉한 분자들은 이 방향으로 배열된다. 결과적으로 액정의 배열 방향은 아래와 위에서 90도 달라진다. 액정 바깥쪽에 문지른 방향과 같은 방향의 편광판을 놓아둔다. 빛이 뒤쪽에서 들어오면 편광된다. 액정을

LCD 텔레비전 스크린은 두 유리판 사이에 들어 있는 가늘고 긴 분자로 이루어진 액정을 사용한다. 전기장이 픽셀 안에 들어 있는 분자를 회전시켜 편광된 빛을 통과시키기도 하고 막기도 한다. 컬러 영상을 만들어내기 위해 컬러 필터를 사용한다.

통과하는 동안 편광의 방향이 90도 변한다. 따라서 두 번째 편광판을 통과할 수 있다. 이때 빛이 디스플레이를 통과하게 되어 밝은 점이 나타난다.

각각의 유리판에는 전도성 층이 코팅되어 있다. 이 층을 통해 액정 양단에 전압을 걸어주면 액정 분자들이 전기장과 같은 방향으로 배열된다. 그렇게 되면 더 이상 편광 방향이 회전하지 않아 빛이 디스플레이를 통과할 수 없게 되어 어두운 점이 나타난다. 전압의 세기를 변화시키면 밝기가 다른 점을 만들 수 있다. 전체 디스플레이는

작은 픽셀로 이루어져 있고, 각 픽셀은 제어 전압에 연결되어 있다. 따라서 각각의 픽셀은 밝고 어두운 점을 나타낼 수 있다. 컬러 필터를 픽셀 위에 놓으면 컬러 디스플레이를 만들 수 있다. 1080픽셀 HDTV 디스플레이에는 가로로 1920픽셀, 세로로 1080픽셀이 배열되어 총 207만 3600개의 픽셀이 들어 있다.

불투명, 투명, 반투명한 물질들

불투명한 물질은 어떤 물질인가?

불투명한 물질은 빛을 통과시키지 않는 물질이다. 콘크리트, 나무, 금속과 같은 물질은 불투명한 물질이다. 어떤 물질은 가시광선에는 불투명하지만 다른 전자기파에는 투명하다. 예를 들어 나무는 가시광선을 통과시키지 않지만 마이크로파나 전파와 같은 다른 전자기파는 통과시킨다. 물질의 물리적 성질에 따라 어떤 전자기파는 통과시키고 어떤 전자기파는 통과시키지 않을지가 결정된다.

투명한 물질과 반투명한 물질은 어떻게 다른가?

공기, 유리, 물 그리고 플라스틱과 같은 투명한 매질은 빛을 잘 통과시킨다. 투명한 매질을 통과하는 광선은 휘어지지 않거나 가까이 있는 광선이 같은 정도로 휘어진다. 반면에 반투명한 물질은 빛을 통과시키기는 하지만 가까이 있는 광선을 다른 방향으로 휘어지게 한다. 예를 들면 우윳빛 유리나 얇은 종이는 빛을 통과시키기는 하지만 그것을 통해 물체를 분명하게 볼 수 없으므로 반투명하다.

지구의 대기는 가시광선처럼 적외선이나 자외선도 통과시키나?

대기를 이루고 있는 가장 중요한 두 가지 구성 요소인 산소와 질소는 가시광선과 대부분의 적외선(IR), 자외선(UV)에 대하여 투명하다. 태양에서 오는 적외선은 지구를 따뜻하게 하고 파장이 긴 자외선은 우리 몸이 비타민 D를 합성하는 데 필요하다. 그러나 지나친 자외선은 피부나 DNA를 손상시킬 수 있다. 대기 상층부에 있는 오존층은 태양에서 오는 자외선의 일부를 차단한다. 보통 산소 분자가 두 개의 산소 원자로 이루어진 것과 달리 오존 분자는 세 개의 산소 원자를 포함하고 있다. 최근에 냉매나 발포제 또는 스프레이용으로 사용하는 염화불소탄소(CFC)가 오존층을 파괴하여 오존층에 구멍이 커지고 있다. 이 기체는 더 이상 생산되지 않고 재고량은 다른 물질로 대체되고 있어 오존층 구멍의 크기는 더 이상 늘어나지 않을 것으로 보인다.

이산화탄소, 메테인(염화불소탄소) 그리고 수증기는 가시광선과 파장이 짧은 적외선에는 투명하지만 따뜻한 물체가 내는 파장이 긴 적외선에는 불투명하다. 이런 기체를 온실 기체라 부른다. 이런 기체는 태양에서 오는 파장이 짧은 적외선은 통과시키고 지구가 내는 파장이 긴 적외선은 반사하여 다시 지구로 돌려보낸다. 따라서 이 기체들은 난방 담요 같은 역할을 한다. 지난 수십 년 동안 대기 중 이산화탄소의 양이 급격히 늘어났다. 이러한 증가의 주요인은 사람들의 활동 때문인데 지구의 온도를 상승시켜 기후 패턴을 변화시킬 수 있다. 이것은 식량 생산의 변화, 숲 지역과 동물의 이동을 야기할 수 있고, 극지방의 얼음을 녹여 해수면을 상승시킬 수 있다. 이로 인한 온난화의 정도가 지구와 인류에게 주는 영향에 대해서는 많은 연구가 진행되고 있다.

그림자

그림자는 무엇인가?

불투명한 물체가 빛을 가려 어둡게 된 지점을 그림자라고 한다. 프로젝터 앞에 손을 내밀어 그림자를 만들 수도 있고, 햇빛 속에 서 있으면 그림자가 만들어지기도 한다. 그런가 하면 일식 때 달이 지구와 태양 사이를 움직여가면서 만드는 그림자를 볼 수도 있다.

일식이나 월식도 그림자인가?

일식과 월식은 빛이 통과하는 길목에 불투명한 물질이 놓였을 때 만들어지는 그림자와 똑같은 방법으로 만들어진다. 월식 때는 지구가 달에 비추는 태양 빛을 가리고, 일식 때는 달이 지구에 도달하는 태양 빛을 차단한다. 따라서 지구 위에 생긴 달그림자가 바로 일식이다.

월식은 왜 일어나는가?

월식은 지구가 달과 태양 사이에 올 때 일어난다. 그렇게 되면 지구가 달에 도달하는 태양 빛을 차단해 달 전체가 어두워진다. 지구 위의 관측자는 그림자가 달 위에 나타나 달이 어두워지는 것을 관측할 수 있다. 지구가 태양과 달 사이를 빠져나가면 달은 점차 밝아져 전체의 모습이 다시 나타난다.

일식은 왜 일어나는가?

일식은 달그림자가 지구 위를 지나갈 때 일어난다. 달이 지구와 태양 사이로 들어옴에 따라 달이 태양 빛을 차단하여 지구의 일부분이 어둡게 된다.

달이 주기적으로 지구를 돌고 있는데 왜 일식은 매달 일어나지 않을까?

달은 한 달에 한 번씩 지구 주위를 돈다. 만약 달이 원궤도를 돌고 있고, 달의 공전 면이 태양 주위를 돌고 있는 지구의 공전 면과 일치한다면 일식과 월식은 매달 일어날 것이다. 그러나 달의 궤도는 지구의 공전 궤도에서 약간 기울어져 있다. 따라서 지구, 달, 태양은 아주 가끔 일식이나 월식을 일으킬 정도로 일직선으로 배열한다. 또 달의 궤도가 타원이어서 지구와 달 사이의 거리가 변한다. 달이 지구 가까이 올 때는 그림자의 크기가 크고 따라서 일식이나 월식이 오래 지속된다. 그러나 달이 지구에서 멀리 떨어져 있을 때는 달이 태양을 모두 가릴 수가 없어 금환 일식이 나타난다. 금환 일식 때에는 달그림자 주위로 가는 원형의 고리가 보인다.

일식 때는 얼마나 어두워지는가?

일부 관측자들은 일식이 일어나는 동안에 금성과 다른 밝은 별들을 보았다고 보고했다. 그러나 태양의 코로나에서 오는 빛 때문에 완전히 어두워지지는 않는다. 코로나는 태양에서 분출된 이온화된 기체로 이루어진, 태양을 둘러싼 얇은 기체층이다. 그리고 달의 그림자가 덮지 않는 지역의 대기층에서 반사된 빛도 온다. 개기 일식은 보통 2.5분 정도 계속되지만 7분 이상 계속되는 경우도 있다.

본그림자와 반그림자는 무엇인가?

커다란 광원에 의해 만들어지는 그림자에는 두 가지 다른 영역이 있다. 본그림자(본영)는 광원에서 오는 모든 빛이 차단되어 아무런 빛도 도달하지 않는 지역이다. 반그림자(반음영)는 광원의 일부에서 오는 빛만 차단된다. 따라서 빛이 희미해지기는 해도 완전히 어두워지지는 않는다.

일식이 일어나는 동안에 완전히 어두워지는 지역이 본그림자로, 이곳에는 태양 빛이 전혀 도달하지 않기 때문에 개기 일식이 일어난다. 지구가 회전함에 따라 달그림자는 지구 표면을 움직여 간다. 따라서 개기 일식이 일어나는 길이 형성된다. 이 길 양쪽에는 반그림자가 나타나 달이 태양 일부만 가린 것을 볼 수 있다.

본그림자와 반그림자의 크기는 변할 수 있는가?

본그림자와 반그림자는 커다란 광원에 의해 그림자가 만들어질 때 생긴다. 불투명한 물체가 가까이 있는 표면에 그림자를 만들면 선명하고 뚜렷한 그림자가 만들어진다. 이런 경우 본그림자는 크고 반그림자는 아주 작다. 그러나 그림자를 만드는 불투명한 물체가 광원 가까이 있으면 물체가 가리지 못하는 부분이 생겨 본그림자는 작아지고 반그림자가 커진다.

월식은 지구가 태양과 달 사이에 위치할 때 일어난다.

일식과 월식은 얼마나 자주 나타나는가?

일식(부분 일식을 포함해서)이 월식보다 더 자주 나타난다. 해마다 지구 전체에 두 번에서 다섯 번 정도의 일식이 일어나지만 월식이 일어나는 횟수는 평균 한 번에서 두 번 사이다. 일식은 달 그림자가 지나가는 지구 표면의 좁은 통로에서만 관측할 수 있지만 월식은 훨씬 더 넓은 지역에서 관측할 수 있다.

일식이 일어나는 동안 지구 전체가 달그림자 안에 들어가는가?

달그림자는 지름 약 300km의 지역만 덮을 수 있다. 달의 본그림자는 지구 표면을 약 1600km/h의 속도로 지나간다. 반그림자 지역에서는 부분 일식을 관측할 수 있다. 그러나 부분 일식을 관측할 수 있는 지역도 넓지는 않다.

언제 그리고 어디에서 다음번 개기 일식을 관측할 수 있을까?

오른쪽 지도는 2001년부터 2010년 사이에 개기 일식이 일어났던 지역과 2020년까지 개기 일식이 일어날 지역을 보여주고 있다.

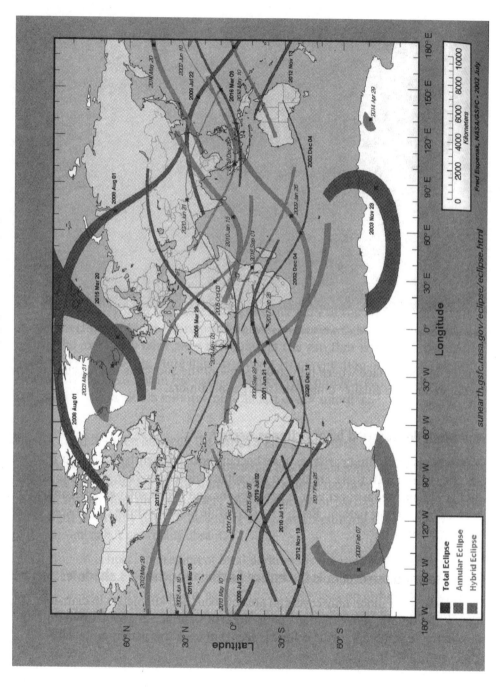

개기 일식과 금환 일식의 경로 2001 ~ 2020

미국에서 관측할 수 있었던 최근의 개기 일식은 1979년 2월 26일에 있었다. 다음번 개기 일식은 언제 볼 수 있을까?

미국 전체가 개기 일식을 볼 수는 없겠지만 2017년 8월 21일에 오리건에서 사우스캘리포니아에 이르는 지역에서 개기 일식을 볼 수 있을 것이다.

다음번 개기 일식은 어디에서 언제 관측할 수 있을까?

아래 표에는 가까운 미래에 일어날 개기 일식의 일시와 장소가 나타나 있다.

연월일	관측 가능 장소
2018년 1월 31일	유럽, 아프리카, 오스트레일리아
2018년 7월 27일	아시아, 오스트레일리아, 태평양, 북아메리카 서부
2019년 1월 21일	남아메리카, 유럽, 아프리카, 오스트레일리아
2021년 5월 26일	아시아, 오스트레일리아, 태평양, 아메리카
2022년 5월 16일	아메리카, 유럽, 동아시아, 오스트레일리아, 테평양
2022년 11월 8일	아메리카, 유럽, 아프리카
2025년 3월 14일	아메리카, 유럽, 아프리카
2025년 9월 7일	태평양, 아메리카, 서유럽, 서아프리카
2026년 3월 3일	유럽, 아프리카, 아시아, 오스트레일리아
2028년 12월 31일	유럽, 아프리카, 아시아, 오스트레일리아
2029년 6월 26일	유럽, 아시아, 오스트레일리아, 태평양
2029년 12월 20일	아메리카, 유럽, 아프리카, 중동

일식이 고대 문화를 연구하는 데 어떤 도움을 주는가?

많은 고대 문화에서 태양을 숭배했기 때문에 갑자기 태양이 사라지는 일식은 엄청난 사건이었다. 이러한 사건은 자주 일어나지 않았지만 일식이 일어나 어둠이 내리면 숭배자들이 모여들어 태양신에게 기도했다. 남아프리카에서 있었던 줄루 전쟁 동안에 줄루 전사들은 영국 대대를 전몰시켰다. 그런데 전투가 있던 날 오후에 일식이 일어났다. 줄루는 전투를 치렀던 1879년 1월 22일을 죽음의 달의 날이라고 이름지었다.

일식이나 월식은 고대 신화나 문서에 기록되거나 암시되어 있어 사건이 일어났던 장소나 시간을 알아내는 데 이용될 수 있다. 예를 들면 기원전 6세기에 메디아와 리디아 군대가 전투 중일 때 일식이 일어났다. 일식은 전투를 중지시켰고, 두 군대 사이에 평화를 가져오게 했다. 태양이 사라진 것이 어떤 징조라고 생각했기 때문이다. 이 일식은 아마도 기원전 585년 5월 28일에 현재 터키에 속해 있는 할리스 강에서 관측되었을 것이다.

인도의 서사시에서 아준은 아부히마뉴를 죽인 자야드라스에게 복수할 것을 맹세한다. 그런데 일식이 일어나는 동안 자야드라스가 숨어 있던 곳에서 나와 아준을 피해 자신이 살아 있는 것을 축하했다. 그러나 태양이 다시 나타나 아준이 그를 죽였다. 이 지역에서 일식은 기원전 3129년에서 기원전 2559년 사이에 있었다. 따라서 이 일이 일어났던 연도는 이 둘 중 하나라고 할 수 있다.

일식을 직접 바라보면 왜 위험한가?

태양의 광구(태양의 밝은 표면)를 직접 바라보면 잠깐 동안에도 눈의 망막이 영구 손상을 입을 수 있다. 태양의 표면에서 강한 자외선과 가시광선이 나오기 때문이다. 이러한 손상은 영구 시력 손실의 원인이 될 수 있다. 망막은 고통을 느끼지 못하고 망막 손상의 영향은 여러 시간 동안 나타나지 않을 수도 있으므로 손상을 입었는지 자신도 알 수 없다.

정상적인 조건에서는 태양이 매우 밝기 때문에 태양을 직접 바라보기가 어렵다. 따라서 눈에 손상을 줄 정도로 태양을 직접 바라보는 일은 거의 없다. 그러나 개기 일식 때는 태양이 가려지기 때문에 태양을 바라보기 쉽고, 또 바라보고 싶은 욕망을 느끼게 된다. 하지만 불행하게도 일식 동안 태양을 바라보는 것도 위험한 일이다. 선글라스나 다른 광학 기계(쌍안경, 망원경, 심지어는 카메라)를 이용하여 태양을 바라보는 것은 더더욱 위험하다. 가장 좋은 방법은 특수한 태양 필터를 사용하거나 바늘구멍 사진기를 이용하여 간접적으로 관측하는 것이다.

반사

물리 광학과 기하 광학은 어떻게 다른가?

기하 광학은 빛이 거울이나 렌즈와 만났을 때 빛이 지나가는 경로를 다룬다. 기하 광학에서는 광선이 진행하는 경로와 방향을 화살표를 이용해 나타내는 광선 모델을 이용한다. 광선 모델에서는 빛의 파동적 성질은 고려하지 않는다. 화살표로 나타낸 광선의 다이어그램은 매질의 경계 면에서 반사와 굴절이 일어날 때 빛의 경로를 추적하는 데 사용된다. 이와 달리 물리 광학에서는 빛의 편광, 산란, 간섭 그리고 빛의 분광학적 파동적 성질을 분석한다.

반사는 무엇인가?

빛이 물체에 부딪히면 흡수되거나, 통과하거나, 반사된다. 불투명한 물체는 빛을 흡수하거나 반사한다. 투명한 물체나 반투명한 물체는 빛을 통과시키지만 반사하기도 한다. 빛이 가지고 있는 에너지는 보존돼야 한다. 따라서 반사되는 에너지와 통과하는 에너지, 그리고 흡수되는 에너지의 합은 물체에 도달한 빛이 가지고 있던 에너지와 같아야 한다. 물체에 흡수되는 에너지는 물체의 열에너지를 증가시킨다. 따라서 물체의 온도가 올라간다.

반사는 빛이 거울이나 종이와 같은 물체의 표면에서 '되튀어' 오를 때 일어난다. 거울의 표면처럼 매끄러운 표면에서는 입사각과 반사각이 같아야 한다는 반사의 법칙에 따라 반사가 일어난다. 표면에 30도 각도로 입사한 빛은 다시 30도의 각도로 반사된다. 이것은 작은 플래시와 거울, 종이만 있으면 실험을 통해 확인해볼 수 있다. 종이를 고정시키고 플래시로 거울을 비추면서 거울을 움직여 반사된 빛이 종이를 비추도록 해보자. 플래시 빛이 거울을 비추는 각도를 바꾸면서 종이 위에 비친 반사된 빛이 어떻게 움직이는지 확인해보자. 빛이 종이를 비추면 어떤 일이 일어날까? 거울이 있던 자리에 종이를 놓고 방 안을 어둡게 한 다음 종이에 플래시 빛을 비춰보자. 다른 종이를 이용하여 종이에 의해 반사된 빛을 받아보면 종이에 의해 반사된 빛이 넓은 부분을 희미하게 비추는 것을 볼 수 있을 것이다. 종이가 빛을 여러 방향으로 반사했기 때문이다. 이런 종류의 반사를 난반사라고 한다.

　빛을 흡수하지 않는 매끄러운 표면은 가장 좋은 반사체이다. 광택이 나는 금속은 대표적인 좋은 반사체이고, 나무나 돌은 반사를 잘 하지 않는 물체이다.

반사는 빛이 종이나 거울과 같은 표면에서 다시 튀어오를 때 일어난다. 빛나는 금속과 고요한 물은 좋은 반사체여서 빛이 나온 물체를 닮은 상을 만든다.

거울

최초의 거울은 어떻게 만들었나?

오랫동안 사람들은 자신의 모습을 물에 비춰보았다. 물론 성경이나 고대 이집트, 그리스, 로마의 문학 작품에는 청동과 황동 거울에 대한 이야기가 언급되어 있다. 뒤쪽에 광택 나는 금속을 붙인 최초의 유리 거울은 14세기에 이탈리아에서 나타났다. 초기에 유리 거울을 만드는 방법은 유리의 한쪽 면을 수은으로 코팅하거나 주석 박막을 입히는 것이었다.

독일의 화학자 리비히Justus von Liebig, 1803~1873는 1835년에 유리에 은을 입히는 방법을 개발했다. 암모니아와 은이 포함된 혼합물을 유리에 부은 다음 포름알데히드로 암모니아를 제거하면 광택이 나는 은으로 된 표면이 남아 빛을 반사하도록 한 것이다. 오늘날의 대부분의 거울은 알루미늄을 유리 표면에 증착하여 만든다.

조사실에서 쓰는 한쪽 방향에서만 투명한 유리는 어떻게 작동하나?

한쪽 방향에서만 투명한 유리는 한쪽에서 보면 거울 같지만 다른 쪽에서 보면 창문처럼 보인다. 때문에 비밀스러운 조사를 위해 창문을 거울처럼 위장하기도 한다. 그러나 이런 거울은 실제로는 존재하지 않는다. 다시 말해 한쪽에서 반사하는 빛의 양은 다른 쪽 면에서 반사하는 빛의 양과 같다. 한쪽에서 다른 쪽으로 통과하는 빛의 양도 같다. 그렇다면 한 방향에서만 투명한 거울은 어떻게 작동할까? 이러한 거울은 빛을 전부 반사하지 않는다. 이 경우 빛의 반은 반사하고 나머지 반은 통과시킨다. 이런 거울을 사용할 때 중요한 것이 조명이다. 관찰하고자 하는 사람이 들어가 있는 방은 어둡게 유지되어야 한다. 만약 램프가 켜져 있다면 빛의 일부가 조사실로 들어가기 때문이다.

거울 속에 비친 자신의 모습을 보면 좌우가 바뀌어 있음을 알 수 있을 것이다. 왼쪽 눈은 거울 속에서는 오른쪽 눈이 되어 있다. 그러나 수직한 방향은 바뀌지 않는다. 거울 속에서도 턱은 얼굴 아래쪽에 있다. 누워서 거울을 보면 어떻게 될까? 그래도 좌우가 바뀐다. 턱은 실제와 같은 방향에 있을 것이다. 우측 눈이 좌측 눈보다 높은 곳에 있다면 거울에서는 좌측 눈이 높은 곳에 있을 것이다. 무엇이 이렇게 반대로 보이도록 하는 것일까?

우측 장갑과 좌측 장갑을 만드는 것은 무엇일까? 비닐이나 라텍스 장갑을 살펴보면 어떤 손에도 맞는다는 것을 알 수 있다. 이런 장갑은 보통의 장갑과 무엇이 다를까? 이런 장갑은 엄지가 다른 손가락과 같은 선상에 있다. 다시 말해 여기에는 앞과 뒤가 없다. 거울은 좌측과 우측 또는 아래와 위를 반대로 바꾸어놓는 것이 아니라 앞과 뒤를 바꾸어놓는 것이다. 때문에 거울에 비친 자신의 모습을 보고 있을 때 우리는 거울에 비친 모습이 바라보는 방향과 반대 방향을 향하고 있다. 다른 사람을 볼 때 좌측과 우측이 바뀌어 보이는 것과 마찬가지이다.

거울에서 항상 자신의 모습을 볼 수 없는 이유는?

그것은 각도의 문제다. 반사의 법칙에 의하면, 입사각과 반사각은 같아야 한다. 만약 거울 바로 앞에 서 있다면 입사각(표면으로 들어오는 광선과 표면의 수직선이 이루는 각)은 90도이다. 따라서 반사되는 빛도 90도로 나와야 한다. 하지만 거울 한쪽에 서 있으면 반사각이 작아진다. 그러므로 눈에 도달하는 빛은 자신에게서 나간 빛이 아니라 방의 다른 곳으로부터 입사한 빛이다.

앰뷸런스 앞에는 앰뷸런스라는 단어를 거꾸로 적어놓는 경우가 많다. 그 이유는 무엇일까?

앰뷸런스라는 단어를 거꾸로 써놓은 것은 앞서 가는 차가 백미러를 통해 뒤에 따라오는 앰뷸런스를 보면 바로 읽고 재빨리 필요한 조치를 하도록 하기 위해서다.

자동차의 주간·야간 백미러는 어떻게 작용하나?

밤에 운전하는 운전자는 뒤에서 오는 차의 전조등 불빛이 백미러에 반사되어 눈이 부시다. 그럴 때는 백미러 아래 있는 탭을 젖혀 백미러에서 반사된 빛을 천장으로 향하게 할 수 있다. 그러면 은을 입힌 거울 표면이 들어오는 빛의 85~90%를 천장을 향해 반사한다. 나머지 10~15%의 빛은 거울 앞에 있는 유리에 의해 반사된다. 거울은 위쪽은 두껍고 아래는 얇은 쐐기 모양을 하고 있다. 따라서 앞 표면은 아래를 향하고 있어 훨

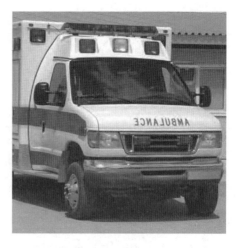

구급차 앞에 'AMBULANCE'라는 단어가 거꾸로 쓰여 있는 것은 앞에 있는 자동차의 운전자가 백미러를 통해 똑바로 읽을 수 있게 하기 위해서다.

씬 더 적은 양의 빛만 운전자의 눈을 향해 반사되도록 한다.

상은 무엇인가?

빛이 얼굴을 비춘다고 생각해보자. 빛은 얼굴에 의해 난반사될 것이다. 다시 말해 빛은 여러 방향으로 반사되어 흩어질 것이다. 속눈썹 끝과 같이 아주 작은 물체를 생각해보자. 그 점에서 나온 빛도 여러 방향으로 흩어질 것이다. 이렇게 빛이 나와 흩어지는 점을 물체라고 한다. 광학 기기는 물체에서 나온 빛을 다시 한 점으로 모이게 한다. 빛이 모이는 점을 상이라고 한다.

거울도 상을 만드는가?

편평한 표면이나 거울에 의해 반사된 빛은 모두 같은 방향으로 반사되므로 다시 한 곳에 모인다. 거울에 보이는 것은 허상이다. 허상은 거울 뒤쪽에 있다. 물체에서 나온 빛 중 일부가 거울에서 반사된 후 눈으로 들어온다. 눈은 모든 빛이 한 점에서 나오고 그 점은 거울의 뒤쪽에 있는 것으로 파악한다. 따라서 이 상은 실제 상이 아니라 허상 이다. 렌즈에 의해서도 허상이 만들어진다. 허상은 스크린 위에 비출 수 없다.

실상은 무엇인가?

오목 거울이나 볼록 렌즈는 물체에서 나온 빛의 방향을 바꿀 수 있기 때문에 빛을 한 점에 모을 수 있다. 이렇게 빛이 모이는 점이 실상이다. 이 점은 오목 거울에서는 앞쪽에 있고, 볼록 렌즈에서는 물체의 반대쪽에 있다. 상의 위치에 스크린이나 종이 또는 벽이 있으면 표면에서 상을 볼 수 있을 것이다.

왜 자동차의 사이드 미러에는
'거울에 보이는 것보다 가까운 곳에 있습니다'라고 쓰여 있을까?

대부분의 사이드 미러에 쓰여 있는 이 말은 안전을 위한 매우 중요한 메시지다. 이 말은 거울이 운전자를 속이고 있음을 일깨워주고 있다. 왜 자동차 생산자는 운전자를 속이는 사이드 미러를 달아놓았을까? 편평한 거울은 자동차 뒤에 있는 도로의 작고 좁은 범위 만 보여준다. 그러나 볼록 거울을 이용하면 운전자는 자동차 뒤쪽뿐만 아니라 옆쪽까지 볼 수 있어 사각지대를 줄일 수 있다. 하지만 볼록 거울은 물체를 작게 보이도록 하기 때 문에 멀리 있는 것처럼 느껴진다. 그래서 보이는 것과 실제가 같지 않다는 점을 상기시 키기 위해 이 메세지를 붙여놓았다.

오목 거울은 무엇이며 어디에 사용하는가?

오목 거울은 안쪽으로 휘어진 표면을 가지고 있어 반사된 빛이 한 점에 모일 수 있다. 거울에 입사하는 빛이 먼 곳에 있는 광원에서 오는 경우와 같이 평행하다면 반사된 빛은 초점에 모인다. 오목 거울은 마이크로파 신호나 가시광선과 같은 파동을 한 점에 모으는 데도 사용되며 실상을 만들 수도 있다.

하지만 목욕탕 거울과 같이 물체가 초점보다 거울에 가까이 있을 때는 정립 허상이 만들어진다. 그러나 이 거울을 통해 멀리 있는 물체를 보면 도립상을 볼 수 있다. 초점보다 먼 곳에 있는 물체에서 나온 빛은 한 점에 모여 실상을 만든다.

볼록 거울은 무엇이며 어떻게 이용되는가?

볼록 거울은 오목 거울과는 반대로 바깥쪽으로 휘어진 표면을 가지고 있다. 볼록 거울에서 반사된 빛은 한 점에 모이는 대신 넓게 흩어진다. 따라서 볼록 거울은 허상을 만든다. 볼록 거울은 넓은 범위에서 오는 빛을 반사하기 때문에 상점에서 보안용으로 사용된다. 상의 크기는 물체의 크기보다 작지만 더 넓은 범위를 볼 수 있다.

굴절

굴절은 무엇인가?

굴절은 빛이 한 매질에서 다른 매질로 진행할 때 경계 면에서 휘어지는 현상을 말한다. 굴절을 이용하는 것이 렌즈다. 안경에 사용되는 렌즈는 빛을 적절히 굴절시켜 눈이 망막 위에 초점을 맞출 수 있도록 해준다. 확대경은 확대된 상을 만들기 위해 사용한다. 카메라의 렌즈는 필름이나 CCD 센서 위에 상이 맺히도록 한다. 태양 빛이 지구 대기를 뚫고 들어올 때나 물속으로 들어갈 때도 굴절이 나타난다.

매질의 굴절률은 어떻게 결정되나?

빛이 매질의 경계면에서 굴절되는 정도는 두 매질의 굴절률과 매질의 경계 면, 빛이 이루는 각도에 따라 달라진다. 모든 물질은 물질 속에서의 빛의 속도에 따라 정해지는 굴절률을 가지고 있다. 진공의 굴절률은 1이고, 물의 굴절률은 1.33이며, 유리의 굴절률은 1.5이다. 큰 굴절률을 가질수록 그 매질 속에서의 빛의 속도는 느리다.

네덜란드의 물리학자 스넬의 이름을 따서 스넬의 법칙이라 부르는 굴절 법칙은 빛

돋보기는 유리를 통과하면서 빛이 휘어지게 하여 확대된 상을 만든다.

이 두 매질의 경계에서 어떻게 행동하는지를 알려준다. 위에 있는 매질의 굴절률이 아래 있는 매질의 굴절률보다 작은 두 매질을 생각해보자. 스넬의 법칙에 의하면, 위쪽으로부터 두 매질의 경계 면에 도달한 빛은 입사각보다 작은 굴절각을 가지고 휘어져 진행한다. 입사각이 클수록 굴절각도 커진다. 빛이 굴절률이 높은 매질에서 굴절률이 작은 매질로 진행할 경우, 굴절된 빛은 경계 면에 수직한 직선으로부터 입사한 빛보다 더 멀어진다. 다시 말해 입사각보다 굴절각이 더 크다.

여러 가지 다른 매질의 굴절률은 얼마나 되는가?

다음 표에는 일부 물질의 굴절률이 나타나 있다. n으로 나타내는 굴절률은 진공 중에서의 빛의 속도를 그 매질 속에서의 빛의 속도로 나눈 값이다. 굴절률이 클수록 빛은 더 많이 굴절하게 된다.

매질	굴절률(n)
진공	1.00
공기	1.003(보통 1로 본다)
물	1.33
유리	1.52
수정	1.54
납유리	1.61
다이아몬드	2.42

지구의 대기는 별의 위치에 어떤 영향을 주나?

별에서 오는 빛은 지구의 대기로 들어올 때 굴절하며, 그중에서도 별이 지평선 부근에 있을 때 가장 많이 굴절한다. 따라서 별의 실제 위치는 우리가 관측하는 위치와 조금 다르다. 아침에 해가 뜰 때는 태양에서 오는 빛의 굴절로 인해 대기가 없을 때보다 약간 일찍 태양을 보게 된다. 굴절은 태양이나 달의 지평선 부근에 있을 때 태양이나 달의 모양을 실제와 조금 다르게 보이도록 한다.

왜 물속에 서 있는 사람의 다리는 짧게 보이는걸까?

물 밖에 있는 몸은 몸의 비례가 이상하게 보이지 않는다. 물 밖에 있는 부분에서 오는 빛은 눈에 들어올 때까지 다른 매질을 거치지 않아 굴절하지 않았기 때문이다. 그러나 물 안에 있는 다리에서 오는 빛은 물에서 공기 중으로 나올 때 굴절하기 때문에 다리가 짧게 보인다. 두 가지 다른 매질의 경계 면에서는 굴절이 일어난다. 그런데 물의 굴절률이 공기의 굴절률보다 크기 때문에 물속의 다리는 압축되어 보여 땅딸막하게 보인다.

땅 위에 물이 가득한 연못이 있는 것처럼 보이는 현상인 신기루는 더운 여름날에 모래, 콘크리트, 아스팔트가 뜨거워졌을 때 나타난다. 신기루에는 건물이나 자동차 혹은 멀리 있는 나무가 거꾸로 서 있는 상도 보인다. 신기루에 가까이 다가가면 물웅덩이와 반사는 사라진다.

신기루는 표면 바로 위의 뜨겁고 밀도가 작은 공기와 표면에서 조금 떨어진 곳에 있는 차갑고 밀도가 큰 공기의 밀도 차 때문에 생긴다. 밀도가 큰 공기는 굴절률이 커서 물체에서 오는 빛을 관측자 방향으로 휘게 한다. 그 결과, 똑바로 서 있는 물체 아래쪽에 거꾸로 서 있는 상이 만들어진다. 물이라고 생각했던 것도 굴절된 하늘의 상이다. 신기루는 표면의 온도가 윗부분의 온도보다 높고, 물체에서 오는 빛이 표면과 작은 각도를 이룰 때 나타난다. 따라서 물체에서 불과 몇 미터 떨어져 있는 경우에는 신기루를 볼 수 없다. 신기루는 환상이 아니라 실제로 나타나는 광학적 현상이다.

렌즈

언제 렌즈가 처음 만들어졌나?

렌즈라는 말은 볼록 렌즈와 모양이 비슷한 편두콩$^{lentil bean}$의 이름으로부터 유래했다. 렌즈는 3000년 전부터 사용되어왔으며 고대 아시리아인들이 불을 피우기 위해 렌즈를 이용했을 가능성이 있다. '불타는 유리'라는 말은 기원전 424년에 아리스토파네스$^{Aristophanes, B.C. ?448~?380}$가 쓴 희곡에 언급되어 있다. 로마 황제들은 교정 렌즈를 사용했으며 물을 채운 공 모양의 유리그릇이 확대경으로 사용될 수 있다는 것을 알고 있었다. 알하젠$^{Alhazen, 965~1038}$은 최초의 광학 교과서를 썼고 12세기에 라틴어로 번역되어 유럽 과학자들에게 영향을 주었다. 그보다 조금 뒤인 1280년대엔 안경이 이탈리아에서 사용되었다. 근시를 교정하기 위한 오목 렌즈는 1451년부터 사용되기 시작한 것으로 알려져 있다.

오늘날, 안경이나 카메라에 사용되는 렌즈는 유리보다 가볍고, 싸며, 오래가는 플라스틱으로 만들고 있다.

볼록 렌즈는 무엇인가?

볼록 렌즈는 적어도 한 면이 볼록하다. 이러한 모양 때문에 렌즈로 들어오는 빛이 좁은 범위에 모인다. 볼록 렌즈는 스크린에 비출 수 있는 도립 실상을 만들고, 확대경으로 사용할 때는 정립 허상을 만든다.

오목 렌즈는 무엇인가?

오목 렌즈는 적어도 한 면이 오목하게 되어 있다. 렌즈의 이런 모양으로 인해 렌즈에 들어오는 빛이 넓게 퍼져나간다. 오목 렌즈는 볼록 렌즈와 결합하여 사용되기도 한다. 근시를 교정하기 위한 안경은 오목 렌즈로 만든다.

렌즈의 초점 거리는 무엇인가?

초점 거리는 렌즈의 확대 능력을 나타낸다. 볼록 렌즈의 경우를 생각해보자. 멀리 있는 물체에서 오는 빛은 볼록 렌즈를 통과한 후 초점에 모인다. 초점 거리는 렌즈에서 초점까지의 거리를 말한다. 표면이 크게 볼록한 렌즈는 짧은 초점 거리를 가지는 반면, 편평한 면에 가까운 표면을 가지는 렌즈는 초점 거리가 길다. 오목 렌즈의 경우, 초점은 가상적인 점이다. 다시 말해 오목 렌즈를 통과해 흩어지는 빛이 나온 것처럼 보이는 가상적인 점이 오목 렌즈의 초점이다.

바늘구멍 사진기는 어떻게 작동하나?

바늘구멍 사진기는 보통 상자의 한 면에 작은 '바늘구멍'을 뚫고 반대 면에 스크린을 설치해 만든다. 바늘구멍은 아주 작아서 아주 작은 양의 광선만 통과할 수 있다. 아래의 다이어그램은 바늘구멍이 물체의 상을 스크린 위에 어떻게 만드는지를 보여주고 있다.

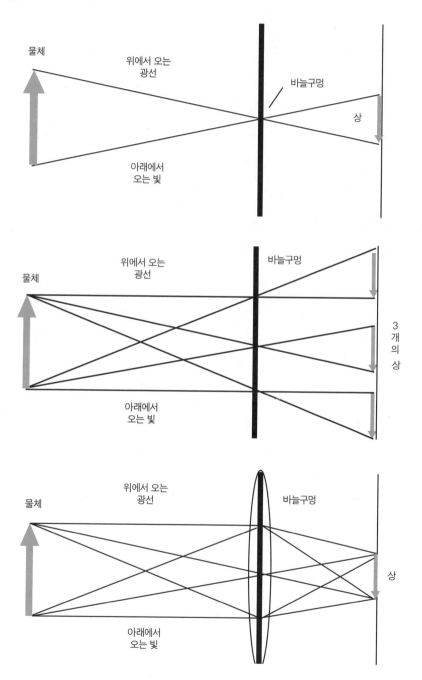

바늘구멍 사진기는 만들기가 쉬워서 일식을 관측할 때 자주 사용된다. 태양을 직접 바라보는 것은(일식 때나 보통 때나) 매우 위험하기 때문에 바늘구멍 사진기를 통해 간접적으로 관측하는 것이 좋다. 태양을 등지고 바늘구멍이 태양을 향하도록 하면 스크린 위에서 달의 그림자가 태양 표면을 지나가는 것을 볼 수 있다.

카메라 렌즈는 센서 위에 어떻게 상을 만드나?

275쪽 다이어그램은 바늘구멍 사진기에 세 개의 바늘구멍이 있을 때 어떤 일이 일어나는지를 보여주고 있다. 각각의 바늘구멍은 따로따로 물체의 상을 만든다. 이제 바늘구멍 바로 뒤에 볼록 렌즈를 놓았다고 생각해보자. 볼록 렌즈가 각각의 바늘구멍을 통과한 빛을 휘게 할 것이다. 만약 렌즈의 초점 거리가 렌즈와 스크린 사이의 거리와 같다면 세 개의 바늘구멍이 만든 상은 한 곳에 만들어질 것이다. 그리고는 물체의 위쪽에서 나와서 서로 다른 바늘구멍을 통과한 빛이 상의 한 점으로 모일 것이다. 이 상은 거꾸로 된 상이며 바늘구멍 사진기에 만들어졌던 상과 크기가 같다. 그렇다면 바늘구멍 사진기가 여러 개의 바늘구멍을 가지고 있을 때는 어떻게 될까? 모든 바늘구멍을 통과한 빛들이 만드는 상들이 한 지점에 모여 하나의 상을 만들 것이다. 이 상은 더 많은 빛이 모였으므로 훨씬 더 밝은 상이 된다. 아주 많은 바늘구멍이 만드는 상을 렌즈를 이용해 하나의 상으로 합치는 것은 카메라가 센서 위에 상을 만드는 것을 잘 나타낸다. 렌즈가 크면 클수록 더 많은 빛을 모을 수 있으므로 상은 더 밝아진다.

내부 전반사는 무엇이며 임계각은 무엇인가?

내부 전반사는 굴절률이 큰 매질에서 굴절률이 작은 매질로 빛이 진행할 때 경계면에서 일어난다. 이때는 굴절 법칙에 의해 입사각보다 굴절각이 더 크다. 이런 경우에는 입사각이 커지면 굴절각은 더 많이 커진다. '임계각'은 굴절각이 90도가 되는 입사각을 말한다. 다시 말해 임계각으로 입사한 빛은 굴절한 후에 경계 면을 따라 진행한다. 만약 입사각이 임계각보다 커지면 경계 면에서 굴절이 일어나지 않고 모든 빛이 다시 원래의 매질로 반사된다. 이렇게 매질의 경계 면에서 모든 빛이 반사되는 것을 내부 전반사라고 한다.

> ### 왜 다이아몬드는 반짝이는가?
>
> 다이아몬드는 굴절률이 매우 크며 임계각은 25도밖에 안 된다. 다이아몬드를 제대로 커팅하면 다이아몬드 위쪽에서 들어온 빛은 내부 전반사를 하여 옆쪽이 아니라 위쪽으로 다시 나오게 된다.

물속에서 눈을 뜨면 물 밖을 볼 수 있을까?

물속에 있을 때 내부 전반사를 경험할 수 있다. 물속에서 똑바로 위를 보면 물 위에 있는 하늘과 물체들을 볼 수 있을 것이다. 그러나 물 표면에 수직한 직선과 48도 이상의 각도로 물 밖을 보면 물 밖을 내다볼 수 없고 물 안의 풍경이 반사된 것을 볼 수 있다. 수영장이나 호수에 가게 된다면 물속에서 밖을 내다보며 바깥을 볼 수 없는 지점이 어디인지 확인해보자.

광섬유

광섬유는 내부 전반사를 어떻게 이용하고 있는가?

일반적으로 광섬유라고 알려진 유리 섬유는 내부 전반사의 원리를 이용해 빛의 속도에 가까운 속도로 정보를 전달한다. 광섬유는 굴절률이 큰 유리로 되어 있는 중심부에 굴절률이 작은 유리가 피복되어 있다. 광섬유 한끝으로 들어온 레이저가 중심부와 피복의 경계 면에 도달하면 빛은 내부 전반사를 일으켜 다시 중심부로 돌아간다. 빛은 이렇게 중심부와 피복의 경계에서 내부 전반사를 계속하며 섬유를 따라 진행한다.

빛이나 근적외선은 심각한 에너지 손실 없이 광섬유를 따라 수 킬로미터를 전달할 수 있다. 이것이 가능한 이유 중 하나가 내부 전반사이다. 두 번째 이유는 광섬유가 적외선을 가능한 한 적게 흡수하는 물질로 만들어졌기 때문이다. 광섬유를 이용한 통신의 또 다른 장점은 광섬유를 통해 전달되는 정보가 광섬유 밖으로 나갈 수 없어 중간에서 다른 사람이 정보를 가로챌 수 없기 때문에 안전하다는 것이다.

광섬유는 어디에서 유래했나?

빛이 유리 섬유를 통해 전달될 수 있을 것이라는 아이디어는 1840년대부터 있었다. 스위스의 물리학자 콜라돈[Daniel Colladon, 1802~1893]과 바비네[Jacques Babinet, 1794~1872]는 빛이 분수에서 휘어진 물줄기를 따라 진행하는 것을 발견했다. 1930년에 광섬유 뭉치를 이용하여 최초로 영상을 만들어낸 사람은 독일의 의대생이었던 람[Heinrich Lamm]이었다. 그는 광섬유 뭉치로 전등의 영상을 만들었다. 람은 광섬유를 이용하여 크게 절개하지 않고 몸 안을 살펴보는 연구를 했다. 이어 광섬유에 대한 연구에 관심이 집중되었고, 후에 레이저의 개발로 광섬유를 이용한 통신이 크게 발전하게 되었다.

오늘날 광섬유는 어디에 사용되고 있는가?

광섬유를 이용한 정보 교환은 기술계에 커다란 충격을 주었다. 의학 분야에서는 유연한 광섬유를 이용하여 인체 내부를 직접 볼 수 있게 되어 질병 진단이 훨씬 용이해졌다. 광섬유가 등장하기 전에는 상상도 할 수 없던 일이었다.

광섬유를 가장 많이 사용하는 분야는 통신이다. 장거리 전화, 컴퓨터, 텔레비전 영상의 전송에 모두 광섬유가 이용되고 있다. 일부 시스템

광섬유는 디지털 정보를 포함하고 있는 레이저를 금속 도선보다 빠르고 효과적으로 전달하는 유리 섬유다.

은 광섬유를 이용하여 가정에서 직장으로 직접 정보를 전송하고 있다. 광섬유를 이용하면 많은 양의 정보를 빠른 속도로 전송할 수 있기 때문에 수백 개의 텔레비전 채널, 고속 인터넷, 전화를 동시에 사용할 수 있다.

회절과 간섭

회절이란 무엇인가?

반사와 굴절은 광선 모델을 이용해 설명할 수 있다. 그러나 빛이 작은 구멍을 통과할 때 나타나는 현상을 설명하는 데는 광선 모델로는 충분하지 않다. 이 경우에는 빛이 가지고 있는 파동의 성질이 중요해진다. 빛이 지름을 바꿀 수 있는 둥근 구멍을 통과해 스크린을 비춘다고 가정해보자. 구멍의 크기를 줄이면 스크린에 만들어지는 밝은 점의 크기가 줄어드는 것을 발견할 수 있을 것이다. 그러나 구멍이 아주 작아지면 이상한 일이 일어난다. 밝은 점의 크기는 더 이상 줄어들지 않고 가장자리가 희미해진다. 그리고 밝은 점의 가장자리에 회절무늬가 나타나기 시작하는데 빛이 좁은 슬릿을 지나가거나 작은 물체가 그림자를 만들 때도 회절 무늬가 만들어진다. 모든 형태의 파동에서 이런 회절 현상이 나타난다. 물결파에서도 회절을 관측할 수 있다. 문이나 창문을 통해 들어온 소리가 넓게 퍼지는 것도 회절 때문이다.

간섭은 무엇인가?

파동을 다룬 부분에서 이미 간섭에 대해 이야기했던 것처럼 빛의 간섭에서 가장 중요한 것은, 두 개(또는 그 이상)의 파동이 간섭을 일으키기 위해서는 두 파동의 파장과 위상이 같아야 한다는 것이다. 일반적인 빛에서도 간섭 현상을 관측할 수 있지만 레이저를 이용했을 때 간섭을 가장 잘 관측할 수 있다. 레이저에서 나온 빛이 좁은 간격으로 배치된 두 개의 슬릿을 통과하면 두 슬릿의 회절 무늬가 겹친다. 그렇게 되면 밝고 어두운 띠로 이루어진 무늬가 만들어진다. 밝은 띠는 두 슬릿을 통과한 빛이 보강 간섭을 일으킬 때 만들어진다. 두 슬릿으로부터 빛이 이동한 거리가 같거나 거리의 차이가 파장의 정수배일 때 보강 간섭이 일어난다. 어두운 띠는 파동이 소멸 간섭을 일으킬 때 나타난다. 두 슬릿으로부터의 거리의 차이가 반 파장의 홀수 배인 경우에는 소멸 간섭이 나타난다. 다시 말해 두 빛의 경로 차가 파장의 1.5배, 2.5배, 3.5배가 되는 지점에서 소멸 간섭이 나타난다. 비눗방울 안과 밖의 면, 기름 막의 아랫면과 윗면처럼 가까이 있는 두 변에서 반사된 빛도 간섭을 일으킬 수 있다.

비눗방울과 기름 막은 어떻게 무지개 색깔을 만드나?

비눗방울이나 물 위에 떠 있는 기름 막처럼 얇은 막이 빛을 받으면 무지개 무늬가 나타나는 것을 볼 수 있다. 이러한 무늬는 얇은 막의 두 표면에서 반사된 빛이 간섭을 일으켜 만들어진다. 비눗방울을 이루고 있는 얇은 막의 안과 바깥 표면에서 각각 반사된 빛이 간섭을 일으키면 여러 가지 색깔의 무늬가 만들어진다. 여러 가지 색깔이 나타나는 것은 막의 두께가 달라짐에

비누거품은 거품의 얇은 막의 두 표면에서 반사된 빛이 간섭을 일으켜 무지개 색깔로 빛난다.

따라 두 표면에서 반사된 빛 사이의 간섭이 달라지기 때문이다. 젖은 도로에 휘발유가 흘러나온 것을 자주 보았을 것이다. 그것은 사람들이 비가 오는 날 휘발유를 더 많이 흘리기 때문이 아니라 기름 막의 위 표면과 기름과 물의 경계인 아래 표면에서 반사된 빛이 간섭을 일으켜 무지개 색깔을 나타내 더 잘 보이기 때문이다.

색깔

백색광은 무엇인가?

백색광은 모든 가시광선을 포함하고 있는 빛이다. 백색광을 분리하면 다른 파장을 가진 여러 색깔의 빛으로 분산시킬 수 있다. 가장 긴 파장을 가지고 있는 빛은 붉은색 빛이고, 파장이 짧아짐에 따라 오렌지, 노랑, 초록, 파란색, 남색 그리고 가장 파장이 짧은 보라색이 된다.

남색은 무엇인가?

남색은 스펙트럼에서 파란색과 보라색 사이에 있는 색깔이지만 이 색을 구별하는 사람은 많지 않다. 그렇다면 무지개에는 일곱 색깔이 아니라 여섯 색깔이 있는 것일까? 무지개를 일곱 색깔로 구분하는 것은 뉴턴이 색깔과 음악의 음을 유사하게 생각했기 때문이다. 음악에서 사용하는 음에는 도, 레, 미, 파, 솔, 라, 시의 일곱 음이 있다. 뉴턴은 색깔에도 일곱 가지가 있어야 한다고 생각하여 남색을 여섯 번째 색깔로 정했다. 따라서 무지개에서 남색을 구별해낼 수 없다고 크게 실망할 필요는 없다.

우리는 어떻게 물체를 보는가?

물체를 보기 위해서는 물체에서 출발한 빛이 우리 눈에 들어와야 한다. 우리가 별, 번개, 전등을 볼 수 있는 것은 이들이 빛을 내기 때문이다. 빛을 내지 않는 물체를 볼 때는 빛을 내는 물체들에서 나오는 빛에 의존한다. 빛을 내지 않는 물체는 다른 물체가 낸 빛을 우리 눈을 향해 반사하기 때문에 볼 수 있다. 예를 들어 지금 읽고 있는 책은 빛을 내지 않는다. 그러나 책을 볼 수 있는 것은 책이 빛을 반사하기 때문이다.

여러 가지 물체가 다른 색깔로 보이는 것은 무엇 때문인가?

색깔을 볼 때 우리는 백색광을 구성하고 있는 스펙트럼의 특정 부분만을 보는 것이다. 스펙트럼의 다른 부분은 사라졌다. 색깔의 선택은 세 가지 방법으로 이루어진다. 스펙트럼의 일부만 통과시키고 나머지는 흡수하는 투명한 물질을 통해 물체를 보면 물체가 특정한 색깔로 보인다. 물체가 특정한 색깔을 지닌 경우도 있다. 그것은 물체가 스펙트럼의 특정한 부분만 반사하고 나머지는 흡수하는 경우다. 그리고 마지막으로 빛을 간섭이나 반사와 같은 물리적인 방법을 이용해 여러 가지 색깔의 빛으로 분리하는 방법이 있다. 프리즘을 이용하여 빛을 분산시키거나 물방울에 의해 무지개가 만들어지는 것은 이런 방법에 의한 것이다. 극장의 조명 장치는 여러 가지 색깔의 빛을 만들어 무대 효과를 만들어낸다. 눈은 모든 빛을 반사하기 때문에 흰색으로 보이지만 초록색 종이는 스펙트럼 중에서 초록색만 반사한다. 검은 천은 모든 빛을 흡수하기 때문에 검은색으로 보인다.

누가 백색광을 무지개 색깔로 분산할 수 있다는 걸 처음 발견했나?

17세기에 유리를 제조하는 사람들은 샹들리에에 사용되는 보석 모양의 유리를 만드는 방법을 알아냈다. 이 유리를 통해 촛불을 보면 빛과 유리, 눈의 각도에 따라 여러 가지 색깔이 보였다. 샹들리에가 만들어내는 색깔에 흥미를 느낀 뉴턴은 직각 프리즘 모양의 유리가 여러 가지 색깔의 스펙트럼을 만들어내는 것을 연구하기로 했다. 이 실험에 대해서는 뉴턴의 말을 직접 들어보는 것이 좋다. "어두운 방에서 창문에 지름 약 1cm 정도의 작은 구멍을 뚫어놓고 적당한 양의 태양 빛이 들어오게 했다. 그리고 색깔이 없는 프리즘을 놓아 창문으로 들어온 빛을 방의 다른 방향으로 굴절시켰다. 굴절된 빛은 장방형(스펙트럼)으로 분산되었다." 색깔이 프리즘 때문에 생긴 것이 아니라는 사실을 증명하기 위해 뉴턴은 이 과정을 거꾸로 진행하여 여러 가지 색깔로 이루어진 스펙트럼으로부터 백색광을 얻어냈다. 그는 스펙트럼 중간에 렌즈를 놓아 모든 색깔의 빛이 두 번째 프리즘으로 들어가게 했다. 그러자 두 번째 프리즘에서는 백색광이 나왔다.

프리즘은 어떻게 빛을 분산시키는가?

프리즘으로 들어가거나 나올 때 모든 파장의 빛이 같은 정도로 굴절된다면 빛의 분산은 일어나지 않을 것이다. 모든 물질의 굴절률은 빛의 파장에 따라 달라진다. 다이아몬드의 굴절률은 파란빛에서는 1.594이고, 붉은빛에서는 1.571이다. 납유리의 굴절률은 파장에 따라 1.528에서 1.514까지 변하고 물의 굴절률은 1.340에서 1.331 사이의 값을 가진다. 모든 경우에 파란빛의 굴절률이 붉은빛의 굴절률보다 크다. 따라서 파란빛이 붉은빛보다 더 큰 각도로 굴절한다. 다이아몬드는 색깔에 따라 굴절률이 크게 달라지기 때문에 분산이 더 잘 일어나 여러 색깔로 빛나게 된다.

흰색이 모든 스펙트럼의 합이라면 검은색은 무엇인가?

흰색의 반대인 검은색은 빛이 없거나 모든 빛을 흡수한 상태다. 이것은 매우 자명한 사실이지만, 이를 처음 알아낸 사람은 뉴턴이다. 검은색 종이는 종이에 도달하는 모든 색깔의 빛을 흡수하고 우리 눈을 향해서는 아무런 빛도 반사하지 않는다.

광원에서 나오는 원색은 무엇인가?

빛을 합해서 여러 가지 색깔의 빛을 만들 때 사용하는 삼원색은 파란색, 초록색, 붉은색이다. 컴퓨터 모니터나 텔레비전도 삼원색을 이용하여 다양한 색깔의 화면을 만들어낸다. 삼원색을 조합하면 여러 가지 색깔을 만들 수 있다. 또한 삼원색을 같은 비율로 섞으면 흰색이 만들어진다.

이차색은 무엇인가?

삼원색 중에 임의의 두 가지 색깔을 같은 비율로 섞으면 이차색이 만들어진다. 이들을 이차색이라고 부르는 이유는 바로 삼원색의 부산물이기 때문이다. 붉은빛을 초록빛과 섞으면 노란빛이 만들어지고, 붉은빛과 파란빛을 섞으면 분홍빛이 만들어지고, 파란빛과 초록빛을 섞으면 청록색의 빛이 만들어진다.

보색은 무엇인가?

보색은 섞으면 흰색에 가까운 빛을 만드는 삼원색 중 하나와 이차색 중 하나로 이루어진 두 색깔의 빛을 말한다. 예를 들면 노란빛의 보색은 파란빛이고, 초록빛과 분홍빛, 그리고 청록빛과 붉은빛도 보색 관계에 있다. 이들을 섞으면 흰빛이 된다.

감산 혼합은 무엇인가?

빛을 섞는 것(가산 혼합)과는 달리, 감산 혼합은 염료나 물감 또는 빛을 흡수하거나 반사하는 물질을 섞는 것을 말한다. 예를 들면 흰빛을 두 가지 색깔의 필터에 통과시키거나 색깔이 있는 표면에서 빛을 반사시켜 일부 스펙트럼을 제거할 수 있다. 흰빛을 푸른색 벽에 비추면 벽은 붉은빛과 초록빛을 흡수하고 파란빛은 흡수하지 않아 파란색으로 보인다. 따라서 물체가 반사하는 빛을 보면 물체의 색깔을 알 수 있다.

물감의 삼원색은 파란빛과 붉은빛을 반사하고 초록빛을 흡수하는 청록색, 초록빛과 파란빛을 반사하고 붉은빛을 흡수하는 분홍색, 그리고 붉은빛과 초록빛을 반사하고 파란빛을 흡수하는 노란색이다. 이것은 삼원색의 빛을 혼합해서 만든 이차색과 같은 색들이다. 만약 물감의 삼원색을 모두 섞으면 붉은빛, 초록빛, 파란빛이 모두 제거되고 아무것도 남지 않아 검은색으로 보인다.

파란빛은 파장이 400~500nm 사이에 있는 빛이고 초록빛은 파장이 500~560nm 사이에 있는 빛이며, 노란빛은 파장이 560~590nm 사이에 있는 빛이다. 또한 오렌지색 빛은 파장이 590~620nm 사이에 있는 빛이고, 붉은빛은 파장이 620nm보다 긴 빛이다. 노란색 필터는 초록빛, 노란빛, 붉은빛을 통과시킨다. 그러나 우리 눈은 초록빛이나 노란빛보다 붉은빛에 덜 민감하기 때문에 노란빛으로 감지한다. 같은 이유로 푸른색이나 남색 필터가 파장이 660nm보다 긴 빛을 통과시켜도 우리가 보는 것에 별 영향을 주지 않는다. 마지막으로, 자주색은 파란빛과 붉은빛을 섞으면 얻을 수 있다.

감산 혼합에서 2차 색은 무엇인가?

물감의 2차 색깔은 빛의 삼원색과 같다. 붉은색, 초록색, 파란색의 물감은 자신의 색깔은 반사하고 다른 색깔은 흡수한다. 예를 들면 붉은색은 붉은빛을 반사하고 초록빛과 파란빛을 흡수한다.

왜 잉크젯 프린터는 물감의 삼원색이 아니라 네 가지 색깔을 이용하여 인쇄하는가?

컬러 잉크젯 프린터는 노란색, 분홍색, 청록색 물감을 혼합하여 검은색을 포함한 모든 색깔을 만들어낼 수 있다. 그러나 이 세 가지 잉크를 모두 섞으면 검은색보다는 짙은 갈색에 가까운 색이 만들어진다. 세 가지 색으로 다른 여러 가지 색깔을 만들어낼 수는 있지만 여기에 검은색을 만드는 데 필요한 모든 색깔이 들어 있는 것은 아니다. 따라서 대부분의 컬러 잉크젯 프린터는 노란색, 분홍색, 청록색 잉크 카트리지 외에 검은색 잉크 카트리지를 하나 더 가지고 있다.

컬러 잉크젯 프린터가 분홍색, 청록색, 노란색 잉크와 함께 검은색 잉크도 사용하는 것은 컬러 잉크가 모든 색깔을 포함하고 있지 않아 완전히 검은색을 만들어내지 못하고 짙은 갈색만 만들어낼 수 있기 때문이다.

색상과 순도는 어떻게 다른가?

색상은 색깔의 파장과 관련이 있다. 순도는 특정한 파장의 빛에 다른 파장의 빛이 얼마나 포함되어 있는지를 나타낸다. 색상이 붉은색인 경우, 짙은 붉은색은 순수한 붉은색이고 분홍색은 붉은색과 흰색의 혼합이다.

색깔의 감지는 눈과 뇌의 신경 심리학적 기능에 따라 달라진다. 따라서 개인 사이에 약간의 차이가 날 수 있다. 게다가 감산 혼합으로 만들어진 색깔은 광원에 따라 다르게 보인다. 방에 페인트를 칠하려 한다면 페인트의 색깔을 햇빛, 백열전등 빛 그리고 형광등 빛과 같은 여러 가지 다른 광원 아래에서 살펴보아야 한다. 광원에 따라 색깔이 많이 다르게 보이기 때문이다. 물체의 색깔은 한낮의 햇빛과 저녁때의 햇빛에서도 달라진다. 따라서 과학, 예술, 광고, 프린터와 같은 여러 분야에서 사람이 느끼는 색깔이 아니라 빛의 파장의 세기를 측정하여 색깔을 결정하는 색도계를 필요로 하게 되었다.

습도가 높은 여름날엔 왜 하늘이 흰색이나 회색으로 보일까?

공기 중의 습도가 높으면 춥고 건조한 날보다 물 분자가 많아진다. 두 개의 수소 원자와 하나의 산소로 이루어진 물 분자는 산소나 질소 분자보다 크다. 분자의 크기는 어떤 파장의 빛을 산란시키느냐를 결정하는 중요한 요소이다. 흰색 빛이 커다란 분자나 먼지 입자와 만나면 긴 파장의 빛이 산란된다. 반면에 흰색의 빛이 작은 분자와 만나면 짧은 파장의 빛이 주로 산란된다. 눈이나 휘저은 달걀흰자, 맥주 거품이 흰색으로 보이는 것도 같은 이유다.

수증기나 연기의 밀도가 높아지면 모든 파장의 빛이 산란되기 때문에 구름은 회색으로 보인다.

일출과 일몰 때 하늘이 오렌지색이나 붉은색으로 보이는 이유는 무엇일까?

태양이 지평선 부근에 있는 저녁이나 아침에는 한낮보다 태양 빛이 우리에게 도달할 때까지 대기층을 더 오래 통과한다. 태양이 머리 위에 있는 한낮에는 태양 빛이 대기층을 수직으로 통과하기 때문에 대기를 통과하는 거리가 짧다. 따라서 아침이나 저녁에 대기층을 통과하는 빛은 더 많은 짧은 파장의 빛이 공기에 의해 산란된다. 이로 인해 태양 빛은 노란색에서 오렌지색으로 그리고 붉은색으로 변한다. 공기 중의 수증기와 먼지는 이런 효과를 더욱 크게 하여 저녁놀을 더욱 붉게 만든다.

공기에 의해 짧은 파장의 빛이 산란되는데 왜 우리는 남색이나 보라색 하늘을 볼 수 없고 파란 하늘만 볼 수 있는가?

레일리|Lord Rayleigh, John Strutt, 1842~1919는 공기 중의 산소와 질소 분자가 태양 빛을 산란하기 때문에 우리가 하늘을 볼 수 있다는 것을 알아냈다. 공기에 의한 산란은 짧은 파장의 빛에서 잘 일어난다. 그렇다면 왜 우리는 보라색 하늘을 볼 수 없는 것인가? 우리 눈은 스펙트럼의 중간에 해당되는 550nm 정도의 파장을 가지는 빛에 대해 가장 민감하다. 파란색은 이 색에 가까이 있기 때문에 우리 눈은 남색이나 보라색보다 파란색을 더 잘 본다. 따라서 남색이나 보라색 빛이 공기에 의해 산란되어도 사람의 눈은 파란빛을 더 강하게 느낀다. 공기에 의해 짧은 파장의 빛이 산란되기 때문에 공기를 통과한 빛에는 노란색이 많이 포함되어 있다. 때문에 태양은 흰색이 아니라 노란색으로 보인다.

바다가 파란색으로 보이는 이유는 무엇인가?

바다나 깊은 물이 푸른색으로 보이는 데는 두 가지 이유가 있다. 첫 번째는 구름 낀 날과 맑은 날의 물을 보면 알 수 있다. 흐린 날과 맑은 날에는 바다의 색깔이 크게 달라 보인다. 왜냐하면 물이 하늘을 비추는 거울 역할을 하기 때문이다. 맑은 날에는 하늘 색깔이 파란색이므로 바다 색깔도 흐린 날보다 파란 색깔로 보인다.

바다가 푸르게 보이는 두 번째 이유는 물이 긴 파장의 빛보다 짧은 파장의 빛을 더 많이 산란하기 때문이다. 실제로 물은 오렌지색, 붉은색과 파장이 긴 적외선을 잘 흡수한다. 그 결과, 더 많은 빛 에너지를 흡수하여 온도가 올라간다. 산란되는 빛의 양이 많을수록 물빛은 더욱 진한 파란색이 된다.

어떤 경우에는 물의 색깔이 초록색이나 갈색 또는 검은색으로 보이기도 한다. 이는 일반적으로 물속에 포함되어 있는 물질 즉 조류, 침전물, 모래 등에 의한 것이다. 빙하에서 흐르는 물이 흰색으로 보이는 것은 물속에 떠 있는 미세한 부유물 때문이다. 그러나 대부분의 경우, 물은 푸른색으로 보인다.

무지개

무지개는 어떻게 만들어지는가?

무지개는 태양 빛이 물방울과 만났을 때 만들어지는 빛의 스펙트럼이다. 빛이 물방울로 들어가면 굴절되고 분산된다. 다시 말해 프리즘처럼 파장이 다른 여러 가지 색깔의 빛으로 나뉜다. 물방울 내부에서 빛은 내부 전반사를 통해 방향을 바꾼 후 다시 한 번 굴절되어 물방울 밖으로 나온다. 물방울로 들어가는 빛과 물방울에서 나오는 빛 사이의 각도는 파장에 따라 다른데, 파란빛은 40도이고 붉은빛은 42도이다.

무지개를 볼 수 있는 조건은 무엇인가?

무지개를 보기 위해서는 두 가지 조건을 만족해야 한다. 첫 번째는 관측자가 태양과 물방울 중간에 위치해야 한다. 물방울은 빗방울일 수도 있고, 호스로 뿌린 물일 수도 있다. 두 번째 조건은 태양, 물방울 그리고 관측자 사이의 각도가 40~42도여야 한다. 따라서 무지개는 태양이 지평선 가까이 있어 물방울에 도달하는 빛이 지평선에 가까울 때 쉽게 볼 수 있다.

완전한 원형의 무지개도 있는가?

땅이 원의 일부를 가리지만 않는다면 모든 무지개는 완전히 둥그런 원으로 보일 것이다. 비행기를 타고 높은 고도로 올라가보면 태양과 물방울 그리고 비행기 사이의 각도가 40~42도 사이에 있을 때 완전한 원형의 무지개를 볼 수 있다. 땅에 의해 무지개의 일부가 가려지지 않기 때문에 원형으로 보이는 것으로 그런 무지개는 볼 만한 구경거리가 될 것이다.

무지개 색깔의 순서는 어떻게 되는가?

무지개 색깔의 순서는 파장이 긴 붉은색이 무지개 바깥쪽에 있고 파장이 가장 짧은 보라색이 가장 안쪽에 있다. 밖에서 안으로의 색깔 순서는 붉은색, 오렌지색, 노란색, 초록색, 파란색, 남색, 보라색이다.

무지개가 만들어지는 이유를 누가 처음 설명했는가?

무지개의 광학적 특성을 처음 이해한 사람은 빛이 물방울 안에서 굴절되고 반사된 다는 사실을 처음 알아낸, 14세기 초의 독일 수도승이었다. 자신의 가설을 이해하기 위해 이 수도승은 구형의 용기를 물로 채우고 태양 빛을 비추었다. 그는 빛이 물방울 에 의해 반사되면서 흰색의 빛이 여러 가지 색깔로 분산되는 것을 관측했다.

모든 사람이 같은 무지개를 보는가?

무지개는 태양, 물방울 그리고 관측자가 서 있는 위치에 따라 달라지므로 모든 사람이 관 측하는 무지개는 그 사람만 보는 고유한 무지개이다.

2차 무지개는 무엇인가?

색깔의 순서가 반대로 되어 있는 2차 무지개는 1차 무지개 바깥쪽에 있고 1차 무 지개보다 훨씬 희미하게 보인다. 2차 무지개는 물방울 속에서 더 많은 반사가 일어날 때 만들어진다. 물방울 안에서 한 번의 반사가 일어나는 대신 두 번 반사가 일어나면 색깔의 순서가 바뀐다. 이런 2차 무지개는 50~54도 사이에서 나타난다.

시각

사람의 눈은 어떻게 보는가?

눈은 뇌의 연장이라 할 수 있다. 눈은 빛을 모으는 수정체, 눈으로 들어오는 빛의 양을 조절하는 홍채, 스크린 역할을 하는 망막으로 구성되어 있다. 망막 세포는 받은 정보를 처리하여 시신경을 통해 뇌로 보낸다.

각막은 눈 바깥쪽에 있는 투명한 막이며 각막과 수정체 사이에는 액체가 차 있다. 빛이 각막의 볼록한 표면을 통과해 액체 속으로 들어갈 때 굴절한다. 눈에서 빛을 모으는 역할의 대부분은 각막에서 이루어진다. 각막을 통과한 빛은 들어오는 빛의 양에 따라 열고 닫히는 홍채를 통과한다. 홍채는 통과하는 빛의 양을 20배의 범위 안에서 조절할 수 있다. 그런데 우리 눈은 10조분의 1의 빛의 세기 차이를 구별해낼 수 있다. 따라서 홍채가 하는 중요한 임무는 빛의 세기를 조절하는 것이 아니다. 홍채의 열린 부분이 수축하면 더 넓은 범위의 물체에 초점을 맞출 수 있게 된다.

홍채를 통과한 빛은 수정체로 간다. 수정체는 깨끗한 막으로 덮인 투명한 섬유층으로 이루어져 있다. 보고자 하는 물체에 초점을 맞추기 위해서는 눈의 모양을 바꿔 수정체와 각막의 초점 거리를 바꿔야 한다. 그러기 위해서는 눈 주위에 있는 모양체의 근육을 수축하거나 이완시켜야 한다. 빛은 눈의 많은 부분을 차지하고 있는 유리액이라 부르는 액체를 지나 망막에 도달한다. 각막과 수정체는 이 망막 위에 도립상을 만든다.

망막은 빛에 민감한 세포(시세포)층과 신경 세포 그리고 어두운 배경으로 구성되어 있다. 시세포에는 원뿔 세포와 막대 세포 두 가지가 있다. 700만 개나 되는 원뿔 세포는 밝은 빛에 민감하고, 수정체 바로 뒤에 있는 망막의 중심 부분에 많이 분포해 있다. 이것을 둘러싸고 있는 1억 2000만 개의 막대 세포는 어두운 빛에 민감하다. 망막 전체의 넓이는 5cm^2 정도 된다. 망막에 모든 원뿔 세포와 막대 세포를 커버할 1억 2700만 개의 신경 세포가 있는 것은 아니다. 따라서 망막의 시신경은 원뿔 세포와 막대 세포가 만든 전기 신호를 1차로 처리한 후 그 결과를 뇌로 보낸다.

원뿔 세포와 막대 세포의 차이는 무엇인가?

원뿔 세포는 망막에 있는 원뿔 모양의 세포로, 상의 세밀한 부분을 감지할 수 있으며 주로 포비아라고 부르는 망막의 중심 부분에 분포해 있다. 원뿔 세포는 색깔을 감지하는 역할도 한다. 파란빛에 반응하는 원뿔 세포는 파장이 440nm인 빛에 가장 민감하며, 두 번째 종류의 원뿔 세포는 파장이 530nm인 초록빛에 가장 민감하다. 세 번째 종류의 원뿔 세포는 분홍빛에서 붉은빛에 이르는 넓은 범위의 빛에 민감하며 그중에서도 파장이 560nm인 노란빛에 가장 민감하다.

망막의 중심에서 멀어짐에 따라 막대 모양의 세포가 원뿔 세포를 대체한다. 막대 세포는 세밀한 부분이 아니라 넓은 범위의 일반적인 상에 관계한다. 물체를 자세히 보기 위해서는 물체를 똑바로 보아야 한다. 물체를 똑바로 보면 상이 원뿔 세포가 많이 분포하고 있는 망막의 중앙 부근에 맺힌다. 어두운 곳에서 훨씬 더 민감한 막대 세포는 밤에 물체를 볼 때 중요한 역할을 한다.

우리 눈은 어떤 파장의 빛에 가장 민감한가?

우리 눈은 노란빛과 초록빛에 해당하는 파장의 빛에 가장 민감하다. 교통 신호등중 조심하라는 경고등과 교통 표지판은 우리의 주의를 끌기 위해 노란색으로 칠한 경우가 많다. 우리가 시선 밖에 있는 물체를 힐끗 볼 때도 눈이 덜 민감하게 느끼는 붉은색이나 파란색 물체보다 밝은 노란색이나 초록색 물체를 훨씬 빨리 알아차린다.

멀리 있는 물체를 볼 때와 가까이 있는 물체를 볼 때 수정체의 모양은 어떻게 변하는가?

수정체의 모양을 변화시키는 역할을 하는 모양체의 근육은 다른 거리에 있는 물체의 상을 망막 위에 맺히게 하기 위해 수정체의 두께를 조절한다. 멀리 있는 물체에 초점을 맞추기 위해서는 수정체가 긴 초점 거리를 가져야 한다. 따라서 근육이 이완되어 수정체를 편평하게 만든다. 가까이 있는 물체에 초점을 맞추기 위해서는 짧은 초점 거리가 필요하므로 모양체 근육이 수축하여 수정체를 더 둥글게 만들어 초점 거리를 짧게 만든다. 물체에 초점을 맞추기 위해 수정체의 모양을 조절하는 이러한 과정을 '조절 작용'이라고 한다.

물속에서 수영할 때 눈을 떠도 시야가 흐리지만 고글을 쓰면 맑아지는 것은 무엇 때문인가?

수정체가 모양을 바꿔 망막 위에 상이 맺히도록 하지만 대부분의 굴절은 빛이 공기에서 각막으로 들어올 때 일어난다. 공기가 물로 대체되면 빛이 굴절되는 각도가 줄어들어 망막 위에 희미한 상이 맺히게 된다.

색맹은 무엇인가?

사람들 중에는 유전적인 이유로 일부 색깔을 구별하지 못하는 사람들이 있다. 영국의 화학자이자 물리학자였던 돌턴John Dalton, 1766~1844은 1794년에 색맹에 대해 설명했다. 돌턴은 자신도 색맹이어서 붉은색과 초록색을 구별하지 못했다. 색맹은 대부분 자신들이 색깔을 구별하지 못한다는 것을 인식하지 못한다. 이것은 위험할 수도 있다. 특히 교통 신호나 다른 안전 신호를 인식하지 못하면 위험하다. 붉은색을 초록색으로, 또는 초록색을 붉은색으로 인식하는 사람들을 적록 색맹이라고 한다. 다른 색맹은 검은색, 회색, 흰색만 구별할 수 있다. 7%의 남자와 1%의 여자가 태어날 때부터 색맹인 것으로 추정되고 있다.

눈은 얼마나 가까이 있는 물체까지 볼 수 있는가?

눈이 잘 볼 수 있는 가장 가까운 거리가 있다. 물체가 이 거리보다 눈에 가까이 오면 수정체가 상을 망막 위에 맺게 할 수 없는데 대략 스무 살까지는 $10 \sim 20\text{cm}$에 있는 물체까지 초점을 맞출 수 있다. 나이를 먹으면 수정체가 굳어서 가까이 있는 물체에 초점을 맞추는 것이 점점 더 어려워진다. 그러다 70세가 되면 눈은 몇 미터에 있는 물체도 초점을 맞출 수 없게 된다. 따라서 나이 많은 사람들은 가까이 있는 물체를 보기 위해 돋보기가 필요하다.

근시는 무엇이며, 이를 교정하기 위해선 어떻게 해야 하는가?

근시는 상대적으로 가까이 있는 물체만 깨끗이 볼 수 있는 눈을 말한다. 멀리 있는 물체의 상은 망막 앞에 맺힌다. 근시는 대개 각막이 지나치게 부풀어 있어 발생하는데, 수정체를 충분히 조절할 수 없어서 멀리 있는 물체는 흐릿하게 보인다.

근시를 교정하기 위해서는 오목 렌즈를 사용해 빛을 흩어지게 하여 상이 망막 위에 맺히도록 해야 한다. 따라서 근시를 교정하기 위한 콘택트렌즈는 가장자리가 중심 부분보다 두껍다.

원시는 무엇이며 어떻게 교정하는가?

원시는 수정체가 멀리 있는 물체는 잘 볼 수 있지만 가까이 있는 물체는 초점을 맞

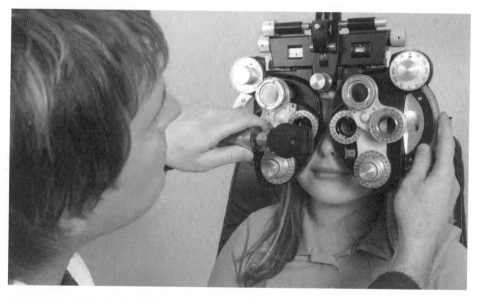

원시와 근시는 자주 볼 수 있는 시력의 문제다. 원시는 상이 망막 뒤에 맺힐 때 일어나고, 근시는 상이 망막 앞에 맺힐 때 발생한다.

출 수 없는 것을 말한다. 원시가 있는 사람의 각막과 수정체는 물체의 상을 망막 뒤쪽에 맺히도록 한다. 따라서 가까이 있는 물체는 흐릿하게 보인다. 원시를 교정하기 위해서는 볼록 렌즈를 이용해 빛을 좁은 범위로 모아 망막 위에 상이 맺히도록 해야 한다. 나이 많은 사람들의 수정체가 굳어서 가까이 있는 물체의 상을 망막 위에 맺을 수 없는 것은 노안이라고 한다.

야행성 동물이 사람보다 밤에 잘 볼 수 있는 것은 무엇 때문인가?

일부 동물이 밤에 사람보다 잘 볼 수 있는 이유는 세 가지가 있다. 첫 번째는 그런 동물의 눈은 몸에 비해 커서 사람의 눈보다 더 많은 빛을 모을 수 있기 때문이다. 더 많은 빛을 받아들이면 더 밝은 상을 만들 수 있다.

두 번째는 야행성 동물의 눈에 들어 있는 원뿔 세포와 막대 세포와 관계있다. 원뿔 세포는 세밀한 것을 보는 작용을 하고 밝은 곳에서 잘 작동한다. 야행성 동물은 원뿔 세포가 제공하는 컬러 영상이 거의 필요 없다. 따라서 운동과 모양을 파악하는 데 사용되는 막대 세포를 더 많이 가지고 있다.

야행성 동물이 밤에 잘 볼 수 있는 세 번째 이유는 망막 뒤에 있는 막이 빛을 망막 쪽으로 반사하여 망막에서 느낄 수 있는 빛의 세기를 증가시키기 때문이다. 빛을 잘 반사하는 막 때문에 밤에 동물에게 플래시 불을 비추면 동물의 눈에서 빛이 나는 것처럼 보인다.

3차원 시각은 무엇인가?

3차원(3D)을 본다는 것은 사람이 눈으로 보는 것과 같이 높이와 너비를 인식하는 (종이나 텔레비전, 영화 스크린을 보는 것처럼) 것 외에 세 번째 차원인 깊이도 인식하는 것을 말한다. 두 눈이 같은 장면의 약간 다른 면을 보기 때문에 우리는 실제 물체를 3차원으로 인식한다. 두 눈이 인식하는 약간 다른 장면이 결합된 것을 뇌가 해석하여 세 번째 차원인 깊이를 지각할 수 있도록 한다.

만약 한쪽 눈을 감으면 깊이를 인식할 수 있는 능력이 사라진다. 한 눈으로 세상을 본다고 세상이 다르게 보이지는 않겠지만 거리를 판단하는 데는 어려움을 느낄 것이다.

3D 영화나 텔레비전은 어떻게 작동하는가?

3차원 영화를 찍을 때는 두 대의 카메라가 약간 다른 각도에서 찍는다. 찍은 필름을 상영할 때는 두 대의 프로젝터가 다른 편광 필터를 사용하는데, 좌측 프로젝터는 수평 방향의 편광 필터를, 우측 프로젝터는 수직 방향의 편광 필터를 사용한다.

관객은 편광 안경을 쓰고 영화를 본다. 안경알이 서로 다른 방향으로 편광되어 있어 우측 눈은 좌측 프로젝터에서 오는 수평 방향으로 편광된 빛만 보고, 좌측 눈은 우측 프로젝터에서 오는 수직 방향으로 편광된 빛만 본다. 3차원 실물을 볼 때와 비슷하게 두 눈이 조금씩 다른 영상을 보도록 영상이 배치되어 있는 것이다. 그렇게 되면 뇌는 두 눈이 보는 영상의 차이를 깊이(3차원)라고 해석한다.

3차원 영상을 만들어내는 최신 방법은 필름보다는 디지털을 이용한다. 3D 텔레비전에 사용되는 이 방법에서는 좌측과 우측 카메라의 영상을 빠른 속도로 교대로 보여준다. 3D 텔레비전을 볼 때 쓰는 안경은 텔레비전에서 나오는 적외선 신호에 따라 투명에서 불투명으로 바뀐다. 따라서 각각의 눈은 해당 카메라가 잡은 영상만 본다. 영화에 더 적당한 또 다른 방법에서도 좌측 카메라 렌즈가 잡은 영상과 우측 카메라 렌즈가 잡은 영상을 교대로 보여주는 디지털 영상을 이용한다. 프로젝터 렌즈 앞쪽에 설치된 장치가 프로젝터에서 나오는 빛의 편광을 바꿈에 따라 좌측 영상은 한 방향으로 편광되어 있고, 우측 영상은 다른 방향으로 편광되어 있다. 이로 인해 편광 안경을 쓴 관객의 두 눈은 서로 다른 영상을 보게 된다.

카메라

카메라와 눈의 같은 점과 다른 점은 무엇인가?

카메라는 눈이 하는 여러 가지 기능을 한다. 카메라는 필름 위에 상을 맺게 하는 렌즈를 가지고 있다. 렌즈는 멀리 있는 물체나 가까이 있는 물체의 상이 필름이나 센서 위에 맺히게 한다. 또한 필름이나 센서에 도달하는 빛의 양이 적당하도록 조절할 수 있다. 오래된 카메라는 필름을 사용했다. 그러나 오늘날에는 디지털 센서를 사용한다. 이러한 센서에는 픽셀이라 부르는 독립된 센서가 1000만 개 이

카메라와 사람의 눈은 빛을 모아 상을 만드는 렌즈를 가지고 있다는 점에서 비슷하지만, 카메라 렌즈는 눈의 수정체처럼 유연하지 않아 두께를 조절할 수 없다.

상 들어 있다. 각각의 픽셀은 붉은색, 초록색, 파란색 필터로 덮여 있어 카메라가 컬러 영상을 만들어낼 수 있다. 카메라 렌즈는 눈의 수정체처럼 두께를 변화시킬 수 없지만 렌즈와 센서 사이의 거리를 변화시킬 수 있다. 멀리 있는 물체에 초점을 맞추려면 렌즈를 센서 가까이 다가오도록 하고, 가까운 물체에 초점을 맞추려면 렌즈를 센서에서 멀어지도록 한다. 센서에 도달하는 빛의 양은 두 가지 방법으로 조절한다. 그중 하나가 조리개를 열거나 닫아 렌즈로 들어오는 빛을 조절하는 방법이다. 두 번째 방법은 셔터 속도를 조절하여 빛이 들어오는 시간을 달리함으로써 빛의 양을 조절하는 방법이다. 빛이 어두울 때는 셔터 속도를 느리게 하여 오래 노출시켜야 한다. 그러나 물체가 움직이고 있으면 오랜 노출 시간 때문에 흐릿한 사진이 찍힐 수도 있다. 따라서 적당한 노출 시간과 조리개를 선택하는 것이 좋은 사진을 찍는 데 필수적이다.

사진에 눈이 빨갛게 나타나는 것은 무엇 때문인가?

플래시를 이용했을 때 눈이 빨갛게 나타날 수 있다. 사진을 찍지 않을 때는 충분한 빛이 눈에 들어가게 하기 위해서 동공이 열려 있다. 그런데 갑자기 플래시가 터지면 밝은 빛을 기대하지 않고 있던 동공이 수축할 시간이 없다. 따라서 많은 양의 빛이 눈으로 들어가 눈 뒤에서 망막에 혈액을 공급하는 혈관에 의해 반사되게 된다. 동공이 빨갛게 보이는 것은 혈관에서 반사된 빛을 카메라가 포착하기 때문이다.

빨간 눈을 없애기 위해 어떻게 하나?

최근에는 많은 카메라가 빨간 눈을 없애는 기능을 가지고 있다. 빨간 눈을 없애기 위해서는 동공을 수축하게 하여 많은 빛이 망막에서 반사되지 않도록 하면 된다. 이를 위해 여러 가지 방법이 사용되고 있다. 그중 하나가 플래시가 터지기 전에 작은 불을 비추어주는 방법이다. 또 다른 방법은 다섯 개 내지 여섯 개의 작은 플래시를 터뜨려 사진을 찍기 전에 동공이 수축되도록 하는 것이다.

망원경

누가 망원경을 최초로 발명했나?

두 렌즈를 조합하여 먼 곳에 있는 물체를 가까이 있는 것처럼 보이게 하는 망원경을 발명한 사람에 대해서는 여러 가지 상반된 주장이 있다. 네덜란드의 안경 제작자 리페르세이[Hans Lippershey, 1570~1619], 얀센[Sacharias Jansen, 1580~1638], 그리고 메티우스[Jacob Metius, 1570~1628]는 각각 일부의 발명에서 우선권을 가지고 있다. 1608년 10월 8일에 설계도를 그려 특허를 신청했지만 거절당했던 리페르세이의 볼록 렌즈와 오목 렌즈를 조합하여 만든, 배율이 세 배인 망원경의 복제품이 그해 네덜란드에서 널리 사용되었다. 그 다음해인 1609년에 6월에 이탈리아의 베네치아에서 갈릴레이가 이 발명에 대해 듣고 망원경의 작동 원리를 알아내 파도바에 있는 집으로 돌아와서 망원경을 만들었다. 며칠 후 그는 베네치아의 지도자들에게 보여주었고 그들은 갈릴레이에게 파도바 대학의 종신직을 주었다. 다음 해인 1610년에 갈릴레이는 그의 망원경을 33배의 배율을 갖도록 개량하고, 이를 이용해 목성의 위성, 태양의 자전, 금성의 위상 변화, 태양의 흑점, 달의 산과 골짜기 등을 발견했다. 볼록 렌즈와 오목 렌즈를 조합해 만든 갈릴레이 망원경은 정립상을 만들었다.

케플러와 샤이너Christoph Scheiner, 1575~1650의 아이디어에 기초하여 두 개의 볼록 렌즈가 두 렌즈의 초점 거리를 합한 거리만큼 떨어져 있도록 한 개량 망원경도 만들어졌다. 이러한 망원경은 상이 거꾸로 보인다. 또 배율을 높이기 위해서는 한 렌즈의 초점 거리가 아주 길어야 한다. 프리즘과 비슷한 모양의 렌즈는 상에 원하지 않는 색깔이 나타나게 하는 등 굴절 망원경은 사용하는 데 불편이 많다는 것이 밝혀졌다. 색 수차라고 부르는 이 문제는 120년 후에 두 개의 렌즈를 결합해 만든 렌즈를 이용하여 해결했다. 그러나 이 해결책은 렌즈의 무게를 줄일 수 없었고, 무거운 무게 때문에 상이 뒤틀리는 것을 막을 수도 없었다.

1668년에 뉴턴이 발명한 반사 망원경은 렌즈 대신 오목 거울을 이용하여 빛을 모아 상을 만들었다. 그 당시 고가였던 반사 망원경이나 굴절 망원경의 가격은 많이 하락해 오늘날에는 모두 싸다. 따라서 보통 사람들도 갈릴레이나 뉴턴은 꿈도 꾸지 못했던 망원경을 가지고 자신의 뒷마당에서 하늘을 관측할 수 있게 되었다.

굴절 망원경은 무엇인가?

최초로 발명된 망원경은 굴절 망원경이었다. 굴절 망원경은 빛을 모으고 굴절시켜 대안렌즈로 보내는 대물렌즈를 가지고 있다. 하나 또는 그 이상의 렌즈로 구성된 대안렌즈는 눈으로 볼 수 있는 상을 만든다. 렌즈의 지름이 크면 클수록 망원경이 더 많은 빛을 모을 수 있다. 하지만 렌즈의 무게가 굴절 망원경의 크기를 제한한다.

> ### 허블 우주 망원경이 처음 궤도에 올려졌을 때 어떤 문제가 있었나?
>
> 주 거울의 곡률에 머리카락 두께의 50분의 1 정도의 오차가 생긴 것이 허블 우주 망원경이 초점을 맞추는 데 문제를 일으켰다. 지름이 2.4m인 이 거울은 거울이 받는 모든 빛을 한 점에 모을 수 없었다. 미국 항공 우주국(NASA)은 이 수백만 달러짜리 실수로 많은 어려움을 겪었다.

반사 망원경은 무엇인가?

반사 망원경은 빛을 모아 대안렌즈에 초점을 맞추는 데 오목 거울을 사용한다. 대개 두 개의 거울을 사용하는데 망원경 끝에 있는 큰 거울은 빛을 모으고 작은 거울을 이용하여 이 빛을 대안렌즈로 보낸다.

가장 큰 반사 망원경은 무엇인가?

반사 망원경은 클수록 더 많은 빛을 모을 수 있다. 아래 표는 세계에서 가장 큰 반사 망원경의 목록이다.

이름	지름(m)	형태	위치	완성 연도
LBT	11.8	다중 거울	애리조나	2004
GTC	10.4	분할식	카나리 제도	2006
케크 1	10	분할식	하와이	1993
SALT	9.2	분할식	남아프리카	2005
HET	9.2	분할식	텍사스	1997
JNLT	8.2	단일 거울	하와이	1999

분할식 반사 망원경은 어떤 것인가?

거울의 지름이 8m가 넘으면 무게 때문에 기울였을 때 같은 모양을 유지할 수 없다. 케크 1 망원경은 최초로 36개의 육각형 거울을 이용해 만들었다. 여러 개의 작은 거울을 이용하여 각각의 거울을 전자 회로를 이용해 제어하여 한 점에 초점을 맞출 수 있도록 했다. 전자 회로는 각 거울의 모서리를 4nm 이내에서 맞출 수 있었다. 제작비를 크게 줄인 이 망원경은 LBT는 지름이 10m인 케크 1과 케크 2로 구성되어 있다. 두 망원경을 함께 사용하면 별에서 오는 빛의 간섭을 측정할 수 있어 훨씬 더 정확하게 크기와 위치를 결정할 수 있다.

허블 우주 망원경의 장점은 무엇인가?

허블 망원경은 지상에 설치된 망원경처럼 큰 거울을 가지고 있지 않다. 그러나 지구 궤도를 돌고 있어 공기의 굴절률 변화의 영향을 받지 않는다. 따라서 우주 망원경은 지구 대기가 막고 있는 자외선과 적외선을 감지할 수 있다. 다른 우주 망원경들은 활동적인 은하에서 오는 엑스선과 감마선을 감지하도록 설계되었다.

허블 망원경의 문제를 해결하기 위해 어떻게 했나?

허블 망원경이 우주 궤도에 오르고 3년이 지난 후, 우주 왕복선 엔데버호의 우주인들은 허블 망원경의 초점 문제를 해결해줄 두 개의 작은 거울을 허블 망원경에 설치했다. 그 후에도 허블 망원경은 여러 차례 우주 출장 수리를 했다. 최근의 우주 출장 수리는 2009년에 있었다. 이 출장 수리에서는 성능이 향상된 감지기와 분광기가 설치되었고, 잘못 설정된 자이로스코프와 전지가 교체되었다. 전지는 지구의 그림자로 인해 태양 전지를 사용할 수 없을 때 사용한다.

수리를 마친 허블 망원경은 우주 시대를 향한 연구에 큰 도움을 주었고 그 역할은 빠른 속도로 늘어나고 있다. 허블 망원경은 지상의 망원경이 예전에 볼 수 없었던 별이나 은하를 관측할 수 있게 했다. 또한 허블 망원경이 찍은 아름다운 우주 사진은 일반인들을 매료시켰고 우주에 대한 이해의 폭을 넓혔다.

허블 우주 망원경은 대기의 방해를 받지 않기 때문에 지상에 설치된 망원경보다 훨씬 멀리까지 볼 수 있다.

전기

정전기학이란 무엇일까?

정전기학이란 종류가 다른 두 물체를 서로 문질렀을 때 인력과 척력이 발생하는 원인에 대해 연구하는 분야로 그냥 정전기라 부르기도 한다.

우리 주위에서 정전기를 어떻게 찾아볼 수 있을까?

정전기의 기본 개념에 대해 알아보자. 이를 위해서는 셀로판테이프 한 통이면 충분하다. 셀로판테이프는 싼 것일수록 좋다. 셀로판테이프를 12cm 정도의 길이로 자르고, 한끝을 0.6cm 정도 접어서 손잡이를 만든다. 책상이나 테이블 위에 이 셀로판테이프를 붙인 뒤 테이프에 'B'라는 글자를 써서 표시해둔다. 방금 만든 테이프와 똑같은 테이프를 하나 더 만들고 첫 번째 테이프 옆에 붙인다.

두 테이프에 있는 손잡이를 잡고 재빨리 책상에서 테이프들을 떼어낸다. 그럼 이 테이프들이 손에 붙을 것이다. 테이프들이 아래로 매달려 있을 때까지 손을 흔들어 떼어낸다. 그리고 두 테이프를 가까이 가져가보자. 어떤 현상이 발생하는가? 두 테이프가 아래로 똑바로 늘어져 있는 것이 아니라 휘어지는 것을 볼 수 있을 것이다. 이것은 두 테이프 사이에 힘이 작용하고 있다는 증거가 된다. 만일 테이프들이 휘어지지 않는다면, 테이프를 책상에 다시 붙였다가 떼어내 다시 실험해보라. 이 실험을 통해 테이프들 사이에 인력이나 척력이 존재한다는 것을 알 수 있을 것이다.

정전기는 두 가지 다른 종류의 물질을 문질렀을 때 서로 잡아당기거나 밀어내는 힘과 관계있다.

비록 테이프가 무엇으로 '대전(전기를 띠게 됨)되었는지'는 알 수 없지만, 테이프를 테이블에서 빠르게 떼어내면 테이프들이 '대전된다'는 것은 알 수 있다. 분명 이 두 테이프는 같은 방식으로 대전되었을 것이고, 따라서 같은 종류의 전하로 대전되었을 것이다. 따라서 두 테이프가 서로 밀어내는 것은, 같은 전하를 가지고 있는 물체는 서로 밀어낸다는 것을 의미한다.

하지만 그보다 먼저 왜 이 테이프들이 손에 붙었는지에 대해 설명해보자. 두 개의 테이프를 책상 위에 다시 놓는다. 그리고 같은 길이의 테이프를 두 개 더 만들어 먼저 책상에 놓아둔 테이프 위에 놓는다. 위에 놓여 있는 테이프와 아래 놓여 있는 테이프를 구분하기 위해, 아래에 있는 테이프에 'B'라 표시하고 위에 있는 테이프에는 'T'라고 표시한다. 천천히 T와 B로 표시된 테이프들을 함께 책상에서 들어 올린다. 이 테이프들이 손에 붙으면 다른 손으로 테이프 양쪽을 톡톡 가볍게 쳐준다. 이러한 동작은 테이프에 남아 있던 잔류 전하를 없애줄 것이다. 계속 손에 달라붙는다면 다시 가볍게 쳐준다.

그렇게 되면 전하를 가지고 있지 않는 한 쌍의 물체가 만들어진 것이다. 한 쌍으로 붙어 있는 테이프의 두 손잡이를 잡아당겨 재빠르게 떼어낸다. 테이프들이 손에 붙으면 테이프가 자연스럽게 아래로 떨어질 때까지 손을 흔든다. 그런 후에 두 테이프를 가까이 가져가본다. 두 테이프 사이에 힘이 존재한다는 증거를 발견할 수 있는가? 그 힘은 인력일까? 척력일까?

전하를 전혀 가지고 있지 않은 한 쌍의 물체를 가지고 실험을 시작했다. 이 두 물체를 떼어내는 동작이 두 물체가 전하로 대전되도록 했다. 하지만 이 물체들은 서로 밀어내지 않고 끌어당기는 것으로 보아 같은 종류의 전하로 대전된 것은 아니다. 그러므로 두 물체는 다른 종류의 전하로 대전되었고, 다른 전하를 가지고 있는 물체들 사이에는 인력이 작용한다는 결론을 내릴 수 있다.

테이프를 대전된 상태로 계속 유지하기 위해서는 테이프들을 책상 모서리나 책상 위 스탠드에 매달아놓으면 된다. 두 번째 T와 B 테이프를 만들고 두 개의 T테이프가 똑같은 전하로 대전되었는지, 다른 전하로 대전되었는지를 확인한다. 만일 테이프들이 더 이상 서로 잡아당기지 않는다면 앞에서 했던 방법을 반복하여 테이프를 다시 대전시키면 된다.

T테이프와 B테이프를 매달아놓고 물체와 테이프 사이에 힘이 작용하는지 확인해보기 위해 여러 가지 물체를 테이프 가까이 가져가보자. 테이프 가까이 가져간 물체들의 목록을 작성하고 이 물체들이 T테이프와 B테이프에 들러붙는지 혹은 밀어내는지를 표시한다. 손가락으로도 시도해보자. 그리고 털로 짠 천에 문지른 플라스틱 펜을 테이프 가까이 가져가보자. 실크나 폴리에스테르에 문지른 플라스틱과 유리와 금속도 실험해보자.

두 테이프를 모두 끌어당기거나 두 테이프를 모두 밀어내는 물체가 있는가? 아니면 한 테이프는 밀어내고 다른 테이프는 끌어당기는가? 만일 한 테이프는 끌어당기지만 다른 테이프는 밀어낸다면 T테이프와 같은 종류의 전하로 대전된 물체와 B테이프와 같은 종류의 전하로 대전된 물체를 구별해낼 수 있을 것이다.

왜 두 종류의 전하를 모두 끌어당기는 물체는 있지만, 두 종류의 전하를 모두 밀어내는 물체는 없는지에 대해서는 뒤에 다시 설명하겠다.

전기에 대한 연구의 역사는?

고대인들은 나무 수액이 화석화되어 만들어진 호박을 보석으로 여겼다. 그 당시의 그들은 틀림없이 자신의 털옷으로 호박을 문질렀을 것이고, 털옷이 호박에 달라붙는 것을 보았을 것이다. 아마도 불꽃이 튈 만큼 강하게 호박을 문지른 사람도 있었을 것이다. 그리스의 철학자인 밀레투스의 탈레스는 기원전 600년경에 이와 같은 현상을 기록해놓았다.

그로부터 대략 2200년이 흐른 1600년경이 되어서야 영국의 의사인 길버트^{William Gilbert, 1544~1603}가 호박의 그리스 이름인 'elektron'을 따라 이 현상을 '전기^{electricity}'라 부르기 시작했다. 황, 밀랍, 유리와 같은 다른 물질들도 호박과 똑같은 현상을 만들어낸다는 것을 보여주었던 길버트는 현재 우리가 전하라 부르는 것을 감지할 수 있는 최초의 장치인 베르소리움이라는 장치를 발명했다. 이 베르소리움은 포인터가 대전된 물체를 향하도록 만든 장치였다. 길버트는 또한 가열된 물체는 전하를 잃는다는 것과, 수분은 물체가 대전되는 것을 방해한다는 것도 발견했다.

1729년에 영국의 과학자 그레이^{Stephen Gray, 1666~1736}는 전하가 금속과 같이 대전되지 않는 물질을 통해 먼 거리까지 전달될 수 있다는 것을 발견했다.

어떻게 전기를 오락에 이용할 수 있었을까?

1700년대 중반에는 전기에 관한 실험이 인기를 끌었다. 특히 부유한 남자들과 여자들이 그날 발생했던 주요 사건들을 얘기하기 위해 모이던 파리의 미용실에서는 더욱 흥미 있는 화젯거리였다. 그래서 프랭클린^{Benjamin Fromklin, 1706~1790}은 인기 있는 손님이었다. 그레이의 가장 유명한 실험인 공중을 나는 소년 실험에서는 천장에 매달린 고리에 두 가닥의 실크로 만들어진 실을 이용하여 소년이 공중에 수평으로 매달려 있었다. 이때 대전된 막대를 이 소년의 발에 대면 전기가 몸을 통해 전달되어 작은 금속 조각이 얼굴과 뻗은 손에 달라붙었다.

무니에^{Louis-Guilliaume le Monnier}는 프랑스 왕 앞에서 한 줄로 연결된 140명의 신하들을

통해 라이덴병을 방전시켰다. 놀레^{Jean-Antoine Nollet, 1700~1770}는 수도사들을 손을 잡게 한 뒤 한 줄로 1km를 늘어세운 뒤 전기의 속도를 측정하려고 시도했다. 줄의 맨 끝에 있던 수도사에게 전기 발생 장치를 만지게 하면 모든 수도사들이 전기 충격을 받고 동시에 놀랐다. 이 실험을 통해 그는 전기가 즉시 이동된다고 결론지었다.

유체 모델은 전하를 어떻게 설명할까?

이런 결과들은 어떻게 설명할 수 있을까? 뒤페^{Charles Franois Du fay, 1698~1739}는 두 가지 종류의 전기가 존재한다고 주장했다. 그는 그중 하나를 '유리 전기' 다른 하나를 '수지 전기'라고 불렀다. 마찰을 하면 두 종류의 전하가 분리된다. 이 두 종류의 전하가 합치면 서로 중성화되는데 놀레는 이 두 종류의 전하를 서로 밀어내는 입자들로 구성된 유체라고 생각했다. 유체 모델에 의하면 호박을 대전시켰을 때는 수지 전기 액체가 지나치게 많아지고, 비단으로 유리를 대전시켰을 때는 유리 전기 액체가 지나치게 많아진다. 만일 이 두 물체가 접촉하면 유체들이 결합하여 물체는 전기를 잃게 된다.

프랭클린은 두 가지 유체가 아니라 한 가지 유체만 있다고 주장했다. 유리를 문질렀을 때 유리는 유체로 가득 차게 된다. 호박을 문질렀을 때는 유체가 호박을 떠나게 된다. 그는 유체를 지나치게 많이 가지고 있는 물체를 '양^{positive}', 유체를 너무 적게 가지고 있는 물체를 '음^{negative}'이라고 불렀다. 이 두 물체를 접촉시키면 유체가 유리에서 호박으로 흘러가 결국 적당한 양의 유체가 각 물체에 남게 된다. 이러한 흐름은 강에 있는 물에 비유된다. 전위차는 두 점 사이의 물의 높이 차이와 유사하며, '전류'는 물의 흐름에 비유될 수 있다.

무엇이 물체를 양전하나 음전하로 대전되게 만들까?

원자 질량의 대부분을 가지고 있는 원자핵은 양전하를 가진 양성자와 전하를 가지고 있지 않은 중성자로 구성되어 음전하를 가지고 있는 전자구름에 둘러싸여 있다. 따라서 일반적으로 원자는 중성이다. 전자의 수와 원자핵에 들어 있는 양성자의 수가 같기 때문이다. 음전하로 대전된 물체는 전자를 더 많이 가지고 있는 물체이다. 양전하로 대전되어 있는 물체는 핵 안에 들어 있는 양성자보다 적은 수의 전자를 가지고 있는 물체이다.

전기적 인력과 척력은 어떻게 발생하나?

항상 인력으로만 작용하는 중력과 달리 앞에서 살펴본 것처럼 전하 사이에 작용하는 전기력은 인력이나 척력으로 작용할 수 있다. 같은 종류의 전하(양전하와 양전하 또는 음전하와 음전하)는 서로를 밀어낸다. 이와는 반대로 다른 종류의 전하(양전하와 음전하)는 서로 끌어당긴다. 사람 사이의 관계를 설명할 때 사용하는 '반대가 끌린다'라는 말은 정전기력에 아주 잘 들어맞는다.

물체를 대전시키는 두 가지 방법은 무엇일까?

고무 막대로 털을 문지르면 털은 고무 막대에 전자를 넘겨준다. 그렇게 되면 원래 중성이었던 막대와 털이 대전된다. 만일 물체를 막대에 갖다 대면 막대에 있던 과잉 전자가 물체로 이동되어 물체를 대전시킨다. 과잉 전자를 가지고 있기 때문에 음전하로 대전되어 있는 막대는 양전하를 끌어당길 수 있다. 이러한 방식을 접촉에 의한 대전이라고 부른다.

하지만 앞에서 예로 든 셀로판테이프에서 볼 수 있던 것처럼 손이나 다른 중성의 물체는 양전하와 음전하로 대전된 물체를 모두 끌어당긴다. 어떻게 이런 현상이 나타나는 것일까? 막대는 양전하를 끌어당기고 음전하를 밀어낸다. 중성인 물체들은 같은 수의 양전하와 음전하를 포함하고 있다. 도체에서 전하는 자유롭게 움직일 수 있기 때문에 음전하로 대전된 물체를 도체 가까이 가져오면 음전하를 띤 전자들은 물체의 가장 먼 끝 부분으로 밀려가 이 부분을 음전하로 대전하게 되고, 대전체와 가까운 부분에는 양전하만 남는다. 전체적으로는 중성이지만 전하가 이렇게 부분으로 나뉘면 물체가 극성을 띠게 되는 것이다. 극성을 띤 물체에도 알짜 힘이 작용할까? 또한 셀로판테이프처럼 대전된 물체에 알짜 힘을 작용할 수 있을까? 전기력은 가까운 거리에서 더 강하게 작용하므로, 이 질문에 대한 대답은 '그렇다'이다. 가까이 있는 양전하와 대전체의 음전하 사이에 작용하는 끌어당기는 힘이 멀리 있는 전자들을 밀어내는 힘보다 더 강하기 때문에 알짜 힘이 작용하게 된다.

부도체에서는 전하가 넓게 퍼질 수 없지만, 전자나 분자 내에서는 이동할 수 있다. 따라서 종잇조각이나 먼지, 머리카락과 같은 부도체가 전기적으로 중성인 경우에도 전하를 끌어당길 수 있다.

대전된 막대에 달라붙는 종잇조각들이 막대에 닿으면 종잇조각들이 밀려나는 현상을 본 적이 있는가? 왜 이런 현상이 발생하는 것일까? 만일 종잇조각이 막대에 접촉했다면 종잇조각도 막대가 가지고 있는 전하와 같은 종류의 전하로 대전되기 때문에 척력이 작용하여 서로 밀어내게 된다. 극성을 띠게 된 도체는 대전된 물체와 접촉하지 않고도 대전될 수 있다. 만일 파이를 구울 때 사용하는 틀과 같이 큰 금속 물체를 대전된 막대 가까이 가져오면 양전하가 막대에서 가장 먼 파이 틀의 끝 부분으로 이동할 것이다. 만일 이 파이 틀에 손가락을 살짝 대면, 양전하는 더 멀리 손가락으로 밀려나게 될 것이다. 그때 파이 틀에서 손가락을 떼면 파이 틀에는 음전하만 남게 되어 음전하로 대전된다. 이러한 과정을 유도에 의한 대전이라 부른다.

유리 막대를 실크로 된 천으로 문지르면 같은 현상을 관측할 수 있다. 유리 막대는 양전하로 대전되며, 실크 천은 과잉 전자로 인해 음전하로 대전된다. 유리 막대는 여전히 작은 물체를 들어 올릴 수 있으며 유리 막대는 물체에 들어 있는 양전하가 아니라 음전하를 끌어당긴다. 양전하로 대전된 유리 막대로 유도 현상에 의해 파이 틀을 대전할 경우 파이 틀은 양전하로 대전된다.

머리카락에 문지른 고무풍선이 벽에 달라붙는 이유는 무엇일까?

대전된 풍선이 벽에 달라붙는 것은 정전기력 때문이다. 고무를 사람의 머리카락이나 털 스웨터에 문지르면, 전자들이 쉽게 고무풍선으로 이동한다. 즉, 풍선은 문지름으로써 대전된다. 머리카락이나 스웨터의 털은 과잉 전하들이 서로 밀어내기 때문에 곧게 일어서 있을 수도 있다. 풍선을 벽 가까이 가져가면 벽의 음전하를 멀리 밀어내어 벽이 극성을 띠게 만들면서 음전하로 대전된 풍선이 벽에 있는 양전하를 끌어당긴다. 이때 풍선과 벽 사이에 작용하는 정전기력과 마찰력이 풍선을 아래로 당기는 중력보다 더 크면, 풍선은 땅으로 떨어지지 않고 벽에 붙은 상태로 있게 될 것이다.

컴퓨터 장비를 조립할 때 왜 정전기를 조심해야 할까?

컴퓨터 회로 판이나 카드 등은 아마도 '정전기로부터 보호된' 용기에 넣어 배송되었을 것이다. 이 용기는 외부에 있는 정전기로부터 제품을 보호하기 위해 고안된 것이다. 대부분의 전자 회로는 정전기에 민감하여 회로에 전기가 축적되면 손상을 입을 수도 있다. 그러므로 회로 판을 설치할 때 사용되는 설명서에는 대개 몸에 있던 전기를 방전시키기 위해 접지된 금속 조각에 몸이나 제품들을 접촉하거나, 몸을 접지 상태로 만들어주는 손목 팔찌를 차고 작업할 것을 권장하고 있다.

문의 금속 손잡이를 만졌을 때 가끔씩 감전되는 이유는?

이런 성가신 일은 대개 건조한 날 카펫이 깔려 있는 바닥을 걷고 난 후에 잘 발생한다. 카펫과 신발 혹은 양말 사이의 마찰력은 전자들을 몸과 카펫 사이에서 이동하도록 만든다. 대개의 경우 사람의 몸은 음전하로 대전된다. 그 상태에서 손이 문손잡이를 잡으려 할 때, 손에 있는 음전하가 문손잡이에 있는 (극성을 가지게 되어 생성된) 양전하를 끌어당기게 되어 전기 방전이 일어나 작은 불

회로 기판은 정전기에 민감하다. 회로의 한 부분에 정전기가 쌓이면 회로가 손상될 수 있다.

꽃인 스파크가 만들어진다.

좋은 도체가 되기 위한 조건은 무엇일까?

효과적인 도체가 되기 위해서는 물질이 전자가 쉽게 이동할 수 있도록 해야 한다. 금속과 같은 좋은 도체는 하나 또는 두 개의 전자들이 원자에서 쉽게 떨어져 나와 자유롭게 이동할 수 있는 자유 전자를 가지고 있다. 또 물은 좋은 도체가 아니지만 소금을 녹인 물은 전기를 잘 통하는 도체가 된다.

부도체는 무엇일까?

부도체에서는 전자들이 원자핵에 강하게 묶여 있기 때문에 물질을 통과해 이동할 수 없다. 플라스틱, 나무, 돌, 유리와 같은 비금속 불질은 부도체이다. 사람의 피부는 물에 젖지만 않는다면 좋은 부도체이다.

전기력의 세기를 어떻게 측정할 수 있을까?

영국의 철학자이자 신학자이며 과학자인 프리스틀리$^{\text{Joseph Priestley, 1733~1804}}$는 중력이 거리에 따라 변하는 것과 같이 전하 사이에 작용하는 전기력도 거리에 따라 변할 것이라고 제안했다. 프리스틀리가 제안한 개념을 바탕으로 프랑스의 물리학자 쿨롱$^{\text{Charles Coulomb, 1736~1806}}$은 정밀한 측정 기구를 사용하여 대전된 물체들 사이의 인력과 척력 크기를 정량적으로 측정했다. 쿨롱은 두 전하 사이에 작용하는 전기력의 세기는 두 전하의 전하량과 전하 사이의 거리에 따라 달라진다는 사실을 발견했다. 이를 쿨롱의 법칙이라고 부른다. 전하량을 측정하는 단위는 쿨롱(C)이다.

쿨롱의 법칙은 어떤 법칙인가?

쿨롱의 법칙은 대전된 두 물체 사이에 작용하는 전기력의 크기를 나타내는 법칙이다. 수식으로 표현하면 $F=k(q_1q_2/r^2)$이며, 여기서 k는 상수로 $9.0 \times 10^9 \text{Nm}^2/\text{C}^2$

이다. 전하 q_1과 q_2는 각각 두 대전체가 가지고 있는 전하량을 나타내며 쿨롱(C)의 단위를 이용하여 측정한 값이다. 대전체가 양전하로 대전되어 있으면 전하량은 양수로 표시되고, 음전하로 대전되어 있으면 전하량은 음수로 나타낸다. r은 두 전하 사이의 거리를 미터 단위로 측정한 값이다. 그렇게 되면 F는 N의 단위로 계산되는데 전하의 부호에 따라 양수가 될 수도 있고 음수가 될 수도 있다. 힘의 크기가 양수라면 이는 두 전하가 서로 밀어낸다는 것을 의미하고, 음수는 서로 잡아당긴다는 것을 의미한다.

1쿨롱의 전하량은 얼마나 많은 전하량인가?

1쿨롱의 전하량은 6.24×10^{18}개의 전자(음수의 경우)나 같은 수의 양성자(양수의 경우)가 가지고 있는 전하량과 같다. 때문에 1쿨롱은 매우 큰 전하량이다. 정전기나 전도체에 의해 대전된 물체들은 일반적으로 1마이크로 쿨롱(μC, $10^{-6} C$)의 전하량을 가진다.

검전기란 무엇일까?

검전기는 물체가 가지고 있는 전하량을 측정하기 위해 사용하는 장치다. 검전기는 금속 막대에 붙어 있는 두 개의 금속박(얇은 알루미늄 포일이나 금박)으로 구성되어 있다. 대전된 물체를 금속 막대에 가까이 가져가면 두 개의 금속박은 같은 전하들로 대전될 것이고, 그 결과 이 금속박들은 서로를 밀어내 벌어진다. 전하가 많으면 많을수록 두 금속박 사이의 벌어지는 각도는 더욱더 커진다.

전기장이란 무엇일까?

앞에서 설명했듯 지구처럼 질량을 가진 물체는 중력장이 둘러싸고 있다. 중력장 안에 다른 질량을 가진 물체가 들어오면 중력장과의 상호작용으로 중력이 작용한다. 이와 마찬가지로 대전된 물체는 전기장이 둘러싸고 있다. 이 전기장 안에 전하를 띤 또 다른 물체가 들어오면 전기장과의 상호작용으로 전기력이 작용한다. 양전하가 만들어낸 전기장 안에 음전하가 들어오면 음전하에는 양전하 방향으로 향하는 전기력이 작용하여 음전하가 전기장의 중심을 향해 움직이게 만들 것이다. 그러나 이 전기장에 양전하를 띤 물체가 들어오면 반대 방향으로 힘이 작용하여 양전하는 전기장의 중심에서 멀어지게 될 것이다. 영국의 물리학자인 패러데이[Michael Faraday, 1791 ~ 1867]는 전기적 힘을 설명하기 위해 장의 개념을 최초로 사용한 사람이다.

라이덴병과 축전지

라이덴병이란 무엇인가?

우리는 물을 병에 저장할 수 있다. 그러면 전하는 어디에 저장할 수 있을까? 1745년 11월 포메라니아 대성당의 주임 사제였던 클라이스트[Ewald Jurgen Kleist, 1700 ~ 1748]는 못을 작은 약병에 넣고 이를 전기 발생 장치를 이용하여 대전시켰다. 그 후 병 속에 있던 못을 만졌을 때 그는 강한 충격을 받았다. 1746년 3월 네덜란드의 라이덴 대학 교수였던 뮈센브루크[Pieter van Mushenbroek, 1692 ~ 1761]도 현재 라이덴병이라 불리는 장치를 가지고 이와 비슷한 실험을 했다.

라이덴병은 어떻게 작동할까?

라이덴병은 내부와 외부 표면에 도체가 부착된 부도체로 만든 용기이다. 라이덴병을 대전할 때는 내부 전도체와 접촉하고 있는 막대에 전원을 연결하고, 외부 도체는 접지에 연결한다. 그렇게 하면 내부의 도체와 외부의 도체는 서로 반대의 전하로 대

현대 축전기는 두 도체와 부도체로 이루어진 라이덴병을 개량한 것이다.

전된다. 더 많은 전하가 병 안으로 들어가기 위해서는 병 안에 이미 들어 있는 전하가 밀어내는 힘을 이겨내야 하기 때문에 더 많은 에너지가 필요하다. 라이덴병은 이 에너지를 병 안에 저장하게 된다. 만일 내부 도체와 외부 도체가 전선으로 연결되면 저장되었던 전하가 흘러가 방전되고 두 도체는 다시 전기적으로 중성인 상태가 된다.

라이덴병은 어떤 용도로 사용되었을까?

18세기 후반과 19세기에 사람들은 다양한 방법으로 라이덴병을 사용했다. 전기가 질병을 치료할 수 있다고 생각하는 사람도 있어 많은 의사들이 라이덴병을 이용해 초보적인 전기 충격 치료법을 시행했다. 또 다른 사람들은 이 병을 오락용으로 사용했다. 요리에 사용할 수 있다고 생각한 사람도 있다. 그렇다면 스파크로 칠면조를 한번 구워보는 것은 어떨까?

현재 라이덴병은 어떻게 사용되고 있을까?

라이덴병을 개량한 것이 오늘날 널리 사용되는 축전기다. 축전기는 라이덴병과 마찬가지로 유전체로 분리된 두 개의 도체로 구성되어 있다. 축전기에 사용되는 유전체는 공기가 될 수도 있고, 아주 얇은 플라스틱 필름 또는 금속 표면에 산화물을 입힌 것이 사용되기도 한다. 축전기는 카메라에 사용되는 플래시를 작동시키는 데 필요한 에너지를 저장하기 위해 사용되기도 한다. 전원 공급 장치로 배터리를 사용하는 전자 기기들은 전지를 이용해 축전기에 전기 에너지를 저장한다. 플래시 버튼을 누르면 축전기에 저장되었던 에너지가 빠르게 램프로 옮겨가 아주 짧고 강렬한 플래시 라이트를 만들어낸다. 축전기는 또한 전화기에서 텔레비전까지 모든 전자 기기에서 에너지를 저장하거나 전압 차를 줄여주기 위해 사용되고 있다.

프랭클린의 연날리기 실험은 무엇을 증명하기 위한 것이었나?

프랭클린은 비 오는 날, 천둥과 번개 속에 연 날리는 실험을 한 사람으로 널리 알려져 있다. 1700년대 중반 비슷한 효과를 가진 세 가지 다른 현상들이 알려져 있었다. 마찰 전기나 정전기를 이용해 불꽃을 만들어낼 수도 있었고, 번개는 아주 거대한 불꽃처럼 보였으며, 전기뱀장어는 정전기가 만들어내는 것과 같은 전기 충격을 만들어낼 수 있었다. 그러나 누구도 이 세 가지 다른 현상들 사이의 관계를 알지 못했다. 프랭클린은 연줄에 열쇠를 매달고 이 열쇠를 라이덴병에 연결했다. 구름 속에서 번개가 치자 전기가 연줄을 타고 내려와 라이덴병이 대전되었던 이 실험으로 프랭클린은 번개와 마찰 전기가 같다는 사실을 증명해냈다.

프랭클린은 전기를 발견한 사람은 아니다. 그는 열쇠와 라이덴병을 이용한 연날리기를 이용해 번개와 마찰 전기가 같은 현상이라는 것을 보여주었다.

프랭클린의 양전기와 음전기에 대한 정의가 오늘날의 전하의 개념과 같은 것일까?

프랭클린은 유리 막대(유리 전기)를 이용하여 대전한 물체로 전기 불꽃을 만들 때보다 고무 막대(수지 전기)를 이용해 대전시킨 물체로 전기 불꽃을 만들 때 더 많은 유체가 나오는 것 같다고 느꼈다. 그래서 그는 유리가 더 많은 전기 유체를 가지고 있다고 주장했다.

오늘날의 우리는 전기 현상은 대부분 전자가 가지고 있는 전하에 의한 것이라는 사실을 알고 있다. 전자는 고무나 플라스틱(음전하로)을 똑같은 방법으로 대전시킨다. 따라서 우리는 이들이 음전하를 가지고 있다고 말한다. 전자는 무거운 원자핵보다 훨씬 쉽게 이동할 수 있기 때문에 음전하로 대전된 물체는 과잉 전자를 가지고 있다. 전자가 모자라면 양전하로 대전된다. 프랭클린이 잘못 설명하기는 했지만 아직도 우리는 그가 사용했던 양전하와 음전하라는 말을 사용하고 있다.

어떻게 하면 자신만의 라이덴병을 만들 수 있을까?

병의 입구에 꼭 맞는 뚜껑을 가진 유리병이나 플라스틱 병을 사용하면 된다. 작은 못을 이용해 뚜껑 가운데에 구멍을 뚫고, 클립을 곧게 펴서 구멍을 통해 병 안에 넣는다. 이때 클립의 끝이 병 바닥에 닿는지 꼭 확인해야 한다. 이 병의 바깥 부분을 알루미늄 포일로 감싸고, 병에 물을 3분의 2 정도 채운다. 이때 병뚜껑이 젖지 않도록 조심해야 한다. 그런 다음 천을 사용하여 플라스틱 펜을 문지르고, 이 펜을 클립에 가져다 댄다. 펜을 문지르고 클립에 가져다 대는 동작을 여러 번 반복하고 나서 손가락으로 클립을 만져보자. 아주 작은 전기 충격을 경험할 수 있을 것이다. 이 병에는 펜을 문질렀을 때 발생한 전기가 클립을 통해 안으로 들어가 저장되어 있기 때문이다.

밴더그래프 정전 발생기

밴더그래프 정전 발생기는 무엇일까?

미국의 발명가인 밴더그래프$^{Robert\ Jemison\ Van\ de\ Graaff,\ 1901\sim1967}$의 이름을 따서 밴더그래프 정전 발생기라고 부르는 이 발전기는 물리학 수업과 전 세계의 과학 박물관에서 사람들이 가장 흥미 있어 하는 전기 실험 중 하나다. 1931년에 만들어진 이 기계는 절연이 되는 플라스틱 튜브 위에 세워진, 속이 빈 금속 구로 구성되어 있다. 튜브 안에는 발생기 바닥에서 금속 구로 수직 이동하는 고무벨트가 있다. 발생기 바닥에 붙어 있는 금속 빗은 거의 벨트에 닿아 있다. 이 고무벨트는 음전하를 빗에서 튜브 위로, 그리고 금속 구 안으로 이동시킨다. 또한 튜브 위에는 이 전하들을 잡아주는 두 번째 금속 빗이 있다. 이 전하들은 서로를 밀어내 금속 구의 표면으로 전하들을 이동시킨다. 더욱더 많은 전하가 위로 이동하기 위해서는 이미 존재하는 전하의 척력을 이겨야 하기 때문에 모터에서 더 많은 에너지가 제공되어야 한다. 저장된 전하량이 많아지면 저장되는 에너지는 쿨롱당 100만 J이 될 수도 있는데 이는 100만 볼트까지 전압을 높일 수 있음을 의미한다.

밴더그래프 정전 발생기를 만지면 어떤 일이 발생할까?

정전 발생기가 충전되는 동안 정전 발생기 윗부분을 손으로 만지면, 전하들이 서로 밀어내기 때문에 정전 발생기의 윗부분에 모여 있던 전하가 사람의 몸으로 이동한다. 몸이 충분히 많은 전하로 대전되면 같은 전하끼리는 서로 밀어내기 때문에 머리카락이 곤두서게 된다. 이때 몸속을 흐르는 전류는 매우 약하기 때문에 다치지는 않는다. 다만, 다른 물건이나 다른 사람을 만지지 않는 것이 좋다.

충전된 밴더그래프 정전 발생기에 다가가면 어떤 일이 발생할까?

밴더그래프 윗부분에 있는 구는 절연체(공기)에 둘러싸여 있는 도체이다. 구에 있는 음전하들 사이에 강한 힘이 존재하지만, 이는 공기의 절연적인 성질을 무력화시킬 만큼 강한 힘은 아니다. 하지만 정전 발생기 근처로 음전하가 덜 대전되어 있는 다른 물체를 가져오면 공기 분자에 작용하는 힘이 더욱 강해져서 원자에서 전자를 분리시킬 수 있다. 그렇게 되면 스파크가 일어난다. 만일 이 물체가 본인의 손가락이라면, 스파크를 통해 운반된 전하들이 몸 안으로 이동할 때 충격을 느낄 수 있다. 이 충격은 고통스러울 수도 있지만, 물리 수업 시간에 사용하는 작은 밴더그래프 정전 발생기에 의한 충격은 그다지 강하지 않아 몸에 해를 끼치지는 않을 것이다.

밴더그래프 정전 발생기의 구 내부에는 얼마나 많은 양의 전하가 존재할까?

구의 내부에는 전하가 존재하지 않는다. 고무벨트에서 벗어난 전하들은 즉시 구의 바깥 표면으로 이동한다. 음전하들은 가능한 한 서로 멀리 떨어져 있으려 하기 때문에 바로 밴더그래프 정전 발생기의 바깥 표면으로 이동하는 것이다.

패러데이 상자는 무엇인가?

영국의 물리학자인 마이클 패러데이의 이름을 따서 '패러데이의 상자'라고 부르는 이 상자는 전하를 막아주는 금속이나 금속 격자로 만든 상자를 말한다. 전하들은 서로를 밀어내기 때문에 상자 바깥 표면에 모이고, 바깥 부분에 있는 전하들은 서로 더 멀리 떨어지게 된다. 그 결과, 패러데이의 상자 안에는 어떠한 전하도 남아 있지 않게 된다. 밴더그래프 정전 발생기의 금속 구는 패러데이의 상자와 같다. 자동차나 비행기도 마찬가지로 패러데이의 상자가 될 수 있어 폭풍우 속의 번개로부터 우리를 보호해 줄 수 있다.

영국의 물리학자 마이클 패러데이. 패러데이는 처음으로 전기장이라는 용어를 이용해 전기력을 설명했다. 그는 상자 외부는 대전되지만 내부는 대전되지 않는 패러데이 상자를 만들기도 했다.

번개

번개는 무엇이고, 어떻게 만들어질까?

번개란 거대한 스파크와 마찬가지로, 대기 중에서 발생하는 방전 현상이다. 방전을 일으키는 전하들이 분리되는 원인에 대해서는 과학자들 사이에 아직도 논란이 있다. 대기 과학자들은 구름 안에서 발생하는 강한 상승 기류가 구름 안에 있는 물방울을 위로 밀어 올려 어는 점 이하로 냉각시킨다고 생각한다. 물방울이 얼음 결정과 충돌하면 물방울은 물과 얼음을 섞어놓은 상태가 된다. 그 결과, 얼음 결정은 양전하로 대전되고 물과 얼음을 섞어놓은 혼합물은 음전하로 대전된다. 강한 기류가 이 얼음 결정을 위로 더 높이 밀어 올리면 윗 부분이 양전하로 대전된 구름이 만들어진다. 무거운 물과 얼음의 혼합물이 아래로 내려가면 구름 아래쪽은 음전하로 대전된다.

이런 현상이 발생하는 구름 아래의 지표면은 유도 현상에 의해 대전된다. 뇌운의 아랫부분이 음전하로 계속해서 대전되면 지표면의 양전하를 끌어당기게 된다. 그리고 음전하는 지표면에서 더 멀리 밀려나가 지표면은 양전하로 대전된다.

전하로 대전된 구름과 지표면이 어떻게 거대한 축전지처럼 작동되는 것일까?

축전지는 유전체로 분리되어 있는 반대 전하가, 대전되어 있는 두 개의 도체 판으로 구성되어 있다. 두 개의 도체 판이 전선으로 연결되면 많은 양의 전류가 두 개의 도체 판 사이에 흐르면서 축전지를 방전시킨다.

대전된 구름층은 두 개의 도체 판 역할을 하며, 그 사이의 공기는 도체 판 사이에 있는 유전체의 역할을 한다. 공기는 유전체의 역할을 하지만, 전하에 의해 물 분자에 작용하는 힘이 충분히 크면 물 분자가 전자를 잃는다. 그렇게 되면 양전하를 띤 이온과 자유 전자가 만들어져 공기가 유전체에서 도체로 변한다. 이동하는 전자들이 더 많은 에너지를 얻으면 물 분자와 충돌해 더 많은 이온과 자유 전자를 발생시킨다. 그런 뒤 전자와 이온이 다시 결합될 때 빛이 방출된다. 결국 거대한 양의 에너지가 급속도로 방출되고, 이 에너지가 주위를 둘러싸고 있던 공기를 갑자기 팽창시켜 천둥을 만든다.

자유 전자란 어떤 전자일까?

원자와 분자에서 양으로 대전된 원자핵은 음으로 대전된 전자를 끌어당긴다. 원자나 분자에서 전자 하나를 제거하기 위해서는 상당히 많은 양의 에너지가 필요하다. 뇌운에 의해 생성되는 전기장은 충분한 에너지를 가지고 있어 원자에서 전자를 분리시킬 수 있다. 그 결과, 양으로 대전된 원자인 이온과 자유롭게 이동할 수 있는 전자들이 생성된다.

번개는 항상 땅으로만 떨어질까?

대부분의 사람들이 번개가 지표면과 구름 사이에서 발생하는 것이라고 생각하지만, 가장 일반적인 형태의 번개는 뇌운과 뇌운 사이에서 만들어진다. 구름이 가지고 있는 전하는 지표면과 구름 사이를 이동하는 것보다 구름과 구름 사이를 이동하는 것이 더 쉽다. 때문에 번개 중 4분의 1 정도만 지표면으로 떨어지게 된다.

어떻게 공기가 도체 역할을 하는 것일까?

전하에 의한 에너지가 공기를 이온화시킬 수 있을 정도로 충분한 에너지를 가지게 되면 구름에서 시작하여 지그재그 모양 또는 여러 갈래로 갈라지면서 지표면으로 떨어지는 자유 전자의 흐름이 만들어진다. 이를 '계단형 선행 방전'이라고 한다. 이러한 과정은 느리게 진행되며 대개 수십 분의 1초가 걸린다. 선행 방전은 대부분 약해서 눈에는 잘 보이지 않는다. 땅 부근에 있는 공기 원자들은 계단형 선행 방전의 전자들로부터 힘을 받아 이온과 자유 전자로 분리된다. 그러면 나무, 빌딩, 타워와 같이 높은 물체들로부터 위로 향하는 양전하로 대전된 공기 이온들의 흐름이 만들어진다. 이 흐름이 계단형 선행 방전과 만나면 이온화된 공기의 통로가 만들어져 많은 양의 전하가 구름과 지표면 사이를 이동할 수 있게 해준다. 전하가 구름으로 다시 돌아가는 귀환 뇌격은 이 과정에서 가장 밝은 부분으로 나타난다.

벼락에는 얼마나 많은 에너지가 포함되어 있을까?

보통의 벼락은 대략 5쿨롱의 전하를 이동시키며 5억 줄의 에너지를 발생시킨다. 벼락이 이 에너지를 발생시키는 데 걸리는 시간은 3000만분의 1초이므로 번개의 일률은 1조 W나 된다.

세계 어느 곳에 벼락이 가장 많이 칠까?

위성 번개 탐지기는 초당 45회의 번개가 지구 전체에 걸쳐 발생하고 있으며, 한 해에 대략 15억 차례의 번개가 발생한다는 것을 보여준다. 아프리카의 콩고 동부 지역에서는 매년 평균적으로 1km²당 약 7.5차례의 벼락이 친다. 폭이 약 100km 정도 되는 '벼락 계곡'이라 불리는 미국 플로리다 주의 한 지역에서도 벼락이 자주 친다. 그곳에서는 25km²에 평균적으로 매년 50회 정도의 벼락이 친다고 기록되어 있다.

> **얼마나 많은 사람들이 번개에 의해 사망하거나 부상을 입었을까?**
>
> 미국에서만 한 해에 4000만 회 이상의 벼락이 치는데, 이중 400회 정도의 벼락이 사람을 친다. 벼락을 맞은 사람들 중 반은 죽고, 나머지 대부분은 심각한 부상을 입는다.

안전 조치

벼락은 같은 곳을 두 번 치지 않는다는 것은 사실일까?

이는 완전히 잘못된 내용이다. 뉴욕에 있는 엠파이어 스테이트 빌딩은 한 번 이상 벼락이 치는 장소 중 하나다. 언젠가 한번 폭풍우가 몰아쳤을 때는 엠파이어 스테이트 빌딩의 타워에 수십 번 이상의 벼락이 치기도 했었다.

벼락을 피할 수 있는 가장 좋은 장소는 왜 차 안일까?

많은 사람들이 구름과 지표면 사이에서 벼락이 칠 때 자동차의 고무 타이어가 좋은 절연체가 되어준다고 생각한다. 그렇다면 자전거를 타고 있는 것도 같은 경우가 되어야 하지 않을까? 벼락을 피할 수 있는 가장 좋은 장소가 차 안이 되는 진짜 이유는 자동차 몸체가 금속으로 이루어져 있어 패러데이의 상자 역할을 하기 때문이다. 커다란 도체인 자동차에는 모든 전하가 외부 표면에만 분포하기 때문에 자동차 내부에 앉아 있는 사람은 전기적으로 완전한 중립 상태를 유지할 수 있어 안전하다. 즉, 자동차 안에 있는 사람을 지켜주는 방패는 고무 타이어가 아니라 금속으로 된 자동차의 몸체다.

1980년대에 진행된 연구는 비행기가 번개를 끌어당긴다는 것을 보여주었다. 천둥과 번개가 위험하기는 하지만 비행기 안의 승객들은 패러데이 상자 안에 있는 것이나 마찬가지여서 전기 충격을 받을 염려가 없다.

비행기가 벼락을 맞으면 비행기에는 어떤 일이 발생할까?

비행기 조종사들은 뇌우를 피하려고 노력하지만 비행기가 벼락에 맞는다 해도 비행기 안에 타고 있는 승객들은 완벽히 안전하게 보호된다. 비행기가 전하를 막아주는 거대한 패러데이의 상자 역할을 하기 때문이다. 하지만 벼락은 비행기 운항에 사용되는 민감한 전기 장치들을 망가뜨리거나 파괴할 수 있다.

1980년대에 NASA에서 전투기들이 뇌우 속을 비행하게 하면서 벼락에 비행기가 어떻게 반응하는지를 알아보는 실험을 했었다. 이를 통해 과학자들은 전투기가 구름 내의 전기장을 증가시키기 때문에 벼락을 더 많이 만들어내고, 따라서 전투기의 금속 몸체가 더 자주 벼락에 노출된다는 것을 알아냈다.

천둥 번개를 만났을 때는 어떤 조치를 취하는 것이 좋을까?

천둥 번개가 치는 동안 가장 안전한 장소는 건물 내부(수도관과 라디에이터를 포함해 텔레비전이나 휴대 전화와 같은 전기 기계에서 멀리 떨어져 있어야 함)나 자동차 안이지만 건물이나 자동차 안으로 대피할 수 없다면 다음과 같이 하는 것이 안전에 도움이 된다.

- 땅에서 가장 낮은 곳에 몸을 웅크린다. 이때 손이 땅에 닿지 않게 해야 한다. 번개가 지표면으로 떨어질 경우 전하가 땅으로 퍼질 수 있으며, 이 전하가 사람에게 전달될 수도 있다. 땅 위에 발만 놓여 있는 경우에는(특히 신발 밑창이 고무로 된 신발을 신고 있는 경우) 몸을 통해 통과되는 전하의 양을 줄여줄 수도 있다. 부상을 입어 반드시 누워야만 할 경우에는 압축된 공처럼 몸을 구부린다.
- 금속 물체가 패러데이의 상자 역할을 하지 않는 한, 모든 금속 물체에서 멀리 떨어져야 한다(패러데이의 상자 참조).
- 고립된 높은 나무에서 멀리 떨어진다.
- 언덕이나 산의 꼭대기, 물과 들판과 같이 열린 공간을 피한다.
- 호수나 바다에 나가 있는 경우, 가능한 한 빨리 뭍으로 이동한다. 당장 뭍으로 이동할 수 없다면 보트에서 몸을 낮게 웅크리고, 금속으로 된 높은 마스트나 안테나에서 멀리 떨어져 있는다.

높은 나무와 집을 번개로부터 안전하게 보호하는 데 피뢰침이 왜 효율적으로 사용될까?

피뢰침은 벼락으로부터 물체를 보호하기 위해 나무 위와 지붕 꼭대기에 설치된 금속 막대기다. 금속 선에 연결되어 지면에 접촉되어 있는 피뢰침은 벼락을 치게 하기도 하고 막아주기도 한다. 피뢰침은 구름에 필요한 양전하를 채워주기 위해 피뢰침 끝에서 양전하를 공급하여 벼락을 막아준다. 구름에 필요한 양전하를 피뢰침에서 충분히 공급할 수 없을 때는 구름에서 시작되는 계단형 선행 방전이 피뢰침을 향하고, 이 경우 벼락이 발생한다. 그러므로 피뢰침은 벼락이 치는 것을 막기도 하지만, 그렇지 못할 경우에는 나무나 집 대신 벼락이 피뢰침으로 향하도록 만든다.

피뢰침이 금속선을 통해 지면에 제대로 연결되어 있지 않은 경우에는 건물이 더 위험해질 수도 있다. 종종 피뢰침과 땅을 연결하는 전선이 끊어지거나 연결이 느슨해지는 경우가 있다. 그렇게 되면 피뢰침이 벼락에 맞았을 때 전류가 건물 표면을 따라 지면으로 흘러가게 되며 이때 화재가 발생할 수도 있다. 때문에 정기 점검만 제대로 해준다면 피뢰침의 연결 여부를 쉽게 발견할 수 있는 만큼, 규칙적으로 확인하는 것이 가장 현명한 방법이다.

뇌우가 발생할 때 큰 나무 아래 서 있으면 안 되는 이유는 무엇일까?

뇌우가 발생하는 동안 많은 사람들이 비에 젖지 않으려고 나무 아래에 서 있기도 한다. 하지만 이러한 행동은 끔찍한 결과를 만들어낼 수 있다. 1991년 봄, 미국 워싱턴 DC의 한 고등학교에서는 폭풍우가 올 것 같자 라크로스 경기를 연기했다. 경기를 관람하던 관중들은 비에 맞지 않으려고 큰 나무 아래로 몸을 피했는데 몇 초 후 벼락이 이 나무를 쳤고 이로 인해 22명이 부상을 입었으며 15세의 학생 하나가 사망했다.

나무는 위를 향해 흐르는 양이온 흐름의 출발점이 되어 계단형 선행 방전을 끌어당겨 벼락을 치게 만든다. 때문에 나무 아래 서서 우산을 들고 골프채를 휘두르거나 알루미늄으로 이뤄진 방망이를 휘두르는 행동은 스스로를 피뢰침으로 만드는 꼴이 되는 것이다.

누가 피뢰침을 발명했을까?

비록 1725년에 세워진 러시아의 한 건물에 현재 우리가 피뢰침이라 부르는 것과 비슷한 것이 설치되었다고 하지만, 피뢰침을 발명한 공로는 대개 미국의 발명가인 프랭클린에게 돌아간다. 프랭클린은 키 큰 나무와 집을 벼락으로부터 보호하기 위해 1749년에 피뢰침을 발명했다.

전류

다른 종류의 전기가 존재한다는 것을 생각한 것은 언제일까?

앞에서 알아본 것처럼 프랭클린은 연날리기 실험을 통해 번개와 정전기가 같다는 사실을 보여주었다. 예부터 사람들은 전기뱀장어와 같은 특정 물고기가 사람에게 충격을 입힐 수 있다는 사실도 알고 있었다. 그러면 '동물 전기'는 정전기와 같은 것일까? 전해오는 이야기에 따르면, 이탈리아의 생리학자 갈바니[Luigi Galvani, 1737~1798]는 아픈 아내를 위해 개구리 다리로 수프를 만들고 있었다. 그때 정전기 발생 장치에서 스파크가 일어날 때마다 개구리 다리가 갑자기 움직이는 것을 발견했다. 여러 가지 실험을 마친 후 1791년에 발표한 논문에서 갈바니는 하나의 금속이 개구리 다리의 근육과 접촉할 때 또 다른 금속이 신경과 접촉되면 근육이 수축된다고 발표했다. 이를 통해 갈바니는 정전기와 동물의 전기 효과 사이에는 어떤 관계가 있다는 것을 보여주었다.

갈바니의 실험이 전류에 대한 연구에 어떻게 도움이 되었을까?

갈바니는 신경에서 근육으로 전하가 흐를 때 근육이 수축한다고 보았다. 갈바니의 동료이자 볼로냐 대학의 과학자였던 볼타[Alessandro Volta, 1745~1827]는 갈바니의 실험에서 개구리 다리가 전류를 흐르게 하는 도체 역할을 하며 동시에 전류를 감지하는 역할을 한다고 생각했다. 1791년 볼타는 도체인 개구리 다리를 소금물에 적신 종이로 대체하고, 전기를 감지하기 위한 또 다른 도구를 사용했다. 이 실험으로 볼타는 종이에 접촉

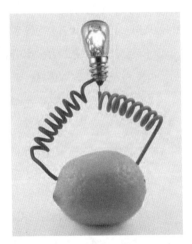

레몬(레몬이 없다면 감자) 안에 있는 신맛이 나는 즙을 이용해 간단한 전지를 만들 수 있다. 두 개의 다른 금속(아연과 구리)을 레몬에 꽂으면 전자가 아연에서 구리로 흘러 약한 전류가 만들어진다. 여러 개의 레몬을 연결하면 더 강한 전류를 만들 수 있다.

된 금속의 종류가 다를 때만 전하가 이동한다는 것을 발견했다. 그는 전해질 용액에 의해 분리된 두 가지 다른 금속들의 조합으로 만들어진 전지를 갈바니의 이름을 따서 갈바니 전지라 불렀다.

볼타는 여기서 더 나아가 가장 큰 전기적 효과를 만들어내는 두 가지 금속이 아연과 은이라는 것을 발견했다. 1800년에 볼타는 아연과 은으로 이뤄진 원반을 번갈아 쌓아놓고, 그 사이에 소금물에 적신 종이를 넣었다. 이를 통해 그는 계속해서 전하를 흐르게 할 수 있는 볼타 전지를 발명했다. 그 뒤 영국의 화학자 데이비^{Humphrey Davy,} ^{1778~1829}는 볼타 전지에 흐르는 전류가 금속과 전해질 용액 사이의 화학적 반응 때문에 발생한 것임을 보여주었다.

흐르는 물을 이용해 전압과 전류를 어떻게 설명할 수 있을까?

높은 곳에 있는 호수에서 낮은 곳에 있는 호수로 흐르는 강을 생각해보자. 물은 높은 곳에서 낮은 곳으로 흐른다. 전위차는 강의 양 끝의 높이 차이와 같다. 전하의 흐름인 전류도 물의 흐름과 같다. 두 호수의 높이가 같다면 두 호수 사이에는 물이 흐르지 않을 것이다. 마찬가지로 두 지점 사이에 전위차가 없다면 전하도 흐르지 않게 될 것이다.

볼타 전지에서 무엇이 전하를 흐르게 할까?

볼타는 전하가 어떻게 분리되는지를 설명하기 위해 '기전력^{emf}'이라는 용어를 만들었다. 금속으로 만든 원반을 더 많이 쌓으면 쌓을수록 기전력은 더욱 커진다. 하지만 이것은 힘이 아니라 에너지와 관계된 것이므로 기전력이라는 말에서 힘을 뜻하는 '력'은 잘못된 말이다. 이에 대한 올바른 용어는 전위차나 전압 혹은 분리된 단위 전하당 에너지 변화량이 되어야 할 것이다. 한편, 전압을 측정하는 단위인 볼트(V)는 볼타의 이름을 따온 것이다.

전위차 또는 전압은 무엇일까?

우리가 흔히 전지라 부르는 볼타 전지는 화학적 에너지를 전기 에너지로 변환시킨다. 전지의 양극에 있는 양전하는 음극에 있는 전하보다 더 큰 에너지를 가지고 있다. 중요한 것은 두 극에 있는 모든 전하에 의한 총 에너지가 아니라 전체 에너지를 전하량으로 나눈 양, 즉 단위 전하당 에너지이다. 이 양을 전위차 또는 전압이라고 부른다.

전류는 무엇일까?

전류는 전하의 흐름을 나타낸다. 전류의 단위는 프랑스의 수학자이자 물리학자인 앙페르^{André Marie Ampère, 1775~1836}의 이름을 딴 암페어(A)로 측정된다. 1암페어는 1초 동안 1쿨롱의 전하가 도선의 단면적을 통과하는 전류를 말한다. 도선에 걸리는 전압이 크면 클수록 전류도 더욱더 커진다.

저항

저항이란 무엇일까?

모든 물체들은 이동할 때 마찰력을 받게 된다. 전자의 경우도 마찬가지다. 전자가 받는 마찰력을 우리는 저항^{resistance}이라고 부른다. 도선을 따라 이동하는 전자들은 도선을 이루는 원자들과 충돌하면서 앞으로 나아가게 된다. 같은 전압 차에서는 저항이 크면 클수록 전류가 더 작아진다. 저항은 전하들이 에너지를 잃게 만든다. 전자가 잃는 에너지는 도선이나 다른 도체의 열에너지로 바뀐다. 따라서 도선에 전류가 흐르면 도선이 뜨거워진다. 이렇게 만들어진 열에너지는 토스터에서 빵을 굽는 데 이용되며, 난로나 백열등에서 빛 에너지로 바뀌기도 한다.

어떠한 요소가 도체가 가진 저항의 크기를 결정할까?

전선이나 다른 도체의 저항의 크기는 다음과 같은 요소들에 의해 결정된다.

* 도체의 길이(도선이 길수록 저항이 더 커진다)
* 도체의 단면적(도선이 가늘수록 저항이 더 커진다)
* 물질의 속성(금속의 경우, 자유 전자의 수가 적을수록 저항이 더 커진다)
* 도체의 온도(금속의 경우 온도가 높을수록 저항이 더 커지며, 탄소의 경우 온도가 낮을수록 저항이 커진다)

저항이란 무엇일까?

저항^{resistor}은 회로에 흐르는 전류를 제어하거나 전기 에너지를 다른 에너지로 바꾸기 위해 전기적 저항이 큰 물질로 만든 회로의 구성 요소다. 일반적으로 흑연이나 유리로 코팅된 얇은 탄소 피막으로 만든다. 더 큰 저항 값을 가지는 저항은 원통형 모양이며, 저항 값을 나타내는 네 가지 색띠가 그려져 있다. 컴퓨터 보드에 사용되는 저항은 작은 직사각형 모양을 하고 있으며 보드에 납땜으로 연결되어 있다. 만약 많은 양의 전력을 소모하도록 설계된 경우에는 큰 저항을 가진 도선으로 만든다.

초전도체

초전도체란 무엇인가?

초전도체는 전류가 아무런 저항을 받지 않고 이동할 수 있게 해주기 때문에 초전도체 내에서는 전압의 차이나 에너지 손실이 발생하지 않는다. 초전도체가 되려면 온도를 임계 온도 이하로 냉각시켜야 하며 모든 초전도체 물질들을 임계 온도 이하로 냉각시키기 위해서는 액체 헬륨이 필요하다. 초전도체로 사용되는 원소, 화합물, 합금 중에는 납, 니오븀 질화물, 니오븀-티타늄 합금 등이 있다. 1980년대에는 보다 싼 액체 질소로 냉각시킬 수 있는 훨씬 높은 임계 온도를 가지는 세라믹이 발견되었다. 처음으로 발견된 세라믹은 이트륨 바륨 구리 산화물이었다. 2008년에는 란타넘과 산소, 불소, 철, 비소를 포함하고 있는 임계 온도가 높은 초전도체가 개발되었다.

누가 초전도체를 발견했나?

오랫동안 저항이 없는 물질을 만드는 것은 불가능하다고 생각되어 왔다. 그러나 1911년 네덜란드의 물리학자 오너스$^{Heike\ Kamerlingh\ Onnes,\ 1853\sim1926}$가 저항이 없는 물질을 만들 수 있다는 것을 증명했다. 오너스는 수은을 포함한 여러 가지 금속의 온도를 절대 영도 부근까지 낮추면서 저항의 변화를 측정했으며, 수은의 저항이 4.2K ($-77.2°C$)에서 0으로 변한다는 것을 발견했다.

초전도체 연구로 노벨상을 받은 사람은 누구일까?

세 명의 미국 물리학자 바딘$^{John\ Bardeen,\ 1908\sim1991}$, 쿠퍼$^{Leon\ N.\ Cooper,\ 1930\sim}$, 슈리퍼$^{John\ R.\ Schrieffer,\ 1931\sim}$는 금속과 합금에서 초전도성이 어떻게 나타나는지를 설명했다. 이들은 초전도성을 설명한 BCS 이론으로 1972년에 노벨상을 받았다.

15년 후에는 초전도체가 되기에는 너무 높은 온도라고 생각한 온도에서 저항이 0이 되는 초전도체를 발견한 IBM의 물리학자 베드노르츠$^{George\ Bednorz,\ 1950\sim}$와 뮐러$^{Alex\ Muller,\ 1927\sim}$가 노벨상을 받았다. 그들은 35K에서 초전도체가 되는 란타넘·바륨·산화구리라 불리는 세라믹 물질을 발견했는데 이 온도는 그 당시에 초전도체가 될 수 있는 온도라고 생각했던 온도보다 훨씬 더 높았다.

초전도체를 이용하는 기술에는 어떤 것들이 있는가?

초전도체들은 대부분 커다란 전자석에 사용된다. 초전도체는 저항이 없기 때문에 일단 전류가 흐르게 되면 변하지 않고 계속해서 흐른다. 따라서 초전도체로 만든 자석은 전력을 낭비하지도 않고 열도 발생하지 않는다. 이 자석들은 종종 자기 공명 영상 장치인 MRI에 사용된다. MRI는 의사들이 해로운 방사능을 사용하지 않고 인간의 몸속을 볼 수 있게 도와준다. 또한 초전도체는 원자핵을 분쇄하여 물질의 기본 구조를 발견하는 입자 가속기에도 사용된다. 가장 강력한 입자 가속기는 스위스의 거대 하드론 충돌 가속기^{LHC}이다. 초전도체를 응용한 또 다른 장치는 초전도 양자 간섭 소자^{SQUID}로, SQUID는 지하에 있는 석유를 찾기 위한 지질 센서 등에 사용되는 극도로 민감한 탐지기이다.

옴의 법칙

옴의 법칙은 어떤 법칙인가?

1800년대 초 독일의 물리학자인 옴^{Georg Simon Ohm, 1789~1854}은 그의 이름을 딴 법칙을 만들었다. 옴의 법칙은, 도선에 흐르는 전류의 세기는 전압에 비례하고 저항에 반비례한다는 것이다. 그는 물질의 저항은 전류의 크기와 관계없이 일정한 값을 갖는다고 생각했다. 그러나 많은 물질들이 옴의 법칙을 따르지 않는다. 전등에 사용되는 텅스텐 필라멘트의 경우, 이 필라멘트를 통과하는 전류가 증가하면 전선의 온도가 증가하고, 온도가 올라가면 저항이 증가한다.

초전도체의 발달은 과학에 어떤 영향을 줄까?

현재 전기 에너지 일부는 송전선에서 열에너지의 형태로 손실되고 있다. 때문에 초전도체는 전기 에너지 수송 효율을 향상시키기 위해 조만간 상용화될 것이다. 또한 더 효율적인 모터와 발전기를 생산하는 데도 사용될 것이다. 미래에 더 발전할 기술 중에는 초전도 자기 부상 열차도 포함되어 있다.

전류, 전압, 저항에 사용되는 단위와 기호는 무엇일까?

물리량	단위	기호
전류(I)	암페어(amp)	A
전압(V)	볼트	V
저항(R)	옴	Ω

전류, 전압, 저항 사이의 관계는 무엇일까?

전압＝전류×저항 또는 $V=IR$이다. 즉, 저항 양단의 전압 차이는 저항을 흐르는 전류와 저항을 곱한 값과 같다.

어느 정도의 전류가 위험할까?

대략 1mA(0.001A)의 전류는 피부를 따끔거리게 만드는 데 충분한 양이다. 10mA의 전류가 흐르면 고통을 느낀다. 12~20mA 사이의 전류는 근육을 마비시키기에 충분하고, 사람의 몸을 움직이지 못하게 만든다. 60~100mA 사이의 전류는 심장이 심실세동을 일으키게 한다. 심실세동이란 순환계를 통해 피를 공급할 수 없는 방식으로 심장이 뛰는 것을 의미한다. 200mA 이상의 전류가 몸속에 흐르면 심장을 압박하여 더 이상 심장이 뛰지 않게 된다.

사람의 몸은 전류에 대해 얼마나 많은 저항을 가지고 있을까?

평균적으로 사람의 몸은 5만~15만 Ω 사이의 전기 저항을 가지고 있다. 이러한 저항의 대부분은 피부에 의한 것이다. 피부가 젖어 있는 축축한 상태에서는 저항이 1000Ω 정도로 떨어진다. 피부가 손상된 경우 체내 기관의 저항은 수백 Ω 정도다. 이런 상태에서는 10V의 전압도 치명적인 손상을 입힐 수 있다.

전기뱀장어는 먹이를 잡기 위해 전기를 사용할까?

전기뱀장어는 먹잇감을 기절시키고 심지어 죽이기 위해 전기 펄스를 만들어낸다. 작은 전기뱀장어는 30V 정도, 큰 전기뱀장어는 600V 정도의 전기를 만들어낼 수 있는 특별한 신경이 꼬리 부분에 다발로 뭉쳐 있다. 전기뱀장어는 사냥에 전기 충격을 사용하는 것 외에도, 탐색과 자기방어를 위해 지속적으로 전기장을 만들어 사용한다. 하지만 전기뱀장어들은 남미의 강에만 서식하기 때문에 일반 사람들은 전기뱀장어와 마주칠 것을 걱정하지 않아도 된다.

송전선에 앉아 있는 새들이나 다람쥐들은 왜 감전되지 않을까?

피복되지 않은 전선에 앉아 있는 새들이 감전되려면 다른 전압을 가지고 있는 물체에 접촉되어야만 한다. 동물의 발 사이 간격에서는 전선의 전압 차이는 매우 작다. 하지만 고압선과 접지, 혹은 접지와 연결된 전선(낮은 전압)에 동시에 접촉해 있을 경우에는 위험해진다. 그렇게 되면 아주 큰 전류가 동물들의 몸을 통과해 흐를 수 있다.

새들은 전위차가 다른 물체에 접촉하지만 않는다면 전선 위에도 안전하게 앉아 있을 수 있다.

전기 기사들은 왜 한 손을 등 뒤에 놓고 작업하는 것일까?

고압선에서 작업할 때 많은 전기 기사들이 한 손을 등 뒤에 놓고 작업한다. 이렇게 하면 두 손이 전위차가 있는 물체를 동시에 만져 감전되는 일을 줄일 수 있기 때문이다.

높은 전압은 항상 심각한 전기적 충격을 주는가?

발전소와 차단기 상자에는 '주의: 고압 지역'과 같은 문구가 항상 쓰여 있다. 그러나 사람에게 해를 끼치는 것은 고압이 아니다. 몸에 심각한 손상을 입히거나 심지어

죽음에 이르게 하는 것은 전류다. 밴더그래프 발생기는 수천 볼트의 고압을 만들어내지만, 적은 양의 전류만 흐르기 때문에 근육이 따끔거릴 정도의 불편함만 느낄 뿐 심각한 전기적 충격을 주지는 않는다.

전력과 전기력의 사용

와트란 무엇인가?

와트는 일률의 단위로 단위 시간에 전달되는 에너지의 양을 나타낸다. 전력은 전기의 일률이다. 작은 전구, 토스터, 헤어드라이어, 텔레비전 등의 전기 기계들은 사용하는 전력에 의해 등급이 매겨진다. 전력의 크기를 나타내는 단위인 와트(W)는 전구와 같이 전기 에너지를 사용하는 여러 가지 전기 장치들에서 찾아볼 수 있다. 전력을 구하는 공식은 $P=IV$(전력＝전류 × 전압)이다.

누가 전구를 발명했을까?

필라멘트를 이용해 최초로 빛을 만들어낸 사람은 영국의 데이비다. 데이비는 1800년대 초에 전기 아크등에 대해 연구했고, 최초로 전구를 발명했다. 데이비가 발명한 전구에는 높은 저항을 가지고 은은하게 빛나는 매우 얇은 백금 선이 사용되었다. 이 전구는 오래 사용할 수 없었기 때문에 그다지 실용적이지 않았지만, 다음 발명을 위한 길을 열어주었다.

에디슨은 전구 발명에 어떠한 기여를 했나?

미국의 발명가 에디슨Thomas Edison, 1847~1931은 전구에서 사용할 필라멘트를 찾기 위해 수백 가지의 물질들을 가지고 실험했다. 그 결과, 공기 중에서 면사를 가열하면 얇은 두께의 순수한 탄소만 남는다는 것을 발견했다. 에디슨은 탄소 필라멘트를 공기가 없는 유리 전구 안에서 전선과 연결했는데 1878년에 개량된 이 최초의 실용적인 전구는 다른 전구보다 여러 시간이나 더 오랫동안 사용할 수 있었다.

kW와 kWh의 차이는 무엇일까?

kW(킬로와트)는 1000W를 나타내며 단위 시간당 전환되는 에너지의 양을 측정할 때 사용되는 단위다. 따라서 전력에 사용한 시간을 곱해주면 사용한 에너지의 양을 구할 수 있다. kWh(킬로와트시)는 전력과 시간을 곱해준 값이므로 에너지의 크기를 나타내는 양이다. 전기 회사는 매달 사용한 전기를 kWh 단위로 요금을 정한다. 예를 들어, 100W의 전구는 100W(혹은 0.1kW)의 전력을 사용한다. 만일 전구가 한 달 내내 켜져 있다면 이 전구가 소비한 에너지는 $0.1kW \times 24시/일 \times 30일/개월$을 하여 72kWh/개월이 될 것이다. 전기 요금이 kWh당 150원라면, 전구 하나를 한 달 동안 사용한 요금은 1만 1000원이 부과될 것이다. 100W의 백열등을 똑같은 밝기의 23W짜리 콤팩트형 형광 램프로 교체할 경우에는 한 달 동안 사용한 전기료를 2500원만 지불하면 된다. 똑같은 밝기의 LED 전구는 13W의 전력만을 사용하므로 전기료는 1500원밖에 안 될 것이다.

왜 100W의 전구가 25W의 전구보다 더 밝을까?

전구는 먼저 전기 에너지를 가열된 필라멘트의 열에너지로 변환하고, 그 후에 빛과 열로 변환한다. 발생하는 에너지 변환의 비율은 전구가 만들어진 방식에 따라 결정된다. 100W의 전구는 낮은 저항의 필라멘트를 사용하여 만들어졌다. 가느다란 전선으로 만든 필라멘트는 쉽게 가열되어 금방 뜨거워진다. 100W의 전구와 25W의 전구 모두 120V의 콘센트에 연결되어 있다고 가정한다면, 25W의 전구보다는 100W의 전구에 더 많은 전류가 흐르게 된다. 낮은 저항의 전구는 좀 굵은 전선으로 만든 필라멘트를 사용한다. 낮은 저항은 높은 전류가 흐를 수 있다는 것을 의미하며, 이는 소비 전력이 커져 더 많은 빛과 열에너지를 방출한다는 것을 뜻한다.

회로

회로는 전하가 흐르는 순환 경로이다. 따라서 회로의 첫 번째 조건은 끊어져 있지 않아야 한다는 것이다. 두 번째 조건은 건전지와 같이 전위차를 가진 전원이 있어야 한다. 건전지는 회로에서 전류를 생성할 전압을 만든다. 건전지의 양 끝에 연결된 전선만 가지고는 회로 내의 저항은 거의 0이 될 것이며, 매우 큰 전류가 흐르게 될 것이다. 이렇게 매우 큰 전류가 흐르는 것을 누전되었다고 말한다. 누전되면 전선은 다른 물체를 태울 수 있을 만큼 뜨거워진다. 그래서 회로를 사용하기 위해서는 세 번째 요소인 저항을 가진 전기 기기가 있어야 한다. 저항을 가진 전기 기구로는 전구, 모터 등이 있다.

에너지의 측면에서 볼 때 회로로 들어오는 에너지는 건전지에 저장되었던 화학 에너지다. 회로가 완성되어 연결되면 전지의 화학 에너지는 전기 에너지로 바뀐다. 이 전기 에너지는 저항이나 전구에서 열에너지나 빛 에너지로 변환되며, 모터에서는 운동 에너지로 변환된다. 뜨거워진 저항이나 전구는 열과 빛을 방출한다.

가정에서 사용되는 전기의 경우에는 건전지 대신 전기 회사에서 생산해 제공하는 전기를 사용한다. 전기 회사에서는 석탄, 석유, 천연가스와 같은 화석 연료의 화학 에너지를 사용하여 (열에너지를 만들기 위해) 물을 끓인다. 그러면 끓는 물에서 발생하는 증기가 발전기를 돌려 열에너지를 회전 운동 에너지로 바꾼다. 발전기는 회전 운동 에너지를 각 가정으로 보내는 전기 에너지로 변환한다. 원자력 발전소는 물을 끓여 증기를 만드는 데 우라늄 원자핵이 분열할 때 나오는 에너지를 사용한다. 원자력 발전소와 화석 연료 발전소는 에너지원이 다른 것을 제외하고는 기본적으로 같은 방법으로 전력을 생산한다.

개방 회로란 무엇일까?

회로는 일반적으로 전하가 흐를 수 있는 폐회로를 의미한다. 폐회로와는 달리 열려 있는 회로를 개방 회로라고 부르는데, 개방 회로에는 전하가 흐르지 않는다. 회로를 열고 닫기 위해서 일반적으로 스위치를 사용한다. 전선이 끊어지면 전선과 회로의 다른 부분의 연결이 끊어진다. (필라멘트가 고장 나서) 전구가 타버린 경우에도 회로가 개방되며 더 이상 전류는 흐르지 않게 된다.

뉴욕 주의 허드슨 강변에 있는 인디언 포인트 에너지 센터에서는 핵분열 에너지를 이용하여 물을 끓여 수증기를 만든다. 연료를 제외하면 원자력 발전소도 다른 발전소와 똑같은 방법으로 전기를 생산한다.

일반 가정에서 누전이 위험한 이유는 왜일까?

앞에서 설명한 것처럼 회로에 저항이 연결되어 있지 않다면 그 회로를 흐르는 전류는 매우 커지며 전선은 아주 뜨거워진다. 예를 들어 전기 기계에 사용되는 도선의 피복이 벗겨져 전선이 접촉되는 경우 저항이 줄어들어 전류가 더 많이 흐르게 된다. 벽속에 들어 있는 전선을 포함하여 전선에서 이런 일이 발생하면 불을 일으킬 정도로 뜨거워진다. 이를 방지하기 위해 가정에 있는 회로들은 퓨즈나 차단기에 의해 보호된다.

즉, 전류가 미리 정해진 한계를 넘어섰을 때 회로가 개방되어 전류가 차단되도록 고안되어 있다. 회로가 개방된 상태에서 전류의 공급이 멈추면 전선은 다시 차가워진다.

교류·직류

직류 회로는 어떤 회로인가?

한 방향으로만 전류가 흐르는 회로를 직류 회로라고 한다. 전지나 직류 전압 공급 장치와 같은 전원은 양극과 음극을 가지고 있으며, 한 방향으로만 전류가 흐른다.

전등불을 밝히기 위해 에디슨은 직류와 교류 중 어떤 것을 사용했을까?

에디슨은 1878년에 최초로 실용적인 백열등을 발명했다. 그리고 1882년에는 뉴욕에 있던 실험실 주변의 59가구들에 100V를 공급하는 직류 발전기를 연결했다. 이 가구들은 전등을 밝히고 모터를 돌리는 데 전기를 사용했다. 비교적 낮은 전압이 전등의 저항과 잘 맞았기 때문에 특별히 위험해 보이진 않았다. 하지만 불행하게도 많은 전력을 송전하기 위해서는 낮은 전압에서 큰 전류가 흘러야 했다. 이는 전선을 뜨겁게 달궜다. 또 전기를 사용하던 가구들은 전선에서 발생되는 심각한 에너지 손실을 피하기 위해 발전소에서 약 3km 이내에 있어야만 했다.

교류 회로는 어떤 회로인가?

교류 전원의 극성은 일정한 간격으로 바뀐다. 한국이나 미국과 같은 나라에서는 1초 동안 60번 양극과 음극이 바뀌는 교류를 사용하고 있다. 때문에 전류도 1초에 60번 방향을 바꾼다. 교류는 건물 벽에 설치된 콘센트에서 찾아볼 수 있다. 우리가 사용하는 대부분의 전기 기계들은 교류로 작동된다.

19세기 말 테슬라와 웨스팅하우스가 전기 분야 발전에 공헌한 것은 무엇이었나?

테슬라^{Nikola Tesla, 1856~1943}는 유럽에서 에디슨 회사에 다녔다. 에디슨은 테슬라에게 더 나은 발전기를 발명하면 아주 많은 돈을 주겠다고 제안했다. 그러나 테슬라가 더 좋은 발전기를 발명하자 에디슨은 농담이었다며 돈을 지불하지 않았다. 이 일로 테슬라는 다니던 회사를 그만두었다.

1884년 미국인 발명가이자 사업가였던 웨스팅하우스^{George Westinghouse, 1846~1914}웨스팅하우스 전기 회사를 설립한 뒤 4년 후 자신의 전기회사에 다니도록 테슬라를 설득하고, 테슬라가 가진 특허권을 샀다. 웨스팅하우스는 프랑스에서 발명된 변압기와 1883년에 발명된 테슬라의 AC 유도 전동기를 개량했는데, 이 3상 발전기는 전기 에너지를 먼 거리에 효율적으로 전송하려는 웨스팅하우스의 꿈을 실현하는 데 중요한 역할을 했다.

크리스마스트리용 전구들은 직렬 회로로 연결되어 있을까, 병렬 회로로 연결되어 있을까?

여러 해 전까지 크리스마스트리용 전구들은 120V에서 작동하는 큰 전구를 사용해 만들어졌다. 이때 전구들은 전원에 병렬로 연결되어 있었다. 하지만 현재 사용하는 크리스마스트리용 전구들은 직렬로 연결되어 있기 때문에 각각의 전구들에는 작은 전압만 걸리게 된다. 직렬로 연결되어 있는 전구 중 한 전구의 필라멘트가 타버려서 꺼진다면 회로에는 더 이상 전류가 흐르지 않게 된다. 그렇지만 끊어진 전구 양단에는 120V의 전압이 계속해서 걸려 있다. 전구의 필라멘트는 전류를 흐르게 해주는 두 가닥의 두꺼운 전선에 연결되어 있고 전선은 얇은 절연 필름으로 코팅되어 있다. 이 절연 필름은 전구 사이의 전압 차가 작을 때는 절연체의 역할을 하지만, 전구 사이의 전압 차가 120V가 넘을 때는 스파크가 일어나 절연 필름을 태워 필라멘트가 두꺼운 전선에 달라붙는다. 이렇게 되면 다시 폐회로가 형성되어 나머지 회로에 있는 전구들을 계속해서 사용할 수 있다.

1880년대 후반 에디슨과 웨스팅하우스는 직류와 교류의 장단점을 놓고 전쟁을 벌였다. 에디슨과 웨스팅하우스는 서로 상대방의 전류가 위험하다는 것을 널리 알리려고 노력했다. 사형을 집행할 때 사용되는 전기의자가 개발된 후 전기의자가 교류를 사용했기 때문에 에디슨은 이 의자에 '웨스팅하우징'이라는 이름을 붙여 교류가 더 위험하다는 인식을 심어주려고 시도했지만 실패했다. 변압기를 사용하면 쉽게 전압을 수천 볼트 높일 수 있었고, 가정이나 사무실에서 사용할 때는 낮춰 사용할 수 있었기 때문에 교류가 널리 사용되게 된 것이다. 이처럼 높은 전압을 이용해 전력을 송전하면 전류가 줄어들어 전선에서 소모되는 에너지의 양을 크게 줄일 수 있다.

직렬·병렬 회로

직렬 회로는 어떤 회로인가?

직렬 회로는 저항, 전지, 스위치 등과 같은 전기 장비들이 한 줄로 연결되어 있는 회로이다. 직렬 회로에서 전류는 오직 한 방향으로만 흐르며, 회로에 끊어진 부분이 있으면 전류는 더 이상 흐르지 않게 된다.

병렬 회로는 어떤 회로인가?

병렬 회로에서는 전류가 여러 갈래로 흐른다. 예를 들어 전지에 연결된 전선이 세 개의 전구에 각각 연결되어 있다고 가정하자. 전구에서 나온 다른 선들은 한데 묶여 전지의 음극에 연결되어 있다. 이렇게 되면 전류는 세 개의 다른 길을 통해 흐르게 된다. 이 회로에서 만일 전구 하나가 타버리거나 소켓에서 분리되면 이 전구는 더 이상 켜지지 않지만, 다른 두 개의 전구에는 변함없이 전류가 흐른다. 따라서 회로의 나머지 부분은 계속해서 작동하게 된다.

더 많은 전구가 직렬 회로에 추가되면 어떤 현상이 나타날까?

더 많은 전구나 다른 저항이 직렬 회로에 추가되는 경우는 회로에 더 많은 저항이 추가되는 것과 같으며, 이때 전류와 전구의 밝기가 감소할 것이다. 따라서 전체적으로 소모되는 에너지의 양은 오히려 감소한다.

더 많은 전구가 병렬 회로에 추가되면 어떤 일이 일어날까?

병렬 회로에서 전류는 나뉘어 있는 길을 따라 흐른다. 만일 전구와 함께 다른 전선이 회로에 추가된다면, 전류가 흘러가는 또 다른 경로가 생긴 것이 된다. 하지만 건전지(혹은 발전기)의 전압은 일정하게 유지되기 때문에 원래 회로에 설치된 전구를 흐르는 전류는 변하지 않으며 전구의 밝기 또한 변하지 않는다. 대신 전체적으로 사용하는 전기 에너지의 양이 증가한다.

가정에서는 직렬 회로가 사용될까, 아니면 병렬 회로가 사용될까?

각각의 회로는 스위치와 전구 혹은 전기 기계에 직렬로 연결되어 있다. 하지만 다른 회로들은 병렬로 연결되어 있기 때문에 개별적으로 사용될 수 있다.

전기 콘센트

대부분의 콘센트에는 세 개의 구멍이 있는데, 각 구멍은 어떻게 사용되는 것일까?

콘센트는 두 개의 구멍이 있는데 그중 하나는 다른 것보다 더 길다. 두 구멍 외에도 'D'자 형태를 한 또 하나의 구멍이 있다(지금은 우리나라에서 더 이상 사용하지 않는 100V용 콘센트에 대한 설명임 - 옮긴이). 짧은 구멍에는 검은색 전선이 연결되어 있다. 이 짧은 구멍이 120V의 전압이 걸리는 '뜨거운' 선이다. 좀 더 긴 구멍은 접지선이라 부르며 흰색 전선에 연결되어 있다. 그리고 이 흰색 전선은 전기 차단기 상자의 접지에 연결되어 있다. 그러므로 두 구멍 사이에는 120V의 전위차가 존재한다. 세 번째 구멍은 접지선으로 녹색 전선에 연결되어 있다. 왜 두 종류의 접지선이 필요한 것일까? 전기 기구를 콘센트에 꽂으면 전류가 흐르는데, 이때 검은 선과 흰 선을 통해 전류가 흐른다. 각각의 전선은 저항을 가지고 있어 흰색 전선에서도 전압 강하가 발생한다. 따라서 콘센트의 접지 전위보다 높아질 수 있다. 이 전압이 매우 작기는 하지만 위험할 수도 있다. 전류가 흐르지 않는 녹색 전선

전기 기구를 설치할 때는 초록색 전선이(이 흑백 사진에는 나타나지 않았지만 틀림없이 초록색 전선이 있다) 접지선이라는 것을 명심해야 한다. 접지선을 제대로 연결해야 안전하다.

은 접지 상태로 남아 있다. 이 녹색 전선은 기계의 접지 전위에 있다고 가정되는 금속 상자에 연결되어 있다.

세계의 많은 나라들이 220V를 사용하고 있는데 왜 미국은 아직도 120V를 사용하는 것일까?

일반인들이 전기를 사용할 수 있게 한 최초의 국가는 미국이다. 미국이 전기를 설치할 당시에는 120V로도 충분한 것처럼 보였다. 하지만 많은 새로운 전자 기기를 사용하는 데는 충분하지 않았다. 몇 년 후 유럽 국가에 전선이 설치될 때는 기술이 발달하여 좀 더 높은 전압에서 더 안전하게 전기 기계들을 사용할 수 있게 되었다. 이러한 이유로 미국에서는 120V, 유럽에서는 220V가 표준이 된 것이다. 220V를 사용할 때 좋은 점은 전류의 사용량이 120V 기계가 사용하는 전류의 반 정도만 사용하면 되므로 가정 내의 도선의 저항으로 인한 에너지 손실이 적어진다는 것이다.

전기 기계의 코드에는 세 개의 플러그가 있지만 콘센트에는 두 개의 구멍만 있을 때 어떻게 해야 할까?

전기 기계를 사용하는 데 적당한 콘센트가 없을 경우에는 기계를 사용하지 않는 것이 좋다. 접지선을 잘라내는 것은 안전에 문제를 만들어낼 수 있다.

세 개의 구멍을 두 개의 구멍으로 변환하는 어댑터의 녹색 전선이나 금속 조각은 무엇일까?

어댑터와 연결된 녹색 전선이나 금속 조각은 접지선이다. 어댑터에 접지를 연결할 부분이 없기 때문에 접지를 연결해주는 부분이 필요한데, 만약 콘센트에 연결된 나사가 접지되었다면 어댑터에 있는 녹색 선은 이 나사로 연결돼야 한다는 뜻이다. 이런 방법으로 전기적 단락이 있는 경우 전류는 접지선을 통해 계속 흘러갈 수 있다. 콘센트에 부착된 나사가 접지되지 않은 경우에는 어댑터를 사용해서는 안 된다. 보통 철물점에서 살 수 있는 콘센트 테스터를 사용하면 콘센트 나사가 접지되었는지를 손쉽게 확인해볼 수 있다.

누전 차단기는 무엇인가?

누전 차단기^{GFI} 콘센트는 싱크대에서 약 2m 내에 콘센트를 설치하거나 화장실처럼 물을 사용하는 장소에 콘센트를 설치해야 할 경우 사용되는 콘센트다. 일반적으로 검은 선과 흰 선에 흐르는 전류가 같지만, 물을 통해 흐르는 전류가 있다면 흰 선과 검은 선에 흐르는 전류는 더 이상 같지 않을 것이다. GFI는 이러한 차이를 감지하고 0.001초 내에 회로를 차단한다. 때문에 전기 회로가 잘 작동되고 있는지 확인하기 위해 정기적으로 GFI를 점검해야 한다.

샤워 도중에 전기 장치를 작동하는 것은 왜 위험할까?

물이 몸의 저항을 줄여 전기 쇼크를 더 쉽게 받도록 만들어주기는 하지만 그보다 더 위험한 것은 수도관이다. 예를 들어 욕조에 몸을 담그고 TV를 시청하기 좋아하는 사람이 있다고 가정하자. 누전 차단기가 설치되어 있지 않은 회로에 연결된 TV가 욕조로 떨어진다면 욕조의 물은 TV의 120V 전선과 접촉하게 되면서 욕조의 물과 연결되어 있는 금속 수도관을 따라 전류가 흐르게 된다. 불행하게도 이날은 목욕하던 사람에게 운이 없는 날로 기억될 것이다. 그래도 욕조에서 무언가를 보거나 들어야 한다면 TV보다는 MP3 플레이어나 배터리를 이용하는 스마트폰을 사용하는 것이 훨씬 더 안전하다.

자기력

자석은 언제 발견되었을까?

특정 금속을 끌어당기는 돌의 발견은 역사 속으로 사라져갔다. 전기의 경우와 마찬가지로 아리스토텔레스는 밀레투스의 탈레스가 후에 로드스톤이라 불리게 된 돌의 인력을 과학적으로 논의한 최초의 과학자였음을 인정했다. '자석'이라는 단어는 로드스톤이 발견된 그리스의 지역 이름에서 유래되었다. 하지만 로드스톤의 힘은 비슷한 시기의 다른 사람들에 의해서도 밝혀졌다. 탈레스와 비슷한 시기에 인도의 외과 의사였던 수슈루타가 자석을 수술의 보조 도구로 사용했다. 기원전 4세기의 중국의 책에는 "천연 자석이 철을 끌어당긴다"라고 쓰여 있다.

11세기 중국의 과학자 심괄沈括, 1031~1095은 길을 찾을 때, 자화(자기를 띰)된 바늘을 나침반 대신 사용할 수 있다고 했다. 다음 세기에는 중국인들이 로드스톤을 배에서 나침반으로 사용했다고 한다. 100년 뒤 영국의 신학자인 알렉산더 네캄Alexander Neckam, 1157~1217은 나침반을 설명하면서 길을 찾을 때 나침반을 어떻게 사용하면 도움이 되는지를 알려주었다. 일부 사람들은 북극성이 나침반을 끌어당긴다 생각했고, 어떤 사람들은 북극 근처에 있는 자석의 섬이 자기력의 근원일 것이라고 생각했다.

1269년 프랑스인 페레그리누스^{Petrus Peregrinus, 1214~1294}는 자기의 성질에 대해 자세히 기술했다. 하지만 가장 잘 알려진 책은 1600년에 지구가 거대한 자석이라고 주장했던 길버트^{Williom Gilbert, 1544~1603}에 의해 쓰였다.

자석은 어떤 특성을 가지고 있을까?

아마 어렸을 때 자석을 가지고 놀아본 적이 있을 것이다. 자석을 가지고 놀면서 자석이 어떤 물체를 끌어당기고 어떤 물체는 끌어당기지 않는다는 점을 발견했을 것이다. 또한 자석을 사용하여 클립, 손톱, 나사와 같은 물건들을 자성을 띠게 만들 수 있었을 것이다. 만일 두 개의 자석을 가지고 놀았다면 두 개의 자석이 서로 끌어당기거나 밀어낸다는 점도 발견했을 것이다.

막대기 형태의 금속 자석을 가지고 놀았든, 직사각형이나 원형의 세라믹 자석을 가

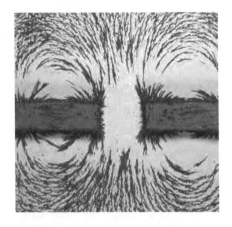

어린이들은 막대자석과 금속 가루를 가지고 놀다가 자석의 일부 성질을 발견한다. 이런 방법으로 자석이 두 극을 가지고 있으며, 자기장을 만든다는 것을 알 수 있다.

지고 놀았든 자석의 끝 부분이나 표면 부분에 더 강한 힘이 작용한다는 것도 발견할 수 있었을 것이다. 이런 부분들을 '극'이라 부른다. 자석을 줄에 매달아 자석이 자유롭게 회전할 수 있게 하면 자석은 남쪽과 북쪽을 가리킨다. 북쪽을 향하고 있는 극을 N극, 다른 극을 S극이라고 한다. 같은 극은 서로를 밀어내며 다른 극은 서로를 끌어당기지만, 두 극은 모두 다른 물질들을 끌어당길 수 있다.

자석은 항상 두 개의 극을 가지고 있다. 일부 이론에서는 자기 홀극이라 부르는 분리된 N극과 S극이 존재한다고 주장한다. 하지만 자기 홀극을 찾기 위한 많은 연구가 오랫동안 진행되었음에도 불구하고 아직까지 찾아내지 못하고 있다.

자기장이란 무엇인가?

질량을 가진 물체 주위에 중력장이 형성되어 이 중력장 안에 다른 질량이 들어오면 중력장과의 상호작용으로 중력이 작용하는 것처럼, 전류나 자석 주위에는 자기장이 형성되어, 다른 자석이나 전류 또는 움직이는 전하가 자기장 안에 들어오면 자기장과의 상호작용에 의해 자기력이 작용한다.

어떤 물질이 자석에 붙을까?

철, 니켈, 코발트와 이들의 합금들은 모두 자석에 붙는다. 은이나 금, 구리, 주석, 스테인리스, 스틸, 아연, 황동과 청동은 자석에 붙지 않는다. 또 금속이 아닌 물질들은 자석에 붙지 않는다.

철, 니켈, 코발트는 강자성체라고 불린다. 모든 물질들이 자기장에서 반응하기는 하지만 대부분 너무 작게 반응하여 느낄 수 없을 정도다. 자석에 의해 밀려나는 물질은 반자성체라 하며, 자석에 끌리는 물질을 상자성체라고 부른다.

물체가 자석에 붙는 것은 무엇 때문일까?

자성의 주된 원인은 전자들이다. 전자들이 자기장에 들어가면 자기력이 작용하여 작은 원 안에서 이동하게 된다. 원을 따라 도는 전자들은 반자성의 원인이 되는 고유의 자기장을 생성한다. 전자들 자체도 아주 작은 자석이며 여기에도 N극과 S극이 있다. 대부분의 원자들에서는 이 전자 자석들이 쌍을 이루고 있어 자기장은 서로 상쇄된다. 하지만 홀수 개의 전자가 있다면 쌍을 이루지 않은 전자들은 상자성을 만들어낸다. 예를 들어, 산소는 상자성체이다.

강자성체에서는 많은 원자들의 그룹 안에 있는 짝지어 있지 않은 전자들이 상호작용하여 모두 같은 방향으로 배열하게 된다. 이렇게 한 방향으로 배열된 원자의 그룹을 도메인이라 부른다. 강자성을 가진 물체를 자기장 안에 놓으면 물체 내의 도메인이 한 방향으로 배열하여 물체가 자화된다. 대부분의 물질들은 자기장이 없어지면 도메인이 이전과 같이 임의 방향으로 돌아가 더 이상 자성을 띠지 않게 된다. 하지만 특정 합금들의 경우 도메인이 여전히 정렬된 채 남아 있어 영구적으로 자성을 띠게 된다.

어떤 물체가 가장 강한 영구 자석을 만들 수 있을까?

오래전부터 영구 자석은 알니코^{ALNICO}라 부르는 알루미늄, 니켈, 코발트의 합금으로 만들었다. 세라믹과 고무 자석은 산화철인 페라이트를 사용하여 만든다. 1980년대 자동차 회사는 자동차에 사용되는 모터의 무게를 줄일 수 있는 물질을 찾기 시작했다. 그리고 희토류에 속하는, 단단하며 무게가 가벼운 자석인 코발트와 사마륨의 합금을 찾아냈다. 하지만 이 합금은 부서지기 쉬워 다루기 어려웠으며 값도 비쌌다. 오늘날 사용되는 가장 강한 자석은 란타넘, 철, 붕소로 이루어진 LIB 합금으로 만든다. 이 합금의 자기력은 ALNICO 자석의 20배나 되지만 역시 다루기가 어려워 니켈과 구리 막으로 덮여 있다. 이 합금은 가격이 계속 떨어지고 있으며, 선글라스에서 안경테, 목걸이 핀, 아이들의 장난감에까지 널리 사용되고 있는 중이다.

냉장고 자석은 어떻게 만들까?

냉장고 자석은 고무처럼 잘 휘어지고 자석의 한쪽 면만 금속을 끌어당긴다. 이 자석은 스테인리스 스틸이 얇게 코팅된 강철에는 붙지만 스테인리스 스틸로 만들어진 냉장고 문에는 붙지 않는다. 냉장고 자석은

페라이트 입자를 포함하고 있는 고무를 자화시켜 조그마한 조각에 열을 가해 자르고, 접고, 다른 종이에 붙일 수 있는 얇은 종이 형태로 만든 것이다. 옆에 보이는 세 가지 그림 중 어떤 것이 냉장고 자석의 속성을 가지고 있는 것일까?

위의 두 가지 그림은 자석의 양면이 자석으로 작용하기 때문에 냉장고 자석의 속

성을 가지고 있다고 할 수 없다. 오른쪽 위의 그림과 같이 배열되면 자석의 극이 힘을 서로 상쇄시키기 때문에 양면 모두 매우 약한 자석이 된다.

세 번째 그림에서는 얇은 자석이 접혀 함께 붙어서 극성이 오직 한쪽 면만 띠게 되어 있다. 교대로 놓인 N극과 S극은 철을 끌어당기며 철에 붙는다. 냉장고 자석 두 개의 표면을 서로 맞대어 자석이 미끄러져 움직이게 해보자. 첫 번째 N극이 S극과 마주하여 끌어당기려 하면 옆에 있는 S극들이 서로 밀어낸다. 따라서 자석은 서로를 밀어내게 된다.

하나의 자석을 두 조각으로 자르면 어떤 현상이 나타날까?

하나의 자석을 두 조각으로 잘라도 도메인 안에 있는 원자들은 그대로 정렬되어 있다. 거의 모든 경우 도메인 경계에서 잘리게 되며, 한쪽에는 정렬된 도메인의 반이 남게 된다. 도메인이 잘리면 각각 N극과 S극을 가지고 있는 두 개의 작은 도메인이 만들어진다. 따라서 자석의 어느 부분을 잘라도 항상 좀 더 작은 두 개의 자석이 생겨나게 된다. 이때 더 많은 도메인을 포함하고 있을수록 더 강한 자석이 만들어진다.

지구 자기장은 어떤 방향을 가리키나?

다른 극끼리는 서로 끌어당기려 하기 때문에 매달린 자석이나 나침반의 N극은 반드시 S극을 향해야 한다. 따라서 지구 자기장의 S극은 지리적인 N극 부근에 있어야 한다. 이 극들은 지구 표면 아래에 위치해 있으므로 지구 자기장은 표면과 평행하지 않다.

지구 자기장의 원인은 무엇일까?

지구 자기장은 철로 이루어져 있으며, 온도가 높아 용융 상태에 있는 핵에 근원을 두고 있다. 핵은 지구의 회전과는 약간 다르게 회전하는데, 이러한 차이가 자기장을 만드는 다이너모 효과라고 불리는 현상을 만들어낸다. 그런데 이 다이너모 효과가 어떻게 나타나는 것인지는 여전히 풀리지 않는 문제로 남아 있다.

다행스럽게도 지구가 자기장을 만들어 태양에서 오는 위험한 입자를 막아주고 있다.

자기 편차란 무엇일까?

자기 편차는 지구의 회전축을 나타내는 지리적 북극의 방향과 나침반이 가리키는 북극의 방향 사이의 각도 차이를 나타낸다. 자기 편차는 지구 상에서의 위치에 따라 달라지지만 자기의 극이 이동하므로 시간에 따라서도 달라진다.

지구 자기장의 방향은 항상 같은 방향일까?

지각에 포함되어 있는 철에 나타난 지구 자기극의 방향은 지난 350만 년 동안 대략 아홉 번 역전되었다. 자기장의 역전이 얼마나 오랫동안 지속되는지, 자기장의 역전이 나타나는 동안 자기장에 어떤 현상이 나타나는지는 알려져 있지 않다. 또한 자기극은 조금씩 이동하고 있다. 자북은 1831년 이후 지리적인 북극 쪽으로 800km 이동했다.

자기장이 지구에 사는 생명체들에게 중요할까?

지구 자기장은 태양풍과 해로운 우주선을 막아주기 때문에 지구 상의 생명체들에게 매우 중요하다. 만일 우리가 우주로부터 오는 전하를 띤 입자들에 완전히 노출된다면 아주 심각한 피해를 입을 것이다. 자기장이 없다면 통신 시스템들도 사용할 수 없게 되며, 지구 상에 있는 모든 생명체들은 심각한 손상을 입을 것이다.

나침반은 어떻게 만들까?

나침반은 마찰이 거의 없는 점을 중심으로 회전할 수 있는 자성을 가진 금속 바늘로 이루어져 있다. 때때로 바늘이 움직일 때의 진동을 줄이기 위해 액체가 채워져 있는 상자 안에 바늘을 넣기도 한다. 자성을 띠고 있는 이 바늘은 지구 자기장의 N극과 S극을 따라 정렬되며, 사람들은 나침반 바늘이 가리키는 방향을 보고 어느 방향으로 향해야 하는지 결정할 수 있다.

왜 나침반의 북극이 아래쪽으로 기울어질까?

수백 년 동안 나침반을 사용해온 탐험가들은 나침반의 북쪽이 아래 방향을 향하는 현상을 알고 있었다. 하지만 몇백 년 동안 설명하지 못했던 이 현상의 원인을 나침반 제작자인 로버트 노먼Robert Norman이 찾아냈다. 남극과 북극을 비행할 때 나침반의 한 끝이 수직으로 아래 방향을 향하는 것을 발견한 노먼은 비행기 아래의 극이 나침반의 바늘을 끌어당기기 때문이라고 생각했다. 그 후 노먼은 수직 방향으로 회전할 수 있는 나침반을 만들어 최초로 복각을 측정했다.

복각계는 무엇이며 나침반과 어떻게 다른가?

복각계에서는 나침반의 바늘이 수평 방향이 아니라 수직 방향으로 회전할 수 있다는 사실만 제외하면 일반 나침반과 똑같다. 복각계는 나침반처럼 탐색의 목적으로 사용되는 자성을 가진 바늘일 뿐이지만, 북극과 남극을 여행할 때는 꼭 필요하다. 복각계는 수평 방향의 자기 편향을 측정하지 않고 수직 방향의 자기 경사를 측정한다. 적도 위에서 지구 자기장은 지구의 표면과 평행하고 극에 가까워질수록 수직 방향이 되기 때문에 비행기 조종사들은 나침반보다 극에 얼마나 가까운지를 알려주는 복각계를 더 많이 사용하게 된다. 극에 가까워질수록 자기장이 지구 표면으로 들어가기 때문에 자기장의 방향은 점점 더 수직 방향이 되어 비행기가 자기극 위를 날 때는 복각계가 정확히 아래 방향을 향하게 되는 것이다.

전자기

전기와 자기의 관계는 어떻게 발견되었을까?

전류와 자기장이 밀접한 관계를 가지고 있다는 것은 우연히 발견되었다. 1820년 덴마크의 물리학자 외르스테드[Hans Christian örsted, 1777~1851]은 도선이 흐르는 전류의 가열 효과에 관해 강의하던 중 우연히 도선 가까이 놓여 있던 나침반의 바늘이 전류가 흐를 때 회전하는 것을 보고 깜짝 놀랐다. 여러 해 동안 외르스테드는 전기와 자기의 관계를 찾으려고 노력했지만, 나침반이 도선에서 멀어지는 곳을 가리킬 것이라는 그의 기대 대신 발견한 것은 나침반이 도선 주위의 원을 그린다는 것이었다. 나침반이 전선 위에 있을 때는 나침반의 바늘이 도선에 수직 방향을 가리켰고, 도선 아래에 있을 때도 도선에 수직한 방향을 가리켰지만 방향이 반대였다.

외르스테드의 발견은 어떤 영향을 주었나?

도선 안에서 이동하는 전하가 자기장을 만들 수 있다는 사실은 그 당시 과학계를 흥분하게 만든 사건이었다. 일주일 후 외르스테드의 발견을 들은 프랑스의 물리학자이자 수학자인 앙페르는 외르스테드의 실험을 확장하고 세부 분석을 해 프랑스 과학 아카데미에서 발표했다. 다음 날 앙페르는 평행하게 놓인 두 도선이 전류의 방향에 따라 서로를 끌어당기거나 밀어낸다는 사실을 발견했다. 앙페르의 가장 큰 업적은 전기와 자기에 대한 수학적 이론을 만들어낸 것이다.

영국의 화학자이며 물리학자인 패러데이는 전기, 자기, 빛과 같은 현상 사이의 관계를 찾아내기 위해 노력했다. 1821년 패러데이가 발명한 전동기는 도선의 한끝이 지지대에 매달려 있기 때문에 어느 방향으로든 회전할 수 있었다. 반대쪽 전선은 통에 들어 있는 수은에 연결되어 패러데이가 도선을 통해 전류를 흘려보냈을 때 수은의 끝은 원을 그리면서 돌았다.

패러데이가 발견한 힘은 1891년까지 식을 통해 설명되지 않다가 네덜란드의 물리학자인 로렌츠Hendrik Antoon Lorentz, 1853~1928가 이 힘을 설명하는 식을 찾아냈다. 로렌츠힘이라 불리는 이 힘의 크기는 도선을 흐르는 전류와 자기장, 도선의 길이에 비례한다. 전류와 자기장에 수직인 이 힘은 전류와 자기장이 직각으로 놓여 있을 때 가장 강해진다. 이 힘은 모터와 다른 기기들의 바탕이 되었다.

자기장과 전류를 연구하던 마이클 패러데이와 미국의 물리 교사였던 조지프 헨리가 패러데이와는 독립적으로 다이너모라고 불리는 초기 발전기를 만들었다. 오늘날 이 사진과 같은 발전기는 같은 원리를 이용하여 다른 형태의 에너지를 전기 에너지로 바꾸고 있다.

패러데이의 이 연구 결과는 당시 두 중요한 과학자에게 인정받지 못했고, 대신 다른 분야의 연구 과제가 그에게 주어졌다. 그럼에도 불구하고 자기장의 효과에 대한 실험을 계속해나갔던 패러데이는 밀도가 높은 유리잔을 자기장에 놓으면 유리잔을 통과하는 빛의 편광 방향이 회전한다는 것을 발견했다. 그는 자기장을 이용해 전류가 흐르도록 하는 방법을 찾기 위해 10년 동안 노력해 1831년에 마침내 자기장을 변경해봄으로써, 변하는 자기장이 전류를 발생시킨다는 중대한 사실을 발견했다. 전하의 흐름인 전류는 전하에 힘을 작용하는 전기장에 의해 발생한다. 그 후에도 연구를 계속한 패러데이는 최초의 발전기인 다이너모를 발명했다. 미국의 고등학교 물리 교사였던 헨리[Joseph Henry, 1797~1878]도 패러데이와 거의 같은 시기에 이를 발견했다.

외르스테드, 패러데이, 앙페르가 이룬 업적을 이어받아 맥스웰이 발견한 것은 무엇인가?

앞에서 전하가 전기장을 만든다는 사실과 전하의 이동인 전류가 자기장을 만든다는 것을 확인했으며, 변해가는 자기장이 전기장을 만들어낸다는 사실도 알게 되었다. 1860년대 스코틀랜드의 물리학자인 맥스웰은 변해가는 전기장이 자기장을 만들 수 있다는 중요한 사실을 추가했다.

이러한 사실들을 바탕으로 맥스웰은 전기장과 자기장이 공간을 따라 이동할 수 있다는 사실을 알게 되었다. 전기장과 자기장은 서로 수직한 방향으로 진동하는 횡파로 공간을 이동한다. 맥스웰은 전자기파의 속도를 계산하여, 전자기파의 속도가 빛의 속도와 같다는 사실을 발견해 1864년 이 결과를 발표했고, 1873년에는 전자기에 대한 교과서도 출판했다. 1881년에는 헤비사이드[Oliver Heaviside, 1850~1925]가 맥스웰 방정식을 오늘날 사용되는 형태로 정리했다.

1888년에 헤르츠는 실험실 한편에서 다른 쪽으로 전자기파를 보내고 받는 실험에 성공하여 맥스웰의 이론을 확인했다.

전자석을 이용한 기술

고물 자동차도 들 수 있는 전자석은 왜 그렇게 강한 것일까?

전자석은 철심에 전류가 흐르는 코일을 감은 것이다. 전선에 흐르는 전류로 생성된 자기장은 철심에 의해 세기가 더 강해진다. 전자석에 의해 만들어진 강한 자기장은 로렌츠의 법칙에 따라 큰 힘을 낼 수 있어 자동차와 같은 거대한 금속 물체를 한 장소에서 다른 장소로 움직이는 데 사용할 수 있다.

모터와 발전기는 어떤 차이를 가지고 있을까?

모터와 발전기 모두 자석과 도선을 감은 코일로 만든 장치로서 한 형태의 에너지를 다른 형태의 에너지로 바꾸는 역할을 한다. 모터에는 여러 번 감긴 코일이 자기장 안에 놓여 있다. 여러 번 감긴 도선이나 자석 중 하나가 회전함으로써 자기장 안에 놓인 전선에 전류가 흐르면 힘이 발생하고, 이 힘을 이용해 역학적 에너지를 생성한다. 가정에선 환풍기, 헤어드라이어, 푸드 프로세서와 같은 기계에서 모터를 사용한다. 자동차에도 수백 개의 모터가 사용되는데 그중 시동 모터는 가장 크고 강력하다.

발전기는 모터와 정반대의 일을 한다. 발전기는 역학적 에너지를 전기 에너지로 변환하는 장치로서 모터와 마찬가지로 자기장에 놓인 도선을 수백 번 감은 코일로 이루어져 있다. 발전기의 경우에도 코일이나 자석 중 하나가 회전한다. 자동차에도 발전기가 있어 엔진에서 나오는 에너지를 이용해 배터리를 충전시킨다. 예비 발전기는 가정에서 전기가 공급되지 않을 때 전기 기계들과 전등들을 계속 사용하기 위해 휘발유 엔진을 이용하여 전기를 발생시킨다. 도시나 더 큰 지역에 전력을 공급하기 위해서는 아주 거대한 발전기를 사용한다. 여기서 사용되는 발전기는 스팀 터빈에서 에너지를 공급받는다. 물을 증기로 변환하기 위해 필요한 열은 석탄, 석유, 천연가스 혹은 원자로에서 얻는다. 풍력 발전소에서는 풍차의 날개에서 동력을 얻는다.

이어폰은 어떻게 전자기의 결과를 사용하는 것일까?

이어폰은 얇은 플라스틱으로 만들어진 막을 포함하고 있다. 이 막 가운데에는 음성 코일이라 불리는 작은 코일이 있다. 이 코일은 영구 자석의 원통형 슬롯에 꼭 맞는다. 이 자석의 중심 막대가 한 극으로, 바깥쪽 튜브가 다른 극이다. 따라서 코일의 수직 방향으로 자기장이 만들어진다. 도선에 전류가 흐르면 도선 주위의 자기장에 의해 로렌츠의 힘이 작용하여 이 막을 안팎으로 밀어준다. 이 막은 공기 분자에 힘을 작용하여 앞뒤로 진동하도록 함으로써 종파인 음파를 만들어낸다(자세한 정보는 '소리' 부분 참조).

자성 물질은 컴퓨터에 어떻게 사용되고 있을까?

자석은 CD나 DVD 드라이브에서 디스크를 회전시키는 아주 작은 모터에 사용되는데, 레이저를 움직여 디스크의 올바른 위치에 저장된 정보를 읽도록 한다. 또한 모터는 하드 드라이브 디스크를 회전시킨다. 읽기 · 쓰기 헤드가 장착된 팔이 하드 디스크 드라이브의 정확한 부분에 코일이 오도록 회전시킨다. 도선에 전류가 흐르면 로렌츠의 힘이 이들을 정확한 위치로 이동시킨다.

디스크 자체도 두께가 아주 얇은(10~20nm) 강자성 물질 박막을 입힌 알루미늄 판으로 만들며, 강자성체 박막은 디스크의 표면과 수직인 방향으로 $1\mu m$보다 더 작은 부분으로 나뉜다. 각 영역은 '1'을 나타내는 방향으로 자화되거나, '0'을 나타내는 방향으로 자화된다. 읽기 · 쓰기 헤드에 있는 작은 코일에는 이 영역을 자화시키는 데 필요한 전류가 흐른다. 읽기·쓰기 헤드에 있는 매우 가는 코일을 구성하고 있는 도선의 전기 저항이 자기장의 세기에 따라 달라지는 것을 이용해 하드 디스크에 저장되었던 정보를 읽게 된다.

금속 탐지기는 어떻게 작동되는 것일까?

금속 탐지기의 프레임에 들어 있는 것은 전류가 흐르는 도선으로 만든 코일이다. 금속이 코일 가까운 곳에 있으면 금속의 자기적 성질로 인해 금속 탐지기 안의 코일에 흐르는 전류의 세기가 변하고 전자 회로가 전류의 변화를 감지하여 금속을 탐지하게 되는 것이다.

금속을 가지고 금속 탐지기를 통과하면 금속이 탐지기 안에 있는 코일의 전류를 변화시킨다.

신호등은 어떻게 자동차가 교차로에 있다는 것을 알까?

신호등 중에는 자동차가 접근하면 신호등을 바꾸도록 작동하는 신호등도 있다. 신호등이 자동차의 접근을 알아내는 원리는 금속 탐지기가 금속을 찾아내는 원리와 비슷하다. 즉 교차로 도로 아래에 전류가 흐르는 코일이 있어 자동차와 같이 크기가 큰 금속이 이 코일 위를 지나가면 코일에 흐르는 전류에 변화가 생기고, 이 전류의 변화를 이용하여 신호등을 바꾸는 것이다.

자기 부상 열차는 어떤 열차인가?

자기 부상 열차, 다시 말해 자기적 힘에 의해 공중에 떠서 달리는 열차는 전자기적 힘을 사용하여 열차를 트랙에서 들어 올리고 얇은 자석 트랙을 따라 움직이게 하는 기존의 열차와는 다른 열차다. 일부 시험 열차들은 500km/h의 속력으로 달리기도 했다. 미국에는 자기 부상 열차가 없고, 이 분야에 대한 적극적인 연구도 진행되고 있지 않다. 독일과 일본을 비롯한 몇몇 나라에서 이 분야의 기술에 대해 활발한 연구가 진행되고 있다.

자기 부상 열차의 주된 두 가지 형태는 무엇일까?

독일에서 사용되는 자기 부상 열차는 가이드 레일 위로 15cm 정도 열차를 들어 올리기 위해 전자석 사이의 끌어당기는 힘을 사용한다. 열차와 가이드 레일에 있는 코일은 일반 모터와 같은 리니어 모터를 형성한다. 상업적으로 운영되는 자기 부상 열차는 중국에만 있으며 30km 거리를 약 7분 동안에 달려 사람들을 수송한다.

일본에서 개발하는 자기 부상 열차는 독일과는 달리 트랙과 열차가 서로 밀어내는 방식이다. 추진력을 얻기 위해 리니어 모터를 사용하는 것은 같다. 공중에 열차를 띄우는 작업은 빠른 속도로 달릴 때는 잘 작동되지만, 열차를 출발하고 정지시킬 때는 기존에 사용하는 바퀴가 사용된다.

우주에서의 자기장

밴앨런대란 무엇인가?

태양풍에 포함되어 있는 전자와 양성자 그리고 우주선이 지구 대기로 들어오면 로렌츠의 힘에 의해 자기력선을 따라 나선 운동을 하면서 지구 자기장에 잡힌다. 이렇게 지구 자기장에 잡힌 전하를 띤 입자들이 밴앨런대라고 부르는, 지구를 둘러싼 도넛 형태의 영역을 만든다. 밴앨런대는 적도와 같은 평면에 주로 분포되어 있으며, 남극이나 북극으로 가면 얇아진다. 밴앨런대는 지상 3200 ~ 1만 6000km 사이에 형성되어 있다.

왜 밴앨런대는 북극과 남극 주위에 분포되어 있지 않을까?

적도에서 자기장은 지표면과 평행하고 태양풍에 포함되어 날아온 전자와 양성자는 자기력선에 의해 붙잡힌다. 남극과 북극에서 자기장은 더 강해지며 따라서 자기력선이 더 가까워지게 되어 적도를 향해 되돌아가도록 입자를 밀어낸다. 큰 에너지를 가지고 있는 입자들 중 일부는 지구 대기로 들어와 산소 원자나 질소 원자와 상호작용하여 오로라라고 불리는 빛을 만들어낸다.

오로라는 어떻게 만들어지는 것일까?

태양 표면에서 플레어가 발생하면 많은 양의 대전 입자들이 우주 공간으로 방출된다. 이런 입자들이 지구에 도달하면 밴앨런대를 교란시켜 밴앨런대의 입자 일부가 지구 대기 안으로 들어오게 된다. 전하를 띤 입자가 지구의 대기 안으로 진입하면 대기를 이루는 기체와 상호작용하여 빛을 방출하게 된다. 이 빛이 오로라다.

북반구와 남반구에서 부르는 오로라는 왜 서로 다른 이름을 가지고 있을까?

영어에서는 북극 부근에 나타나는 오로라와 남극 부근에 나타나는 오로라를 다른 이름으로 부른다. 북극 부근에 나타나는 오로라는 오로라 보리얼리스$^{aurora\ borealis}$라고 부르며, 남극 부근에 나타나는 오로라의 이름은 오로라 오스트레일리스$^{aurora\ australis}$이다. 하지만 오로라가 생기는 원리는 똑같다.

세상은 무엇으로 만들어졌는가?

물질에 대한 연구는 어떻게 시작되었나?

고대인들은 세상을 이루는 모든 물질들이 흙, 공기, 물, 불의 네 가지 원소로 만들어져 있다고 믿었다. 아무리 작은 양의 물질을 가지고 있다 해도 이 원소들을 다른 물질들의 조합으로 분리할 수는 없다고 생각했다. 그렇다면 물질을 계속해서 더 작은 조각으로 나누면 무엇을 얻을 수 있을까?

기원전 410년경에 그리스 밀레투스 지방에서 활동한 철학자 레우키포스^{Leucippos,} $^{?~?}$의 제자 데모크리토스$^{Democritos, B.C. ?460~?370}$는 모든 물질이 원자와 빈 공간으로 이루어져 있으며 원자는 물질을 구성하는 가장 작은 조각으로, 더 이상 나눌 수 없다고 주장했다. 원자는 생성되거나 파괴될 수 없다. 따라서 영원한 것이라고 생각되었다. 진공은 빈 공간을 의미한다. 이러한 생각은 기원전 1세기에 루크레티우스$^{Lucretius, ?~?}$가 쓴 서사시 〈물질의 성질$^{On the Nature of Things}$〉에서 최초로 확장되었다. 하지만 아리스토텔레스는 원자론자들의 주장은 절대로 시험해볼 수 없는 순수한 상상의 결과라고 주장했다. 아리스토텔레스는 진공의 가능성을 받아들이지 않았고, 물질은 무한히 작게 나눌 수 있다고 믿었다.

그리스인들 외에도 원자론을 생각해낸 사람들이 있었다. 발세시카^{Valsesika}라고 알려진 철학을 가르치던 인도의 한 학교와 기원전 2세기에 활동했던 철학자 카나다^{Kanada, B.C. ?150~?50}는 흙, 공기, 불, 물이 더 이상 나눌 수 없는 유한개의 입자들로 구성되어 있다고 생각했다. 이러한 생각은 몇몇 다른 인도 학교에서도 채택되었다.

데모크리토스와 아리스토텔레스의 생각은 어떻게 변화했을까?

거의 2000년 동안 학교에서는 아리스토텔레스의 철학을 가르쳤으며, 교육을 받은 많은 사람들이 아리스토텔레스 철학을 받아들였다. 하지만 16세기가 되자 아리스토텔레스의 과학을 의심하는 사람들이 늘어나기 시작했고, 현재 우리가 과학자라고 부르는 사람들을 포함한 많은 철학자들이 학교에서 주로 아리스토텔레스의 철학을 가르치는 것에 강력하게 반대하기 시작했다. 영국의 베이컨^{Francis Bacon, 1561~1626}은 아리스토텔레스의 철학에 반대해 오늘날 과학적 방법이라고 불리는 방법을 개발했다. 갈릴레이는 1612년에 출판한 《물에 뜨는 물체에 대한 대화^{Discourse on Floating Bodies}》에서 원자를 무한히 작은 입자라고 설명했고 1623년에 출판한 《아사이어^{The Assayer}》와 1638년에 출판된 《두 새로운 과학에 대한 대화^{Discourses on Two New Sciences}》에서는 이러한 개념을 더욱 확장했다. 그림에도 불구하고 이 후 2세기 동안 너무 작아서 볼 수 없는 원자가 정말 존재하는 것인지, 아니면 단지 물질의 구성을 설명하는 모델에 지나지 않는지에 대한 논쟁이 계속되었다.

원자의 존재를 인정하는 데 화학이 어떤 공헌을 했을까?

1661년에 《회의적인 화학자^{The Sceptical Chymist}》를 쓴 아일랜드의 보일은 종종 화학의 아버지라 불린다. 화학자들이 실험에 의해 설명될 수 있었던 결과만 받아들이도록 권유했던 보일은 물질을 끊임없이 움직이는 원자들이나 원자들의 그룹으로 이루어져 있다고 생각했다.

위대한 프랑스의 화학자 라부아지에는 측정은 정확성을 가지고 이뤄져야 하며, 과학 용어는 명확히 정의되고 조심스럽게 사용되어야 한다고 주장했다. 공기가 동물이 살아가는 데 필요한 산소를 포함하고 있다는 발견을 통해 라부아지에는 공기는 원소가 아니라 산소와 질소의 혼합물이라는 것을 명확히 설명했다. 캐번디시Henry Cavendish, 1731~1810는 자신이 발견한 수소가 산소와 혼합하면 물을 생성한다는 것을 보여줌으로써 물도 더 이상 원소가 아니라 두 가지 원소의 혼합물이라는 것을 확실히 했다. 화학 반응 전후에 반응에 사용되는 물질과 생성되는 물질의 무게를 정확하게 측정한 라부아지에는 화학 반응에서는 질량이 생성되거나 파괴되지 않아 질량이 일정하게 보존된다는 질량 보존의 법칙을 제안했다. 라부아지에의 아내는 외국의 과학자들이 보낸 편지의 번역을 포함해 다양한 방법으로 라부아지에를 도와준 현명한 여성이었다. 라부아지에는 세금 징수인으로 활동했다는 이유로 프랑스 대혁명 동안 단두대에서 처형되었으며, 그에게 유죄 판결을 내린 판사는 "공화국은 화학자도 과학자도 필요하지 않다"고 말했다.

1774년 프리스틀리가 산소를 발견한 직후에 그와 만났던 라부아지에는 산소에 대해 광범위한 연구를 했고, 산소라는 이름을 붙였다. 프리스틀리는 탄산수를 만들어냈고, 암모니아와 '웃음 가스'로 알려진 아산화질소를 가지고 실험했다. 하지만 프리스틀리는 당시 대부분의 화학자들의 연구를 반대했기 때문에 중심에서 밀려났고 영국의 보수 기독교를 반대하는 신학 책을 쓴 후인 1794년에 미국으로 망명했다.

돌턴은 퀘이커교도였기 때문에 국립 대학에서 일자리를 얻을 수 없었던 영국의 화학자였다. 수년 동안 돌턴은 맨체스터에 있는 한 대학에서 영국 국교회에 반대하는 사람들을 가르쳤다. 풍부한 상상력과 깨끗한 심성이 돌턴의 장점이었지만 그중 가장 놀라웠던 것은 물리적 직관이었다.

돌턴이 가장 흥미를 가진 분야는 기상학이었다. 그는 다양한 밀도를 가진 기체들로 구성되어 있는 지구의 대기가 어떻게 다른 고도에서도 같은 구성 성분을 유지할 수 있는지 궁금해했다. 기상학에 대한 연구는 돌턴이 원자들은 물리적인 존재이며 상대적인 무게와 수가 화학 결합에서 중요한 역할을 한다는 결론을 내릴 수 있게 했다. 돌턴의 원자론은 1808년과 1810년에 《화학 철학의 신체계》^{New System of Chemical Philosophy}로 출판되었다.

그가 주장한 원자론은 다음과 같은 다섯 가지로 요약할 수 있다.

- 원소는 더 작은 입자로 나눌 수 없는 원자로 구성되어 있다. 원자는 생성되거나 파괴될 수 없으며 다른 종류의 원자로 바뀔 수 없다.
- 같은 원소의 원자들은 동일하기 때문에 원소의 수만큼 많은 종류의 원자가 있다.
- 한 원소의 원자들은 다른 원소의 원자들과 무게가 다르다는 점에서 다르다.
- 한 원소의 원자들은 다른 원소의 원자들과 결합하여 화합물(오늘날 '분자'라 부르는)을 만들 수 있다. 화합물은 항상 같은 종류의 원자들과 같은 수의 원자들로 구성되어 있다.
- 화학 반응에서는 화합물 안에서의 결합 상태를 바꾼다. 이때, 원자들은 없어지거나 새로 생겨나지 않는다.

첫 번째와 마지막 설명은 원자에 대한 기본 개념으로, 여러 실험을 통해 라부아지에가 확인했던 질량 보존의 법칙에 기초를 두고 있다. 돌턴이 출간한 책에 쓰여 있는 설명 중 두 가지는 현재 잘못된 것으로 알려져 있다. 원자는 방사성 붕괴에 의해 다른 종류로 바꿀 수 있다. 또한 모든 원소의 원자들이 같은 무게를 가지고 있지도 않다. 이와 관련된 내용은 이 책의 '원자의 핵심'에서 다룰 것이다.

누가 산소를 발견했나?

산소의 발견자로는 셸레^{Carl Wilhelm Scheele, 1742~1786}, 라부아지에, 프리스틀리가 주로 거론되고 있다. 스웨덴의 과학자인 셸레는 1772년에 '불 공기'를 발견했다. 이 이름은 타다 남은 재를 기체에 넣었을 때 갑자기 불꽃으로 타오르는 현상에서 유래되었다. 셸레는 이러한 연구를 책으로 썼지만, 이 책이 출판되기까지는 4년의 시간이 걸렸다. 그동안 프리스틀리는 '탈플라지스톤 공기'(1774년)라 부르는 것을 발견했다. 1774년에 프리스틀리를 만나 프리스틀리의 발견에 대해 듣게 된 라부아지에는 '생명 공기'라 부르는 것을 발견했다고 주장했다. 라부아지에는 셸레와 프리스틀리로부터 그들의 연구를 설명하는 편지를 받았지만 그들의 연구 결과를 인정하지 않았다. 라부아지에의 가장 큰 업적은 여러 화학 반응에서 산소의 역할에 대해 자세히 연구한 것과 이 원소의 이름을 산소라고 지은 것이라 할 수 있다.

현재 사용되는 화학 기호는 누가 도입했을까?

스웨덴의 화학자 베르셀리우스[Jöns Jacob Berzelius, 1779~1848]는 1813년에 문자 하나나 두 개를 사용하여 원소를 표현하는 현대적 원소 기호를 도입했다. 현재 사용하는 물의 화학식은 H_2O이지만 베르셀리우스는 H^2O라고 썼다. 베르셀리우스는 이외에도 많은 일을 했으며, 최초의 정확한 원자 무게 리스트를 출판하기도 했다.

돌턴은 원자를 어떻게 나타냈을까?

돌턴은 원자를 표시하기 위해 그림 문자를 사용했다. 아래 첫째 줄에는 그가 사용한 그림 문자의 몇몇 예가 나타나 있다. 돌턴은 화학 반응을 두 번째 줄처럼 나타냈다 (이산화탄소를 나타내기 위해서 탄소에 두 개의 산소를 덧붙임).

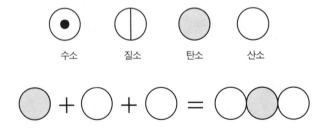

원자는 나눌 수 없는 것일까?

볼타가 1800년에 전지를 발명한 덕분에 화학자들은 원소들을 분리하고 반응시킬 수 있는 새로운 수단을 갖게 되었다. 영국의 데이비는 활발하게 활동한 과학자들 중 한 사람으로 소금에서 나트륨, 칼륨, 칼슘을 분리해냈다. 하지만 데이비의 조수인 패러데이가 원자는 더 이상 나눌 수 없다는 것을 발견하는 데 가장 큰 공헌을 했다. 패러데이는 용액에서 원소를 분리하는 데 필요한 전하의 양은 원소의 질량에 비례한다는 사실을 발견했다. 이것은 현대적인 용어로는 전하의 양은 분리된 원자의 수에 비례한다고 나타낼 수 있다. 헬름홀츠는 원소들이 원자로 이루어져 있다면 전기 역시 전기 원자라고 불리는 것으로 구성되어 있어야 한다고 주장했다. 후에 스토니[George Johnstone Stoney, 1826~1911]는 이 전기 원자들을 '전자[electron]'라고 불렀다. 그렇다면 '전자'란 무엇일까?

어떻게 '전기 원자(전자)'가 발견되었을까?

전기 분해 분야뿐만 아니라 기체 분야의 연구에도 큰 발전이 있었다. 1700년대와 1800년대 초반 물리학자들은 전기가 유리관을 통과해 지나갈 수 있도록 전극을 설치한 유리관의 압력을 줄이기 위해 게리케[Otto von Guericke, 1602~1686]가 1690년에 발명한 진공 펌프를 사용했다. 1838년에 패러데이는 관을 통해 전류가 흐를 때 음극에서 시작되어 양극에서 끝나는 아크 형태의 이상한 불빛을 관측했다.

가이슬러[Heinrich Geissler, 1815~1879]는 관 안의 압력을 대기압의 약 1000분의 1로 줄이면서 오늘날 사용되는 네온램프와 같이 관에 불빛이 가득 차 있는 것을 발견했다. 1870년대에는 크룩스[William Crookes, 1832~1919]가 관 안의 압력을 대기압의 100만분의 1까지 낮추었다. 기압이 낮아질수록 빛은 점점 더 희미해졌다. 대신 양극 가까이 있는 유리가 빛나기 시작했다. 관 속에 흐름을 방해할 공기가 없어지자 어떤 흐름이 음극에서 나와 양극으로 흘러갔다. 양극에서 아주 빨라진 이 흐름이 유리에 부딪혀 유리가 빛을 내게 된 것이다. 황화아연으로 유리관 표면을 코팅하자 빛은 더 밝게 빛났다. 이 눈에 보이지 않는 신기한 흐름은 직선으로 흐르기 때문에 유리관 안에 금속 물체를 놓으면 양극에 선명한 그림자를 만든다는 것도 확인할 수 있었다. 이 흐름이 음극

에서 나왔기 때문에 '음극선', 이 관은 음
극선관이라고 불렀다.

톰슨Joseph John Thomson, 1856~1940은 크룩
스관을 이용하여 음극선의 성질을 보여
주는 세 가지 실험을 했다. 첫 번째 실험
에서는 전하를 감지할 수 있는 검전기를
음극선이 향하는 방향에 설치했다. 톰슨
은 자석을 사용해 음극선의 경로를 휘게
했다. 유리관 표면이 전자와 충돌하면 빛
을 내는 형광 물질을 발라 음극선이 어디
로 향하는지 알 수 있도록 했다. 그 결과,
톰슨은 음극선이 검전기 방향을 향할 때
만 음전하가 검출된다는 것을 발견했다.
이 실험을 통해 톰슨은 음극선이 음전하
를 띤 입자들의 흐름이라는 것을 보여주
었다.

사진과 같은 현대적 진공 챔버가 원자, 분자, 원자핵
그리고 전자의 연구에 이용되고 있다. 게리케가 진공
에서 전기를 연구하기 위해 1690년에 진공 펌프를
발명한 이래 진공은 음극선이나 전자의 연구에 사용
되었다.

톰슨은 두 번째 실험에서 가장 높은 상태의 진공을 만들어낼 수 있는 관을 이용하여
전기장이 음극선에 미치는 영향에 대해 조사했다. 음극선관에 나란히 금속판을 설치하
고 이 판에 전지를 연결하여 전기장을 걸어주자 음극선이 양극판 쪽으로 휘어졌다.

1897년에 실행된 톰슨의 세 번째 실험은 가장 중요한 실험이었다. 톰슨은 자기장
에 의한 편향과 전기장에 의한 편향을 결합했다. 이렇게 함으로써 질량 대 입자가 가
진 전하의 비율을 계산할 수 있었다. 이 실험을 통해 톰슨은 음극선을 이루는 입자의
질량과 전하의 비율이 수소 이온의 질량과 전하의 비율보다 1800배 작다는 사실을
발견했다. 이것은 이 입자가 매우 가볍거나 아주 큰 전하를 가지고 있다는 것을 뜻했
다. 톰슨은 후에 이 입자들이 음극선에 사용된 금속의 종류나 음극의 온도에 관계없

이 항상 똑같은 성질을 가진다는 것을 발견했다. 이 연구로 톰슨은 1906년에 노벨상을 받았다.

미국의 물리학자 밀리컨^{Robert Andrews Millikan, 1868~1953}은 1909년에 전자의 전하를 측정했다. 밀리컨이 전자의 전하를 측정하는 실험을 하기 전에 일부 물리학자들은 톰슨이 실험을 통해 얻은 전자의 질량과 전하량의 비율은 많은 전자들의 평균값이며 개개의 전자들은 다양한 크기의 질량과 전하량을 가질 수 있다고 주장하기도 했다. 하지만 밀리컨은 모든 전자들이 같은 전하량을 가지고 있으며, 따라서 같은 질량을 가지고 있다는 사실을 보여주었다.

전자의 질량과 전하량은 얼마일까?

전자의 전하량은 -1.602×10^{-19}C(쿨롱)이며, 전자의 질량은 9.11×10^{-31}kg이다. 전자는 질량을 가지고 있지만 크기는 없다. 만약 매우 빠른 큰 에너지를 가진 입자들을 전자를 향해 직접 쏜다면 이들은 거리와 관계없이 $1/r^2$에 의해 크기가 결정되는 힘에 의해 편향된다. 만일 전자가 크기를 가지고 있어 입자가 전자와 직접 충돌한다면 입자의 경로가 달라져야 한다.

원자는 어떤 구조로 이루어져 있을까?

톰슨은 원자가 양으로 대전된 물질로 이루어진 구에 전자들이 떠다니고 있다고 설명했다. 이 모형을 영국인들이 가장 좋아하는 크리스마스 음식의 이름을 따서 '플럼 푸딩' 모형(건포도가 박혀 있는 푸딩 모양의 빵을 상상하면 될 것이다)이라고 불렀다.

뉴질랜드 출신의 물리학자 러더퍼드^{Ernest Rutherford, 1871~1937}는 톰슨의 모형을 시험하는 모델을 개발했다. 러더퍼드의 첫 번째 작업은 1898년 캐나다 몬트리올에서 실행되었다. 러더퍼드와 소디^{Frederick Soddy, 1877~1956}는 방사능과 방사능 물질에 대해 연구를 시작했고, 이 연구로 인해 러더퍼드는 1908년 노벨 화학상을 받았다. 이 실험에 대한 자세한 설명은 이 책의 핵물리 부분에서 다뤄질 것이다. 러더퍼드는 토륨과 우라듐에서 방출되는 방사선을 연구하여 이를 알파선과 베타선이라 불렀으며 이중 알파선은 물질을 연구하는 데 이상적인 검사 도구가 될 수 있다는 사실을 알아차렸다.

1907년 영국의 맨체스터 대학으로 옮긴 러더퍼드는 개개의 알파선을 탐지하는 방법에 대해 가이거^{Hans Geiger, 1882 ~ 1945}(후에 가이거 계수기를 발명함)와 함께 연구했다. 이들은 알파 입자는 두 개의 전하를 가지고 있다고 결론지었다. 가이거와 러더퍼드는 알파선이 매우 얇은 운모(매우 얇은 조각으로 잘릴 수 있는 광물)로 만들어진 창문을 통과하도록 한 뒤 운모를 관통한 알파선이 플럼 푸딩 모델에서 설명한 원자에 의해 휘어지는 것보다 약간 더 많이 구부러진다는 사실을 발견했다. 가이거와 마르스덴^{Ernest Marsden, 1889 ~ 1970}과 함께 러더퍼드는 금으로 만든 아주 얇은 박막에 알파선을 쏘아보았다. 그러자 놀랍게도 상당한 수의 알파 입자가 90도 이상의 큰 각도로 다시 튀어나오는 것이었다. 러더퍼드는 이 실험 결과가 마치 해군에서 사용하는 대포에서 발사된 15인치 포탄이 매우 얇은 종이에 의해 튕겨나온 것과 같았다고 설명했다.

이 실험 결과를 바탕으로 1911년에 러더퍼드는 새로운 원자 모형을 만들었다. 러더퍼드가 만든 원자 모형은 양전하로 대전된 매우 작은 입자(나중에 원자핵이라고 불리는)를 전자들이 돌고 있는 모형이었다. 이때는 전자들의 경로에 대해 언급하지 않았지만 러더퍼드의 발견으로 전자들이 태양 주위를 도는 행성들처럼 원자핵 주위를 돌고 있다고 생각하

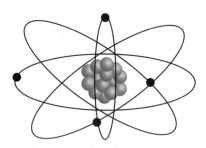

러더퍼드 원자 모델은 원자력 발전소나 국제 원자력 에너지 기구의 깃발과 같은 여러 곳에 상징으로 사용되고 있다.

게 되었다. 원자핵은 원자 크기의 1만분의 1밖에 안 되지만 원자가 가지고 있는 모든 양전하와 질량을 가지고 있다. 만일 원자의 질량이 N개의 수소 질량과 같다면, 원자핵이 가지고 있는 전하는 대략 수소가 가지고 있는 전하의 N/2배가 될 것이다. 원자핵 주위를 도는 전자가 원자핵과 부호는 반대이지만 같은 양의 총 전하를 가지고 있기 때문에 전자는 전기적으로 중성인 상태가 된다. 러더퍼드의 원자는 대부분이 텅

빈 공간으로 이루어져 있다.

러더퍼드 모형이 가지고 있는 문제점은 무엇일까?

원형 궤도를 따라 운동하는 전자들은 모두 구심 가속도를 경험하며 가속되는 모든 전하들은 에너지를 방출한다. 결과적으로 러더퍼드의 원자 모형에 있는 전자들은 매 초당 조금씩 전자가 가진 에너지를 잃어버리게 될 것이다. 그렇다면 어떻게 해서 원자들은 수천만 년 동안 남아 있을 수 있었던 것일까? 이에 대해 러더퍼드는 어떤 답도 제시하지 못했다. 또한 전자가 나선형을 그리며 원자핵을 향해 떨어지면 모든 파장의 빛 얼룩이 나타나야 한다. 하지만 수소는 특정한 파장의 빛만으로 이루어진 선 스펙트럼을 방출한다.

어떤 방식으로 원자들은 빛을 방출하거나 흡수하는 것일까?

1800년대 중반 키르히호프$^{Gustav\ Robert\ Kirchhoff,\ 1824\sim1887}$는 물질이 어떻게 빛을 방출하고 흡수하는지를 설명하는 세 가지 법칙에 대해 설명했다.

1. 뜨거운 고체나 뜨겁고 밀도가 높은 기체는 연속 스펙트럼을 만들어낸다.
2. 뜨겁고 밀도가 낮은 기체는 선 스펙트럼을 만들어낸다.
3. 차갑고 밀도가 낮은 기체를 통과한 연속 스펙트럼에는 기체에 의해 흡수된 선 스펙트럼이 만들어진다.

스펙트럼은 무엇일까? 그리고 연속 스펙트럼과 선 스펙트럼은 무엇일까?

뉴턴은 흰색 빛이 프리즘을 통과할 때 보라색에서 빨간색까지 모든 색깔의 스펙트럼으로 나뉜다는 것을 보여주었다. 보라색에서 빨간색까지의 모든 색깔 사이에는 어떤 틈새도 없기 때문에 이를 연속 스펙트럼이라 불렀다.

나트륨이 내는 빛은 오직 노란색 두 줄이며, 수소는 네 줄을 보여준다. 반면 철이 내는 스펙트럼은 매우 많은 수의 선을 가지고 있다.

흡수선 스펙트럼은 밀도가 낮은 기체가 특정한 빛을 흡수할 때 나타나며, 연속 스펙트럼에 검은 선으로 나타난다. 예를 들어 독일의 물리학자인 프라운호퍼Joseph von Fraunhofer, 1787~1826는 1814년 태양의 스펙트럼에서 574개의 검은 선을 찾아냈다. 1859년에 이 선들은 태양 대기를 이루는 온도가 낮은 기체에 의한 흡수선이라는 것이 밝혀졌다.

프라운호퍼는 그 당시로서는 최고의 유리를 만들어 색지움 렌즈 발전에 크게 기여했다. 이 렌즈는 모든 색상의 빛들을 같은 정도로 굴절시켰다. 하지만 유리를 만들 때 사용되는 물질의 독성으로 인해 그 시대 대부분의 유리 제작자들처럼 프라운호퍼도 젊은 나이에 사망했다.

원자에 의해 빛이 흡수되고 방출되는 현상을 어떻게 설명할까?

코펜하겐 대학에서 박사 학위를 받은 덴마크의 과학자 보어Niels Bohr, 1885~1962는 1911년 맨체스터 대학에서 러더퍼드와 함께 러더퍼드의 모형을 연구하기 시작했다. 그 뒤 1913년 보어는 세 가지 가설을 바탕으로 한 결과를 발표했다.

1. 전자들은 오직 특정 에너지를 가지며 불연속적인 반지름을 가진 궤도에서만 운동한다. 즉, 반지름과 에너지는 '양자화'되어 있다. 이런 궤도에 있을 때 반지름과 에너지는 일정하게 유지된다. 이때 원자들은 복사선을 방출하거나 흡수하지 않는다.
2. 전자들은 한 궤도에서 다른 궤도로 건너뛸 때 에너지를 흡수하거나 방출한다. 이때 방출하거나 흡

닐스 보어의 흉상이 덴마크 코펜하겐에 전시되어 있다. 보어는 전자가 불연속적인 지름을 가지는 궤도에서 원자핵을 돌며 한 궤도에서 다른 궤도로 건너갈 때 양자화된 에너지를 얻거나 잃는다는 것을 포함한 전자 행동에 대한 가설을 발전시켰다.

수하는 복사선의 파장은 $hf = E_2 - E_1$ 식으로 계산할 수 있다. E_2와 E_1은 지정된 궤도에서 원자핵을 돌고 있는 전자의 에너지를 의미한다.

3. 대응 원리. 전자가 핵에서 매우 멀리 떨어져 있는 경우에는 새로운 양자 역학의 설명과 고전 역학의 설명이 일치해야 한다.

보어는 후에 세 번째 가설을 대응 원리에서 전자의 각운동량이 양자화되어 있다는 원리로 바꿨다. 이는 전자의 각운동량이 양자수의 정수배여야 한다는 것이다. 결과는 변하지 않았지만, 전개 방식은 더 간단해졌다. 이 방법은 거의 모든 교과서에 실려 있다.

아래의 그림은 전자가 높은 에너지 궤도에서 낮은 에너지 궤도로 이동할 때 일어나는 빛의 방출과 전자의 에너지가 증가할 때 일어나는 빛의 흡수 현상을 설명하고 있다.

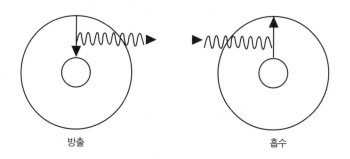

방출   흡수

1885년에 발머$^{\text{Johann Balmer, 1825~1898}}$는 눈에 보이는 수소 스펙트럼의 파장을 정확히 계산할 수 있는 공식을 찾아냈다. 이 식은 아무런 물리적 기반을 가지고 있지 않고 순수하게 경험에 의해 얻은 실험식이었다. 1888년 뤼드베리$^{\text{Johannes Rydberg, 1854~1919}}$는 자외선과 적외선을 포함하여 모든 수소 스펙트럼의 파장을 계산할 수 있도록 발머의 결과를 확장했다. 보어는 자신이 세운 가설로 발머의 공식과 뤼드베리의 공식을 설명할 수 있었다. 방출된 복사선의 파장을 구하는 공식은 $1/\lambda = R(1/m^2 - 1/n^2)$이다. 여기서 m과 n은 두 에너지 준위를 나타내는 양자수이다. 예를 들어 빨간색 선인 경우에는 $m=2$, $n=3$이다. 상수 R은 0.01097nm^{-1}이므로, 이를 대입하여 계산하면 빨간색 선의 파장은 $1/(0.01097 \, (1/4 - 1/9) \, \text{nm}^{-1}) = 656.3 \text{nm}$가 된다. 이는 실험으로 측정한 결과와 일치한다. 그러므로 보어의 모형은 원자의 구조를 이해하는 데 중요한 역할을 한다고 할 수 있다.

빛은 파동일까, 입자일까?

빛(다른 형태의 전자기파와 마찬가지로)은 입자와 파동의 성질을 모두 가지고 있다. 빛이 가지고 있는 파동의 성질은 파장, 진동수, 진폭, 편광이다. 빛은 또한 회절과 간섭을 일으키기도 한다. 빛이 에너지, 운동량, 각운동량을 가지는 것은 입자의 성질이다. 입자로서의 빛은 다른 물체에 흡수되고 방출되며, 다른 입자와 충돌하여 산란시키고 에너지와 운동량을 전달한다. 때문에 어떤 실험에서는 빛이 파동의 성질을 나타내고, 또 다른 실험에서는 빛이 입자의 성질을 보여준다.

예를 들어 영의 이중 슬릿 실험에서 빛을 두 개의 슬릿에 통과시키면 어둡고 밝은 간섭무늬가 교대로 나타난다. 두 슬릿을 통과한 빛이 보강 간섭을 하는 경우에는 밝은 무늬가 나타나고, 소멸 간섭을 하는 경우에는 어두운 부분이 나타난다. 만약 빛의 세기를 줄이고 각각의 광자를 탐지할 수 있는 탐지기를 사용한다면, 많은 수의 광자가 도달하는 영역과 광자가 전혀 도달하지 않는 영역이 나타난다는 것을 확인할 수 있다. 이 영역들은 간섭무늬의 밝고 어두운 띠 부분과 일치한다.

만약 빛의 세기가 아주 낮아 단 하나의 광자만 실험 기구를 통과하는 경우에는 어떻게 어두운 영역과 밝은 영역을 이해할 수 있을까?

입자가 둘로 나뉘어 반은 한쪽 슬릿을 통과하고 나머지 반은 다른 쪽 슬릿을 통과한 후 간섭무늬를 만들어낸다고 설명할 수는 없다. 만약 광자가 어떤 슬릿을 통과했는지를 확인하는 실험을 한다면 간섭무늬는 나타나지 않는다.

물리학자들은 수십 년 동안 이러한 미스터리에 대해 토론해왔다. 하지만 이런 현상을 쉽게 설명할 수는 없다. 아마도 이는 우리가 사용하는 언어와 생각에 한계가 있기 때문일 수도 있다. 간단히 어떻게 빛이 행동하는지 이해하고 설명하기 위한 정확한 단어나 지적 개념이 없는 것일 수도 있다.

눈이 세상을 볼 때 광자는 어떻게 작용하나?

생물학자인 월드^{George Wald, 1906~1997}는 1958년 광자를 이용하면 시력을 가장 잘 설명할 수 있다는 사실을 발견했다. $C_{20}H_{28}O$이라는 분자식으로 나타내는 레티날이라는 분자는 망막을 구성하는 막대 세포와 원뿔 세포의 구성 성분이다. 이 분자는 두 가지 형태로 존재할 수 있는데 하나는 직선의 형태이고, 다른 하나는 구부러진 형태이다. 광자가 분자와 부딪히면 구부러진 형태에서 직선 형태로 바뀐다. 이러한 형태의 변화는 망막에 있는 신경 세포에 충격을 준다. 이러한 전이를 발생시키는 광자의 에너지(따라서 빛의 파장)는 망막 세포에 들어 있는 옵신이라는 분자에 따라 달라진다.

빛이 원자와 상호작용할 때 파동으로 작용할까 아니면 입자로 작용할까?

파동은 계속해서 에너지를 전달한다. 파동이 더 많은 에너지를 가지고 있으면 에너지가 더 빨리 전달된다. 반면 입자는 에너지를 한 번에 모두 운반한다. 원자가 빛을 흡수하거나 방출할 때 에너지의 운반은 거의 순간적으로 일어난다. 그러므로 빛은 원자와 상호작용할 때 입자처럼 행동한다.

빛이 에너지 다발이라는 개념은 아인슈타인이 1905년에 처음 제안했다. 아인슈타인은 이 다발을 광양자라고 부르다가 1926년에는 광자로 부르기 시작했다. 광자는 질량이나 전하가 없지만 각운동량을 가진다. 그리고 항상 빛의 속도 c로 이동한다.

각각의 광자는 $E=hf$ 식으로 나타내는 에너지를 운반한다. 여기서 f는 진동수이기 때문에 큰 진동수를 가지는 푸른색 빛의 광자가 붉은색 빛의 광자보다 더 많은 에너지를 운반한다. 빛에 의해 운반된 에너지는 진동수와 광원에서 방출되는 광자의 수에 의해 결정된다.

빛의 흡수와 방출만이 원자와 빛의 유일한 상호작용일까?

1917년 아인슈타인은 빛이 원자와 상호작용할 수 있는 세 번째 방법을 제안했다. 적당한 에너지를 가진 광자가 높은 에너지 상태로 들떠 있는 원자와 충돌하면 원자는 광자를 방출하면서 더 낮은 에너지 상태로 떨어지게 된다. 그러면 같은 에너지(파동의 용어로는 같은 파장을 가지는)와 위상차를 가진 두 개의 광자가 원자에서 나오게 된다.

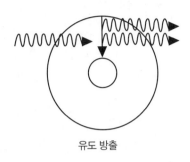

유도 방출

보어 모형의 한계는 무엇인가?

현재 사용되는 원자 모형은 1913년에 보어가 제안했던 원자 모형과는 완전히 다르다. 보어 모형은 수소와 전자 하나가 제거된 헬륨의 스펙트럼만을 설명할 수 있었다. 하지만 모형을 약간 수정해서 리튬과 같은 알칼리성 물질의 스펙트럼도 설명할 수 있었다. 1913년부터 1926년까지 물리학자들은 이 보어의 모형을 확장하려고 노력했다. 이중 일부는 성공했지만 보어가 제시한 가설이 든든한 물리학 기반을 가지고 있지 못했던 까닭에 고전 역학을 기반으로 하는 보어의 모형과는 다른 모형을 만들기 위한 연구가 계속되었다. 이런 연구의 초기 단계 연구는 독일의 물리학자 하이젠베르크^{Werner Heisenberg, 1901 ~ 1976}에 의해 이루어졌다.

보어는 물리학자와 시민으로서 어떤 업적을 이루었을까?

보어는 1921년 물리학과 교수로 코펜하겐 대학에 돌아와 정부와 칼스버그 맥주 회사의 도움으로 이론 물리 연구소를 설립했다. 이 연구소는 단기 방문이나 장기 고용을 통해 전 세계의 모든 이론 물리학자들을 불러 모았다. 독일이 덴마크를 점령했을 때 보어는 먼저 스웨덴으로, 그다음에는 영국, 미국으로 탈출했다. 이후 원자 폭탄을 개발하는 프로젝트의 고문 역할을 했지만 전쟁 후에는 소련을 포함한 모든 나라와 원자 폭탄과 관련된 기술을 공유하도록 영국의 총리 윈스턴 처칠[Winston Churchill, 1874~1965]과 해리 트루먼 미국 대통령을 설득하려 노력했다. 하지만 모두 보어의 제안을 거절했다. 그 뒤 소련이 원자 폭탄을 개발하자 보어의 생각은 UN 국제 원자력 기구[United Nations' International Atomic Energy Agency]를 설립하는 데 도움을 주었다. 1962년 사망할 때까지도 보어는 핵전쟁의 위협을 줄이려 노력했다.

보어가 태어난 지 100년이 되는 해에 덴마크는 보어와 그의 아내 마가레테[Margarethe]를 기념하는 우표를 발행하기도 했다.

하이젠베르크의 불확정성 원리는 무엇인가?

보른[Max Born, 1882~1970], 조르당[Pascal Jordan]과 함께 하이젠베르크는 수학의 행렬을 사용한 완전히 다른 접근을 시도했다. 이러한 연구의 일환으로 하이젠베르크는 원자의 세계에서는 우리가 알고 있는 지식에 한계가 있다는 원리를 확립했다. 불확정성 원리는 $\Delta x \Delta p \geq h/4\pi$라고 쓸 수 있다. 즉, 입자의 위치에 관한 불확정성에 운동량의 불확정성을 곱한 값은 플랑크 상수를 4π로 나눈 것보다 작지 않다는 뜻이다. 만약 입자의 정확한 위치를 측정하면 동시에 측정되는 운동량과 속도는 반드시 정확하지 않아야 한다. 플랑크 상수는 매우 작아서 원자나 원자보다 더 작은 물체의 경우에만 중요하게 된다. 예를 들어 야구공의 위치나 운동량은 동시에 정확하게 알 수 있다.

불확정성의 원리는 왜 보어의 전자 궤도가 존재할 수 없는지를 보여준다. 만약 궤도의 반경을 정확히 알고 있다면 불확정성의 원리에 의해 이 궤도 밖으로 새나가는 속도가 있어야만 한다. 또한 이 불확정성의 원리는 에너지와 시간을 동시에 측정하는 경우에도 적용된다. 따라서 전자가 아주 짧은 시간 동안만 특정한 에너지 상태에 있는 경우, 에너지의 값은 정확하게 측정되지 않는다.

확률적인 성질은 어떻게 원자 모형에 적용되었을까?

1926년에 오스트리아 물리학자 슈뢰딩거[Erwin Schroedinger, 1887~1961]는 특정한 위치에서 전자를 발견할 확률을 나타내는 파동 방정식을 만들었다. 이 파동 방정식으로 전자가 발견될 확률이 가장 큰 위치를 계산해보면 보어 원자의 궤도 반경과 일치한다. 전자의 에너지도 보어가 계산한 값과 같았다. 하지만 기본적인 개념은 보어의 원자 모형과 전혀 다르다.

슈뢰딩거 방정식의 해는 전자가 발견될 확률을 나타내는 확률 구름으로 나타낸다.

수소 원자에서 $n=1$ 상태에 있는 전자의 확률 구름은 작고 둥근 구의 모양이다. $n=2$ 상태에는 두 가지 다른 상태가 포함되어 있다. s 상태는 각운동량이 0인 상태를 나타내며 확률 구름 모양은 구형이다. p 상태는 각운동량이 1인 상태를 나타내며 확률 구름은 위와 아래에 분포되어 있다. $n=3$ 상태에는 각운동량의 값이 0, 1, 2의 세 가지 상태가 있다. d 상태는 각운동량이 2인 상태이며 확률 구름은 네 지역으로 나뉜다.

전자가 $n=3$의 'p' 상태에서 $n=2$의 's' 상태로 떨어질 때는 붉은빛이 방출된다. 더 높은 에너지 상태는 10억분의 1초보다 작은 아주 짧은 시간 동안 지속된다. 따라서 불확정성 원리에 의해 원자가 빛을 방출할 때는 에너지가 어느 정도 퍼지게 된다. 그러므로 특정한 원자에서 방출되는 에너지를 정확히 예측할 수 없다.

전자는 파동일까, 입자일까?

원자 속에 있는 전자들은 특정한 한 지점에 위치해 있지 않고 널리 퍼져 있다. 원자 속 전자들은 입자보다 파동처럼 행동한다. 드브로이[Louis victor de Broglie, 1892~1987]는 1924년에 발표한 박사 학위 논문에서 전자는 $\lambda=h/mv$로 주어진 파장을 가진 파동과 같이 행동한다고 주장했다. 여기서 h는 플랑크 상수, m은 전자의 질량, v는 전자의 속도를 나타낸다. 그는 이 논문을 아인슈타인에게 보냈고 아인슈타인은 적극적으로 드브로이의 생각을 지지하고 이 논문이 승인되도록 추천했다. 드브로이는 이 논문으로 1929년에 노벨상을 수상했다. 드브로이의 파장은 모든 입자에 적용된다. 그러나 야구공 크기 물체의 드브로이 파장은 원자핵의 지름보다 훨씬 작아 측정할 수가 없다.

입자의 드브로이 파장은 입자가 가지는 파동의 성질을 결정한다. 광자가 이중 슬릿 실험에서 간섭무늬를 만드는 것처럼 입자들도 간섭무늬를 만든다. 전자와 원자는 물론 C_{60}(버키볼이라 불리는)와 같이 큰 분자에서도 간섭이 관측되었으며 이들의 파장은 드브로이의 파장과 완벽히 일치한다.

따라서 물질과 빛은 모두 입자나 파동처럼 행동할 수 있다. 이러한 현상을 '빛과 입자의 이중성'이라고 부른다.

엑스선은 어디서 나올까?

엑스선은 매우 짧은 파장을 가진 전자기파여서 가지고 있는 에너지가 매우 크다. 원소의 주기율표에서 원자량이 큰 원자들과 같이 많은 전자를 가진 원자에서 엑스선이 방출된다. 전자의 수가 많을수록 원자핵이 가지고 있는 전하는 더 많아지며 원자핵에 가까운 전자($n=1$이거나 2인)의 에너지도 더 커진다. 그러므로 엑스선관에서처럼 원자에 큰 에너지를 가진 입자나 광자가 충돌하면 $n=1$ 상태에 있는 전자들 중 하나가 바깥으로 튕겨나간다. 그러면 $n=2$ 상태 또는 그보다 높은 에너지 상태에 있는 전자가 튕겨나간 전자의 자리로 내려오면서 엑스선을 방출한다.

양자 역학이란 무엇일까?

파동성이 중요한 역할을 하는 원자는 물론 분자, 액체, 고체의 성질을 연구하는 분야를 양자 역학이라 부른다. 원자는 슈뢰딩거의 방정식을 따른다. 그러나 수소 원자보다 더 복잡한 원자는 컴퓨터를 통해서만 슈뢰딩거 방정식의 해를 구할 수 있다. 방정식을 풀고, 복잡한 모형을 만들고, 실험을 시뮬레이션하기 위해 컴퓨터를 사용하는 것은 물리학 연구에서 중요한 부분을 차지하며, 이를 전산 물리학이라 부른다.

최근에 양자 역학 분야에서 이루어낸 성과는 응집 물질 물리 분야, 즉 고체 물리 분야와 원자 물리에서 있었다. MP3 플레이어, 텔레비전, 카메라, 휴대 전화에 사용되는 모든 집적 회로들은 양자 역학을 바탕으로 고안된 것이다. 이런 전자 기기는 모두 다이오드와 트랜지스터를 기반으로 하고 있다. 다이오드나 트랜지스터의 성질을 이해하고 이것들을 만드는 적절한 재료를 선택하기 위해서는 양자 물리학이 필요하다. 이런 물질 중에 가장 흥미로운 새로운 물질이 '그래핀graphene'이다. 그래핀은 원자가 육각형 형태로 배열되어 있는 얇은 막으로, 두께는 한 원자의 두께 정도밖에 안 된다. 그래핀은 집적도가 높은 집적 회로에 사용될 아주 얇은 트랜지스터를 만들기 위해 연구되어왔다. 또한 단일 원자나 분자를 감지하기 위한 센서나, 터치스크린 컴퓨터 모니터의 투명 전극으로도 사용될 수 있다. 그래핀의 발견에 2010년 노벨상이 수여되었다.

1924년부터 1925년까지 아인슈타인과 인도 물리학자 보스Satyendra Nath Bose, 1894~1974는 원자 기체가 충분히 냉각되면 원자가 거시적인 관점에서 양자 효과를 보여줄 수 있는 물질의 새로운 상태를 만들 수 있을 것이라고 예측했다. 이 예측을 확인하기 위한 최초의 실험이 1995년에 코넬Eric Cornell, 1962~ 과 와이먼Carl Wieman, 1952~ 에

메이먼이 1960년에 최초로 레이저를 선보였지만 특허를 받은 사람은 굴드였다. 레이저는 산업체, 수술, 통신 등 많은 곳에서 사용되고 있다.

의해 이루어졌다. 그들은 콜로라도 대학에서 루비듐 원자 기체를 절대온도 600만분의 1도까지 냉각시켰다. 이들은 이 연구로 MIT의 케털리[Wolfgang Ketterle, 1957~]와 함께 2001년 노벨상을 수상했다. 보스-아인슈타인 집적이라 불리는 이 새로운 상태의 물질은 아직 응용되지 않고 있다. 물리학자들은 이 집적물을 원자가 매우 낮은 온도에서 어떻게 상호작용을 하는지를 알아내기 위한 연구에 사용하고 있으며, 미래 원자시계나 컴퓨터에서 어떻게 사용될 수 있는지를 연구하고 있다.

레이저는 어떻게 발명되었나?

양자 역학을 실용적으로 응용하고 있는 것 중 하나가 가정에서 사용되는 CD나 DVD 플레이어와 레이저 포인터다. 레이저는 오래전에 아인슈타인이 예측했던 빛의 유도 방출을 이용하는 장치다. 1953년 찰스 타운스[Charles Townes, 1915~]는 컬럼비아 대학에서(그 후에는 MIT에서) 유도 방출에 의해 마이크로파를 증폭시키는 '메이저'라 불리는 장치를 개발하여 특허를 받았다. 처음에는 암모니아 분자를 사용하여 이 장치를 작동하다가, 이후에는 수소 메이저를 사용하게 되었으며, 현재에는 매우 정확한 시계에 사용되고 있다. 1958년에 타운스와 숄로[Arthur Schawlow, 1921~1999]는 메이저의 개념을 가시광선까지 확장하기 위해서는 어떤 분자가 사용될 수 있는지를 설명했다. 이들의 논문이 발표된 후에, 대학과 산업체의 물리학자들이 이 생각을 적용한 기기를 만들기 위한 연구를 시작했다.

1960년 5월 휴스 항공기 회사에 다니던 메이먼[heodore Maiman, 1927~2007]이 루비 결정과 플래시 램프(카메라 플래시 라이트와 비슷한)를 사용하여 만든 '광학 메이저'를 선보였다. 플래시 램프는 루비 결정 안에 있는 크롬을 들뜬상태로 만드는 데 사용되었다. 메이먼은 그 후 컬럼비아 대학에서 타운스와 함께 일했던 굴드[Gordon Gould, 1920~2005]와 레이저 분야에서 냈던 특허권의 유효성 관련 소송을 하게 돼 1973년 굴드에게 졌다. 메이먼은 레이저와 관련해 많은 상을 받았지만 노벨상을 타지는 못했다.

지난 50년 동안 '연구 과제로만 다루어졌던' 레이저가 엄청난 부가 가치를 창조하는 산업이 되었다. 레이저는 헬륨-네온 레이저와 같이 기체를 사용하여 만들기도 한다. 이산화탄소 레이저는 천이나 금속을 자를 때 사용되며, 아르곤-이온 레이저는 수술에 사용된다. 자외선 엑시머 레이저는 눈 수술에 사용되고 자유 전자 레이저는 연구에 이용되고 있다. 반도체 결정을 이용해 만들어진 반도체 레이저는 CD와 DVD 플레이어, 레이저 포인터뿐만 아니라, 집 앞까지 인터넷을 연결해주는 광 통신에도 사용되고 있다. 이처럼 레이저는 물리, 화학, 생물 분야의 연구를 혁명적으로 바꾸어놓고 있다.

"신은 우주를 가지고 주사위 놀이를 하지 않는다"는 아인슈타인의 말은 무슨 뜻일까?

1920년대와 1930년대에 양자 역학이 구체적인 모습을 드러내자 양자 역학의 통계학적인 성격이 더욱 분명하게 드러났다. 아인슈타인은 우리 눈에 보이지 않는 변수들이 있을 것이라 확신했고, 이러한 변수들이 결과를 통제한다고 생각했다. 아인슈타인은 보어나 보른 등과 양자 역학의 통계적이며 확률적인 성격에 대해 많은 논쟁을 벌였다. 1935년 아인슈타인, 포돌스키Boris Podolsky, 1896~196, 로젠Nathan Rosen, 1909~1995은 양자 역학에 의해 제시된 세계가 얼마나 불완전한지를 설명하는 유명한 논문을 발표했다. 그들은 그 안에 양자 역학의 모순을 보여주기 위한 이론을 제안했던 것인데 현재는 실험을 통해 이들의 이론이 아니라 양자 역학의 결과가 옳다는 것이 증명되었다.

1926년 아인슈타인이 보른에게 보낸 편지에는 이렇게 쓰여 있었다. "양자 역학은 확실히 인상적인 학문이지만, 내 마음은 양자 역학이 아직 완성되지 않은 학문이라고 이야기하고 있다. 이론은 많은 것들을 이야기하지만 여전히 '고전 역학'의 비밀을 풀어줄 수는 없다. 나는 적어도 신은 주사위 놀이를 하지 않았다고 확신한다."

레이저 족집게란 무엇일까?

현미경을 통해 레이저를 보내면 슬라이드 위에 놓인 물질에 매우 강한 빛의 점이 만들어진다. 아주 작은 플라스틱 구는 빛과 상호작용하여 빛의 중심으로 당겨진다. 이 빛은 플라스틱 구를 끌고 슬라이드 위를 돌아다닐 수 있다. 이것이 바로 '레이저 족집게'가 작동되는 원리다. 화학적으로 DNA와 같은 긴 분자의 끝에 플라스틱 구를 부착할 수 있다. DNA의 다른 쪽 끝이 슬라이드 표면에 고정되면 플라스틱 구를 이용해 이 DNA를 잡아당겨 똑바로 늘이거나, 늘이는 데 얼마나 큰 힘이 필요한지와 같은 DNA 분자의 물리적 성질을 측정할 수 있다. 단백질, 효소, 다른 고분자들도 같은 방법으로 실험할 수 있고 이들을 늘이는 데 필요한 힘도 측정할 수 있다. 이 족집게는 또한 세포를 분류하고 슬라이드의 특정한 위치로 이동시키는 데도 사용할 수 있다.

이 책의 마지막 단원인 '답이 없는 질문들'에서 양자 역학의 미스터리한 결과에 대해 좀 더 자세히 알아볼 예정이다.

원자의 중심부

러더퍼드는 알파 입자는 헬륨 원자핵으로 질량은 양성자 네 개의 질량과 같지만 전하는 양성자 전하의 두 배를 가지고 있다는 것을 알아냈다. 멘델레예프^{Dmitry Mendeleev, 1834~1907}는 주기율표를 만들 때 원소들을 질량 순서대로 나열했고, 이 순서에 번호를 매겨 원자 번호라고 부르기 시작했다. 영국의 물리학자 모즐리^{Henry Moseley, 1887~1915}는 금속에 엑스선을 쪼였을 때 방출되는 엑스선의 파장을 측정했다. 이를 통해 모즐리 역시 원자 번호에 관한 물리적 기반을 제공할 수 있었고, 이를 바탕으로 러더퍼드의 원자핵 모형은 더 탄탄해졌다.

하지만 헬륨의 경우처럼 원자가 가지고 있는 전하량을 통해 알 수 있는 양성자의 수가 원자량의 반이라면 원자핵의 나머지 질량을 구성하는 것은 무엇일까? 첫 번째 가설은 아직 찾아내지 못한 입자는 양성자와 전자가 결합된 상태라는 것이다. 하지만 하이젠베르크의 불확정성 원리는 전자가 양성자의 크기에 제한되기 위해서는 전자의 에너지가 관측된 것보다 더 커야 한다고 예측했다. 게다가 1920년대 후반에 7개의 전하와 질량 14를 가진 질소 원자핵의 각운동량이 측정되었는데, 14개의 양자와 7개의 전자로는 얻을 수 없는 결과가 나왔다.

1931년에 두 명의 독일 물리학자가 큰 에너지를 가지고 있는 알파 입자가 가벼운 원소를 통과할 때 중성의 방사선이 만들어진다는 사실을 발견했다. 다음 해에 마리 퀴리의 딸인 이렌 졸리오퀴리[Irène Joliot-Curie, 1897~1956]와 남편 프레데리크[Frederick, 1950~1958]가 이 방사능을 파라핀에 주입하면 양성자가 방출된다는 것을 확인하고 이 방사선이 양성자와 비슷한 질량을 가지고 있는 전기적으로 중성인 입자라는 가설을 제안했다. 다음 해에 영국 맨체스터에서 연구하고 있던 채드윅[James Chadwick, 1891~1974]이 실험을 통해 이 가설을 확인해 '중립적'이란 단어와 양성자라는 단어를 조합하여 중성자라는 이름을 만들어냈다. 이 발견으로 채드윅은 1935년에 노벨상을 받았다.

중성자는 양성자가 가지고 있는 질량보다 약간 큰 질량을 가지고 있다. 중성자는 안정적인 원자핵 안에서는 안정적인 상태에 있지만, 원자핵에서 분리되어 있는 경우에는 10분 정도의 반감기를 가지고 붕괴된다. 중성자는 핵반응을 발생시킬 때 널리 사용되며, (이 책의 다른 부분에서 다시 설명하겠지만) 핵분열이 일어날 때는 반드시 필요하다.

모든 원소들이 정해진 수의 양성자와 중성자를 가지고 있는가?

원자핵에 있는 양성자의 수는 원소의 종류를 결정하기 때문에 정해져 있다. 그러나 같은 원소에 속하는 원자들이 가지고 있는 중성자의 수는 매우 다양하다. 같은 수의 양성자를 가지고는 있지만 다른 수의 중성자를 가지고 있는 핵을 동위 원소라고 부른다. 예를 들어 6개의 양성자를 가지고 있는 탄소에는 5개, 6개, 7개, 8개의 중성자를 갖고 있는 여러 가지 동위 원소가 있다. 동위 원소는 탄소-11, 탄소-12, 탄소-13, 탄소-14로 써서 구분한다. 조금 더 간략한 표기 방법은 ^{11}C, ^{12}C, ^{13}C, ^{14}C와 같이 원소 기호에 원자량을 표시하여 나타내는 방법으로, 약 3100종의 동위 원소가 현재 알려져 있다. 일반적으로 화학적 성질은 동위 원소에 따라 달라지지 않는다.

원자핵에 들어 있는 양성자와 중성자의 수의 비는 얼마나 될까?

가벼운 원소의 경우, 원자핵에 들어 있는 양성자와 중성자의 수는 거의 같다. 예를 들어 두 개의 양성자를 가진 헬륨의 가장 흔한 동위 원소는 ^{4}He이며, 이 경우 $4-2=2$에 의해 두 개의 중성자를 가지고 있다. 여덟 개의 양성자를 가지고 있는 산소의 가장 흔한 동위 원소는 ^{16}O이며 역시 여덟 개의 중성자를 가지고 있다.

칼슘(20개의 양성자와 20개의 중성자)보다 무거운 원소의 경우에는 중성자의 수가 양성자의 수보다 더 크다. 92개의 양성자와 146개의 중성자로 이루어진 우라늄-238의 경우 양성자와 중성자의 비율은 대략 $2:3$이 된다.

원자핵은 어떻게 결합되어 있을까?

양전하로 대전된 양성자들은 서로를 밀어낸다. 따라서 원자핵을 뭉쳐 있게 하기 위해서는 전기적 반발력보다 강한 인력이 필요하다. 강한상호작용은 양성자와 양성자, 양성자와 중성자, 중성자와 중성자 사이에 작용한다. 강한상호작용이 양성자와 중성자 사이에 작용하기 때문에 두 입자를 통틀어 '핵자'라는 이름으로 부르기도 한다. 전기적 척력은 먼 거리에서도 작용하지만 강한상호작용은 오직 접촉된 핵자들 사이에서만 작용한다. 핵자는 각운동량이나 스핀을 가지고 있다. 강한상호작용은 스핀의 방향에 따라 달라진다. 즉, 스핀이 서로 반대 방향이라면 강한상호작용이 더 커지게 된다.

강한상호작용은 어떻게 작용할까?

동위 원소의 종류를 조사해보면 강한상호작용의 성질에 대한 단서를 얻을 수 있다. 가장 안정한 핵인 헬륨-4는 반대 방향의 스핀을 가지고 있는 두 개의 중성자와 두 개의 양성자로 이루어져 있다. 안정한 동위 원소의 대부분은 짝수 개의 중성자와 짝수 개의 양성자를 가지고 있으며, 반대 방향의 스핀이 쌍을 이루고 있다. 반면에 방사성 동위 원소들은 대부분 짝수 개의 양성자와 홀수 개의 중성자, 또는 홀수 개의 양성자와 짝수 개의 중성자를 가지고 있다. 홀수 개의 양성자와 홀수 개의 중성자를 가지고 있는 동위 원소는 거의 없다. 따라서 강한상호작용의 크기는 핵자의 스핀과 연관되어 있다는 추정을 해볼 수 있다.

원자핵의 질량은 양성자의 질량과 중성자의 질량을 합한 것보다 작다. 질량의 차이가 크면 클수록 원자핵의 결합력이 더 커진다. 따라서 이런 원자핵을 분해하기 위해서는 더 많은 에너지가 필요하다. 그러므로 원자핵의 질량에 관한 연구는 강한상호작용에 대한 정보를 얻는 데 사용될 수 있다. 독일 출신의 미국 물리학자 괴퍼트-메이어$^{Maria\ Goeppert-Mayer,\ 1906~1972}$는 마법의 수라고 불리는 특정한 수의 양성자와 중성자를 가진 핵이 왜 유독 안정적인지를 설명했다. 괴퍼트-메이어의 이론은 핵력이 핵자의 스핀뿐만 아니라 궤도 각운동량에 의해서도 결정된다는 사실을 보여주었다. 마법의 수는 2, 8, 20, 28, 50, 82, 126이다. 그러므로 가장 안정한 핵인 헬륨-4는 양성자와 중성자의 수 모두 마법의 수로 이루어져 있어 이중 마법수라고 부른다. 산소-16, 칼슘-40, 칼슘-48, 그리고 가장 무거우면서 안정한 핵종 납-208도 두 개의 마법수를 가지고 있다. 그렇다면 원자핵들은 모두 안정한 것일까?

방사성 물질은 어떤 방사선을 방출할까?

베크렐이 방사능을 발견한 이후 방사능을 조사한 과학자들 중 하나가 캐나다 몬트리올의 맥길 대학에 있던 러더퍼드였다. 러더퍼드와 소디는 우라늄과 토륨이 두 가지 다른 종류의 방사선을 방출한다는 사실을 발견했다. 이중 하나는 종이에 의해 차단될 수 있으며, 다른 선 하나는 1cm의 두께 정도 되는 금속을 이용해야 차단할 수 있었다. 러더퍼드는 그리스의 알파벳 중 처음 두 자를 따서 이 방사선을 알파선과 베타선, 1907년에는 라듐에서 나오는 투과성이 더 큰

베크렐은 방사능의 발견으로 1903년에 노벨 물리학상을 받았다.

방사선을 감마선이라고 이름 지었다.

1900년에 피에르와 마리 퀴리 부부는 검전기를 사용하여 베타선이 음전하를 띤 입자라는 사실을 발견했다. 베크렐은 질량과 전하의 비율을 측정하기 위해 톰슨 J. J. Thomson, 1856~1940이 사용했던 것과 같은 기구를(이 책의 '세상은 무엇으로 만들어졌는가?' 참조) 사용하여 베타선이 빛의 속도의 절반 속도로 이동하는 전자의 흐름이라는 것을 알아냈다. 1907년 후반에 러더퍼드는 알파선이 두 개의 전자가 제거된 헬륨 원자라는 것을 알아냈다(현재는 알파 입자가 헬륨-4 핵이라고 알고 있지만, 이때는 러더퍼드가 아직 핵을 발견하지 않은 때였다). 감마선은 후에 매우 큰 에너지를 가지고 있는 광자라는 것을 알게 되었다.

알파, 베타, 감마선은 모두 인간의 건강에 매우 해롭다. 알파선은 피부에 의해 차단되지만 라듐 기체와 같은 방사능 물질을 흡입하게 되면 알파 입자들이 폐에 손상을 입힐 수 있다. 베타선은 피부와 조직을 침투할 수 있으며, 세포에 쏘이게 되면 DNA의 변형을 일으킬 수도 있다. 감마선은 유전자 변형을 일으키며 세포를 죽인다. 이런 성질을 이용해 방사선은 암과 같은 질병의 치료에 사용되고 있다.

뿌옇게 흐려진 필름이 어떤 혁명을 일으켰나?

1896년, 프랑스의 물리학자 베크렐은 어둠 속에서 빛나는 우라늄이 혼합된 물질의 성질을 알아보고 있었다. 베크렐은 어두운 서랍 안에 빛을 차단하기 위해 두꺼운 검은색 종이로 감싼 사진 감광판(필름)과 우라늄 혼합물을 넣어두었다. 다음 날 아침 그는 필름이 빛에 노출되어 뿌옇게 흐려진 것을 발견하고 놀랐다. 베크렐은 알려지지 않은 어떤 광선이 이 우라늄 혼합물에서 방출되었으며, 두꺼운 종이를 통과해 필름을 노출시켜 빛에 의한 것과 같은 화학 반응이 일어나도록 했다고 가정했다. 이후 실험을 통해 얇은 금속 조각이 이 광선을 차단한다는 사실을 발견한 그는 곧 우라늄과 토륨의 혼합물이 방사선을 방출하지만, 빛을 방출하지는 않는다는 것을 알아냈다. 1903년에 베크렐은 훗날 방사능이라 부르게 된 이 발견으로 노벨상을 수상했다.

퀴리 부부는 어떤 업적을 남겼나?

마리 퀴리$^{Marie\ Curie,\ 1867～1934}$는 폴란드에서 태어나고 성장했지만 프랑스에서 활동했다. 전위계를 사용하여 방사성 광물에 의한 공기의 이온화 정도를 측정했던 그녀는 우라늄 화합물에서 나오는 방사능의 양이 오직 남아 있는 우라늄의 양에 따라 달라지는 것으로 보아 우라늄 원자 자체가 방사능의 근원일 것이라고 결론지었다. 마리 퀴리는 우라늄을 포함하고 있는 광석인 피치블렌드가 우라늄 덩어리보다 더 많은 방사능을 방출한다는 사실을 발견하고, 우라늄 광석에는 우라늄보다 더 많은 방사능을 방출하는 적은 양의 다른 방사성 원소가 포함되어 있을 것이라고 생각했다. 마리 퀴리의 남편인 피에르 퀴리도 자신의 연구를 그만두고 마리 퀴리와 함께 이 원소를 찾기 시작했다.

우라늄을 포함한 광물 100g을 가는 것으로 시작했던 이들의 연구는 새로운 원소를 찾았을 때쯤에는 갈아낸 광물이 몇 톤에 이를 정도였다. 1898년 7월에 이들은 마리 퀴리가 태어난 나라인 폴란드를 기념하여 '폴로늄'이라고 이름 붙인 새 원소의 발견을 세상에 알렸다. 같은 해 12월에는 그 당시에 발견했던 어떤 다른 원소들보다 더 많은 방사선을 방출하는 물질을 발견했고, 이 원소의 이름을 라듐이라고 지었다. 이들은 1902년까지 우라늄이 포함된 광물 1t에서 0.1g의 염화라듐을 추출했다. 1910년에 마리 퀴리는 순수 라듐 금속을 얻어냈다고 발표했다.

1903년에 피에르와 마리 퀴리는 방사능에 관한 연구로 베크렐과 함께 노벨 물리학상을 공동 수상했다. 또한 1911년 폴로늄과 라듐의 발견으로 마리 퀴리는 노벨 화학상을 수상했다.

퀴리 부부가 방사능 물질에 대한 연구를 하고 있을 때는 방사능의 위험에 대해 알려져 있지 않아 두 사람 모두 많은 양의 방사능에 노출되었다. 우라늄을 포함하고 있는 우라늄 광석을 처리할 때 생성된 라돈은 폐암을 유발시킨다고 알려져 있는데, 그나마 완전히 밀폐되지 않은 장소에서 작업했다는 점과 교외로 자주 자전거를 타고 다녔다는 점이 방사능 감염으로부터 이들을 어느 정도 구해주었다. 피에르는 1906년에 길에서 미끄러져 마차에 치여 사망했으며, 마리 퀴리는 현재 방사능 감염에 의해 자주 발생한다고 알려져 있는 빈혈증으로 1934년에 사망했다.

반감기란 무엇일까?

특정 방사성 원자핵은 언제 붕괴하는 것일까? 원자핵이 새로 생겨나서 붕괴할 때까지 걸리는 평균 시간만 알 수 있을 뿐 언제 붕괴할지 아는 것은 불가능하다. 또 일정한 시간 동안에 붕괴하는 원자핵의 수는 존재하는 원자핵의 수에 비례한다. 아주 많은 수의 원자핵이 있다고 가정해보자. 주어진 시간 간격, 즉 1초 동안에 일정한 수의 원자핵이 붕괴할 것이다. 1초 후에는 붕괴되지 않은 원자핵의 수가 줄어들 것이고 따라서 다음 1초 동안에 붕괴하는 원자핵의 수도 줄어들 것이다. 현재 존재하는 원자핵의 수가 반으로 줄어드는 데 걸리는 시간을 반감기라고 한다. 두 번째 반감기가 지나면 처음 값의 4분이 1이 남게 된다. 세 번째 반감기가 지나면 남아 있는 원자핵의 수는 처음의 8분의 1로 줄어들 것이다.

연대를 결정하는 데 방사능 원소가 어떻게 이용되나?

방사성 동위 원소인 탄소-14(^{14}C)는 5730년의 반감기를 가지고 있다. 탄소-14는 우주선 cosmic ray의 중성자가 대기 중의 질소 원자와 충돌할 때 만들어진다. 이렇게 만들어진 ^{14}C는 대기 중에서 산소와 반응해 이산화탄소를 만들고, 이 이산화탄소는 바다로 녹아 들어간다. 식물들은 호흡할 때 공기 중의 이산화탄소를 흡수하고, 동물도 이를 흡수한다. 즉, 지구 상의 살아 있는 모든 생명체들은 호흡을 통해 ^{12}CO$_2$와 방사성 물질인 ^{14}CO$_2$를 교환하기 때문에 몸속에 일정

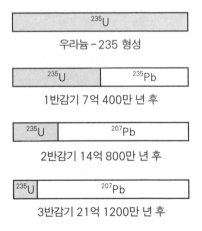

방사성 우라늄 235는 매우 천천히 붕괴하여 납(Pb-207)이 된다. 반감기는 무려 7억 400년이다.

한 비율의 ^{12}C와 ^{14}C를 포함하고 있다. 생명체가 죽으면 이러한 교환은 멈추게 되어, 체내의 ^{14}C와 ^{12}C의 비율은 고정된다. 시간이 흐름에 따라 14C의 양은 감소한다. 그렇기 때문에 살았던 연대가 5만 년 이내인 생물체들의 연대를 측정할 수 있다. 미국의 화학자 리비$^{Willard F. Libby, 1908~1980}$는 1949년에 탄소-14를 이용한 연대 측정법을 개발한 업적으로 1960년 노벨 화학상을 수상했다.

이 밖에도 우라늄/토륨, 루비듐/스트론튬의 비율을 측정하여 수억 년이 넘는 암석의 연대를 측정하는 방법이 많이 개발되어 있다.

알파 입자를 방출해서 원자가 붕괴할 때, 원자에는 무슨 일이 발생할까?

방사성 붕괴로 인해 생긴 원자핵을 딸핵이라고 한다. 방사성 붕괴로 인한 핵자의 수는 변하지 않는다. 따라서 알파 붕괴가 일어날 때 원래 원자핵이 가지고 있던 양성자의 수는 딸핵에 있는 양성자의 수와 알파 입자에 있는 양성자의 수를 합한 것과 같아야 한다. 중성자의 경우도 마찬가지다. 예를 들어 92개의 양자와 146개의 중성자를 가진 우라늄-238이 알파 입자를 방출하면, 딸핵은 90개의 양성자와 144개의 중성자를 가지는 토륨-234가 된다. 방출되는 알파 입자는 특정한 에너지를 가진다. 매우 무거운 원자핵만이 알파 붕괴로 인해 붕괴된다.

알파 붕괴가 이용되는 곳이 있을까?

우라늄과 토륨의 방사성 붕괴는 지구 상에 존재하는 모든 헬륨 기체를 만들어낸다. 대부분의 헬륨은 천연가스와 섞여 있고 가스정에서 추출된다. 헬륨을 천연가스에서 분리시키고 저장하는 데는 비용이 많이 들지만 MRI와 같은 기계에서 사용되는 초전도 자석을 냉각시킬 때 필요하기 때문에 비용을 들여서라도 만들어야 할 자원이다.

알파 입자를 방출하는 방사성 원소들은 연기를 감지하는 기계에서 사용된다. 대전된 알파 입자들은 금속판에 모여 적은 전류를 생성한다. 연기는 알파 입자를 분산시켜 흐르는 전류의 양을 줄여줌으로써 경보기가 작동하게 한다.

베타 붕괴의 연구가 어떻게 새로운 입자 발견에 도움이 되었을까?

베타 붕괴시에 원자핵은 전자를 방출한다. 전자는 원래 원자핵 안에 있었던 것이 아니라 중성자가 양성자로 변할 때 생성된 것이다. 방출된 전자가 가진 에너지에 관한 연구 결과는 알파 입자가 특정 에너지만 가지고 있는 것과는 달리 전자는 0에서 부터 최대 에너지 사이의 모든 에너지를 가지고 있다는 사실을 보여주었다. 초창기에 이를 조사하던 과학자들은 베타 붕괴에서는 에너지가 보존되지 않는다고 생각했다. 오스트리아 물리학자 파울리$^{Wolfgang\ Pauli,\ 1900\sim1958}$는 1930년에 베타 입자와 함께 또 다른 입자가 방출된다는 가설을 제안했다. 이 입자는 전기적으로 중성이어야 하고, 질량은 0이거나 극히 작은 질량만을 가지고 있어야 했다. 파울리는 이 입자에 '중성미자'란 이름을 붙였다. 중성미자는 1956년 실험을 통해 관측되었다. 현재 우리는 베타 붕괴에서 방출되는 중성미자가 사실은 반중성미자라는 것을 알고 있다. 반중성미자의 질량에 대해서는 '답이 없는 질문들' 편에서 자세히 다룰 예정이다.

원자핵이 베타 붕괴를 하면 양성자의 수는 감소한 중성자의 수만큼 증가하게 된다. 그래서 탄소-14(6개의 양자와 8개의 중성자)가 베타 입자(전자)와 반중성미자를 방출하면 질소-14(7개의 양자와 7개의 중성자)가 되는 것이다.

베타 붕괴에는 어떤 힘이 관련되어 있을까?

베타 붕괴와 관련된 힘은 약한상호작용이다. 이는 강한상호작용의 10-13(10조분의 1)배 정도다. 그 때문에 베타 붕괴를 하는 대부분의 원자핵들은 반감기가 길다.

1968년에 살람$^{Abdus\ Salam,\ 1926\sim1996}$, 글래쇼$^{Sheldon\ Glashow,\ 1932\sim}$, 와인버그$^{Steven\ Weinberg,\ 1933\sim}$가 전자기력과 약한상호작용이 같은 힘인 전기 약력의 다른 면이라는 것을 보여주었다. 어떻게 세기와 범위가 전혀 다른 두 힘이 통합될 수 있는 것일까? 이는 오직 극도로 높은 에너지 상태(1015K 정도의 온도에 해당하는)에서만 가능해 빅뱅 초기나 가속기 안에서만 이런 조건이 만들어진다. 이들은 1979년 이 연구로 노벨 물리학상을 공동 수상했다.

감마선은 어떻게 만들어질까?

높은 에너지, 즉 짧은 파장을 가진 전자기파인 감마선은 알파 붕괴나 베타 붕괴 시에 원자핵에서 방출된다. 알파나 베타 붕괴에 의해 생성된 딸핵은 대개 들뜬상태에 있게 된다. 들뜬상태에 있는 딸핵이 안정한 낮은 에너지 상태로 변하면서 감마선을 방출한다. 감마선은 높은 에너지를 가진 엑스선과 비슷하지만, 원자의 전자에서 방출되는 엑스선과 달리 핵에서 방출된다.

반물질이란 무엇일까?

1932년에 앤더슨[Carl Anderson, 1905~1991]은 우주에서 날아온 에너지가 큰 입자나 광자인 우주선[Cosmic ray]이 자기장 속에 들어 있는 안개상자의 납판에 충돌할 때 생성되는 입자를 연구하고 있었다. 앤더슨은 전자와 반대 방향으로 휘어지는, 양전하를 가지고 있는 것으로 보이는 질량이 작은 입자를 발견했다. 그 후 에너지가 큰 감마선을 이용하여 이 입자가 존재한다는 것을 확인한 앤더슨은 최초로 발견된 반물질인 이 입자에 양전자[positron]라는 이름을 붙여 주었고, 이 연구로 1936년에 노벨상을 수상했다.

충분한 에너지를 가진 감마선이 어떤 물질에 부딪히면 전자-양전자 쌍을 만들어 낸다. 에너지가 질량을 가진 입자로 변환된 것이다. 필요한 감마선의 최소 에너지는 아인슈타인의 공식인 $E_{감마선} = m_{전자}c^2 + m_{양전자}c^2$에 의해 결정된다. 전하를 가지고 있지 않던 감마선이 음으로 대전된 전자와 양으로 대전된 양전자를 생성하기 때문에, 전하가 보존되는 것이다.

양전자는 중성자의 수가 부족한 동위 원소의 방사성 붕괴시에도 방출된다. 예를 들어 안정한 탄소 동위 원소는 여섯 개의 양성자와 여섯 개 또는 일곱 개의 중성자로 구성된 ^{12}C나 ^{13}C의 형태로 존재한다. 앞에서 설명한 것처럼 ^{14}C는 전자를 방출하며 붕괴한다. 중성자들 중 하나가 전자와 반중성미자를 함께 방출하고 양성자로 바뀌는 반면에 다섯 개의 중성자만 가지고 있는 ^{11}C는 양전자를 방출한다. 즉, 양성자들 중 하나가 양전자와 중성미자를 방출하고 중성자로 바뀐다.

양전자가 어떤 물질에 부딪혔을 때는 양전자와 전자가 함께 소멸하여, 두 개의 감마선을 만들어낸다. 질량을 가진 입자들이 에너지로 변환된 것이다. 이 경우에도 아인슈타인의 공식, $E_{감마선} = m_{전자}c^2 + m_{양전자}c^2$이 생성된 감마선의 총 에너지를 구하는 데 사용될 수 있다.

반양성자는 가속된 입자가 금속 물질에 부딪히는 가속 장치에서 생성된다. 이 경우에는 우선 감마선이 방출되고 이 감마선이 이번에는 양성자-반양성자의 쌍을 생성한다.

반물질이 바티칸을 파괴할 수 있을까?

댄 브라운의 소설 《천사와 악마》에서 CERN의 물리학자들은 0.25g의 반물질을 만들기 위해 대형 하드론 충돌 가속기LHC, Large Hadron Collide를 사용한다. 소설에서는 바티칸을 파괴하려는 사람들이 이 반물질을 훔친다. 만약 0.25g의 반물질이 같은 양의 물질과 함께 완전히 소멸된다면, 이때 나오는 에너지의 양은 히로시마를 파괴한 폭탄의 에너지와 같을 것이다. 하지만 10년 이상 실험을 통해 오직 1000만 개의 반양성자만 검출할 수 있었으며 몇 초에서 몇 달 동안만 저장할 수 있었다. 0.25g은 반양성자의 1016배나 되는 많은 양이다. 게다가 반양성자는 극도로 낮은 온도에서, 완전히 비어 있는 '용기'에 저장해야 한다. 그리고 그보다 더 중요한 사실은 LHC는 반양성자를 생성하는 데 사용되지 않는다는 것이다.

반물질이 어떻게 의학용으로 사용되는 것일까?

양전자 영상 장치 PET$^{Positron Emission Tomography}$는 체내의 생리적인 활동을 3차원 이미지로 나타내주는 장치다. PET는 일반적으로 ^{11}C, ^{13}N, ^{15}O, ^{18}F와 같이 빠르게 붕괴되어 양전자를 방출하는 동위 원소를 사용한다. 이런 동위 원소는 관측하고자 하는 생리 작용에 관여하는 분자에 화학적인 방법으로 첨가된다. 동위 원소가 첨가된 분자를 포함한 액체를 몸속에 주입하면 이 분자는 체내의 표적 장기로 이동하며, 이를 PET 기계가 스캔하게 된다. 원자핵의 방사성 붕괴에 의해 방출되는 양전자는 주위의 전자와 쌍소멸하여 서로 180도 방향으로 진행하는 두 개의 감마선을 만들어낸다. 탐지기가 두 개의 감마선을 감지하면 감지기에 연결된 컴퓨터가 감마선이 방출된 위치를 알아낸다. 이를 통해 충분한 수의 감마선 방출이 기록되면, 이 기록을 사용하여 3차원 이미지를 만들 수 있다. 반물질인 양전자를 이용하고 있는 PET 영상 장치는 CT나 MRI와 함께 질병의 진단에 이용되고 있다.

우라늄보다 큰 원소들에는 어떤 원소들이 있는가?

번호	기호	이름	반감기가 가장 긴 발견 동위 원소 및 반감기	발견 연도	발견한 연구소	생성 반응
93	Np	넵투늄	^{237}Np 2.1×10⁶년	1940	버클리	n + U
94	Pu	플루토늄	^{244}Pu 8.0×10⁷년	1940	버클리	α + U
95	Am	아메리슘	^{243}Am 7370년	1944	버클리	n + U
96	Cm	퀴륨	^{247}Cm 1.6×10⁷년	1944	버클리	α + Pu
97	Bk	버클륨	^{247}Bk 1380년	1949	버클리	α + Am
98	Cf	칼리포늄	^{251}Cf 898년	1950	버클리	α + Cm
99	Es	아인슈타이늄	^{252}Es 742일	1952	버클리	N + U
100	Fm	페르뮴	^{257}Fm 101일	1952	버클리	O + U
101	Md	멘델레븀	^{258}Md 52일	1955	버클리	α + Es
102	No	노벨륨	^{259}No 58분	1956	두브나	C + Cm
103	Lr	로렌슘	^{262}Lr 3.6시간	1962	두브나/버클리	B + Cf
104	Rf	러더포듐	^{267}Rf 1.3시간	1966	두브나/버클리	Ne + Am
105	Db	더브늄	^{268}Db 28시간	1968	두브나/버클리	Ne + Am
106	Sg	시보금	^{271}Sb 1.9분	1985	두브나/GSI	Cr + Pb
107	Bh	보륨	^{270}Bh 61초	1981	GSI	Bi + Cr

번호	기호	이름	반감기가 가장 긴 발견 동위 원소 및 반감기	발견 연도	발견한 연구소	생성 반응
108	Hs	하슘	^{269}Hs 10초	1984	GSI	Fe+Pb
109	Mt	마이트너륨	^{278}Mt 8초	1982	GSI	Fe+Bi
110	Ds	다름스타튬	^{281}Ds 10초	1994	GSI	Ni+Pb
111	Rg	렌트게늄	^{281}Rg 20초	1994	GSI	Bi+Ni
112	Cn	코페르니슘	^{285}Cn 30초	1996	GSI	Ca+U
113	Uut	우눈트륨	^{286}Uut 20초	2003	두브나/버클리	Ca+Am
114	Fl	플레로븀	^{289}Fl 2.6초	1999	두브나	Ca+Pu
115	Uup	우눈펜튬	^{289}Uup 0.22초	2003	두브나/버클리	Ca+Am
116	Lv	리버모륨	^{293}Lv 0.060초	2000	두브나	Ca+Cm
117	Uus	우눈셉튬	^{294}Uus 0.036초	2010	두브나	Ca+Cm
118	Uuo	우눈옥튬	^{294}Uuo 0.89밀리초	2002	두브나	Ca+Cf

*버클리; 캘리포니아 대학 버클리 캠퍼스, 로런스 방사선 연구소, 로런스 리버모어 연구소
GSI; 독일 다름슈타트(Darmstadt)의 중이온 가속기(Heavy Ion Accelerator)
두브나; 러시아 두브나(Dubna, 모스크바 근처) 핵 공동 연구소

113번에서 118번까지의 원소 중 114번과 116번을 제외하고는 국제 순수 및 응용 화학회IUPAC, International Union of Pureand Applied Chemistry에서 이름을 정할 때까지 임시 이름을 사용하고 있다. 113번에서 118번 사이의 원소들이 붕괴할 때 검출된 원소의 수는 12개에서 하나에 이르기까지 다양하다. 117번 원소를 찾아내기 위해 10^{19}개의 칼슘이온을 캘리포늄 표적에 충돌시켜 찾아낸 117번 원자의 수는 세 개였다.

캘리포늄(98)까지의 원소들은 수 밀리그램에서 수 그램 정도의 원소를 생산했다. 이 원소들은 더 큰 원소들을 찾아내기 위한 충돌 표적으로 사용되었는데, 충돌 표적으로 사용하기에 충분할 정도의 아인슈타이늄(99)을 생산하는 데 드는 비용은 5000만 달러나 된다.

스위스 제네바 북서쪽에 위치한 CERN에는 대형 하드론 충돌 가속기(LHC)와 양성자를 가속시켜 LHC에 주입하는 양성자 가속기가 설치되어 있는데 양성자 가속기가 차지한 면적만도 7km²이나 된다.

안정성의 섬이란 무엇일까?

주기율표에서 납(원자 번호 82번)보다 뒤에 있는 원소들의 동위 원소들은 모두 방사선을 방출한다. 어떤 원소의 반감기는 1초보다 짧지만, 어떤 원소의 반감기는 수천만 년이 넘는다. 핵물리학자들과 화학자들은 양성자와 중성자의 마법수를 가진 동위 원소들이 다른 원소들보다 더 안정적이라는 사실을 알고 있다. 과학자들은 180개 정도되는 중성자와 110개 정도의 양성자를 가진 매우 무거운 동위 원소가 이보다 더 적거나 많은 중성자와 양성자를 가진 원자핵보다 더 안정할 것이라고 생각하고 있다. 우라늄 이후의 주기율표를 보면 110개 정도 되는 양성자를 가진 원소들이 다른 원소들에 비해 더 긴 반감기를 가진다는 것을 알 수 있다. 하지만 아직 이 안정성의 섬에 도달할 정도로 많은 중성자를 가진 동위 원소는 만들지 못하고 있다.

원자핵 분열이란 무엇일까?

방사성 원자핵은 두 개 이상의 원자핵으로 쪼개지는 방식으로 붕괴될 수 있다. 이러한 과정을 자발적 원자핵 분열이라 부른다. 또한 낮은 에너지의 중성자를 원자핵과 충돌시켜 인위적으로 분열이 일어나게 할 수도 있다. 원자핵 분열은 이런 방법으로 발견되었다.

어떻게 원자핵 분열이 발견되었을까?

이탈리아의 물리학자 페르미$^{Enrico\ Fermi,\ 1901~1954}$는 스물넷의 나이에 로마 대학의 교수로 임명되었다. 페르미와 그 팀이 연구한 많은 프로젝트들 중 가장 중요한 연구는 저속 중성자가 원자핵과 충돌했을 때 일어나는 반응에 관한 연구이다. 1934년에 페르미는 파라핀에 통과시켜 느려진 중성자가 핵반응을 더 잘 일으킨다는 사실을 발견했다. 그들은 저속 중성자를 여러 가지 물질에 충돌시키는 연구를 체계적으로 진행했다.

독일의 화학자 한$^{Otto\ Hahn,\ 1879~1968}$은 1905년에 있었던 방사 화학 분야의 발명을 포함하여 뛰어난 경력들을 가지고 있었다. 화학적 방법과 반감기 측정 방법을 이용해 원자핵 반응의 결과를 연구한 그는 수십 개의 동위 원소와 한 가지 이상의 원소를 발견했다. 그 결과, 노벨상 후보에 세 번이나 이름을 올렸다. 1907년 이후에는 오스트리아의 물리학자 마이트너$^{Lise\ Meitner,\ 1878~1968}$와 함께 연구를 했는데, 물리학자와 화학자의 공동 연구에는 유리한 점이 많았다.

한과 마이트너는 한의 조수인 슈트라스만$^{Fritz\ Strassmann,\ 1902~1980}$과 함께 원자핵 반응을 일으키기 위해 페르미가 사용했던 저속 중성자 기술을 이용해 더 많은 동위 원소를 발견했다. 1938년, 그들은 중성자를 우라늄에 충돌시키는 실험에서 중성자가 우라늄보다 질량이 커서 주기율표에서 우라늄 뒤쪽에 위치할 새로운 원소가 만들어질 것으로 예상했다. 하지만 이 충돌에서는 바륨 원소만 계속 나올 뿐이었다.

1933년부터 나치 정권은 유대인들을 모든 연구소와 대학에서 쫓아내기 시작했다. 부모님이 유대인이었지만 1908년에 개신교로 개종한 마이트너는 오스트리아인이었기 때문에 이때까지는 보호 받을 수 있었다. 하지만 오스트리아가 독일과 통합하자 마이트너는 더 이상 보호받을 수 없게 되었다.

1938년 7월 마이트너는 베를린에서 네덜란드로 가는 기차를 탔다. 두 명의 네덜란드 물리학자의 중재로 마이트너는 빈손으로 독일을 탈출할 수 있었다. 그 후 스웨덴으로 간 마이트너는 편지를 통해 한과의 연구를 계속했다.

1938년 12월 17일 한과 슈트라스만은 연구 결과를 발표했지만 바륨이 나타나는 원인에 대해서는 어떠한 설명도 할 수 없었다. 마이트너와 조카인 프리슈[Otto Frisch, 1904~1979]는 보어의 '물방울' 원자 모형과 아인슈타인의 $E=mc^2$ 공식을 이용하여 원자핵이 두 개로 분열될 때 여분의 중성자와 많은 양의 에너지를 방출할 것이라고 보았다. 마이트너-프리슈 논문은 한과 슈트라스만이 논문을 발표하고 며칠 뒤에 발표되었다. 프리슈는 영국의 연구소로 돌아가 1939년 1월에 한의 연구 결과를 확인했다. 한은 1944년에 이 업적으로 화학 분야의 노벨상을 수상했지만 마이트너는 수상하지 못했다.

핵분열을 군사적 용도로 사용하는 데 물리학자들은 어떤 역할을 했나?

마이트너는 여분의 중성자가 매우 큰 양의 에너지를 생성하는 연쇄 반응을 일으킬 수 있다는 사실을 알게 되었다. 1939년 초에 많은 나라의 물리학자들이 방출된 중성자의 속도를 늦춰 이런 연쇄 반응을 일으키려고 노력했다. 이들 중에는 연쇄 반응이 가능할 것이라고 믿었던 페르미와 헝가리 출신의 물리학자 스릴라드[Leó Szilárd, 1898~1964]도 있었다.

1939년 8월 스릴라드는 프랭클린 D. 루스벨트 미국 대통령에게 독일이 원자핵 분

과학자들이 원자핵 분열에 성공하고 오래되지 않아 나치는 이 에너지를 폭탄에 이용할 수 있는 방법을 찾아내기 위한 연구를 시작했다. 아인슈타인과 스릴라드는 미국의 프랭클린 D. 루스벨트 대통령에게 독일보다 먼저 원자 폭탄을 만드는 프로젝트를 시작할 것을 제안했다.

열이 강력한 폭탄을 개발할 수 있다는 편지를 썼다. 이 편지에 신뢰성을 높이기 위해 스릴라드는 아인슈타인을 설득해 편지에 서명하도록 한 후 루스벨트 대통령에게 전달했다. 루스벨트 대통령은 정부가 핵분열 연구를 지원하도록 결정하고 우라늄 위원회Uranium Committee를 만들도록 했다. 그 후 3년 동안 여러 가지 중요한 연구가 있었지만, 가장 큰 발전은 핵폭탄에 사용되는 동위 원소 우라늄-235를 영국에서 발견한 것이었다. 이 발견은 미국에 통보되었지만 영국의 연구 팀이 직접 우라늄 위원회를 방문하여 설득하기 전까지는 계속해서 무시되었다. 그 후 미국은 거대한 규모의 프로젝트를 추진할 새로운 기구를 설립했다.

맨해튼 프로젝트란 무엇인가?

1942년 '맨해튼 프로젝트'는 핵무기를 만들 목적으로 시작되었다. 이 프로젝트를 총괄하던 사무실이 뉴욕 시의 맨해튼 엔지니어링 디스트릭트에 위치해 맨해튼 프로젝트라고 부르게 되었다. 프로젝트의 책임자는 미 육군의 그로브스Leslie Groves, 1896~1970 장군이었다. 그로브스는 물리학자 오펜하이머J. Robert Oppenheimer, 1904~1967를 과학 책임자로 임명했다. 이 프로젝트가 거둔 최초의 성공은 1942년 12월 시카고 대학에 설치된 페르미의 우라늄 원자로가 최초의 연쇄 핵반응에 성공한 것이었다.

우라늄이 무기로 사용될 수 있을까?

영국의 과학자들은, 천연 우라늄은 우라늄-238과 0.7% 정도의 우라늄-235를 포함하고 있는데 농축 공정을 통해 우라늄-235의 비율을 더 증가시키면 무기로 사용될 수 있다는 사실을 발견했다. 선택된 농축 방법은 캘리포니아에서 개발되었다. 금속 우라늄을 진공 속에서 열을 가해 증발시킨다. 우라늄 속 원자들은 좁은 슬릿 사이를 통과해 강한 자기장을 띤 영역으로 들어간다. 질량의 차이 때문에 두 동위 원소는 조금 다른 경로를 따라가게 된다. 원자들은 분리된 용기의 표면에 응축된다.

칼루트론이라 부르는 수십 개의 거대한 농축 시설이 테네시 주의 오크리지에 설치 되었다. 이 지역이 선정된 것은 근처의 수력 발전소에서 풍부한 양의 전기를 끌어다 쓸 수 있었기 때문이었다. 또한 전자석에 필요한 코일을 만들기에 충분한 구리를 구할 수 없었기 때문에 약 3200만 kg의 은괴를 미 재무부에서 빌려 대신 사용했다.

칼루트론에서 어느 정도 농축된 우라늄은 U_6 기체를 만들기 위해 불소와 결합시켰다. 그러자 두 동위 원소의 질량 차이로 인해 가벼운 $^{235}U_6$가 다공성 막을 통해 무거운 가체보다 (대략 0.5%) 더 빠르게 확산되었다. 핵폭탄을 만들 수 있을 정도(^{235}U가 85~90% 정도로 농축된)로 우라늄-235를 농축시키기 위해서는 수천 번의 분리 작업이 이뤄져야 했다. 이러한 공정을 위해 세워진 오크리지의 공장은 약 18만m^2의 면적을 차지했으며, 1만 2000명의 근로자들을 고용했고, 1999년의 화폐 가치로 환산하여 62억 달러의 비용을 썼다. 또한 미국에서 생산한 전기량의 17%를 한 번에 소비하기도 했는데, 이는 뉴욕 시에서 소비하는 전기보다 더 많은 양이다.

현재는 우라늄을 어떻게 농축할까?

현재는 초원심 분리기를 사용하여 우라늄을 농축한다. 원심 분리기는 밀도가 다른 물질들을 분리하기 위해 의학 연구소에서 일반적으로 사용된다. 시험 튜브가 빠르게 회전하면 밀도가 더 큰 물질들이 중심에서 먼 쪽으로 밀려난다. 밀도가 큰 물질은 회전하기 위해 더 큰 구심력이 필요하기 때문이다. 기체 초원심 분리기는 UF_6을 다른 두 가지의 동위 원소로부터 분리하기 위해 빠르게 회전하는 드럼을 사용한다. 기체 원심 분리기가 현재 사용되는 농축 우라늄의 약 54%를 공급한다. 원심 분리기는 기체 확산을 이용한 분리기보다 훨씬 더 효율적인 분리기이며, 기체 확산 분리기가 사용하는 에너지의 6%에 해당하는 전기 에너지만으로 작동된다.

원심 분리법을 이용하는 분리기는 상대적으로 크기가 작고, 적은 에너지가 필요하기 때문에 무기로 사용할 우라늄을 농축하기 위해 이런 시설이 사용될 수도 있다고 심각하게 우려하고 있다. 파키스탄은 폭탄을 만들기 위해 이런 시설을 이용했고, 북한과 이란도 유사한 시설을 가지고 있는 것으로 보인다.

왜 플루토늄이 폭탄에 사용되었을까?

플루토늄은 자연에선 발견되지 않는 원소다. 그러나 중성자로 우라늄-238의 원자핵에 충격을 가하면 만들어진다. 플루토늄-239(^{239}Pu)는 저속 중성자에 의해 핵분열될 수 있기 때문에 무기로 사용될 수도 있다. 1942년 12월에 오리건 주 핸포드가 플루토늄을 생성하기 위한 부지로 선택되었다. 핸포드가 다소 격리된 곳이기도 했지만, 냉각수로 사용할 물을 공급해줄 컬럼비아 강이 근처에 있기 때문이었다.

뉴멕시코 주의 로스앨러모스에서는 어떤 연구가 이루어졌는가?

1942년 9월 그로브스 장군과 오펜하이머는 무기를 개발하는 국가 기밀 연구소를 세울 장소로 뉴멕시코 주의 로스앨러모스를 선택했다. 샌타페이에서 북서쪽으로 약 56km 떨어진 로스앨러모스는 거의 완벽하게 격리되어 있는 장소였으며, 한 학교가 그 지역을 차지하고 있었다. 제2차 세계대전 기간 동안 이 지역에는 노벨상을 수상한 과학자들과 젊은 과학자들 그리고 엔지니어들과 그들의 가족들을 수용할 주택이 급하게 세워졌다.

이곳에서는 폭탄을 만들기 위해 필요한 농축된 우라늄의 최소 '임계 질량'을 결정한 후, '리틀 보이Little Boy'라 불리는 우라늄을 기반으로 하는 원자 폭탄을 설계하고 만들었다. 우라늄은 두 개의 반쪽 구로 쪼개서 대포와 같이 생긴 컨테이너에 보관되었다. 폭약을 이용해 두 개의 반구를 빠르게 합쳐 연쇄 핵반응을 일으킬 수 있는 충분한 질량의 우라늄을 만들었다. 임계 질량의 약 2.5배인 64kg의 우라늄이 포함된 이 원자 폭탄은 시험을 거치지 않았다. 1kg보다 약간 적은 우라늄이 핵분열할 경우 1kg 중의 0.6g만이 에너지로 변환되지만, 이때 나오는 에너지는 TNT 1만 5000톤이 폭발할 때 나오는 에너지와 같았다. 원자 폭탄 '리틀 보이'는 1945년 8월 6일 일본 히로시마에 투하되었다. 이 폭발로 인해 10만 명 이상이 사망하였고, 화재가 발생했으며 방사능의 피해를 입었다.

로스앨러모스의 두 번째 임무는 플루토늄을 사용한 무기를 설계하여 만드는 것이었다. 처음에는 우라늄 폭탄을 대포 형태로 사용하는 방법을 연구하려 했지만 핸포드 원자로에서 플루토늄이 생성된다는 것을 발견하고 이 플루토늄(^{240}Pu)을 이용한 또 다른 원자 폭탄을 개발하게 되었다. 과학자들은 임계 질량보다 적은 양의 플루토늄을 구 형태의 컨테이너에 넣고 특수 고안된 폭약을 사용해 플루토늄을 압축시켜 임계점 위로 밀도를 증가시켰다. 이렇게 만든 폭탄이 작동할지 확신할 수 없자 이를 시험해 보기로 결정했다.

언제 최초로 '원자 폭탄'을 폭발시켰을까?

'가젯$^{The\ gadget}$'은 시험용 플루토늄 폭탄의 이름이었다. 이 시험용 폭탄은 뉴멕시코 주의 소코로에서 남동쪽으로 약 56km 떨어진 화이트 샌드 시험장의 30m 높이의 타워 꼭대기에 설치되었다. '트리니티'라는 암호명으로 불린 이 폭발 시험은 1945년 7월 16일에 시행되었다. 핵폭발로 발생한 에너지는 TNT 2만 톤에 해당되는 에너지였으며, 예상했던 것 이상이었다. 이 폭탄은 대포 형태의 '리틀 보이'보다 훨씬 안전하고 효율적이었기 때문에 다른 원자 폭탄에도 사용되었다.

어떻게 플루토늄 폭탄이 사용되었나?

생긴 모양 때문에 '팻맨'이라 불린 플루토늄 폭탄은 1945년 8월 9일에 일본 나가사키에 투하되었다. 팻맨은 6.4kg의 플루토늄-239를 포함하고 있었다. 대략 20%가 핵분열되면서 1g도 채 되지 않는 양이 2만 1000톤의 TNT와 맞먹는 양의 에너지를 발

평화 공원의 A-폭탄 아치는 1945년 히로시마에 원자 폭탄이 투하되었을 때 희생한 사람들을 기념하고 있다. 미국은 일본 나가사키에도 원자 폭탄을 투하했다. 그 후 태평양 전쟁은 일본의 항복으로 끝났다.

생시켰다. 이 폭탄으로 8만 명이 사망했다.

현재 몇 나라가 핵무기를 보유하고 있을까?

소련은 1949년에 핵폭발 실험을 했다. 이 실험에 사용된 원자 폭탄은 '팻맨'과 유사했으며, 간첩으로부터 입수된 정보를 이용해 제작되었다. 중국, 영국, 프랑스는 1950년대에 핵무기를 개발했다.

남아프리카는 핵무기를 보유했지만 포기했다. 이스라엘은 핵무기를 가지고 있다는 의심을 받았지만, 이를 인정하지 않고 있다. 인도와 파키스탄은 핵무기를 시험했다. 이란과 북한은 현재 핵무기를 개발하고 있는 것으로 의심되고 있다.

1953년까지 방사성 낙진, 우유와 동물을 방사능으로 오염시키는 지상 핵무기 폭발 시험이 50회 진행되었다. 방사능에 의한 위험이 그 실험에 대한 일반인들의 우려를 증폭시켰다. 하지만 냉전 시대에는 어떤 협정이나 조약도 소용없다는 분위기가 만들어졌다. 그러다 1963년에 지상, 수중 그리고 우주에서 핵 실험을 금지한다는 부분적 핵 실험 금지 조약이 체결되었다. 1968년에는 핵 확산 금지 조약이 체결되었다. 비핵 보유국은 핵무기를 생산하거나 핵무기를 취득하는 행위가 금지되었다. 이미 핵무기를 가지고 있는 국가들이 핵무기 개발을 억제할 수 없을 것이라는 이유로 일부 주요 국가들은 이 조약에 서명하지 않았지만, 대부분의 국가들은 서명했다. 1996년에 포괄적 핵 실험 금지 조약이 UN 총회 회원국 3분의 2 이상의 국가에 의해 채택되었다. 미국도 이 조약에 서명했지만 1999년 비준을 거부했다. 그럼에도 불구하고 전 세계의 337개 시설들이 이 조약에 의해 감시받고 있다. 이 기관들은 분석을 위해 오스트리아 빈에 위치한 센터로 자료를 보내고, 그 결과는 조약에 가입한 국가들에 보낸다.

핵분열이 어떻게 평화적으로 이용되나?

핵 원자로는 전기를 생산한다. 우라늄 핵분열에 의해 생긴 에너지는 원자로를 순환하는 물을 데워준다. 데워진 물은 발전기와 연결된 터빈을 돌리는 증기를 만든다. 핵 발전소도 마찬가지로 모든 전기 발전소와 같이 전기를 만들지만 그중 원자로에 의해 생성된 에너지 중 3분의 1만 전기로 변환된다. 나머지 에너지는 강, 호수 또는 대기 속으로 방출한다. 미국의 경우 104개의 원자로가 있으며, 사용되는 전기의 20% 정도는 원자로에 의해 공급된다. 한국에서는 2011년 5월 현재 21기의 원자로가 가동되고 있으며, 전력 설비 용량으로는 전체 설비용량의 24.1%를 차지하고 있지만, 가동율이 높아 전력 생산량은 전체 전력 생산량의 34.1%를 차지하고 있다.

원자력 발전의 장점과 단점은 무엇일까?

전기는 주로 탄화수소 연료(석탄, 석유, 천연가스)를 사용하는 발전소에서 생산된다. 이런 연료를 화석 연료라 부르는데, 이 화석 연료는 더 이상 만들어지지 않는다. 즉, 이 연료를 전부 소모하고 나면 이 자원은 사라지게 된다. 원자력 발전소는 이런 연료에 대한 의존도를 줄여줄 수 있다. 석탄의 채광은 중요한 환경 비용을 치러야 한다. 석유는 대부분 교통수단에 사용된다. 천연가스는 상대적으로 깨끗하고, 대부분 가정이나 상업적 난방에 사용된다. 원자력의 또 다른 장점은 주로 이산화탄소인 온실가스를 줄여준다는 것이다.

원자력의 주된 단점 중 하나는 발전소 건설을 승인받아 발전소를 건설하는 데 많은 비용과 오랜 시간이 걸린다는 것이다. 비용을 정확하게 계산하기는 어렵지만 원자력 발전소와 해안에 설치된 풍력 발전소가 전기를 생산하는 가장 비싼 방법들이 다. 반면에 중동 지역에서 수입한 석유를 사용하는 것이 가장 싼 방법이지만 불확실성 때문에 비용보다도 다른 요인들이 더 중요해지고 있다.

또 다른 단점으로는 강한 방사능 때문에 사람들에게 장기적인 위험이 되는 핵폐기물 처리에 관한 문제가 있다. 소금 퇴적물의 지하 저장소가 가장 그럴듯한 방법이기는 하지만, 승인된 장기 보관 계획은 아직 발표되지 않고 있다.

원자력 발전소는 안전할까?

지금까지 원자력 발전소와 관련된 세 번의 큰 사고가 있었다. 하나는 1979년 펜실베이니아 주의 스리마일 아일랜드 발전소에서 냉각수 부족으로 원자로 핵의 노심이 용융된 사고였다. 상당한 양의 방사능 기체가 방출되었지만, 이 사고와 연관되는 암의 증가는 없었다고 여러 연구들이 보여주었다. 그럼에도 불구하고 이 사고는 미국에서 원자력 발전소의 증가를 중단시키는 원인이 되었다.

가장 큰 인명 피해와 방사능 오염을 만들어낸 사고는 1986년에 지금은 우크라이나에 속하는 구소련의 체르노빌 원자력 발전소 폭발 사건이다. 냉각 시스템을 점검하는 도중에 흑연 감속로에 전력 공급이 중단되면서 화재와 폭발이 일어난 사고다. 이 사고로 히로시마 폭탄에 의해 방출된 양의 400배 정도에 해당하는 방사능 물질이 소비에트 연방에서 서유럽까지 아주 넓은 지역으로 확산되었다. 이 폭발로 50명이 죽었으며, 방사능으로 인한 암 때문에 수천 명이 사망한 것으로 알려져 있다. 그리고 2011년 3월 일본의 후쿠시마 원전 사고는 체르노빌보다 더 많은 피해를 가져올 것이라는 게 전문가들의 의견이다.

앞으로 더 많은 원자력 발전소가 세워지게 될까?

석탄 채광에 의해 발생되는 온실가스와 환경 문제에 대한 걱정으로 새로운 원자력 발전소를 건설해야 한다는 의견이 다시 힘을 얻고 있다. 원자력 발전소 건설을 지지하는 사람들은 표준화된 발전소가 만들어진다면 허가가 지연되는 것도 줄일 수 있고 비용도 최소화할 수 있다고 말한다. 또한 여러 새로운 형태의 발전소가 제안되었으며 소규모의 테스트를 거치고 있다. 새로운 발전소는 기존의 발전소보다 더 간단하고 더 안전하다는 점을 약속하고 있다. 핵연료의 재활용은 매력적인 옵션이지만 사용된 연료봉 내의 플루토늄은 핵무기 확산의 문제점을 만들기도 한다. 또한 핵폐기물의 장기 보관 계획에 대한 문제점은 여전히 풀어야 할 숙제로 남아 있다.

핵융합은 무엇일까?

핵융합은 핵분열과 반대되는 개념이다. 두 원자핵이 합치거나 융합되면 더 큰 원자핵이 만들어진다. 이렇게 만들어진 원자핵의 질량은 반응하는 원자핵의 질량의 합보다 적기 때문에 그 차이가 에너지로 방출된다. 반응하는 원자핵들은 모두 양전하로 대전되었기 때문에 두 핵 사이에는 큰 척력이 작용하게 된다. 이 힘을 이겨내기 위해 반응하는 원자핵은 매우 높은 에너지를 가져야만 한다. 핵융합은 1932년 영국의 물리학자 올리펀트[Mark Oliphant, 1901 ~ 2000]에 의해 처음으로 관측되었다.

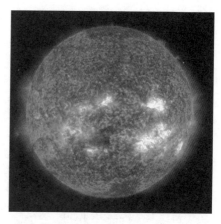

태양과 같은 별 내부에서는 자연적으로 핵융합이 일어난다. 그러나 핵융합에는 많은 에너지가 필요해 실험실에서 핵융합을 일으키는 것은 매우 어렵다는 것이 증명되었다.

일반적으로 핵융합 반응에는 수소의 두 동위 원소인 중수소 ^2H와 삼중 수소인 ^3H가 관여한다. 이 동위 원소들이 융합하면 ^4He를 생성하고 중성자를 방출한다. 이때 방출된 에너지는 수소 원자를 만들기 위해 전자가 양성자와 결합할 때 방출되는 에너지보다 100만 배 이상 되는 양이다.

현재도 핵융합이 일어나고 있는 우리에게 가장 가까운 곳은 어디일까?

태양이다! 태양과 같은 별들에서 일어나는 주반응을 양성자 - 양성자 순환 반응이라 부른다. 이 반응은 1939년 독일계 미국 물리학자 베테[Hans Bethe, 1906 ~ 2005]가 처음 발표했다. 이 순환 반응의 첫 단계에서 두 개의 양성자는 중수소(^2H) 핵으로 융합된다. 중수소는 양성자와 중성자를 가지고 있기 때문에, 두 번째 양성자는 중성자로 변하며 양전자와 중성미자를 방출하게 된다. 양전자는 전자와 쌍소멸하여 두 개의 감마선을 만들어낸다. 두 번째 단계에서 중수소는 또 다른 양성자와 융합해 헬륨 - 3(^3He)

과 감마선을 만들어낸다. 태양의 경우, 세 번째 단계는 두 ^{3}He 핵의 융합이며, 그 결과로 ^{4}He와 두 개의 양성자가 만들어진다. 그래서 총 반응은 여덟 개의 양성자가 반응하여 두 개의 ^{4}He와 여섯 개의 감마선, 두 개의 중성미자, 0.7%의 질량 감소로 인해 발생하는 많은 에너지가 나온다. 이 반응이 이뤄지기 위해 양성자는 반드시 대략 1000만 K에 해당하는 높은 온도와 많은 양의 운동 에너지를 가지고 있어야 한다.

핵융합 폭탄이란 무엇일까?

핵폭탄이 완성되기도 전에 로스앨러모스에 있는 일부 물리학자들은 핵융합을 기반으로 하는 '슈퍼' 무기에 대한 연구를 시작했다. 전쟁이 끝난 후, 과학자들과 정치가들 사이에서 새롭고 더 파괴적인 무기를 개발하는 것에 대해 아주 뜨거운 논쟁이 있었다. 냉전 시대의 긴장감 때문에 미국과 소련은 이 무기를 만들기 위한 프로그램에 착수했으며, 비공식적으로 이를 수소 폭탄이라 불렀다. 미국은 1952년, 소련은 1955년에 이 폭탄을 시험했다. 영국, 중국, 프랑스 역시 이 핵융합 폭탄을 시험한 것으로 알려져 있다.

핵융합 무기에 대한 정보는 여전히 기밀로 남아 있지만, 그중 일부는 밝혀졌다. 밝혀진 것은 수소 폭탄은 중수소와 삼중 수소 기체를 중심부에 놓고 우라늄이나 플루토늄 폭탄을 폭발시킬 때 발생하는 고압과 고온을 이용하여 핵융합을 일으킨다는 것이다. 핵융합 과정에서 방출된 중성자들은 플루토늄이나 우라늄의 분열을 촉진시켜 핵분열 폭탄의 효율을 극대화한다. 이때 방출된 에너지는 여전히 기밀로 남아 있는 과정을 통해 리튬과 중수소가 핵융합을 일으키도록 한다(중성자가 리튬에 충돌하여 리튬을 헬륨과 삼중 수소로 분열시키고, 이때 나온 삼중 수소가 중수소와 융합하여 헬륨을 만든다). 이때 방출된 에너지는 바깥층에 있는 우라늄을 분열시켜 더 많은 에너지를 방출한다. 소련은 TNT 5000만 톤과 맞먹는 폭발력을 가진 핵융합 폭탄을 폭파시켰다. 최근에는 무기의 크기를 줄이려는 노력이 진행되고 있으며, 무기의 크기가 줄어든다면 더 작은 로켓에도 설치할 수 있을 것이다.

핵융합이 평화적 목적으로 사용될 수 있을까?

핵융합 반응을 통해 방출된 에너지를 이용하여 전기 에너지를 생산할 수 있다. 핵융합 반응로를 만들 때 어려운 점은 핵융합에 필요한 온도에서 핵융합 반응에 사용되는 중수소의 핵과 삼중 수소의 핵을 가두는 일이다. 여기에는 두 가지 방법이 사용되고 있다. 하나는 자기 밀폐 방식이고, 또 하나는 관성 밀폐 방식이다. 자기 밀폐 방식에서는 양전하로 대전된 원자핵들을 강한 자기장을 이용해 가두어 원자핵들 사이의 충돌로 핵융합 반응이 일어나도록 하는 방법이다. 원자핵들로 이루어진 플라스마의 온도를 높이 올린 후 핵융합 반응이 발생할 수 있을 만큼 충분히 오래 유지시켜야 한다. 이 경우에는 세 가지 조건이 중요하다. 원자핵의 수(밀도)와 핵이 가진 에너지(온도), 마지막으로는 핵을 가둬놓는 시간이다. 이 세 가지 조건을 만족시켜야 핵융합 반응이 일어날 수 있다.

가장 최근의 핵융합로 연구 프로젝트는 무엇인가?

ITER 원자로 프로젝트는 미국, 러시아, 유럽 연합, 인도, 일본, 중국, 대한민국을 포함한 여러 나라가 참가하고 있는 국제적인 연구 프로젝트다. 이 프로젝트는 건설에만 10년, 작동에 20년이 소요된다. 또한 전기도 생산하지 않는다. 전기를 생산하기 위해서는 더 발전된 원자로가 필요하다. 현재는 0.5g의 중수소-삼중 수소 연료를 사용하여 1000초 동안 500MW의 에너지를 생산하도록 설계되었다. 이 핵융합로에서 최초로 원자로를 가동하는 데 소요되는 에너지보다 더 많은 에너지를 생산할 것이다. 2010년 5월에 남부 프랑스에 이 프로젝트를 위한 최초의 건물 건설을 위한 계약이 체결되었다. 핵융합로 건설은 2018년에 시작할 것으로 예정되어 있다.

어떻게 레이저로 핵융합을 만들어내는 것일까?

원자핵을 융합시키는 두 번째 방법은 관성 밀폐 방식이다. 아주 높은 압력에서 약 10mg 정도의 중수소-삼중 수소가 혼합된 연료를 포함하고 있는 아주 작은 유리, 플라스틱 혹은 금속 구에 강력한 레이저를 사용하여 모든 방향에 충격을 가한다. 레이저는 이 구를 빠른 속도로 증발시켜 핵융합을 만들 만큼 충분하게 연료를 압축할 수 있는 내부를 향한 강한 충격파를 만들게 된다.

캘리포니아의 로런스 리버모어 연구소에 있는 국립 점화 시설은 1997년부터 공사를 하고 있다. 이 시설의 목표는 2MJ 에너지를 가진 자외선 빔이 192개의 각기 다른 방향에서 목표물에 충돌하도록 하는 것이다. 모든 자외선 빔이 몇 피코초(ps) 안에 목표물을 맞혀야 한다. 2010년 1월에 레이저 빔이 700KJ의 에너지를 시험용 구로 전달하여 내부에 있는 기체를 330만 K까지 가열했다. 다음 반응을 위해 레이저 장치를 냉각시키는 데는 몇 시간이 걸렸다. 기술적인 목표는 다섯 시간마다 한 번씩 레이저를 충돌시키는 것이다. 이 중수소-삼중 수소의 융합 연료가 사용되기 전에 레이저를 보호하기 위해 중성자 차폐가 설치되어야 한다. 방출된 에너지를 전기 에너지로 변환하기 위한 기술적인 계획은 아직 없다. 이를 위해 제안된 한 가지 방법은 방출된 에너지로 액화된 리튬을 가열하는 방법이다.

언제쯤 핵융합로에서 전기를 생산해낼 수 있을까?

누구도 이에 대한 답을 할 수는 없지만, 핵융합 프로젝트에 참여하고 있는 과학자들은 1960년대부터 매년 '지금으로부터 약 40년 이내'에 그것이 가능할 것이라고 예상을 반복하고 있다.

답이 없는 질문들

양성자, 중성자 그리고 전자 너머

'표준 모델'은 무엇인가?

아래 설명된 모든 입자들은 표준 모델이라 부른다. 모델은 관측한 것을 설명하기 위해 만들어진 이론과 같은 것이지만, 실제 이론처럼 완전하지는 않다. 표준 모델을 이용한 설명이 매우 잘 맞기는 해도 여기에는 아직 많은 의문점들이 존재한다. 그런 문제들 중 일부가 여기서 다루어질 것이다.

왜 물리학자들은 양성자와 중성자 안에 입자가 있다고 믿을까?

러더퍼드는 금 원자에 알파 입자를 산란시켜 원자 내부는 양전하가 균일하게 분포되어 있지 않다는 사실을 발견했다. 같은 방법으로 높은 에너지의 양성자를 수소 원자핵에 충돌시키면 양성자의 내부에도 양전하가 균일하게 분포되어 있지 않다는 것을 알 수 있다. 양성자는 쿼크라 불리는 훨씬 더 작은 세 개의 대전된 입자로 구성되어 있다. 중성자도 세 개의 쿼크로 구성되어 있다.

어떻게 입자들이 매우 높은 에너지로 가속되는 것일까?

가장 큰 에너지의 입자 가속기로는 시카고 근처의 페르미 연구소에 있는 테바트론 Tevatron과 스위스 제네바 근처에 위치한 유럽 원자핵 공동 연구소CERN의 거대 하드론 충돌 가속기LHC가 있다. 두 가속기 모두 아주 적은 양의 공기조차 남아 있지 않은 금속관인 빔 라인beam line 내부에서 원형 경로를 따라 달리는 양성자를 가속하고 저장한다. 입자 빔들은 시계 방향과 시계 반대 방향으로 빔 라인을 따라 회전한다. 이 빔이 원형 경로 주위의 여러 위치에서 교차하면 입자들이 정면으로 충돌할 수 있다. 많은 초전도 자석들이 입자의 경로를 원형으로 유지하는 역할을 하지만, 다른 자석들은 입자를 작은 빔에 집중시키는 역할을 한다. 고도의 진공으로 유지되는 관 안에서 전기장은 입자들이 가속하는 데 필요한 에너지를 공급한다.

입자 가속기에서 에너지는 전자볼트(eV)라는 단위로 측정된다. 1전자볼트는 1볼트의 전위차에 의해 가속되는 전자가 얻게 된 에너지를 의미한다. 현대의 가속기들은 입자에 수백 메가전자볼트(MeV)나 10억의 전자볼트(GeV)의 에너지를 공급할 수 있다. 테바트론 가속기는 양성자와 반양성자를 충돌시키는데 각각의 빔은 약 1000GeV의 에너지를 가지고 있어 두 빔이 충돌할 때는 2000GeV의 에너지가 나온다. LHC는 양성자와 양성자를 충돌시킨다. 이 충돌 가속기는 각 빔마다 7TeV의 에너지를 가지고 있어 총 충돌 에너지가 14TeV이 되도록 설계되어 있다.

가속기에서 입자끼리 충돌하면 어떤 결과가 발생할까?

두 양성자 사이의 충돌이나 양성자와 반양성자 사이의 충돌을 통해 다른 종류의 입자들을 많이 만들어낼 수 있다. 탐지기는 각 입자가 이동하는 방향을 찾아내고, 전하와 운동량, 에너지를 알아내 입자를 식별하는 일을 한다. 탐지기는 아주 큰 장치다. CDF(페르미 연구소에 있는 충돌 탐지기)의 무게는 5000톤에 달하며, 각 변의 길이는 12m이다. 이 탐지기는 60개의 대학과 연구 기관에 근무하는 600명의 물리학자들이 사용하고 있다. LHC에 설치되어 있는 ATLAS의 크기는 더 크다. ATLAS의 무게는 7000톤에 달하며, 높이 44m, 직경이 25m나 된다. 또한 2000여 명의 물리학자가 건설과 작동에 참여하고 있다.

두 탐지기에서 위치 탐지기는 모두 빔 라인에서 입자들이 만들어지는 곳을 찾아내는 일을 한다. 빔 라인에서는 다소 멀어 보이지만 강한 자석이 대전된 입자들의 경로를 편향시킨다. 자석 외부에는 또 다른 위치 탐지기가 있으며 최종적으로 입자들의 에너지를 측정하는 탐지기들이 있다. 자기장 안에서 대전된 입자들의 휘어진 경로는 입자의 전하와 운동량을 결정하는 데 사용된다.

각각의 충돌은 엄청나게 많은 관측 자료를 만들어내는데 그중 일부만 흥미를 끄는 자료다. 전자 회로와 빠른 컴퓨터는 위치 탐지기로부터 받은 자료를 분석해 이 자료들이 기록해둘 필요가 있을 만큼 흥미 있는 자료인지를 결정한다. ATLAS는 매초 100MB의 데이터를 만들어낸다. LHC 전체는 매초 4GB의 데이터를 만들어내는데, 이는 DVD 디스크를 꽉 채울 정도의 정보량이다.

물리학자들은 왜 이 입자들의 이름을 '쿼크'라 지었으며, 쿼크가 향기와 색을 가진다는 것은 어떤 의미일까?

미국의 물리학자 겔만Murray Gell-Mann, 1929~은 제임스 조이스의 《피네간의 경야Finnegan' Wake》에서 사용한 "머스터 마크를 위한 세 개의 쿼크Three quarks for Muster Mark"라는, 아무도 그 의미를 알 수 없는 문구로부터 '쿼크'란 이름을 따왔다. 쿼크의 향기와 색은 우리가 일상생활에서 사용하는 의미와는 전혀 상관없다. up 쿼크와 down 쿼크라는 이름은 초기 이 이론의 중심에 있던 양성자와 중성자의 성질과 관련이 있다. 어떤 사람들은 일반 단어를 매우 전문적인 용어에 사용하면 물리학자들이 이 입자를 신중하게 생각하지 않는다는 인상을 줄 수 있다고 주장하지만, 또 다른 사람들은 이런 용어의 사용이 물리학과 사람들 사이의 장벽을 없애줌으로써 사람들이 물리학적 토론에 참여할 수 있게 하는 기발한 접근 방식이라고 말하기도 한다.

쿼크는 어떤 성질을 가지고 있을까?

쿼크는 분수 전하를 가진다. 예를 들어 u(up) 쿼크는 양성자 전하의 $\frac{2}{3}$의 전하량을 가지고 있고, d(down) 쿼크는 양성자 전하의 $-\frac{1}{3}$의 전하량을 가지고 있다. 양성자는 두 개의 u 쿼크와 하나의 d 쿼크로 이루어져 있으며, 중성자는 하나의 u 쿼크와 두 개의 d 쿼크로 이루어져 있다. 쿼크의 전하량이 올바르게 계산되었는지는 확인해 볼 수 있다. u 쿼크와 d 쿼크는 쿼크의 두 가지 다른 '향기'라고 한다. 쿼크는 전자나 중성미자와 마찬가지로 반정수 스핀을 가지므로 두 개의 쿼크가 같은 양자 상태에 있을 수 없다. 쿼크는 색 전하라 불리는 또 다른 성질을 가지고 있는데, 색 전하에는 빨강, 파랑, 초록이 있다. 양성자와 중성자를 이루는 쿼크는 반드시 색 전하 중 각각 한 가지씩만 가져야 하며 이 색 전하를 모두 합치면 보통 색의 혼합처럼 흰색이 되어야 한다.

쿼크에도 반쿼크가 존재할까?

존재한다. $-\frac{2}{3}$의 전하량을 가진 반u 쿼크와 $\frac{1}{3}$의 전하량을 가진 반d 쿼크($\overline{d}$)가 있다. 반양성자는 두 개의 반u(up) 쿼크($\overline{u}$)와 하나의 반d(down) 쿼크($\overline{d}$)로 이루어져 있다. 반쿼크는 빨간색, 파란색, 초록색의 보색인 청록색, 자홍색, 노란색의 색 전하도 가지고 있다. u(혹은 d) 쿼크와 $\overline{u}$(혹은($\overline{d}$)) 쿼크는 쌍소멸하여 에너지를 방출한다.

양성자나 중성자 안에서 쿼크들을 묶어놓는 것은 무엇일까?

글루온이라 부르는 질량이 없는 여덟 개의 다른 입자들이 쿼크를 함께 묶어놓는 힘을 작용한다. 글루온은 보존에 속하는 입자다. 페르미온인 쿼크, 전자, 중성미자는 반정수 스핀을 가지지만 보존은 정수 스핀을 가진다. 보존은 생성되거나 소멸될 수 있지만, 페르미온은 반페르미온이 생성될 때만 생성될 수 있다. 하나의 페르미온은 반페르미온이 동시에 소멸되지 않는 한, 스스로 소멸될 수도 없다.

쿼크는 분리할 수 있을까 아니면 항상 양성자나 중성자 안에 묶여 있어야 할까?

자유 쿼크에 대한 많은 연구가 계속되고 있지만 자유 쿼크는 관측된 적이 한 번도 없다. 쿼크와 글루온 사이의 상호작용을 설명하는 이론인 양자 색깔 역학(줄여서 QCD 라 함)에서는 글루온은 늘어날수록 더 큰 힘을 작용하기 때문에 단독 쿼크를 분리해내는 것은 가능하지 않다. 다시 말하면 쿼크 사이에 작용하는 힘은, 늘어날수록 힘이 커지는 용수철에 작용하는 힘과 같이 행동한다.

전자와 중성미자들은 쿼크, 글루온과 상호작용을 할까?

전자와 중성미자들을 렙톤이라 부르며, 렙톤은 가벼운 입자라는 뜻이다. 렙톤은 강한상호작용을 하지 않기 때문에 쿼크나 글루온과 강한상호작용을 통해 상호작용하지는 않는다. 하지만 렙톤은 힘을 전달하는 또 다른 입자인 W 보존과 Z 보존을 통해 약한상호작용을 하기 때문에 이런 방법으로 쿼크와 상호작용한다고 할 수 있다.

베타 붕괴에 중성자, 양성자, 전자, 중성미자가 관여한다. 쿼크를 이용하여 베타 붕괴를 어떻게 설명할 수 있을까?

베타 붕괴는 두 단계로 이루어진다. 첫 단계는 d 쿼크가 W 보존을 방출하고 u 쿼크로 변한다. 그 후 거의 동시에 W 보존은 전자와 반중성미자($\overline{\nu}$)로 변한다. 물리학자들은 베타 붕괴의 두 단계 과정을 412쪽과 같은 그림으로 나타낸다.

원자핵에서 베타 붕괴가 일어나면 중성자의 수는 하나 줄어들고, 양성자 수는 하나 증가하며 그 과정에서 전자와 반중성미자가 방출된다. 이것을 쿼크와 렙톤의 용어를 이용하여 설명하면 중성자 속에 있는 d 쿼크 하나가 양성자 속에 있는 u 쿼크로 변하는 것이며, 이 과정에서 렙톤(전자)과 반렙톤(반중성미자)이 방출된다고 할 수 있다. d 쿼크가 u 쿼크로 변하는 것은 향기의 변화이며, 베타 붕괴에서만 발생할 수 있다. 역 베타 붕괴에서는 양성자 내에 있는 u 쿼크가 d 쿼크로 변하며 렙톤(중성미자)과 반렙톤(양전자)이 방출된다.

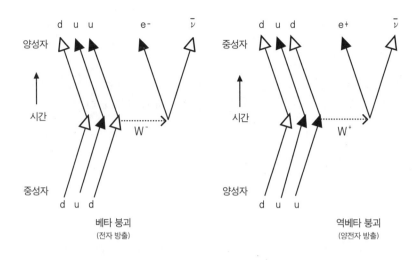

양성자와 중성자가 u쿼크와 d쿼크를 포함하고 있는 유일한 입자일까?

　1950년대에 전자의 질량과 양성자의 질량 사이의 질량을 가지는 새로운 많은 입자들이 발견되었다. 이 입자들에는 '중간자^{mesotron}'라는 이름이 붙었다. 여기서 'meso'란 중간이란 뜻을 가진다. 그리고 곧 그 이름이 중간자^{meson}가 되었다. 입자 가속기에서 생성되는 가장 대표적인 중간자는 파이 중간자, 즉 파이온이다. 파이온은 양 또는 음으로 대전될 수 있고, 대전되지 않을 수도 있다.

　쿼크 모델에서 중간자는 쿼크와 반쿼크로 구성되어 있다. 세 개의 파이온을 구성하는 쿼크는 다음과 같다.

파이온	π^+	π^-	π°
쿼크	$u\bar{d}$	$d\bar{u}$	$1\sqrt{2}\ (d\bar{d}-+u\bar{u})$
쿼크 전하	$+\frac{2}{3}+\frac{1}{3}$	$-\frac{2}{3}-\frac{1}{3}$	$0.707\left(-\frac{1}{3}+\frac{1}{3}+\frac{2}{3}-\frac{2}{3}\right)$

또한 세 개의 u 쿼크와 d 쿼크를 여러 방법으로 조합하여 다른 입자를 만드는 것도 가능하다. 이 입자들은 양자, 중성자보다 더 무거운 질량을 가지며, 매우 높은 에너지의 양자와 중성자를 충돌시켜 만들 수 있다. 예를 들어 uuu의 조합은 $+2$ 전하를 가진 입자를 만들며, ddd 조합은 -1의 전하를 가진 입자를 만든다. 이 입자들은 강한 상호작용을 통해 붕괴된다. uuu는 여분의 에너지가 $d\bar{d}$쌍을 만들 때 붕괴된다. d쿼크는 uuu 중 하나의 u 쿼크와 바뀌어 양성자가 되고, $\bar{d}$는 여분의 u 쿼크와 결합해 π^+ 중간자를 형성한다.

아직 더 많은 쿼크와 렙톤이 있을까?

쿼크와 렙톤에는 여러 세대가 존재한다. 2세대 쿼크에는 스트렌지(s) 쿼크와 참(c) 쿼크가 있다. s 쿼크의 이름은 이 쿼크들을 포함한 입자들이 여느 입자들과는 매우 다른 방식으로 붕괴하기 때문에 이런 이름으로 불리게 되었다. 2세대 렙톤에는 뮤온과 뮤온 중성미자가 속한다. 뮤온의 원래 속성이 발견되기 전까지 뮤온을 뮤-중간자라고 불렀다. 3세대 쿼크에는 b 쿼크와 t 쿼크가 있다. 또한 타우와 타우 중성미자는 3세대 렙톤이다. 다음의 표는 이 입자들의 성질을 보여준다.

세대	쿼크 전하 $+\frac{2}{3}$	전하 $-\frac{1}{3}$	렙톤	반쿼크 전하 $-\frac{2}{3}$	전하 $+\frac{1}{3}$	반렙톤
1세대	up u	down d	전자 전자중성미자 e ν	반up $\bar{u}$	반down $\bar{d}$	양전자 반중성미자 e^+ $\bar{\nu}$
2세대	charm c	strange s	뮤온 뮤온중성미자 μ ν_μ	반-c $\bar{c}$	반-s $\bar{s}$	반뮤온 반뮤온중성미자 $\bar{\mu}$ $\bar{\nu}_\mu$
3세대	top t	bottom b	타우온 타우중성미자 τ ν_τ	반-t $\bar{t}$	반-b $\bar{b}$	반타우 반타우중성미자 $\bar{\tau}$ $\bar{\nu}_\tau$

1세대 쿼크와 렙톤 이후의 쿼크와 렙톤은 우주에서 어떤 역할을 할까?

2세대와 3세대 쿼크와 렙톤을 생성하려면 아주 많은 양의 에너지가 필요하다. 테바트론^{Tevatron}과 거대 하드론 충돌 가속기(LHC)와 같은 입자 가속기들은 이런 쿼크와 렙톤을 만들고 연구하기 위해 설치되었다. 또한 쿼크나 렙톤은 매우 높은 에너지를 가진 우주선이 지구의 대기와 충돌했을 때 만들어지기도 한다. 일부 천체 물리학자들은 별들 중에는 s 쿼크를 포함한 별도 있다고 믿고 있다. 이 입자들은 또한 빅뱅 직후 우주의 온도가 극도로 높았을 때도 만들어졌다. 그러므로 가속기를 사용하여 높은 에너지 충돌을 연구하는 것은 초기 우주의 상태를 연구하는 방법이 된다.

쿼크와 렙톤의 질량은 얼마나 될까?

쿼크는 분리될 수 없기 때문에 쿼크의 질량을 결정하기 위해서는 여러 가지 이론들을 사용하여 계산하는 방식으로 구할 수밖에 없다. 전하를 가지고 있는 렙톤의 질량은 상당히 정확하게 측정할 수 있다. 표준 모델에서 중성미자는 모두 질량을 가지고 있지 않지만, 최근의 실험에서는 중성미자도 질량을 가지고 있어야 한다는 결론이 나왔다.

질량은 아인슈타인의 식 $E=mc^2$을 이용해 계산한 것으로, 에너지를 빛의 속도 제곱으로 나눈 값이다.

쿼크	질량	렙톤	질량
u	2.01MeV/c^2	e	0.511MeV/c^2
d	4.79MeV/c^2	ν	$<2.2\text{eV/c}^2$
c	1.27GeV/c^2	μ	105.7MeV/c^2
s	92.4MeV/c^2	ν_μ	$<0.17\text{MeV/c}^2$
t	171.2GeV/c^2	τ	1.777GeV/c^2
b	4.2GeV/c^2	ν_τ	$<15.5\text{MeV/c}^2$

쿼크와 렙톤이 가지는 질량의 근원은 무엇인가?

영국의 물리학자 힉스$^{Peter\ Higgs,\ 1929~}$는 쿼크와 렙톤, 그리고 약한상호작용에 관여하는 두 보존 입자 W와 Z가 질량을 가지게 되는 메커니즘을 제안했다. 이 메커니즘은 성공적으로 Z 보존의 질량을 예측했지만 힉스 입자라 불리는 입자의 존재를 필요로 한다. 많은 연구에도 불구하고 힉스 보존은 아직 발견되지 않았다. 현재는 2010년부터 가동을 시작한 거대 하드론 충돌 가속기^{LHC}가 양성자를 충분히 높은 에너지로 가속하여 힉스 보존을 발견할 수 있을 것이라 기대하고 있다.

쿼크의 질량을 합하면 양성자의 질량이 될까?

두 개의 u 쿼크와 하나의 d 쿼크 질량의 합은 $8.81MeV/c^2$이다. 글루온은 질량을 가지고 있지 않고 양성자의 질량은 $938MeV/c^2$이다. 어떻게 이런 일이 일어날 수 있을까? 나머지 질량은 양성자 안에 있는 쿼크와 글루온이 가지는 높은 에너지다.

힘을 매개하는 입자는 무엇일까?

광자는 전기적 상호작용을 매개하는 입자이다. 양전하로 대전된 두 물체 사이에 작용하는 전기력은 전기장을 이용해서가 아니라 광자(눈에 보이지 않는)의 교환으로도 수학적 설명이 가능하다는 의미이다. 광자는 질량도, 전하도 가지고 있지 않지만 각운동량은 가지고 있다. 글루온은 쿼크 사이에 작용하는 강한상호작용을 매개하는 입자이다. 약한상호작용은 크고 무거운 W^+, W^-, 그리고 Z^0 입자가 매개한다. 중력은 그 래비톤이라 불리는, 질량이 없는 입자에 의해 매개된다.

중성미자는 어떻게 발견되었을까?

중성미자는 물질들과 좀처럼 상호작용하지 않는다. 매초당 사람의 몸을 관통하는 중성미자의 수는 수백조 정도 된다. 하지만 일생 동안 사람의 몸을 이루는 물질과 한 번 상호작용할 확률은 4분의 1이다. 때문에 중성미자 탐지기는 매우 커야 하며 탐지기에 부딪히는 중성미자들 중 극히 일부만 탐지될 것을 예상해야 한다. 대부분의 탐지기들은 아주 순수한 물이나 기름을 가득 채운 큰 용기로 이루어져 있다. 중성미자가 물질과 상호작용하면 작은 불꽃이 만들어지는데 민감한 광전관이 이 불꽃을 찾아낸다. 탐지기는 태양, 우주선, 초신성, 원자로, 입자 탐지기로부터 오는 중성미자를 식별한다. 몇몇 실험에서는 원자로나 가속기에서 발생하는 중성미자를 지구를 관통하여 먼 거리에 있는 탐지기로 보내고 이 중성미자 빔을 관측하기도 했다.

중성미자가 질량을 가지고 있다는 증거는 무엇인가?

지금까지의 실험 결과에 의하면, 태양으로부터 오는 중성미자의 수는 태양에서 일어나고 있는 핵융합 반응에서 만들어지는 것으로 예측되는 중성미자의 수보다 훨씬 적다. 이 문제의 해답으로 제시된 해결책 중 하나는 중성미자가 태양에서 지구로 오는 동안 하나의 향기에서 다른 향기로 변화하기 때문에 탐지되는 수가 극히 적을 수 있다는 것이다. 이런 현상을 중성미자 진동이라 부른다. 중성미자 진동은 중성미자가 작은 질량을 가지고 있을 때만 발생할 수 있다. 이 중성미자 진동을 지지하는 대부분의 실험들은 중성미자 진동으로 인해 다른 향기로 바뀌어 부족해진 중성미자의 향기를 측정하는 것이다. 최근의 실험에서는 CERN의 가속기로부터 732km 떨어져 있는 이탈리아의 그란사소 터널에 설치된 탐지기를 이용하여 뮤온 중성미자 빔에서 타우 중성미자를 탐지했다. 이러한 향기의 변화는 중성미자 진동을 지지하는 이유가 된다.

어떻게 하면 표준 모델에 중력이 포함될 수 있을까?

중력은 표준 모델에 포함될 수 없다. 아인슈타인의 일반상대성이론에서 설명된 중력은 거시적인 범위에서는 매우 성공적인 이론이다. 하지만 양자 중력을 만들기 위한 시도는 모두 실패했다. 마찬가지로 표준 모델에 중력을 포함시키기 위한 노력도 실패했다.

무엇이 표준 모델을 대체하거나, 표준 모델에 추가될 수 있을까?

표준 모델을 대체하도록 제안된 것은 초대칭성이다. 표준 모델에 포함된 모든 보존은 초대칭성 페르미온 동반 입자(스파티클)를 가진다. 모든 페르미온 입자 역시 초대칭성 보존 동반 입자를 가진다. 이 동반 입자를 슬렙톤slepton 스쿼크squark, 글루이노gluino, 포티노photino라 부른다. 초대칭 동반 입자는 표준 모델에 있는 입자들보다 훨씬 더(최소한 4800억 전자볼트 이상) 무거워야 한다. 거대 하드론 충돌기LHC가 이 초대칭 동반 입자를 찾기에 충분할 만큼 높은 에너지까지 도달할 수 있을지도 모른다. 하지만 현재로서는 초대칭 동반 입자의 존재를 직접 보여주는 증거는 없다.

표준 모델을 대체하도록 제안된 두 번째 이론은 끈 이론이다. 끈 이론에는 일반적인 4차원 시공간(세 개의 공간 차원, 하나의 시간 차원)보다는 10차원 이상의 고차원 공간이 필요하다. 끈은 (고무줄처럼) 아주 작은 고리다. 일부 이론에서는 이 고리가 끊어져 개방된 끈이 될 수 있다고 하지만 다른 이론에서는 이것이 가능하지 않다. 끈은 기타 줄과 같이 특정 주파수에서만 진동한다. 각 진동의 주파수는 기본 입자에 대응된다. 만일 끈 이론에 페르미온(쿼크와 렙톤)을 포함하려면 반드시 초대칭성이 존재해야 한다.

끈 이론의 가장 큰 장점은 중력을 운반하는 입자인 그래비톤이 자연스럽게 제자리를 찾는다는 것이다. 하지만 끈 이론이 양자 중력의 이론이 된다면 끈의 길이는 플랑크 길이라 부르는 $1.6 \times 10^{-35} \text{m}$가 되어야만 한다. 이는 상상하기 힘들 정도로 짧은 길이로, 양성자 지름의 10^{-20}배에 해당하는 길이이다.

하지만 끈 이론에는 더 먼 거리에서 효과를 느낄 수 있게 만드는 대칭성이 포함되어 있다. 현재로서는 끈 이론을 시험할 수 있는 실험이 없다. 만일 초대칭 입자가 발견된다면, 끈 이론도 더 많은 지지를 얻을 수 있을 것이다.

입자 물리에서 해결되지 않은 문제는 무엇인가?

질량의 근원은 무엇일까? 힉스 입자는 존재하는가? 어떻게 해야 쿼크의 질량을 기반으로 물리적 입자들의 질량을 완벽하게 설명할 수 있을까? 쿼크와 렙톤에 3세대 이후의 다른 세대가 있을까? 중성미자의 질량은 얼마나 될까? 중성미자는 자신의 반입자가 될 수 있을까? 어떻게 중력적 상호작용이 입자 물리 이론과 통합될 수 있을까? 초대칭성과 끈 이론이 표준 모델을 대체할 수 있을까? 당신이 이 문제들과 다른 문제들에 대한 답을 찾을 수 있을지도 모른다.

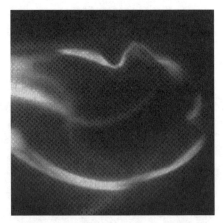

대부분의 사람들로서는 상상도 하기 힘들 정도로 작은 끈은 10차원에 존재하는 이론적인 물체로 쿼크보다 훨씬 작다. 알려진 방법으로는 끈의 존재를 관측을 통해 증명할 수는 없다. 그러나 끈 이론은 물질, 에너지 그리고 중력과 같은 힘이 우주에서 어떤 역할을 하는지를 설명하는 데 도움을 준다.

얽힘, 순간 이동 그리고 양자 컴퓨터

얽힘이란 무엇인가?

양전자와 전자가 서로 소멸될 때 어떤 일이 발생할지 생각해보자. 전자와 양전자가 쌍소멸하면서 만들어진 두 개의 감마선(높은 에너지 양자인)은 완전히 반대 방향인 180도 방향으로 날아간다. 이들은 생성된 곳에서 수 미터 떨어진 곳에서 탐지될 수 있지만 서로 반대 방향의 스핀을 가져야 한다. 그러나 두 개의 감마선 중 어떤 감마선이 어떤 스핀을 가지게 되는지는 무작위로 선택된다. 즉 각각의 감마선이 특정 방향의 스핀을 가지게 될 확률은 50%다. 그런데 실험을 통해 한 감마선이 위 방향 스핀을 가지고 있다는 것을 발견했다고 가정해보자. 이 감마선의 스핀을 측정한 그 순간 다른 감마선의 스핀은 반드시 아래를 향해야 한다. 즉 한 측정의 결과가 다른 측정의 결과를 결정한다는 것이다. 두 개의 탐지기가 동시에 감마선의 스핀을 측정한다면, 하나의 감마선이 자신의 정보를 보내주기 위해 다른 감마선과 통신하는 것은 가능하지 않다.

물리학자들은 두 광자의 스핀이 얽혀 있으며 각 광자의 스핀 상태는 가능한 두 스핀 상태가 중첩된 상태라고 말한다. 스핀을 측정할 때 '파동 함수가 붕괴'되어 특정한 스핀 상태가 되는 것으로, 아인슈타인은 이 같은 결과를 '원격 유령 작용'이라 불렀으며, 다른 물리학자들은 이를 양자 역학의 기묘함이라고 했다.

비슷한 결과를 원자나 이온에서도 발견할 수 있다. 이 경우에는 빛의 양자인 광자가 공간이나 광섬유를 통해 전송된다. 예를 들면 광자를 흡수하여 들뜬상태가 된 원자가 내는 두 개의 광자가 앞서 예로 든 감마선과 같이 얽힘 상태에 있을 수 있다.

양자 순간 이동이란 무엇이며 어떻게 얽힘을 사용할까?

먼저 무엇이 순간 이동이 아닌지부터 이야기해보자. 〈스타 트렉〉에서 "나를 전송해, 스카티"라고 말한 후 한 장소에서 사라져 다른 장소에서 나타나는 것은 여기서 이야기하려는 순간 이동이 아니다. 여기서 이야기하는 순간 이동은 광자나 원자의 정보 교환과 관련된 것이다.

순간 이동은 원자의 상태가 순간적으로 전송자 엘리스로부터 수신자 밥에게 전달되는 것을 말한다. 이것은 얽힘 상태에 있는 두 광자나 원자 사이에서 일어난다.

발신자 엘리스는 먼저 원자의 상태를 측정한다. 이 상태가 바로 엘리스가 수신자 밥에게 보낼 정보가 되는 것이다. 동시에 엘리스는 두 광자 중 하나의 편광을 측정한다. 이 편광에 대한 정보가 수신자 밥이 정보를 풀 수 있게 도와줄 암호화된 열쇠다. 두 양자가 얽힘 상태에 있기 때문에, 전송된 양자의 편광 상태가 고정된다. 수신자 밥은 이제 엘리스가 보낸 정보를 해석할 수 있는 열쇠를 가지게 되었다. 물론 실제로 이 암호의 열쇠는 하나의 광자의 편광에 관한 정보가 아니라 아주 많은 광자의 편광에 대한 정보일 것이다.

베이징에서 공기를 통해 16km의 거리에서 이런 방식으로 정보를 주고받은 것이 지금까지 가장 멀리서 순간 이동에 성공한 거리다.

큐빗이란 무엇일까?

큐빗이란 양자 비트의 줄인 말이며, 양자 컴퓨터에서 사용되는 정보의 최소 단위이다. 원자, 이온, 광자 혹은 전자의 상태가 큐빗이 될 수 있다. 두 감마선의 편광 상태와 같이 큐빗은 0이나 1 중의 한 값을 가지는 것이 아니라 0과 1 값을 동시에 가질 수 있다. 따라서 큐빗은 0과 1 사이의 어떤 값도 가질 수 있다. 큐빗의 값을 측정하면 0 또는 1 중의 한 값을 얻게 되어 일반 컴퓨터의 비트처럼 작동할 것이다. 얽힘 관계에 있는 광자(또는 원자)의 상태를 0이나 1의 상태로 붕괴시키지 않은 채 이용하는 것이 핵심이다.

양자 컴퓨터는 특성상 많은 문제들을 동시에 작업할 수 있는 병렬 기기다. 현재 12 큐빗을 사용한 컴퓨터가 실험되었다. 따라서 양자 컴퓨터가 실용화되기까지는 가야 할 길이 멀다. 하지만 계속 발전하고 있다. 한 회사에서 CD 플레이어에 사용하는 것과 같은 레이저를 이용하여 얽힘 상태의 광자를 만들어낼 수 있게 함으로써 양자 컴퓨터의 크기를 크게 줄였고 단순하게 했으며 비용을 줄였다.

양자 순간 이동이 오류 없이 더 먼 거리에서도 작동할 수 있을까?

현재로서는 중간에서 암호를 가로챌 방법은 없다. 양자 순간 이동이 정말 계속될 수 있을까? 양자 컴퓨터가 실용적인 것이 될까? 현재 양자 컴퓨터의 사용 목적은 큰 수를 인수 분해하여 전자 메시지를 안전하게 만들어주는 암호를 생성하는 것이다. 기존의 컴퓨터가 할 수 없었던 어떤 문제들을 양자 컴퓨터가 풀 수 있을까?

우주의 구조와 종말

우주를 구성하고 있는 것은 무엇일까?

별, 은하, 기체 구름, 블랙홀, 광자, 중성미자 등을 말한다면 정답의 일부만 맞힌 것이다. 이런 알려진 물질들은 우주의 질량-에너지 중 단지 5%만을 구성하고 있다! 그리고 암흑 물질이 나머지 23%를 차지하고 있다. 암흑 물질은 전자기적 상호작용을 하지 않고 중력적 상호작용만 한다. 그러므로 암흑 물질은 눈에 보이지 않기 때문에, 이를 관통해서 볼 수 있다. 우주의 질량-에너지의 나머지 72%는 암흑 에너지로 구성되어 있다.

왜 천문학자들은 우주에 암흑 물질이 있다고 믿는 것일까?

우주에 눈에 보이는 별과 은하들 이외에 더 많은 것들이 있다는 생각을 하게 된 것은 1933년 스위스계 미국 천문학자 츠비키[Fritz Zwicky, 1898~1974]가 머리털자리 은하단에 있는 은하들의 움직임을 연구하면서부터이다. 이 은하들의 빠른 움직임을 설명하기 위해서는 측정할 수 있는 질량보다 400배 이상 되는 질량이 필요했다. 1970대에는 미국 천문학자 루빈[Vera Rubin, 1928~]이 은하의 회전을 연구하고 은하의 물질들 중 적어도 반은 눈에 보이지 않는 암흑 물질이라는 것을 발견했다.

또한 암흑 물질이 존재한다는 증거는 중력 렌즈 현상에서도 발견할 수 있다. 중력 렌즈 현상은 빛에 중력이 작용하여 멀리 있는 은하에서 오는 빛이 가까이 있는 은하에 의해 휘어지는 현상을 말한다. 그 결과, 렌즈를 통해 은하를 보는 것처럼 먼 거리에 있는 은하의 형태와 위치가 뒤틀리게 된다. 중력 렌즈 효과에 의해 결정된, 충돌하는 두 은하의 질량 중심은 엑스선의 밝기를 이용해 측정한 광학적인 중심과 멀리 떨어져 있다. 이것은 아마도 충돌의 영향 때문일 것이다.

우주를 시작하도록 한 빅뱅 초기에 방출된 전파와 적외선을 3K 우주 마이크로파 배경 복사라고 부른다. 이런 우주배경복사를 자세히 이해하기 위해서도 많은 양의 암흑 물질이 필요하다.

암흑 물질을 구성하고 있는 것은 무엇일까?

많은 물질들이 암흑 물질의 후보로 거론되고 있지만 현재 모든 학자들이 동의하는 물질은 없다. 별이 되다 만 갈색 왜성이 암흑 물질의 일부분일 수 있고, 아주 작은 질량을 가진 중성미자도 암흑 물질의 일부일 수 있다. 그러나 이보다 더 가능성이 높은 물질로는 앞에서 설명했던 초대칭 입자다. 최근에는 약하게 상호작용하는 질량이 큰 입자라는 뜻의 윔프WIMP, Weakly Interacting Massive Particles에 대한 논의에 초점이 맞춰지고 있다. 만약 윔프가 존재한다면 윔프가 지구를 관통할 것이므로 이 입자를 검출하려는 다양한 실험들이 이루어지고 있다. 한 실험에서 얻은 초기 결과에 의하면, 두 개의 입자를 탐지했다고 주장했다. 다른 실험들은 감마선이나 반물질로부터 간접적인 증거를 찾고 있다. 그중 한 실험은 과잉 양전자를 발견했지만, 과잉 반양성자는 발견하지

허블 우주 망원경으로 찍은 이 사진은 은하의 CL002+17 지역을 둘러싸고 있는 어두운 고리를 보여준다. 과학자들은 이런 은하의 뒤틀린 상은 고리 안에 분포해 있는 암흑 물질 때문이라고 생각하고 있다. 이 고리의 지름은 5억 광년이나 된다.

못했다. 암흑 물질이 무엇으로 구성되어 있는지에 대한 연구는 천체 물리학 분야에서 가장 활발하게 연구되고 있는 것들 중 하나다.

암흑 에너지란 무엇일까?

우주가 존재하기 시작한 후 처음 100억 년 동안은 일반 물질과 암흑 물질의 중력이 우주의 팽창을 감속시켰다. 하지만 약 50억 년 전부터 우주의 속도가 점점 빠른 속도로 팽창하기 시작했다. 초신성을 이용한 연구를 통해 우주의 팽창이 가속되고 있다는 것을 알게 되었는데, 이러한 우주 가속 팽창의 원인은 암흑 에너지 때문이라고 알려졌지만 암흑 에너지의 성질은 전혀 알려져 있지 않다. 이는 중력을 통해서만 작용하며 매우 희박하다.

한 가지 가능성은 아인슈타인의 일반상대성이론에 우주 상수를 추가하여 수정해야 한다는 것이다. 아인슈타인 스스로 이런 상수에 대해 생각했지만, 이를 자신의 가장 큰 실수라 생각하고 폐기했다. 이 상수가 가진 문제점은 입자 물리학이 예측하는 이 상수의 값은 1(적절한 단위로)이지만, 우주의 팽창을 설명하기 위해 필요한 상수의 값은 10^{-120}이라는 점이다. 이러한 큰 차이는 설명할 방법이 없다.

계속 팽창하는 우주에는 무슨 일이 발생할까?

우주의 팽창이 수십억 년 동안 계속되면 우리은하 밖에 있는 은하들은 보이지 않게 될 것이다. 지구에서 보는 다른 은하들의 겉보기 속도가 빛의 속도보다 빨라지기 때문이다. 일부 모델에서 암흑 에너지가 모든 은하들과 태양계를 흩어놓을 것이며 결국에는 너무 강해져서 원자들과 심지어는 원자핵까지 분열시킬 것이라고 예상한다. 그리고 우주는 '빅 립Big Rip'으로 최후를 맞을 것이다. 다른 모델에서는 중력이 다시 강해져 우주가 수축해 '빅 크런치Big Crunch'로 최후를 맞을 것이라고 한다. 이 두 가지 최후 중 하나를 결정하기 위해서는 우주의 가속에 대한 더 많은 측정이 이뤄져야 할 것이다.

기호

a	가속도	EM	전자기	KE	운동 에너지
A	암페어	emf	기전력	kg	킬로그램
AC	교류	eV	전자볼트	kWh	킬로와트시
AM	진폭 변조	f	펨토(10^{-15})	l	길이
b	바텀 쿼크	F	힘	lum	루멘
B	자기장의 세기	f	진동수	M, m	질량
c	센티(10^{-2})	°F	화씨온도	M	메가(10^6)
C	축전기	FM	주파수 변조	m	미터
c	참 쿼크	G	기가(10^9)	m	밀리(10^{-3})
C	쿨롱	g	그램	MA	역학적 에너지
c	빛의 속도	g	중력장의 세기	n	나노(10^{-9})
°C	섭씨온도	G	중력 상수	n	굴절률
cal	칼로리	h	헥토(102)	n	중성자
Cal	대칼로리(kcal)	h	플랑크 상수	N	뉴턴
cd	칸델라	Hz	헤르츠(회/초)	N	수직 항력
d	데시(10^{-1})	i	교류 전류	n	정수
d	거리	I	직류 전류	p	운동량
d	다운 쿼크	I	충격량	P	페타(10^{15})
da	데카(10^1)	I	관성 모멘트	p	피코(10^{-12})
dB	데시벨	J	줄	P	일률
DC	직류	k	상수를 나타내는 일반적인 기호	P	압력
E	전기장			Pa	파스칼
E	에너지	K	켈빈	PE	위치 에너지
e	전자	k	킬로(10^3)	psi	파운드/인치^2

q	전하
R	저항
S	엔트로피
s	초
s	스트렌지 쿼크
T	온도
T	테라(10^{12})
t	시간

t	톱 쿼크
u	업 쿼크
V	전위차(볼트)
v	속도
V	볼트
W	전하를 띤 보존 (약한상호작용)
x	직교 좌표계에서의 방향

X, x	미지수
y	직교 좌표계에서의 방향
z	직교 좌표계에서의 방향
Z	중성 보존 (약한상호작용)

그리스 문자	읽기	의미
α	알파	알파 입자
α	k알파	각가속도
β	베타	베타 입자
γ	감마	감마선
γ	감마	특수상대성이론의 요소
Δ	델타	변화량
θ	세타	각도
μ	뮤	마이크로(10^{-6})
ν	누	진동수
π	파이	원주율(3.14167……)
τ	타우	토크
Ω	오메가	옴
ω	오메가	각속도

용어 설명

1종 지레	힘점과 작용점이 지레 양 끝에 있고 받침점이 중간에 있는 지레.
2종 지레	힘점이 지레 한쪽에 있고 받침점은 다른 한쪽에 있으며 작용점이 중간에 있는 지레. 역학적 능률은 1보다 크다.
2차 무지개	색깔의 순서가 반대로 된 무지개. 빛이 물방울 속에서 두 번 반사할 때 나타난다.
3종 지레	받침점이 지레 한끝에 있고 힘점이 다른 끝에 있는 지레로 역학적 능률이 1보다 작다.
가산 혼합	삼원색의 빛을 합하여 다른 색깔의 빛을 만들어내는 것.
가속도(a)	속도의 변화를 속도가 변화하는 데 걸린 시간으로 나눈 값(벡터).
각막	액체를 포함하고 있는 투명한 막으로 된 눈의 한 기관.
각속도(w)	1초에 몇 라디안씩 회전했는지를 나타내는 양
각운동량	관성 모멘트에다 각속도를 곱한 양.
감마선	파장이 아주 짧아 큰 에너지를 가지고 있는 전자기파.
감산 혼합	삼원색의 물감을 혼합하는 것.
강자성체	철, 니켈, 코발트 등과 같이 외부 자기장에 의해 자화된 후 외부 자기장을 제거해도 자기장이 그대로 남아 있는 물질.
강철	철과 작은 양의 탄소 합금. 때로 다른 금속을 포함하기도 한다.
강한상호작용	쿼크 또는 쿼크로 이루어진 입자 사이에 작용하는 힘으로 도달 거리가 짧다.
거리	두 점 사이의 거리(스칼라).
검은색	모든 빛이 흡수되었을 때 나타나는 색깔.
검전기	물체가 가지고 있는 전하량을 측정하는 장치.
겉보기 무중력 상태	자유낙하할 때 생긴다. 중력의 반대 방향으로 물체에 작용하는 힘이 없다.
빗면	물건을 높이거나 힘의 작용거리를 길게 하여 일을 쉽게 하도록 하는데 사용되는 단순한 기계.

고체	부피와 모양이 일정하게 유지되는 물질의 상태.
골	횡파에서 가장 낮은 지점.
공기 역학	공기의 운동을 다루는 유체 역학의 한 분야.
공기 저항	공기 중을 달리는 물체에 작용하는 마찰력. 저항력은 속도, 면적, 모양 그리고 공기 밀도에 따라 달라진다.
공명	외부에서 물체의 자연 진동수와 같은 진동수를 가진 진동하는 힘이 가해질 때 물체의 진동이 점점 커지는 현상.
관선 밀폐	중수소와 삼중 수소의 혼합물에 레이저를 이용하여 압력을 가해 핵융합 반응이 일어나도록 하는 것.
관성 기준계	등속도로 달리고 있는 기준계.
관성 모멘트(I)	회전하는 물체에서 질량과 같은 역할을 하는 물리량. 질량이 클수록, 그리고 회전축에서 멀리 떨어져 있을수록 관성 모멘트가 커져서 회전시키는 데 더 큰 토크가 필요하다.
관성 질량	물체에 가해준 알짜 힘을 가속도로 나눈 값. ($m=F_{알짜}/a$).
광년	빛이 1년 동안 가는 거리를 나타내는 거리의 단위. 1광년=9.4605×10^{12}km.
광섬유	내부 전반사를 이용해 정보를 전달하는 데 사용하는 유리 섬유. 정보를 빛의 속도로 선달할 수 있다.
광자 에너지	$E=hf$, 여기서 f는 진동수이다.
광자	1905년 아인슈타인이 제안한 빛의 에너지 입자. 1906년부터 광자라는 이름이 사용되었다. 질량과 전하는 가지고 있지 않지만 운동량은 가지고 있다. 항상 빛의 속도로 이동한다.
광학	빛의 성질과 응용을 다루는 물리학의 한 분야.
교류(AC)	전류의 방향이 일정한 주기로 바뀌는 전류.
구심 가속도	원의 중심 방향으로 작용하는 구심력에 의한 가속도.
구심력	물체가 원궤도 위에서 운동을 계속하도록 하는, 외부에서 작용하는 힘.
국제 단위 체계(SI)	kg과 m 그리고 초(s)를 기초로 한 국제적 공인 단위 체계.

굴림 마찰력	구르는 물체나 표면의 변형으로 생기는 마찰력.
굴절 망원경	굴절을 이용하여 빛을 모아 상을 만드는 대물렌즈와 이 상을 확대해 보는 대안렌즈로 이루어진 망원경.
굴절	매질의 경계 면에서 파동이 휘어져 진행하는 것.
굴절률(n)	진공 속에서의 빛의 속도와 매질 속에서의 빛의 속도의 비.
귓바퀴	소리를 모으는 귀의 외부 기관. 공기와 중이 사이의 음파의 임피던스 매칭을 하는 역할을 한다.
그래비톤	중력에 관계하는 보존 입자.
그림자	불투명한 물체가 빛을 막아 빛이 도달하지 못하는 지역.
근시	멀리 있는 물체는 잘 보지 못하고 가까이 있는 물체는 잘 보는 시력.
글루온	강한상호작용에 관계하는 보존 입자.
금 합금	24캐럿 금은 순금이고, 18캐럿은 $\frac{18}{24}$ 이 금이고, $\frac{6}{24}$ 이 다른 금속이며, 10캐럿은 $\frac{10}{24}$ 이 금이며, $\frac{14}{20}$ 는 다른 금속이라는 것을 나타낸다.
기가(G)	10^9.
기가헤르츠(Ghz)	10^9Hz.
기전력(emf)	전기 위치 에너지의 차이.
기체 역학	유체 역학 중에서 액체가 아닌 압축된 기체의 성질을 연구하는 학문 분야.
기체	원자나 분자 사이에 상호작용이 없어 원자나 분자가 멀리 떨어져 자유롭게 운동할 수 있는 물질 상태.
기하 광학	빛이 거울이나 렌즈에서 어떻게 상을 만드는지를 연구하는 분야.
기화열	액체 상태에서 기체 상태로 바뀔 때의 잠열.
끈 이론	표준 모델을 대체하기 위해 제안된 이론으로, 모든 입자가 끈이나 작은 고리로 이루어졌다는 이론. 끈 이론에서는 3차원 공간이 아니라 10차원 이상의 공간을 필요로 한다.
끓는점	증기압과 대기의 압력이 같아지는 온도. 이 온도에서 액체가 기체로 상태가 바뀐다.

나노(n)	10^{-9}.
나사	축 주위를 싸고 도는 경사면을 이용하는 단순 기계.
나침반	자유롭게 회전할 수 있는 자화된 지시침으로 남과 북을 가리킨다.
난반사	빛이 여러 방향으로 반사되어 흩어지는 것.
내부 전반사	빛이 밀한 매질에서 소한 매질로 진행할 때 임계각보다 큰 각으로 입사하면 빛의 전부가 원래의 매질로 반사되어 돌아오는 현상.
내이	달팽이관과 세반고리관으로 이루어진 귀의 안쪽 기관.
뉴턴 제1법칙	외부에서 힘이 가해지지 않으면 물체의 운동 상태는 변하지 않는다. 따라서 정지해 있던 물체는 계속 정지해 있고, 운동하던 물체는 계속 운동한다.
뉴턴 제2법칙	외부에서 힘이 가해지면 물체는 힘에 비례하고 질량에 반비례하는 가속도를 가지게 된다.
뉴턴 제3법칙	두 물체가 상호작용할 경우, 두 물체는 서로 크기는 같고 방향이 반대인 힘을 상대방에게 작용한다.
뉴턴(N)	힘을 측정하는 단위.
능동적 소음 제거 (ANC)	소음과 반대의 파형을 가지는 소리를 만들어 소음을 상쇄하여 제거하는 방법.
단순 기계	지레, 도르래, 경사면, 축바퀴 등과 같이 인간의 일을 도와주는 간단한 기계 장치.
대기 물리학	지구와 다른 행성의 대기, 특히 지구 온난화와 기후 변화를 다루는 물리학의 한 분야.
대기압	해수면에서의 대기 압력은 약 101kPa이다.
대류	온도 차이로 인해 유체가 이동하는 것.
데시(d)	10^{-1}.
데시벨(dB)	소리의 세기를 나타내는 단위.
데카(da)	10^{1}.

도르래	고정도르래는 힘의 방향만 바꿀 수 있지만 움직도르래는 힘의 크기를 두 배로 증가시킬 수 있다. 따라서 움직도르래의 역학 능률은 2이다.
도메인	강자성체에서 자기 모멘트가 같은 방향으로 배열되어 있는 원자의 그룹.
도플러 효과	파원이나 관측자의 상대 운동에 따라 관측되는 진동수가 달라지는 현상.
동등의 원리	아인슈타인의 일반상대성이론의 중심 원리로, 가속되고 있는 기준계와 중력이 작용하고 있는 계에서 같은 물리 법칙이 작용하기 때문에 두 기준계를 구별하는 것은 가능하지 않다. 따라서 관성 질량과 중력 질량이 같다.
동위 원소	양성자의 수는 같지만 중성자의 수는 다른 원자핵.
드브로이 파장	운동하는 입자와 관계된 파장. $\lambda = h/mv$.
들을 수 있는 한계	사람이 들을 수 있는 가장 낮은 소리의 세기(0dB).
라이덴병	안과 바깥쪽에 도체가 있는 부도체로 만든 병으로, 전기를 저장하는 데 사용된다.
램프	기울어진 평면.
레이더	전파를 발사한 뒤 되돌아오는 전파를 이용하여 물체의 위치나 속도 등을 알아내는 장치.
레이저	1960년에 발명된 유도 방출을 이용하여 발생시킨 에너지 밀도가 높고 지향성 좋으며, 같은 파장으로 이루어진 빛.
렙톤(경입자)	전자나 중성미자와 같이 약한상호작용만 하는 입자.
렙톤의 세대	1세대 렙톤－전자, 전자 중성미자, 2세대 렙톤－뮤온, 뮤 중성미자. 3세대 렙톤－타우 입자, 타우 중성미자.
로렌츠 힘	자기장에 의해 전류가 흐르는 도선 또는 전하를 가지고 운동하는 입자에 작용하는 힘.
루멘(lum)	빛의 밝기를 나타내는 단위.
뤼드베리 식	수소 원자가 내는 스펙트럼의 파장을 계산하는 데 사용되는 식.
마그누스 힘	회전하는 볼에 작용하여 휘어져가도록 하는 힘.
마디	정상파에서 진폭이 0이 되는 지점.
마력(hp)	일률의 단위. 1hp＝746＝0.746kW.

마루	횡파에서 가장 높은 점.
마이크로웨이브 오븐(전자 오븐)	진동수가 2.4GHz인 전자기파를 이용하여 음식을 데우거나 요리하는 데 사용하는 주방 기구.
마이크로웨이브	진동수가 약 3Ghz인 전자기파.
마찰 계수	마찰력을 수직 항력으로 나눈 값.
마찰력	접촉하는 두 물체의 표면 사이에 작용하는 힘으로, 표면 상태와 표면에 수직한 방향으로 작용하는 힘에 의해 크기가 달라진다. $F_{마찰}=\mu N$
마하수	어떤 물체의 속도와 소리 속도의 비.
막대 세포	막대 모양의 시세포로, 명암과 물체의 큰 모양을 파악하는 역할을 한다.
망막	눈의 뒤쪽에 있으며 시세포가 분포되어 있어 물체를 분별하는 기관.
맥스웰 방정식	전자기의 기본 방정식으로 전기장과 자기장의 성질을 나타내는 네 개의 방정식.
메가(M)	10^6.
메가헤르츠(MHz)	10^6Hz.
모터	전기 에너지를 역학적 에너지로 바꾸는 기계 장치.
무게 중심	크기를 가지고 있는 물체에 작용하는 중력의 합이 어떤 한 점에 작용하는 중력과 같을 때 이 점을 무게 중심이라고 한다.
무게	물체에 작용하는 중력($F=mg$).
무지개	햇빛이 물방울에 의해 분산되어 스펙트럼을 이루는 모든 색깔의 빛으로 분산된 것.
물리 광학	빛의 파동적 성질을 다루는 물리학의 한 분야로 편광, 산란, 간섭, 분광 등을 다룬다.
물리 교육학	물리학을 배우고 가르치는 방법에 대해 연구하는 학문 분야.
물리학	자연의 구조와 자연 현상의 원인을 수학적인 형식을 이용해 설명하는 학문 분야. 물리학을 의미하는 그리스어 'physis'는 자연이라는 의미를 가지고 있다.
물체	빛이 나오는 점(광학).

미터(m)	빛이 1/299,792,458초 동안에 지나가는 거리를 나타내는 길이를 측정하는 기본 단위.
밀리(m)	10^{-3}.
반감기	방사성 동위 원소가 붕괴되어 원래의 반만 남는 데 걸리는 시간.
반사 망원경	오목 거울을 이용하여 빛을 모아 상을 만들고 이 상을 대안렌즈로 확대하여 보는 망원경.
반사	빛이나 다른 파동이 매질이 경계 면에서 원래의 매질로 되돌아가는 것.
반사의 법칙	입사각과 반사각은 같다.
반자성체	자기장에 의해 원형으로 도는 전류가 발생하여 다른 자석을 밀어내는 성질.
반투명체	빛을 통과시키기는 하지만 여러 방향으로 휘어지게 하는 물질.
발전기	역학적 에너지를 전기 에너지로 전환하는 장치.
밝기	전자기파의 세기에 대한 눈의 반응.
방사성 원자핵	방사선을 내고 다른 원자핵으로 변하는 불안정한 원자핵.
배	정상파에서 두 파동의 보강 간섭으로 진폭이 최대가 되는 점.
배음	기본음 진동수의 정수배 진동수를 가지는 음.
백랍	주석에 구리, 비스무트, 안티몬을 섞어 만든 합금.
백색 소음	다양한 진동수의 소리가 거의 같은 정도로 섞여 있는 소리.
백색광	모든 색깔의 빛을 다 포함하고 있는 빛.
밴더그래프 발전기	큰 전위차를 이용하여 만든 정전기.
밴앨런대	전하를 띤 입자들로 이루어진, 지구를 둘러싼 도넛 형태의 지역. 태양에서 날아온 전자와 양성자가 지구의 자기장에 잡혀 형성되었다.
법칙	많은 관측을 종합한 일반 원리.
베르누이 효과	날개의 윗면과 아랫면의 압력 차이로 생기는 양력.
베타 붕괴	원자핵이 베타 입자(전자)를 방출하고 다른 종류의 원자핵으로 바뀌는 현상. 중성자가 양성자로 바뀌면서 반중성미자도 방출한다. 베타 붕괴가 일어나면 원자량은 변하지 않고, 원자 번호는 1 증가한다.

베타 입자	베타 붕괴 시에 방출되는 입자로, 전자와 양전자.
벡터	크기와 방향을 가지고 있는 물리량.
변위	위치의 변화량(벡터).
변환기	임피던스를 매치시키는 기계 장치.
병렬 회로	전기 소자가 나란히 연결된 회로.
보강 간섭	두 개의 파동이 만나 진폭이 더 커지는 것.
보색	두 빛을 섞었을 때 흰색의 빛이 만들어지는 두 색.
보어 모델	원자핵 주위를 돌고 있는 전자들이 허용된 궤도에서 특정한 에너지와 각운동량만을 가지고 돌 수 있다는 원자 모델. 전자가 같은 궤도 위에서 원자핵을 돌 때는 에너지가 일정하게 유지되기 때문에 복사선을 방출하거나 흡수하지 않는다. 전자가 한 궤도에서 다른 궤도로 건너뛸 때만 에너지를 잃거나 얻는다. 두 궤도의 에너지를 각각 E_1과 E_2라고 할 때 전자가 이 두 궤도를 건너뛸 때 방출하거나 흡수하는 전자기파의 진동수는 $hf = E_2 - E_1$에 의해 계산할 수 있다.
보존	광자나 글루온과 같이 정수배 스핀을 가지는 입자.
보스 -아인슈타인 집적	아주 낮은 온도에서 나타나는 양자 효과.
복각	지구 자기장에 의해 극지방으로 갈수록 나침반이 수직으로 기우는 각도.
복각계	지구 자기장의 수직 성분을 측정하는 나침반.
복사선	온도가 높은 물체가 내는 전자기파를 온도가 낮은 물체가 흡수하여 에너지를 전달하는 방법.
복합 도르래	고정도르래와 움직도르래를 조합하여 사용하는 단순 기계.
복합 물질	현대적 복합 물질에서는 인장 강도는 크지만 압축 강도는 작은 탄소 섬유가 부서지기 쉬운 물질의 인장 강도를 증가시키기 위해 사용된다.
본그림자	광원에서 오는 모든 빛이 차단되는 부분.
볼록 거울	표면이 볼록하게 휘어진 거울로 빛을 넓게 퍼지도록 한다.

볼록 렌즈	적어도 한 표면이 볼록한 렌즈로 빛을 모으는 역할을 한다.
볼타 전지	두 다른 금속판 사이에 전해질을 넣어 전류가 흐르도록 한 전지.
볼트(V)	전위차를 나타내는 단위.
부도체	전기 저항이 커서 전류가 잘 흐르지 못하는 물질.
부력	유체 속에서 유체의 무게에 의해 위로 작용하는 힘.
부서지기 쉬운 물질	압축력보다는 인장력에 의해 잘 부서진다.
부하	힘을 나타내는 공학의 용어.
부호 분할 다중 접속(CDMA)	세 개의 통화를 하나로 묶어 전송하는 휴대 전화의 통신 방법.
분산	파장이 다른 빛이 다른 방향으로 굴절하여 여러 가지 색깔의 빛으로 나뉘는 현상.
불투명	빛을 통과시키지 않는 물체
불확정성 원리	특정한 관계에 있는 물리량을 동시에 정확히 측정하는 데는 한계가 있다는 원리. 운동량과 위치의 측정 오차 사이에는 $\Delta x \Delta p \geq h/4$로 표시되는 관계가 성립한다. 에너지와 시간의 측정에도 불확정성 원리가 적용된다.
비열	단위 질량의 물체의 온도를 1도 높이는 데 필요한 에너지의 크기.
비틀림 파동	물체는 수직한 방향으로만 움직이는 것이 아니라 파동과 같은 형태로 뒤틀리기도 한다.
빛	사람의 눈으로 볼 수 있는 전자기파.
빛의 간섭	진동수와 진폭이 같고 위상이 다른 빛이 만나 밝고 어두운 무늬를 만드는 것.
상	빛이 모이는 지점.
상대성 원리	등속 직선 운동을 하는 기준계에서는 같은 물리 법칙이 성립한다.
상음	기본음의 정수배가 아닌 진동수로 운동하는 모드.
상자성체	외부에 의해 자화되었다가 외부 자기장을 제거하면 자성을 잃는 물질.

색 수차	렌즈의 영향으로 상에 색깔이 나타나는 것.
색도계	특정한 파장을 가진 빛의 세기를 측정하는 것.
색맹	유전적인 원인으로 일부 색깔을 분간할 수 없는 것.
색의 순도	특정한 빛에 다른 파장의 빛이 섞여 있는 정도.
생물 물리학	세포 사이의 물리적 상호작용을 연구하는 분야.
선 스펙트럼	뜨겁고 밀도가 작은 기체가 내는 몇 개의 스펙트럼 선으로 이루어진 스펙트럼.
섭씨온도	물이 어는 온도를 $0°C$로 하고 끓는점을 $100°C$로 정한 온도 스케일.
성대	목소리의 진동을 만들어내는 기관.
세차 운동	외부에서 작용하는 토크의 영향으로 회전하고 있는 물체의 회전축이 회전하는 운동.
센티	10^{-2}.
소	종파에서 압력이 작은 부분.
소나	음파를 이용하여 물체까지의 거리와 모양, 속도를 알아내는 장치.
소닉 붐	비행기가 음속을 돌파할 때 발생하는 충격파에 의한 소리.
소리의 세기	음파가 전달하는 에너지의 크기.
소리의 속도	$20°C$의 공기 중에서의 소리의 속도는 약 $340m/s$이다. 온도가 $1°C$ 올라감에 따라 소리의 속도는 $0.6m/s$씩 증가한다. $(v=(331m/s)(1+0.6T))$ 여기서 T는 섭씨온도이다.
소리의 크기	듣는 사람이 느끼는 소리의 세기. sones이라는 단위를 이용하여 나타낸다.
소립자 및 장	소립자 사이의 상호작용과 성질을 연구하는 학문 분야.
소멸 간섭	두 개의 파동이 만나 진폭이 0이 되는 것.
소성 변형	외부에서 가한 힘을 제거한 후에도 원래 상태로 돌아가지 않는 변형.
소음	다양한 진동수의 소리가 섞여 있는 소리.
속도(v)	변위를 시간으로 나눈 양(벡터).

속력(v)	움직인 거리를 움직이는 데 걸린 시간으로 나눈 값(스칼라).
수리 물리학	수학을 이용하여 물리적 현상을 기술하고 다루는 것을 연구하는 물리학의 학문 분야.
수지 전기	전기를 잘 이해하지 못하던 시기에 음전하를 나타내던 말. 물체를 마찰했을 때 수지에 생기는 전기.
수직 항력(N)	표면에 수직하게 작용하는 힘.
순간 속도(v)	아주 짧은 시간 간격 동안의 가속도.
슈뢰딩거 방정식	양자 역학의 중심이 되는 방정식. 특정한 조건에서 입자의 상태를 나타내는 파동 함수를 구할 수 있는 방정식으로, 이 방정식을 풀어 얻은 파동 함수는 이 파동 함수가 나타내는 물리학적 상태에 입자가 있을 확률과 연관되어 있다.
스넬의 반사 법칙	입사각과 반사각은 같아야 한다는 법칙.
스칼라	크기만 있는 물리량.
스테인리스 스틸 l	철에 크롬과 니켈을 섞어 만든 녹이 슬지 않는 합금으로 규소, 몰리브덴, 마그네슘을 포함하기도 한다.
스파티클	초대칭 관계에 있는 입자. 보존의 스파티클은 페르미온이고 페르미온의 스파티클은 보존이다. 슬렙톤, 스쿼크, 글루니오스, 포니노스는, 스파티클은 초대칭 이론에 의해 제안된 이론적인 입자들이다.
승화	고체가 기체로 또는 기체가 고체로 직접 바뀌는 현상.
시간 분할 다중 접속(TDMA)	세 개의 통화를 하나로 묶어 전송하는 휴대 전화의 통신 방법.
시간의 화살	시간이 진행하는 방향은 엔트로피가 증가하거나 같은 값으로 유지되는 방향이다.
신기루	표면 바로 위에 있는 공기층의 온도가 그 위에 있는 공기층의 온도보다 높을 때 두 공기층의 경계 면에서 빛이 반사하여 나타난다.
실상	빛이 실제로 모여서 만드는 상.
쐐기	물체를 두 개로 가르는 데 사용되는 단순 기계. 칼, 도끼, 쟁기는 쐐기를 이용하고 있다.

쓰나미	해저의 지진이나 화산 폭발로 만들어지는 높은 파도.
아네로이드 압력계	기체의 압력을 재는 기구.
아르키메데스 원리	유체 속에 잠겨 있는 물체에는 물체의 부피와 같은 부피의 유체 무게만큼의 부력이 작용한다.
안테나	전자기파를 송신하거나 수신하는 데 사용되는 장치.
알파 붕괴	원자핵이 알파 입자를 방출하고 다른 원자핵으로 바뀌는 현상. 알파붕괴를 하면 원자 번호는 2 줄어들고, 원자량은 4가 줄어든다.
알파 입자	양성자 두 개와 중성자 두 개로 이루어진 입자. 헬륨 원자의 원자핵.
암페어(A)	전류의 크기를 재는 단위. 1초 동안에 1C의 전하량이 지나기는 전류의 크기가 1A이다.
암흑 물질	전자기적 상호작용을 하지 않고 중력적 상호작용만 하는 물질로, 우주를 구성하는 총 에너지의 23%를 차지하고 있다.
암흑 에너지	우주를 가속 팽창시키고 있는 에너지로, 우주 전체 에너지의 72%를 차지하고 있다.
압력(P)	단위 면적에 작용하는 힘의 크기.
압력계	기체의 압력을 측정하는 장치.
압축	종파에서 압력이 높은 지점.
압축력	물체를 양쪽에서 미는 힘.
액체	부피는 거의 일정하게 유지되지만 모양은 마음대로 변하는 물질의 상태.
약한상호작용	베타 붕괴의 원인이 되는 힘. 강한상호작용보다 약하다. 큰 질량을 가지는 W^+, W^- 그리고 Z° 입자에 의해 작용한다.
양극	전지, 음극선관의 양극.
양력	아래위를 지나는 공기의 속도 차이로 인해 위쪽으로 작용하는 힘.
양성자	양전하를 가지고 있는 원자핵 구성 입자.
양자 색깔 역학(QCD)	쿼크와 글루온의 상호작용을 다루는 이론.

양자 역학	불연속적인 물리량을 파동 함수를 이용하여 다루고, 그 결과를 확률적으로 해석하는 물리학.
양전자	전자의 반입자로 질량과 전하량은 같지만 전하의 부호가 전자와 반대다. 큰 에너지를 가진 감마선이 원자핵과 충돌할 때 방사성 붕괴 과정에서 방출된다.
얽힘	쌍생성으로 만들어진 두 입자의 물리량은 서로 관계를 가지고 있다. 따라서 한 입자의 물리적 상태는 다른 입자에 영향을 준다. 이렇게 두 입자가 양자 역학적 효과로 연결되어 있는 것을 얽힘 관계에 있다고 말한다.
에너지 보존	에너지는 형태를 바꿀 수는 있어도 창조되거나 파괴될 수는 없다. 따라서 에너지의 총량은 일정하게 유지된다.
에너지 전달	한 물체에서 다른 물체로 에너지가 전달되면 한 물체의 에너지는 줄어들고 다른 물체의 에너지는 증가해 전체적인 에너지의 양은 변하지 않는다.
에너지 효율	투입된 에너지 중에서 유용한 에너지로 바뀐 에너지의 비율.
엔트로피	에너지가 흩어져 있는 정도를 나타내는 물리량.
역학 능률(MA)	입력과 출력의 비율($F_{출력}/F_{입력}=MA$).
역학	힘과 운동 그리고 에너지의 관계를 다루는 물리학의 한 분야.
연속 스펙트럼	모든 파장의 전자기파를 포함하고 있는 스펙트럼.
열 물리학	열과 관계된 물리 현상을 연구하는 물리학의 한 분야.
열린 회로	회로가 열려 있어 전류가 흐를 수 없는 회로.
열에너지	열운동을 하고 있는 원자나 분자의 운동 에너지의 합.
열역학 제0법칙	만약 A와 B가 열평형 상태(온도가 같은 상태)에 있고, A와 C도 열평형 상태에 있다면, B와 C도 열평형 상태에 있다는 열역학의 법칙.
열역학 제1법칙	에너지의 총량은 항상 일정하게 유지된다는 에너지 보존 법칙.
열역학 제2법칙	열을 모두 역학적 에너지로 바꾸는 것은 가능하지 않다. 또는 열은 낮은 온도의 물체에서 높은 온도의 물체로 흐르지 않는다.

열역학 제3법칙	절대 0도에는 도달할 수 없다.
열역학과 통계 물리학	열이 물질에 주는 영향과 열이 전달되는 과정을 연구하는 분야. 열역학은 거시적인 현상을 다루고, 통계 물리학은 원자나 분자의 운동을 통계적으로 분석하여 열과 관계된 현상을 이해한다.
열의 전도	접촉되어 있는 물체를 통해 열이 전달되는 것.
염력	물체를 비트는 힘.
영구 기관	열역학 법칙에 의해 허용되지 않는 기관.
영구 자석	자화시킨 외부의 자기장을 제거한 후에도 자화된 상태가 그대로 남아 있는 자석.
영국 열 단위(BTU)	에너지의 단위. 미국에서 주로 사용한다.
영률	가해진 힘과 물체의 변형 사이의 관계를 나타내는 상수로 물질의 종류에 따라 달라진다.
오디온	진공관을 이용한 증폭 장치로 1906년에 디포리스트가 발명했다.
오목 거울	오목하게 휘어진 거울로 빛을 한 점에 모아 밝은 상을 만들 수 있다.
오목 렌즈	한 표면이 오목한 렌즈로 빛을 넓게 퍼지도록 한다.
온도 분포 그래프	어떤 지역의 온도 분포를 보여주는 그림.
온도 조절기	온도를 일정하게 유지하도록 조절하는 장치.
온도	물체가 가지고 있는 열에너지의 크기를 나타내는 물리량.
온도계	온도를 측정하는 장치.
온실 효과	짧은 파장의 빛은 잘 통과시키고 긴 파장의 빛은 잘 통과시키지 않아 온도가 높아지는 현상. 공기 중에 이산화탄소, 메탄, 수증기 등의 온기체가 많이 포함되어 있으면 온실 효과가 더 크게 나타난다.
와류	빠르게 흐르는 유체에 만들어지는 원형, 또는 나선형의 유체 흐름.
와트(W)	일률의 단위. 1W는 1초에 1J씩 일할 때의 일률이다.
우주론	우주, 은하, 별의 형성과 진화 과정을 연구하는 학문 분야.
운동 마찰 계수(μ_k)	접촉하고 있는 두 표면이 상대 운동을 하고 있을 때 두 물체 사이에 작용하는 운동을 방해하는 힘을 수직하게 작용하는 힘으로 나눈 값.

운동 에너지 (K 또는 KE)	운동하는 물체가 가지고 있는 에너지($K = 1/2mv^2$).
운동량	질량과 속도를 곱한 물리량. $p = mv$(벡터).
운동량의 보존	외부에서 힘이 작용하지 않으면 운동량은 보존된다.
원격 이동	얽힘 상태를 이용하여 정보를 교환하는 방법.
원뿔 세포	원뿔 모양으로 생긴 시세포로, 세밀한 모습을 파악하는 작용을 한다. 물체의 색깔을 분별하는 것도 원뿔 세포다.
원색	빛의 삼원색 – 붉은색, 초록색, 파란색. 물감의 삼원색 – 분홍색, 청록색, 노란색.
원시	멀리 있는 물체는 잘 보지만 가까이 있는 물체는 잘 보지 못하는 사람.
원심력	회전하는 좌표계에만 존재하는 가성적인 힘. 회전 중심에서 바깥쪽으로 작용하는 겉보기 힘.
원자 및 분자 물리학	원자와 원자로 이루어진 분자의 성질을 연구하는 분야.
원자	물질을 구성하고 있는 입자로, 양성자와 중성자로 이루어진 원자핵과 원자핵 주위를 돌고 있는 전자로 이루어져 있다.
원자량	원자핵 속에 포함되 있는 양성자와 중성자 수의 합.
원자로	원자핵 분열 시에 나오는 에너지를 이용하여 전기를 생산하는 장치.
원자 번호	양성자 속에 들어 있는 양성자의 수.
원자핵 모형	양전하를 띤 원자핵 주변을 전자가 돌고 있는 원자 모형.
월식	달이 지구의 그림자 속에 들어와 달이 보이지 않게 되는 현상.
위치	물체가 놓여 있는 지점. 위치를 나타내기 위해서는 기준점이 필요하다 (벡터).
유도 방출	들뜬상태에 있는 원자나 분자에 광자가 충돌하여 같은 진동수와 위상을 가진 광자를 방출하는 것.
유도 저항	날개가 만들어내는 양력 때문에 생기는 저항.
유리 전기	전기를 잘 이해하지 못하던 시기에 양전하를 나타내던 말. 물체를 마찰했을 때 유리에 생기는 전기.

유선	물체 주변의 유체의 흐름을 나타내는 선.
유압계	유체를 이용하여 작은 힘을 큰 힘으로 바꾸는 장치.
유체 역학	유체의 운동을 다루는 학문 분야.
유체 정역학	정지한 유체를 다루는 분야.
유체	기체와 액체를 총칭해서 가리키는 말.
유해 저항	비행기 날개, 자동차와 같이 유체 속에서 운동하는 물체에 작용하는 저항력.
융해열	고체 상태에서 액체 상태로 바뀔 때의 잠열.
음극	전지나 음극선관의 음극.
음극선	음극선관의 음극에서 나오는 입자(전자)의 흐름.
음색	소리의 특정한 형태. 각각의 악기는 다른 음색을 가지고 있다.
음의 높이	소리의 진동수를 귀와 뇌가 느끼는 정도.
음파	매질의 역학적 진동을 통해 소리를 전달하는 파동.
음향학	악기가 소리를 내는 방법, 콘서트홀의 설계, 초음파 영상을 이용하는 방법 등을 연구하는 분야.
응결	기체가 차가운 물체 위에서 액체로 변하는 것.
응집 물질 물리학	고체의 물리적 성질과 전기적 성질을 연구하는 분야.
의학 물리학	물리적 과정을 이용하여 질병을 진단하고, 방사선이나 에너지가 큰 입자를 이용해 질병을 치료하는 방법을 연구하는 학문 분야.
이론	많은 관측 결과에 대한 일반적인 설명.
이차색	빛의 이차색 – 분홍색, 청록색, 노란색. 물감의 이차색 – 붉은색, 초록색, 파란색.
인간 시각의 한계	빛의 아래위 경계. 4×10^{14}Hz(700nm) 또는 7.9×10^{14}Hz(400nm).
인장 강도	물체가 파괴되기 전까지 가할 수 있는 최대 인장력의 크기.
인장력	물체를 양쪽에서 잡아당기는 힘의 크기.

일	역학적 방법으로 에너지를 전달하는 것.
일률(P)	단위 시간 동안 하는 일의 양.
일반상대성이론	중력의 작용을 시공간의 곡률로 설명하는 이론.
일식	달이 태양을 가려 태양이 보이지 않게 되는 현상.
임계 질량	우라늄이나 플루토늄이 연쇄 반응을 일으키는 데 필요한 최소 질량.
임계각	굴절각이 90도가 되는 입사각.
임피던스 매칭	한 질에서 다른 매질로 임피던스가 부드럽게 변하도록 하여 경계 면에서의 반사를 최대 줄이는 것.
임피던스	매질에 의해 파동의 운동을 방해하는 것.
자극	자석의 N극과 S극.
자기 홀극	N극이나 S극이 따로 떨어져 단독으로 존재하는 것. 일부 이론에서는 자기 홀극의 존재를 예측하고 있지만 실제로 발견된 적은 없다.
자기장	전류 주변에 생성되는 힘의 장으로, 다른 자성 물체와 상호작용하여 자기력이 작용하도록 한다.
자연 진동수	진동하는 물체가 가지고 있는 고유한 진동수.
잔향 시간	소리의 세기가 60dB 줄어드는 데 걸리는 시간. 다시 말해 소리의 세기가 원래 세기의 100만분의 1이 되는 데 걸리는 시간.
잠열	물질의 상태 변화에 관여하는 열에너지.
재생 에너지원	바람, 물, 태양 에너지는 모두 태양에서 오는 에너지를 근원으로 하고 있다.
저항(R)	전류의 세기를 제한하는 물질의 전기적 성질. 전위차를 전류의 크기로 나눈 값.
저항계	물체의 전기 저항을 측정하는 장치.
저항력	유체 속에서 운동하는 물체의 운동을 방해하는 힘.
전기 일률	$P=IV$.
전기 전도체	전자가 쉽게 이동해갈 수 있는 물질.

전기장	전하 주위에 형성된 힘의 장으로, 다른 전하가 전기장과 상호작용하여 전기력이 작용한다.
전단력	면에 평행하게 작용하는 힘.
전류 I	전하의 흐름.
전위차	전기 위치 에너지의 차이를 전하로 나눈 값.
전자기파 스펙트럼	낮은 진동수에서부터 높은 진동수에 이르는 넓은 범위의 전자기파.
전자기파(EM)	진동하는 전기장과 진동하는 자기장으로 이루어진 파동으로, 빛의 속도로 전파된다.
전자기학과 광학	전기장과 자기장이 물질과 상호작용하는 방법을 연구하는 학문 분야.
전자볼트(eV)	전자가 1V의 전위차에서 가지는 에너지의 크기.
전자석	전류가 만들어내는 자석.
전자의 전하	$e = -1.602 \times 10^{-19} c$.
전파 천문학	VHF, UHF 그리고 마이크로파를 이용하여 행성, 별, 은하를 연구하는 천문학의 한 분야.
절대 0도	분자들의 운동이 최소가 되는 온도.
정밀도	정확성의 정도.
정반사	빛이 모두 같은 방향으로 반사되는 것.
정상류	속도가 느린 유체에서 나타나는 흐름으로, 각 인접한 유체 층의 속도가 조금씩 다르다.
정상파	서로 반대 방향으로 진행하는 진동수가 같은 두 파동이 만나 간섭을 일으켜 만들어진 파동으로, 움직여가지 않고 한곳에 진동하는 파동.
정적인 상태	움직임이 없는 상태로, 물체에 작용하는 모든 힘의 합이 0이다.
정전기학	흐르지 않는 전하 사이의 상호작용을 연구하는 물리학의 한 분야.
정지 마찰 계수(μs)	두 표면 사이에 상대 운동이 없을 때 두 물체 사이에 작용하는 마찰력을 수직하게 작용하는 값으로 나눈 값.
정확도	얼마나 정확한가? 또는 얼마나 공인된 값에 근접해 있는가?

종속도	유체 속에서 낙하하는 물체가 유체의 저항으로 등속도로 운동하게 될 때의 속도.
종파	파동이 전파되는 방향과 같은 방향으로 매질이 진동하는 파동.
좌표계	위치를 정할 때 기준이 되는 점과 축.
주기	한 번 진동하는 데 걸리는 시간. 진동수의 역수.
중간자	쿼크 하나와 반쿼크 하나로 이루어진 입자.
중력 상수	두 물체 사이의 중력의 크기를 결정하는 상수. 중력$=GMm/r^2$.
중력 질량	중력을 중력장의 세기로 나눈 값. $(m=F_{중력}/g)$.
중력장 에너지	중력장에 저장된 에너지.
중력장의 세기	물체에 미치는 중력을 질량으로 나눈 값$(g=9.8N/kg)$.
중성미자 진동	중성미자가 한 상태에서 다른 상태로 바꾸는 것. 태양에서 방출되는 중성미자가 이론적인 값보다 적은 것을 설명하기 위해 제안된 현상.
중성자	전하를 가지고 있지 않은 입자로 원자핵에 들어 있다.
중이	외이와 내이 중간에 있는 귀의 기관으로 고막, 청소골이 여기에 있다.
중첩	같은 지점을 통과하는 두 개 또는 그 이상의 파동이 합치는 것으로, 전체 진폭은 각각의 진폭을 합한 값과 같다.
증발	끓는점 이하에서 액체가 기체로 바뀌는 현상.
지구 물리학	지구 내부의 에너지와 판의 운동, 지진, 화산 활동 등을 연구하는 과학 분야.
지구의 지량	$m_{지구}=5.9736\times10^{24}kg$.
지레	막대와 받침점, 힘점, 작용점으로 이루어진 단순 기계.
직렬 회로	전기 소자가 일렬로 연결되어 있는 회로.
직류(DC)	한 방향으로만 흐르는 전류.
진공 속에서의 빛의 속도(c)	299,792, 458km/s.
진동수 변조(FM)	진동수를 변화시켜 전자기파에 정보를 싣는 방법.
진동수(f)	1초 동안 진동하는 횟수.

진폭 변조(AM)	진폭을 변화시켜 정보를 파동에 싣는 방법.
진폭	파동의 중간 지점에서 변위가 최대가 되는 지점까지의 높이.
질량 결손	핵반응 이전과 이후의 질량 차이. 이 질량이 에너지로 바뀐다.
질량 에너지	질량도 에너지로 바뀔 수 있다. 질량이 가지고 있는 에너지의 크기.
질량 중심	질량 중심은 무게 중심과 같은 점이다.
질량(m)	물체의 고유한 물리량.
질량의 보존	화학 반응에서 질량은 보존된다.
차음	진동수가 다른 두 음이 섞였을 때 발생하는 음.
천체 물리학	행성, 별, 은하와 같은 천체들의 상호작용을 연구하는 물리학의 한 분야.
청동	구리와 주석 합금.
초(s)	세슘133이 내는 전자기파 주기의 9,192,631,770배를 1초로 정의했다.
초대칭	표준 모델의 어려움을 해결하기 위해 제안된 모델로, 각각의 보존은 초대칭 관계에 있는 페르미온 입자를 가지고 있고, 각각의 페르미온 입자는 초대칭 관계에 있는 보존 입자를 가지고 있다는 모델.
초음파 진단 장치	초음파가 만들어내는 영상을 이용하여 몸 안의 장기 상태를 알아보는 장치.
초음파	사람이 들을 수 있는 진동수보다 큰 진동수를 가지는 음파. 20kHz 이상의 진동수를 가지는 음파.
초저음	사람이 들을 수 있는 진동수보다 낮은 진동수를 가지는 음파. 20Hz보다 더 작은 진동수를 가지는 음파.
초전도체	전기 저항이 0인 물체.
초점 거리	거울이나 렌즈의 중심에서 초점까지의 거리를 이르는 말.
초점	평행하게 입사한 광선이 모이는 점.
축바퀴	작은 지름을 가지는 축과 축에 고정된 큰 지름을 가진 바퀴를 이용하여 작은 힘을 큰 힘으로 바꾸거나 느린 속도를 빠른 속도로 바꿀 때 사용하는 단순 기계.

축전기	두 도체 판 사이에 유전체를 넣어 만든, 전하를 저장하는 장치.
충격량	힘에다 작용 시간을 곱한 양.
카르노 효율	열기관이 가질 수 있는 최대 열효율. $e = (T_{고온} - T_{저온})/T_{고온}$
칸델라(cd)	밝기를 측정하는 단위.
칼로리(cal)	열에너지와 열을 측정하는 단위.
케플러 제1법칙	행성의 궤도는 태양을 한 초점으로 하는 타원이다.
케플러 제2법칙	면적 속도는 일정하다.
케플러 제3법칙	궤도 반경의 세제곱은 주기의 제곱에 비례한다.
켈빈 온도	절대온도. $0°C$는 273.15K이다.
코리올리 힘	회전하는 좌표계에만 작용하는 가상적인 힘.
쿨롱 법칙	전하 사이의 힘의 크기를 설명하는 법칙. $F = k(q_1 q_2/r^2)$.
쿨롱 법칙의 상수	$k = 9.0 \times 10^9 \text{Nm}^2/\text{C}^2$.
쿨롱	전하를 측정하는 단위.
쿼크 세대	각 세대는 두 개의 쿼크로 이루어졌다. u 쿼크와 d 쿼크가 1세대이고, s 쿼크와 c 쿼크가 2세대이며, t 쿼크와 b 쿼크가 3세대이다.
쿼크	양성자와 중성자를 구성하는 입자로 분수 전하를 가지고 있다. 지금까지 u, d, s, c, t, b의 여섯 가지 쿼크가 발견되었다.
큐빗	양자 컴퓨터의 정보의 기본 단위. 양자 비트.
킬로(k)	10^3.
킬로그램(kg)	질량을 측정하는 기본 단위.
킬로와트(kW)	1000W.
킬로와트시(kWh)	3.6×10^6J의 에너지를 나타내는 에너지의 단위로, 전기 에너지를 측정할 때 주로 사용한다.
킬로헤르츠(kHz)	1000Hz.
탄성 변형	가해준 힘을 제거했을 때 원래의 상태로 돌아가는 변형으로, 가해준 힘에 비례하는 변형이 생긴다.

탄성 위치 에너지	탄성 변형된 물체가 가지고 있는 위치 에너지.
탄성 충돌	운동량과 운동 에너지가 보존되는 충돌.
탄소 연대 측정법	탄소 동화 작용에 의해 합성된 물질 속에 들어 있는 방사성 탄소의 양을 측정하여 생명체가 살았던 연대를 알아내는 방법.
테라(T)	10^{12}.
테바트론	미국 시카고 근교에 있는 페르미 연구소에 설치되어 있는 고에너지 싱크로트론.
토르	압력을 측정하는 단위.
토크(τ)	물체의 회전을 변화시키는 원인. 힘의 크기와 회전축에서부터의 수직 거리를 곱하면 구할 수 있다.
톱니바퀴	톱니처럼 생긴 바퀴를 이용하여 토크를 전달하는 장치.
투명체	빛을 잘 통과시키는 물질.
특수상대성이론	관성 기준계에서 측정한 물리량과 물리 법칙의 관계를 설명하는 이론으로, 1905년에 아인슈타인이 제안했다.
파동	매질의 진동을 통해 에너지가 전달되는 것.
파동의 속도	파동의 속도는 파동이 전파되는 매질에 따라 다르다.
파스칼의 원리	물과 같은 유체는 모든 방향으로 같은 압력을 작용한다.
파장	파동에서 같은 높이에 있는 점 사이의 거리.
패러데이 법칙	변해가는 자기장이 전기장을 만들어낸다.
패러데이 상자	금속판이나 금속 창살로 이루어진 상자로, 전기력이나 전자기파가 침투할 수 없다.
펄스 너비 변조(PWM)	폭이 좁은 펄스는 0, 폭이 넓은 펄스는 1에 대응시키는 디지털 변조 방법.
페르미온	쿼크, 전자, 중성미자 등과 같이 1.5, 2.5, 3.5배 등의 스핀을 가지고 있는 입자.
페타(P)	10^{15}.
펨토(f)	10^{-15}.

편광	한 방향으로 진동하는 횡파.
평면 거울	표면이 편평한 거울로 허상을 만든다.
포물선	수평한 방향의 초기 속도로 운동하는 물체에 중력이 작용할 때 운동 경로.
표준 모델	소립자와 소립자 사이의 상호작용을 설명하는 모델.
푸리에 정리	모든 주기적인 파동은 특정한 진동수를 가지는 파동과 이 파동의 정수 배 진동수를 가지고 있는 파동을 이용해 만들 수 있다.
퓨즈	과도한 전류가 흐르면 끊어져 더 이상의 전류가 흐르지 못하도록 하는 장치.
플라스마 물리학	많은 수의 전하를 띤 물질의 성질을 다루는 학문 분야.
플라스마	전하를 띤 입자로 이루어진 물질 상태.
플랑크 상수	$h = 6.6 \times 10^{-34} J \cdot s$.
피스칼(Pa)	압력의 단위. 1Pa은 1N/m2의 압력을 말한다.
피코(p)	10^{-12}.
합금	두 가지 이상의 금속을 섞어 만든 금속
합성기	다양한 파동을 합쳐 원하는 형태의 파동을 만들어내는 전자 기기.
핵물리학	원자핵과 원자핵을 이루는 양성자와 중성자의 성질을 연구하는 물리학의 한 분야.
핵분열	큰 원자핵이 작은 원자핵으로 분열되는 것. 이때 많은 에너지가 나온다.
핵융합	작은 원자핵이 융합하여 큰 원자핵으로 바뀌는 것.
핵자	양성자와 중성자를 통칭하는 말.
향기	쿼크의 종류를 분류할 때 사용하는 말로 u, d, s, c, t, b의 여섯 가지 쿼크를 쿼크의 여섯 가지 향기라고도 한다. 실제 향기와는 아무 관계가 없는 말이다.
허상	빛이 한 점에서 나오는 것처럼 보이는 상. 그렇게 보일 뿐, 실제로 그런 점이 존재하는 것은 아니다.

헤르츠(Hz)	진동수를 측정하는 단위. 1Hz = 1cycle/s.
헥토(h)	10^2.
현수교	케이블을 이용하여 도로 상판을 지탱하고 있는 교량.
혈압계	혈압을 측정하는 도구.
화씨온도	물이 어는 온도를 $32°F$로 하고 끓는 온도를 $212°F$로 한 온도 스케일.
화학 물리학	원자와 분자 사이의 화학 작용에 관여하는 물리적 원인을 분석하는 분야.
화학 에너지	화학 성분에 의한 위치 에너지. 화학 변화에 의해 화학 에너지는 다른 형태의 에너지로 전환될 수 있다. 동물의 몸과 전지는 화학 에너지를 포함하고 있는 대표적인 예다.
황동	80 ~ 90%의 구리와 아연으로 이루어진 합금.
회로	전류가 흐를 수 있는 폐회로. 전원, 도선, 저항 등의 전기 소자로 이루어진다.
회전 관성	관성 모멘트 참조.
회전 운동 에너지	회전하는 물체가 가지고 있는 운동 에너지.
회절	빛이나 파동이 물체의 가장자리, 좁은 슬릿, 작은 구멍을 통과하면서 휘어지는 현상.
횡파	파동이 전파되는 방향과 수직한 방향으로 매질이 진동하는 파동.
휴대 전화의 세대	1세대(1G)는 아날로그 음성 전화이고, 2세대(2G)는 여러 사용자가 동시에 사용할 수 있는 디지털 신호이며, 3세대(3G)는 질이 좋은 영상 정보를 주고받을 수 있는 휴대 전화이며, 4세대(4G)는 매우 빠른 네트워크를 말한다.
흡수 스펙트럼	연속 스펙트럼에 나타난 검은 선들로, 온도가 낮은 기체가 흡수한 스펙트럼선을 나타낸다.
힉스 입자	쿼크와 경입자가 질량을 가지게 되는 메커니즘과 관련된 가상적인 입자.
힘(F)	물체의 운동 상태나 모양을 변화시키는 원인(벡터).
EHF	진동수가 30Ghz에서 300Ghz 사이에 있는 전자기파.
ELF	진동수가 30kHz 이하인 전자기파.

GFI	회로로 들어가고 나오는 전류의 세기를 측정하여 고장이나 사고로 인한 접지를 확인하는 장치.
GPS	지구 궤도를 돌고 있는 24개 위성이 내보내는 신호를 받아 자신의 위치를 알아내는 장치.
HF	진동수가 3Mhz에서 30Mhz 사이에 있는 전자기파.
ITER 프로젝트	핵융합으로 전기를 생산하기 위한 국제적인 노력.
LF	진동수가 30kHz에서 300kHz 사이에 있는 전자기파.
LHC	스위스 제네바 부근의 CERN에 설치된 고에너지 싱크로트론.
MAGLEV	자기 부상 열차.
MF	진동수가 300kHz에서 3Mhz 사이에 있는 전자기파.
micro(μ)	10^{-6}.
NEXRAD	차세대 기상 레이더. 도플러 효과를 이용해 강수의 위치와 속도를 측정하여 정확한 일기 예보에 사용할 수 있도록 한다.
PET	3차원 영상을 이용해 질병을 진단하는 장치. 반감기가 짧은 방사성 물질에서 방출된 양전자가 전가와 결합하여 방출한 감마선을 이용하여 영상을 만들어낸다.
psi	압력의 크기를 나타내는 단위.
R값	물질의 열 전도를 저항하는 정도. R값은 전도도의 역수이다. $R = 1/U$.
SHF	진동수가 3 ~ 30Ghz 사이에 있는 전자기파.
UHF	진동수가 300Mhz ~ 3Ghz 사이에 있는 전자기파.
VHF	진동수가 30 ~ 300Mhz 사이에 있는 전파.
VLA	27개의 전파 망원경이 20km의 거리를 두고 배치되어 있는 전파 망원경 체계.
X선	매우 큰 에너지를 가지는 파장이 짧은 전자기파.

참고 서적

Physics of Sports

Adair, Robert. *The Physics of Baseball*. New York: Harper–Collins, 2002. ISBN 0–06–08436–7.

Armenti, Angelo, editor. *The Physics of Sports*. College Park, MD: American Instituteof Physics, 1992. ISBN 0–88318–946–1.

Fontanella, John J. *The Physics of Basketball*. Baltimore: The Johns Hopkins UniversityPress, 2006. ISBN 0–8018–8513–2.

Gay, Timothy. *The Physics of Football: Discover the Science of Bone–Crunching Hits, Soaring Field Goals, and Awe–Inspiring Passes*. New York: HarperCollins, 2005. ISBN 10–06–0862634–7.

Haché, Alain. *The Physics of Hockey*. Baltimore: The Johns Hopkins University Press, 2002. ISBN 0–8018–7071–2.

Jorgensen, Theodore P. *The Physics of Golf*. New York: Springer Science, 1999. ISBN 0–387–98691–X.

Leslie–Pelecky, Diandra. The *Physics of NASCAR: How to Make Steel+Gas+Rubber= Speed*. New York: Dutton Penguin Group, 2008. ISBN 978–0–525–95053.

Lorenz, Ralph D. *Spinning Flight*. New York: Springer Science, 2006. ISBN 978–0387–30779–4.

History of Physics

Cropper, William H. *Great Physicists: The Life and Times of Leading Physicists fromGalileo to Hawking*. Oxford: Oxford University Press, 2001. ISBN 019–517324–4.

Hakim, Joy. *The Story of Science: Aristotle Leads the Way*. Washington, DC: Smithsonian Books, 2004. ISBN 1–58834–160–7.

Hakim, Joy. *The Story of Science: Newton at the Center*. Washington, DC: Smithsonian Books, 2004. ISBN 1–58834–161–5

Hakim, Joy. *The Story of Science: Einstein Adds a New Dimension*. Washington, DC: Smithsonian Books, 2007. ISBN 1–58834–162–4.

Holton, Gerald, and Brush, Stephen G. *Physics, the Human Adventure: From Copernicus to Einstein and Beyond*. Piscataway, NJ: Rutgers University Press, 2005. ISBN 0−8175−2908−5.

Physics of Light, Music, and the Arts

Falk, David, Dieter Brill, and David Stork. *Seeing the Light: Optics in Nature, Photography, Color, Vision, and Holography*. New York: Harper & Row, 1986. ISBN 0−476−60385−6.

Fletcher, Neville, and Thomas *Rossing. Physics of Musical Instruments*. New York: Springer Science, 1998. ISBN 378−0387−98374−5.

Laws, Kenneth. *Physics and the Art of Dance: Understanding Movement*. Oxford: Oxford University Press, 2002. ISBN 0−19−514482−1.

Rogers, Tom. *Insultingly Stupid Movie Physics: Hollywood's Best Mistakes, Goofs,and Flat−Out Destructions of the Basic Laws of the Universe*. Naperville, IL: Sourcebooks, 2007. ISBN 978−1−4022−1033−4.

Rossing, Thomas. *Light Science: Physics and the Visual Arts*. New York: Springer Verlag, 1999. ISBN 387−98827−0.

Sundburg, Johan. *The Science of the Singing Voice*. DeKalb, IL: Northern Illinois University Press, 1987. ISBN 087−58012−0−X.

General Physics with a Unique Approach

Nitta, Hideo. *The Manga Guide to Physics*. San Francisco: No Starch Press, 2009. ISBN 978−1−59327−196−1.

Walker, Jearl. *The Flying Circus of Physics*. New York: John Wiley and Sons, 2007. ISBN 978−0−471−76273−7.

21st−Century Physics

Carroll, Sean. *From Eternity to Here: The Quest for the Ultimate Theory of Time*. New York: Dutton/Penguin, 2010. ISBN 978−05259−5133−9.

Greene, Brian. *The Elegant Universe: Superstrings, Hidden Dimensions, and the Quest for the Ultimate Theory*. New York: Random House, 2000. ISBN 0−375−70811−1.

Kaku, Misho. *Physics of the Impossible: A Scientific Exploration into the World of Phasers, Force Fields, Teleportation, and Time Travel*. New York: Doubleday, 2008. ISBN 978−0−307−27882−1.

Krauss, Lawrence. *The Physics of Star Trek*. New York: Basic Books, 2007. ISBN 978−0−465−00204−7.

How Things Work

Bloomfield, Louis A. *How Things Work*: The Physics of Everyday Life. New York: John Wiley, 2010. ISBN 978−0−470−22399−4.

Macaulay, David. *The New Way Things Work*. New York: Houghton Mifflin, 1998. ISBN 0−395−93847−3.

Online Resources*

American Physical Society's Website: http://www.physicscentral.com.

Learn How Your World Works: http://www.compadre.org. A digital library of resources for physics and astronomy communities. See especially "Physics to go."

How things work: http://www.howeverythingworks.org. Associated with the book of this name. Questions and answers.

How things work: http://www.howstuffworks.com. Associated with Discovery magazine.

Recent research results in physics: http://physics.aps.org.

Recent research results in the sciences: http://www.insidescience.org/research Lesstechnical than the site above.

Physics news and research results: http://www.physicstoday.org.

Physics news and research results with a more European prospective: http://physics world.com.

*All last accessed on September 30, 2010.

P
hysics

찾아
보기

한 권으로
끝내는
물리

이 책의 이미지 저작권은 다음과 같습니다.